国际电气工程先进技术译丛

柔性机器人：多尺度操作应用

马修·格罗萨德（Mathieu Grossard）
［法］ 尼古拉斯·查雷特（Nicolas Chaillet） 主编
斯蒂芬·雷尼尔（Stéphane Régnier）
潘 峰 连晓峰 等译

机 械 工 业 出 版 社

本书主要介绍了有关柔性机器人原理、结构与应用等内容。全书内容共计10章，其中第1章介绍了集成功能微抓手系统设计的一般概念，涉及材料科学和拓扑结构优化的自动化先进控制；第2章着重分析了模态能控性和能观性的双重表示，并介绍了在柔性机械手优化设计中模型降阶和传感器/执行器共定位相关的几个重要特性；第3章介绍了允许同时使用能量和系统结构表示的不同建模工具，尤其是采用波特-汉密尔顿（Port-Hamiltonian）系统的建模工具；第4章讨论了可用于受限或拥挤环境中操作的两种无传感器方法以及如何采用双稳态机械结构来产生微操作功能；第5章分析了应对多功能抓取任务和灵巧手操作所需特定要求的一些适当方法；第6章讨论了基于压阻技术的三轴作用力传感器的发展；第7章分析了机器人操作中亚微米级精度的约束条件，以及柔性关节的运行学分析方法、机器人的关键部件和高精度机构，同时还研究了超高精度并联机器人新的模块化设计方法；第8章介绍了具有柔性关节的串联机器人中建模、辨识和控制律分析的基本步骤；第9章对形变体机械手的模型进行了综述；第10章介绍了基于实验数据的柔性机械手辨识和控制方法，并着重分析了线性变参数（LPV）模型以及在线自适应校正器的特性。

本书的目的是为从事柔性机器人领域的研究人员提供相关的先进科学和技术，可作为相关专业高年级师生及研究人员的参考用书。

译者序

本书是由法国著名学者Mathieu Grossard，Stéphane Régnier和Nicolas Chaillet主编的机器人丛书之一。机器人已是世界各国的重要研究领域，而柔性机器人更具有广阔的应用前景。根据所采用的不同技术以及机器人所执行的任务性质、复杂度等，研究内容包括基于新材料的微机械手、轻质机械臂、高度集成的功能终端肌腱部分或甚至拟人化机械手，而机器人任务操作所需的高水平性能包括机械设计结构及其相应控制器的精度、可控性和带宽要求。本书深入研究了具有高度机械柔性特点的机器人装置中有关设计、建模、辨识和控制的特定问题。

本书主要介绍了集成功能微抓手系统设计的一般概念；着重分析了模态能控性和能观性的双重符号，这对于振动模式控制权限具有重要作用；介绍了允许同时使用能量和系统结构符号的不同建模工具；讨论了可用于密闭或拥挤环境中操作的两种无传感器方法；分析了应对多功能抓取任务和灵巧手操作所需特定要求的一些适当方法；讨论了基于压阻技术的三轴作用力传感器的发展；分析了机器人操作中亚微米级精度的约束条件以及柔性关节的运行学分析方法、机器人的关键部件和高精度机构，着重强调了简单导引的自由度和特性以及超高精度并联机器人的模块化设计新方法；介绍了具有柔性关节的串联机器人中建模、辨识和控制律分析的基本步骤；并对形变体机械手的模型进行了综述，着重介绍了基于“浮动框架”方法的形变体机械手；最后介绍了基于实验数据的柔性机械手辨识和控制方法，尤其是线性变参数（LPV）模型。

全书内容共计10章，其中第1、第2章由连晓峰、潘峰、李昕同翻译，第3、第4章由连晓峰、潘峰、谢槟竹翻译，第5~7章由潘峰、沈岩涛、王琳岩翻译，第8章由潘峰、李岱颖翻译，第9章由臧克之、曹磊翻译，第10章由李岱颖、马慧茹翻译。另外，林明秀、纪鹏、王晓哲、楚好、贾同、李艳慧、刘禄、安哲、梁婷婷、王伟楠、李林、迟逞、叶璐、侯宝奇等人也参与部分翻译工作，在此表示衷心感谢。全书最后由连晓峰审校和统稿。

鉴于译者的知识和水平有限，书中的纰漏在所难免，恳请专家和读者不吝指正。

译　者

原书前言

在非结构化动态环境中的机器人应用需要具有先进功能、多功能且独立机电一体化的系统。在此目标下，机器人抓取装置的设计和应用必须要对应于操作任务的具体要求，这取决于是否需要在微观世界内实现多功能抓取任务或甚至是灵活的大尺度任务。新的方法必须使得更先进的机械手能够胜任自适应完成任务的初始简化机器人抓取装置的性能。

操作性能是机器人系统中最复杂的一项功能。为有效地在复杂环境中执行所需的操作，机器人必须具有一定的行动和感知能力，能够提供对于其他方面相互作用力的关键信息。整个机制必须确保稳定，且保持施加在物体上的抓取力能够抵抗连续反作用力（如在亚毫米对象操作过程中的宏观重力和黏附力）。

操作功能的前提是采用高性能的精密机械系统，以避免如摩擦和迟滞等意外现象所产生的局限性。抓手可采用不同技术以及取决于机器人所执行任务的性质、复杂度和规模尺寸等多种形式来构造。因此，可能包括基于活性材料的微机械手、轻质机械臂、高度集成的功能终端肌腱部分或甚至拟人化机械手。在所有情况下，机器人任务操作所需的高水平性能包括机械设计结构及其相应控制器的精度、可控性和带宽要求。

如果工业机器人的刚度作为一种保证高水平精度的优化准则，则可能在一些特定操作条件下不可避免地会产生系统的机械柔性（如负载和高动态运动）。因此，基于制造机器人研究的理想刚度假设可能在一些情况下是无效的。此外，近年来还开发了惯性较小的轻质机械臂。这些结构柔性的机器人不能执行一定内在安全性下的交互式机械臂任务。在这两种情况下，柔性可能突出表现在称为柔性关节机器人的传动或建模为形变体的机械段上。在第二种情况下，结构形变是沿形状足够纤细以至于可看作细梁的机械臂段分布。对于这两类柔性机器人装置，必须采用特定的建模、辨识和控制方法。

上述所提到的示例是有关与机械柔性相关的意外现象，这些可能是由于采用构成机械手系统特定技术组件或特定细长结构的几何形状所自然产生的。导致性能变差的机械结构可能是限制机械手精度的一个关键因素，而通过设备和控制只能部分克服这些局限性。相比之下，若在设计阶段允许，可特意用尺寸合适的柔性结构来代替某些传统结构，以避免出现机械间隙、固体间摩擦所造成的零件磨损、固体间摩擦所引起的无耗散现象、抓取现象和需要润滑等一些缺点。此外，柔性结构还可作为整体部件进行制造，从而简化制造过程，并减少装配过程中所需的零件个数。一种优化的机械传动设计通常可避免在柔性导轨设计中采用称为局部成形的机械成形时的限制，而采用在超高精度并联机器人控制中可提高控制精度的传统铰链关节。在微操作任务中，与微观世界相关的物理特性主要是用于微抓手设计和机械结构可塑形。结构的机械成形称为分布式形变，可提高定位精度。微观机制的优化拓扑可利用辅助设计方法由设计人员确定。这些研究涉及问题的先验参数（拓扑域、结构几何形状、所用材料等），据此，优化研究可确定最适合的结构设计、材料选择、传感器和执行器的安装位置和物理集成等，以符合应用的特定要求。如果可能，还可在设计最开始时考虑由模态分析和控制所得到的一定数量的信息，以便于后期控制器的合成。最后，微型传感器在机械柔性衬底上的技术创新有利于在诸如灵巧手等某些领域上的应用。其自然特性、几何形状复杂性和配置可使得其集成到指关节远端区域需要特殊集成且需要高性能的触觉感知功能的多指机械手中。

无论柔性来源于何处，这种机械结构都有一定范围的形变，以及取决于拓扑和所用材料特性的约束。质量和柔性相结合使得动能和弹性形变能之间进行能量变换，从而使得振荡动态特性类似于由多个质量能所构成的系统。由此产生的具有一定频率和模态形变特征的谐振取决于质量在整个结构上的分布和机械参数范围。在绝大多数应用中，机械手的机械柔性产生的振动都是影响系统高动态操作的主要原因。例如，这些可能包括压电执行器微机械手或高精度并联机械手。从控制器合成的角度来看，柔性系统动态特性的数学描述更加重要。

结构的机械柔性自然会产生不可忽略的低频机械振动，通常在高精度操作任务中会大大降低操作性能。动态模型的表示往往来自于振动系统的离散机械方程组。值得注意的是，利用能量符号的建模技术本身能够很好地设计在许多高度集成的机械装置中的多物理分布式系统。根据该公式来可推导系统状态的表示来表征其动态特性，并限定模态可执行性和可观测性的双重符号。对于机器人专家而言，这些系统的柔性参数和频域特性辨识的实用方法需要系统控制的发展。在控制方面，防止通常由外部扰动或控制律本身产生的扰动（称为溢出效应的现象）中具有低自然阻尼的模式非常重要。基于系统频率分析的阻尼控制策略可显著降低振荡特性。

无论尺寸规模如何，具有高精度或高动态特征的机器人操作任务会对任务专用的机器人装置的设计或选择施加一定的约束。在绝大多数情况下，无论设计人员是否慎重选择，都会与机械柔性现象表征的机制相关。本书将研究具有高度机械柔性特点的机器人装置有关设计、建模、辨识和控制的特定问题。本书的结构如下：

—第1章介绍了集成功能微抓手系统设计的一般概念。该方法会产生一种多学科复杂方法，以解决有利于微观尺度下机器人操作的结构柔性问题。分析和设计方法涵盖了材料科学和包括拓扑结构优化的自动化先进控制。

—第2章着重分析了模态能控性和能观性的双重表示，这在对于控制问题非常关键的振动模式控制权限中具有重要作用。并介绍了在柔性机械手优化设计中模型降阶和传感器/执行器共定位相关的几个重要特性。

—第3章介绍了允许同时使用能量和系统结构表示的不同建模工具。尤其是分析了采用波特-汉密尔顿系统的建模，因为这是一种目前结构能量建模中最先进的工具。

—第4章讨论了可用于受限或拥挤环境中操作的两种无传感器方法。最先研究了柔性微执行器的开环控制策略，这是因为在难以集成高性能传感器时这些方法非常关键。本章的第二部分讨论了如何采用双稳态机械结构来产生微操作功能。

—第5章分析了应对多功能抓取任务和灵巧手操作所需特定要求的一些适当方法。无论是机械传动、执行器、运动结构还是功能表面，都会在多功能抓手或灵巧机械手设计过程中不可避免地出现机械柔性现象。为帮助机电一体化设计人员完成复杂任务，本章对一些关键要素和判定准则进行了概述，以指导其设计选择。

—在对主要用于灵巧操作的柔性触觉传感器进行分类之后，第6章讨论了基于压阻技术的三轴作用力传感器的发展。其柔性矩阵的变化可允许设想拟人化灵巧机械手的多种可能性。

—第7章分析了机器人操作中亚微米级精度的约束条件。另外还介绍了柔性关节的运行学分析方法、机器人的关键部件和高精度机构，并着重强调了简单导引的自由度和特性。同时还研究了超高精度并联机器人的新型模块化设计方法。

—第8章介绍了具有柔性关节的串联机器人中建模、辨识和控制律分析的基本步骤。着重分析了用于辨识和控制的动态模型的显著特性以及相对于完全刚性模型的其他特性。

—第9章对形变体机械手的模型进行了综述。所采用的方法是在基于“浮点”方法的形变体机械手情况下基于 Newton-Euler 形式的推广。

—最后一章，第10章介绍了在基于实验数据的柔性机械手辨识和控制方法方面所作出的一些贡献。在此介绍的方法考虑了线性变参数（LPV）模型，以及在线自适应校正器的特性。

本书的目的是为有志于柔性机器人领域的研究人员提供机器人操作实际中一些先进科学和技术的综述。

作者名单

Ayman BELKHIRI
IRCCyN
Ecole des Mines de Nantes
France

Mehdi BOUKALLEL
CEA LIST
Gif-sur-Yvette
France

Frédéric BOYER
IRCCyN
Ecole des Mines de Nantes
France

Nandish R. CALCHAND
FEMTO-ST
Besançon
France

Nicolas CHAILLET
FEMTO-ST
Besançon
France

Vincent CHALVET
FEMTO-ST
Besançon
France

Houssem HALALCHI
ICUBE
INSA Strasbourg
France

Simon HENEIN
CSEM
Neuchâtel
Switzerland

Reymond CLAVEL
EPFL-LSRO
Lausanne
Switzerland

Caroline COUTIER
CEA LETI
Grenoble
France

Loïc CUVILLON
ICUBE
University of Strasbourg
France

Christelle GODIN
CEA LETI
Grenoble
France

Mathieu GROSSARD
CEA LIST
Gif-sur-Yvette
France

Yassine HADDAB
FEMTO-ST
Besançon
France

Guillaume MERCÈRE
LIAS
University of Poitiers
France

Micky RAKOTONDRABE
FEMTO-ST
Besançon
France

Arnaud HUBERT
FEMTO-ST
Besançon
France

Edouard LAROCHE
ICUBE
University of Strasbourg
France

Yann LE GORREC
FEMTO-ST
Besançon
France

Maria MAKAROV
Supélec E3S
Gif-sur-Yvette
France

Javier MARTIN AMEZAGA
ARAID-EU
Zaragoza
Spain

Hector RAMIREZ ESTAY
FEMTO-ST
Besançon
France

Stéphane RÉGNIER
ISIR
UPMC
Paris
France

Murielle RICHARD
EPFL-LSRO
Lausanne
Switzerland

Hanna YOUSEF
CEA LIST
Gif-sur-Yvette
France

目　　录

第 1 章　微操作柔性集成结构设计

Mathieu Grossard、Mehdi Boukallel、Stéphane Régnier 和 Nicolas Chaillet

微操作机器人的设计取决于柔性机械结构。由于执行器与测量功能的集成，这将得到越来越多的广泛应用。根据这些集成系统的总体设计，产生了一种复杂且多学科交叉的问题解决方案。在这种设计中，利用柔性结构来应对微观世界维度下机器人操作的挑战。这种设计分析方法可应用于从材料科学到先进自动控制以及拓扑结构优化等各个领域。在本章，将明确强调上述系统中优化设计辅助工具的必要性，并讨论现有的一系列优化策略。最后，通过一个着重于柔性整体结构优化设计的软件工具开发典型示例来对本章内容进行小结。利用压电材料，这些结构能够保证执行器与传感器在功能上的分布式和集中式形式。

1.1　微操作中柔性结构的设计与控制问题

20 世纪 90 年代初，日本和美国在系统小型化和集成化方面所做的研究产生了微型这一概念。无论是用于普通大众或微型计算机的电子设备，还是微创手术中的先进仪器，所有这些系统都集成了多个功能模块（机械、光学、电子等），在或多或少的受限空间中创建一个微系统，也称为微机电系统（MEMS），如果具有光学功能，就称为微光机电系统（MOEMS）。微机器人的概念正是微系统与机器人相结合的产物。微机器人的原理在于产生操作一种或多种工具的必要运动来完成微观世界中的特定任务，即微米级的对象。

微系统实现了不同种类的技术功能，不论是机械、热力学、电学还是光学，这涵盖了许多领域的应用（生物医学、汽车、光学、微操作等）。作为机器人，微机器人是一种可编程且能够在特定环境中动作甚至交互的现场可控的机电系统，包括感知、环境行为和信息处理等功能。此外，还限定了微系统的尺寸和分辨率规格。从严格意义上来说，微前缀是指微米级（10^{-6}m），尽管物体维度通常在毫米级与厘米级之间 [BOU 02]。如果不严格限制尺寸为微米级，当至少具有以下一种特性时，就可认为是微机器人 [REG 10]：

—采用微米级部件（微传感器、微执行器等）；

—利用微米级物体，或更一般情况下，在微米尺度下（即微观物体世界）完成任务；

—具有小于 1μm 的高定位分辨率（根据构造原理，研究和创建 100nm 或更小级别的高分辨率机器人，往往会使得机器人具有小尺寸的特性，并可减小最终尺寸）。

因此，微机器人或更广泛地说是微系统的定义赋予了广阔的应用领域。本章的核心内容就是设计与控制微机器人装置来完成专门的微操作任务。

微操作任务是利用外力来实现诸如抓取/放置、推动、切割和组装大小在微米级到毫米级范围内物体的任务。通过微观尺度上的小型化机械手装置来完成机器人微操作通常来说不可能实现，这是由于减小机器人功能部件的尺寸面临着技术障碍。因此，只有在以下一些领域才可尝试小型化：

—微机械，以及致力于微观尺度下的制造和微装配研究。

—执行器［立方厘米级（cm^3）下力和运动的应用］，尤其是力传感器和位置传感器（尺寸小但分辨率高）；计算单元内的控制和实现。

小型化并不是简单地减小现有部件的尺寸，而是需要全面重新考虑机器人的主要功能和实现的技术手段。尤其是，必须在考虑物理原理以及在运动、力、机械强度、输出、能控性和能观性等方面对微观世界的适应性方面来研究执行和测量的其他方法。

1.1.1 微尺度操作特性

在微机器人范畴下，微观世界的测量信息是一个具有挑战性的问题。事实上，由于尺度因子的原因，微观物体的动态行为不再受其自身重量（体积）的影响，而是要受到表面效应所对应的吸附力（表面张力、静电力和范德华力）的作用。这种微观环境下的动态性完全不同于标准度量环境。此外，这种吸附力通常取决于随时间（摩擦起电、环境条件变化、湿度和温度）和空间（接触材料的类型、几何形状和表面粗糙度）变化的背景类型（干燥或湿润环境）。在这些条件下，理解和预测微观对象的动态行为至少需要了解其在微观世界中的位置，此外，还需已知所施加力的大小和梯度方向。

目前，微观世界的概念用于定义一个具有具体特性的空间（世界）。在该世界中，物体大小仅在 1μm ~ 1mm 变化。相比之下，“微观世界”是一个用于描述尺寸超过 1mm 的物体世界的术语。微观世界中，物体之间的相互作用要遵循微观物理学定律。这意味着微观世界的物理规律与宏观世界不同。这与现实中的情况不同，区别在于宏观上完全无法觉察的力，由于物体尺寸的减小而变得十分重要。因此，表面效应要比体积效应的作用更加重要。为强调这种差异，取两个直径分别为 20μm 和 20mm 的球体。每个球体的表面积与体积之比（即 $3/r$[㊀]）分别为 300000 和 300。因此，在球体的体积相关力(重量）方面，直径为 20μm 的球体的表面力（表面张力和静电力）要远大于直径为 20mm 的球体。

在日常生活中，大量实例可证明微观世界中表面力的作用。最明显的一个例子是蚊子可在天花板上停留，这只有在昆虫脚部与天花板之间的吸附力（表面力）足以与其自身重量（体积力）相平衡时才有可能发生。另外一个例子是在一个人想要抓取一个非常小的物体（如一根针）时，通常会不自觉地弄湿手指来抓取物体，这是因为在这一过程中增大了针与手指之间的吸附力，从而更容易地利用表面张力来吸附物体。

1.1.2 可靠性和定位精度

无论是执行器还是传感器，或更一般地来说，控制链技术所固有的精度与分辨率

㊀ r 为球体半径。

性能如何，机器人系统中的绝对定位精度通常会受到机械结构、制造缺陷和在处理机械关节中引入系统误差的限制。如果系统的定位精度通常会影响到毫米级物体的操作精度，那么在更为严格的约束条件下微操作的精度无法接受，此时的分辨率需要达到亚微米级。

为了克服这种精度上的缺陷，柔性结构应运而生。可以证明这种结构形式在宏观尺度上是不可取的，因为增加了在微操作上具有优势的微小的、不可预测且难于控制的运动。因此，从定位精度和导航的角度来选用机械结构形式显得非常必要，这就是柔性结构的研究对象。这些结构通常由一个单一柔性体（无任何运动连接）组成，也称为整体单元。若在微系统中同时存在不同组件（如执行器和传感器），则需要微尺度的装配技术来最终实现机器人系统完美设计。功能性挑战和表面状态需要在介观尺度上达到越来越难以实现的制造公差。无论是串行还是并行，都已表明微装配是微系统生产中成本最高的部分（达到了80%）[KOE 99]。因此，减少或甚至无需装配依然是微机械系统设计人员的重点研究内容。

经常需要重新考虑生产制造工艺，以使之适应尺寸约束以及系统与环境之间的交互作用。标准的系统设计方法（如芯片制造）不能完全适用于微系统。来自微电子领域的制造微技术已为创建微系统原型提供了首个解决方案。如今，根据部件特性及其材料，已有多种解决方案，如硅基微技术，以及最近的三维制造（三维激光打印）、超声制造、微成型和微立体光刻等新兴技术。

整体化柔性结构不会遇到机械加工阶段常见的装配问题，并由于没有关节摩擦而可提高结构精度。现有两种类型的柔性结构：

—变形仅限于结构中几个特定点的结构。通常是由柔性关节连接的刚性结构（见图 1.1）。这些柔性连接的性能可与枢轴运动连接相媲美。然而，这些柔性导向的主要缺点在于由于区域受限而寿命有限，特别是柔性铰链（见图 1.2）。

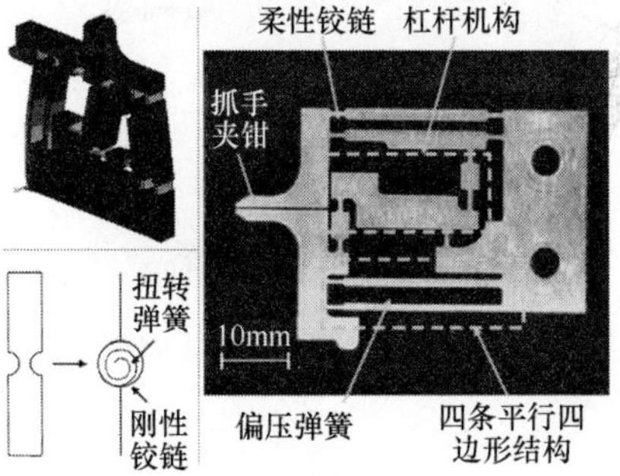

图 1.1 柔性铰链结构的抓手 [ZUB 09]

—分布式柔性结构（见图 1.3）。尽管一般不会出现上述缺点，但该结构的设计非常不直观，且取决于确定其形状或拓扑结构的优化方法（见图 1.4）。

1.1.3 微操作站

微操作可在以下三种环境下实现：真空、空气和液体中。工作环境的选择主要取决于操作对象的特性。通常，是在一个微操作站中进行微操作任务。构成微操作站的主要元素包括：

—适应于被操作微物体具体特征的效应器和机械手（见图 1.5 和图 1.6）。

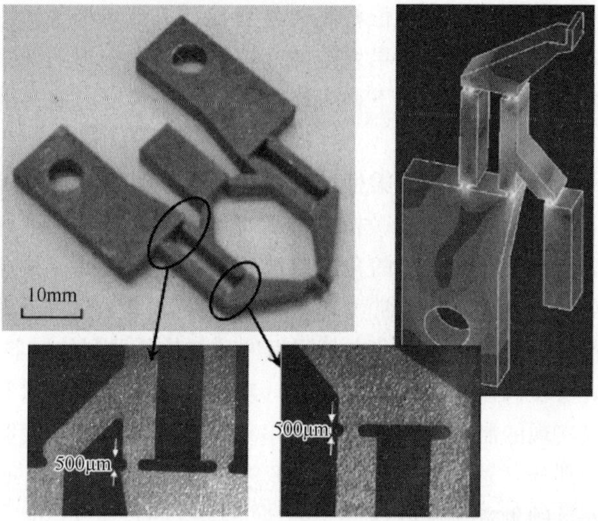

图 1.2　柔性铰链结构的微抓手（约束表示）［NAH 07］

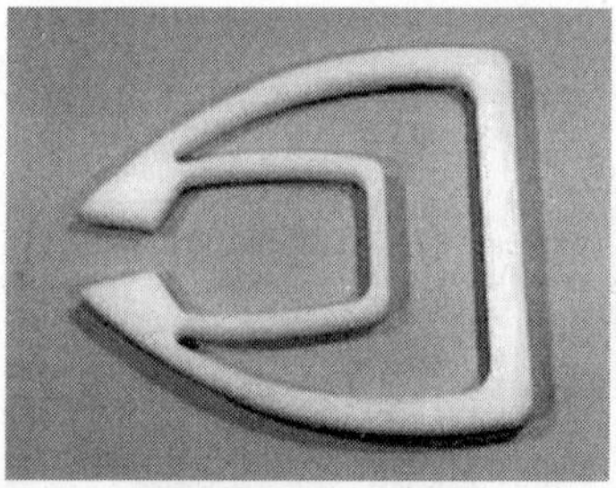

图 1.3　共享变形分布的结构［KOT 99］

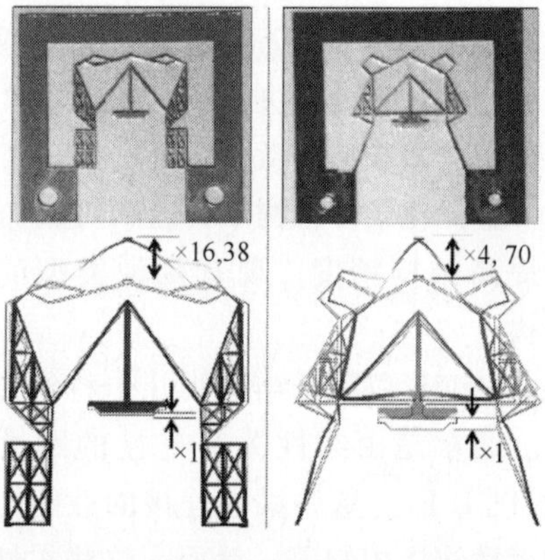

图 1.4　PZT 执行器中的硅基微放大器（形状和视图来自 MEB）［GRO 07a］

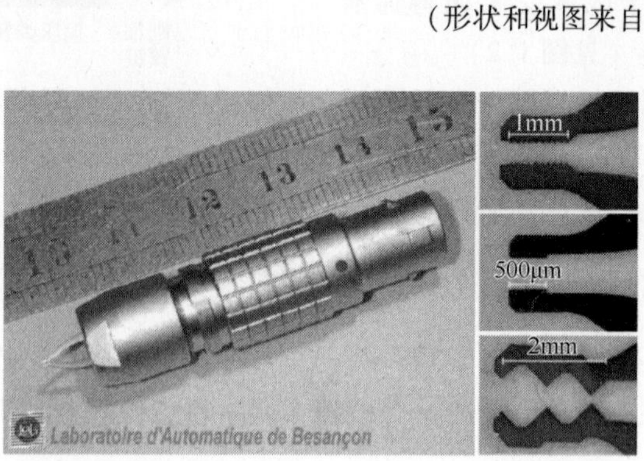

图 1.5　片上微机器人（MMOC）及其镍效应件的示例［AGN 05］

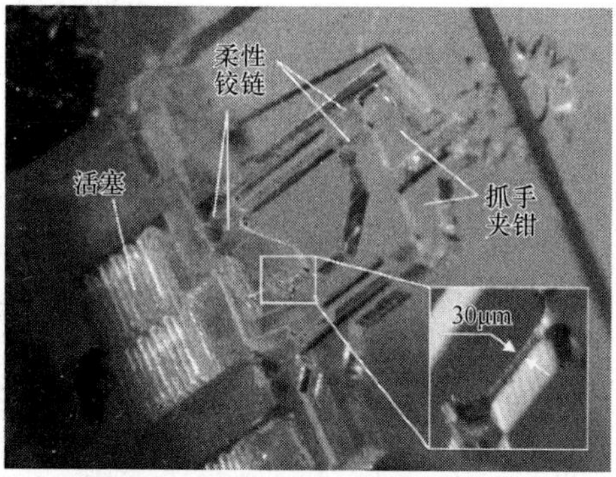

图 1.6　具有微气动执行器的柔性颈微抓手示例［BUT 02］

——一个或多个定位轴。这可在机械手不可能运动时使得机械手动作或甚至在工作面运动。这是由于微操作执行器的具体特性要求必须具有最小微米级的定位分辨率。

——一个或多个视觉和可视化装置（显微镜、摄像机和屏幕）。由于被操作物体的大小，这些装置是非常必要的。因此，可提供微观世界的特写图像。

—人机交互界面（HMI）。操作站需要该装置、软件和材料，这是因为其构建了微观世界与宏观世界之间的桥梁。通常，所采用的装置是由多自由度机械结构构成的触觉感知接口。此外，还可为操作者提供实际操作的机会。这些装置提供了与被操作物体之间一种潜在的“感觉”交互作用（接触/脱离力、抓取力等）。因此，为实现上述过程，该人机交互界面可支持虚拟/增强现实方法。

——一个或多个具有状态变量（位置、速度、温度等）控制功能的控制器。

如芯片（尺寸类似于微物体）、空气流通、环境湿度和温度等伴随因素可影响微操作任务的正确完成。为应对这些问题，最初的解决方案是采用一个环境可控的操作站。第二种解决方案需要利用一个可视系统监控现场状况以控制运动轨迹，甚至避免碰撞。因此，微操作阶段所用的力通常能够提高成功概率。在微型机器人已取得重大进展的情况下，远程控制的微装配站成为了目前的研究热点（见图 1.7 和图 1.8）。

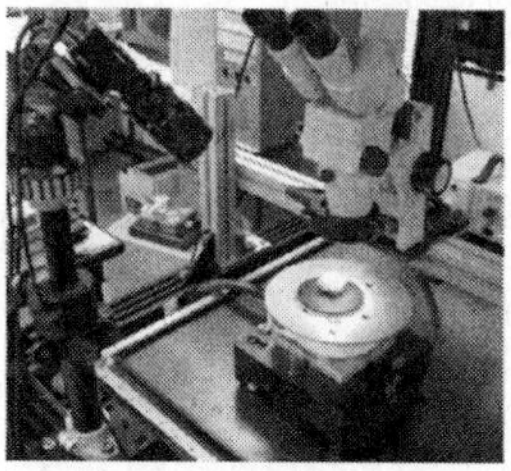

图 1.7　具有摄像机和显微镜的微操作站［SHA 05］

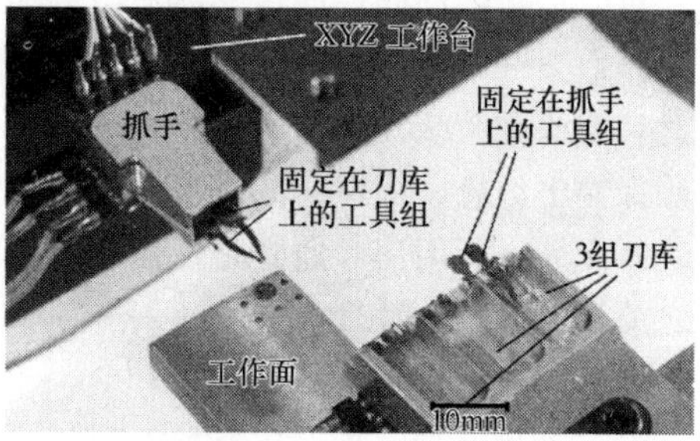

图 1.8　允许终端件变化的微操作站［CLE 05］

1.1.4 机器人微操作控制相关问题

由于不同的并发因素，导致微抓手系统的控制十分困难（见图1.9）。

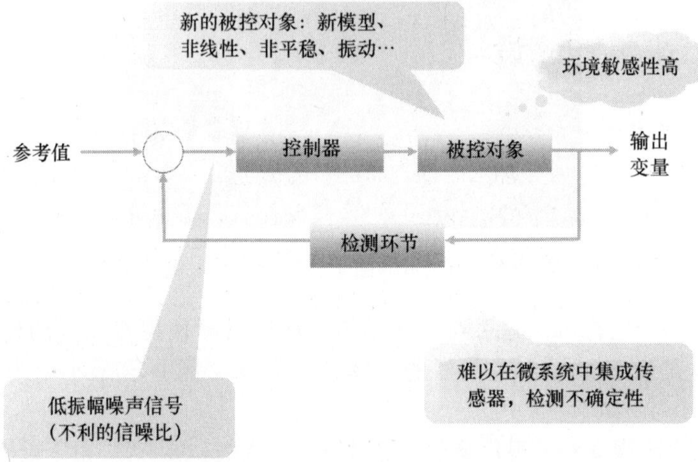

图1.9 微观世界中的反作用剖析

1.1.4.1 系统性能

由于运动往往不可预测，因此微观世界中尺寸的具体作用会导致分析和构建动力学和运动学模型非常困难。所采用执行器的动态性能高度非线性（特别是滞后和缓慢漂移等现象），结果往往会导致控制律非常复杂。此外，构成部分或整个被控系统的材料对环境试验条件非常敏感。事实上，在温度、湿度、电荷以及外部干扰（如机械振动和光线）变化方面，环境的影响和变化非常大。最后，微系统的动态特性从一种执行器和测量技术到另一种之间的变化非常大。特别是，基于压电陶瓷（是目前最常用的监控微操作材料）等活性材料的执行器的加速度可达到10^6m s^{-2}数量级。相比之下，基于形状记忆合金（SMA）的执行器的时间常数约为1s。

1.1.4.2 检测系统

难以将精确的高性能传感器集成到微系统中阻碍了直接获取本体测量控制所需的主要参数。一个传感器的研发必须与系统密切相关，同时也是一个重大的技术挑战。因此，有些微系统在执行微操作任务时采用开环操作或远程操作。在此，由外部系统来确保输出信息，最常见的是一种采用固定在工作台周围的显微镜和/或摄像机的监控系统。此外，所用信号通常是低振幅且受环境条件的干扰，因此需要在控制回路中使用之前先进行数值处理。

1.1.4.3 机械柔性的挑战

除了上述困难之外，还存在微结构中机械变形的影响。柔性机械结构具有一个变形和约束的范围，这取决于拓扑约束和所用材料的特性。与动能和弹性变形能之间能量交换相关的质量和刚度之间的耦合关系会导致产生类似于多弹簧-质量系统的振荡动态性能。所产生的由固有频率和模态形状表征的共振取决于结构中的质量分布和机械参数范围。在实际微操作背景下，由柔性结构引起的振动是影响这些系统操作的问题根源。因此，必须减小或甚至完全抑制这些影响。

1.2　微机电一体化设计

在宏观世界中，对一个小规模的常见机电一体化系统进行操作时，小型化是这些系统功能集成所伴随的一个必然问题。总的趋势是迫使微操作机械手具有越来越显著的功能密度。与宏观尺度下的机械手一样，微操作机械手也必须具有执行器和测量功能以及一个能够保证和/或传送执行宏观世界中规划任务所需运动的机械结构。这些系统设计方法的总体框架需要一种针对该问题的复杂且多学科交叉的方法。这种设计受益于柔性结构以应对该尺度的机器人操作。所采用的设计分析方法涉及从材料科学到鲁棒自动控制和拓扑结构优化等多个领域。

1.2.1　柔性集成结构建模

用于微操作的微机电一体化系统通常采用一种基本的柔性机械结构。因此，其性能证明建模和解析求解都是非常复杂的。在仿真阶段，首先必须建立一个完整的系统数学模型。然后在该模型的基础上，在对原型系统进行数值校正实现之前进行仿真闭环操作来验证被控系统的性能、稳定性和鲁棒性。可根据不同阶段，对柔性结构设计进行分析（见图 1.10）。

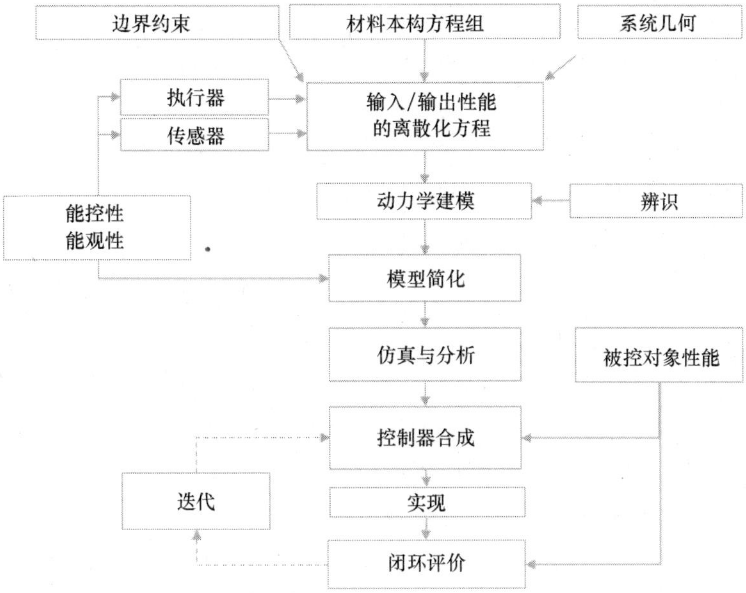

图 1.10　设计与仿真阶段［JAN 07］

1.2.2　活性传导材料

在微抓取系统集成设计的研究工作中，需利用活性材料作为系统集成过程中的一个附加阶段。机电一体化与最新研发的活性材料的联合应用产生了自适应机电的概念。自适应机电这一术语通俗来说就是智能结构、智能材料、智能系统、适应性结构甚至活性结构［HUR 06］。自适应机电的概念是指一种所有功能部件都共存于一个调节电路且至少有一个部件是多功能应用的系统（及其研发阶段）［JAN 07］。区别在于传统控制机制是每种功能都是由一个独立基本部件确定，而自适应机电系统是利用多功能部件。正是由于这些部件的存在，才使得在这些系统的技术创新中具有重要作用的活性材料应用成为可能。总的来说，活性材料使得系统结构复杂性降低且大多数集成了不同的功能部件。因此，这产生了在柔性结构中执行器和传感器的优化定位与物理集成问题（见图1.11）。

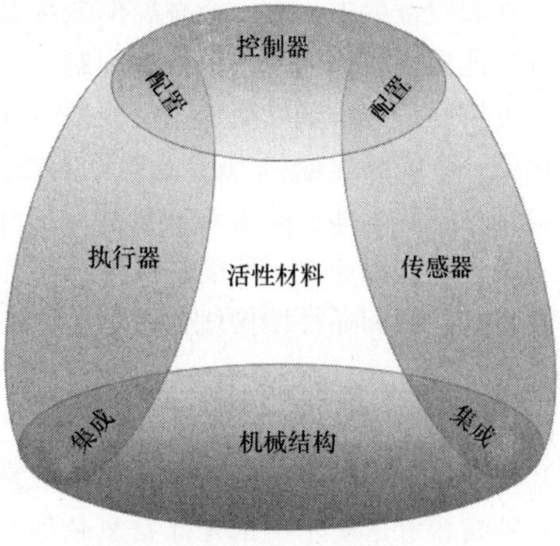

图1.11　通过活性材料的功能集成［JAN 07］

因此，自适应机电是机电一体化与活性材料协同作用的结果，在环境变化（如约束条件、电场或磁场以及温度变化）或更一般的控制信号（如电信号或磁信号）需要时，通过将执行器和/或测量功能集成到结构中而构建的一种高功能密度的系统。因此，材料应满足多种功能且控制回路的基本部件不再是物理独立的。

微抓取系统设计过程中，应通过多个性能指标和约束条件来选择执行器和传感器：平稳性、线性度、精度、分辨率、灵敏度、可逆性和成本等。本节介绍了目前微机电一体化中常用的一些活性材料，并根据传导类型进行分类。

1.2.2.1　电传导

1.2.2.1.1　压电

“直接”压电效应是一种在受到机械约束时材料表面上呈现电荷的现象。“相对”压电效应是指在施加电场作用下材料会产生形变。这些材料的机电耦合系数可进行能量转换的传递。在微系统设计中所选择的执行器主要取决于其高分辨率和速度方面的性能。因此，传递力要远大于其他类型的执行器。在某些应用条件下，机电耦合关系可认为是线性的。这种材料的一个主要缺点是形变性能差，仅有0.1%。在执行模式下，主要有单形态结构（见图1.12）和双形态结构两种形式。另外，还有一些形式不直观的活性压电结构（见图1.13）。

图 1.12　单形态压电结构的微抓手［HAD 00］

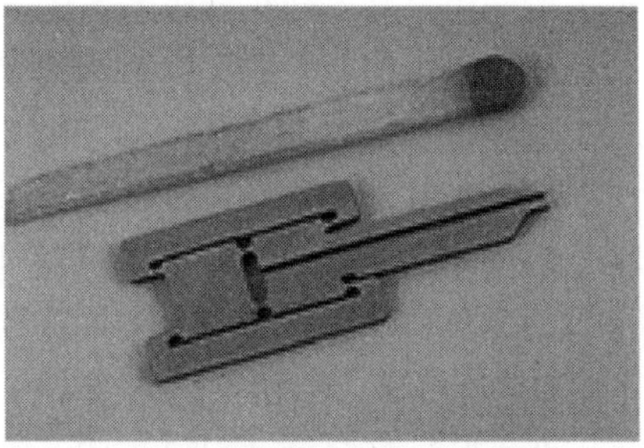

图 1.13　大规模单片压电微抓手

1.2.2.1.2　电致伸缩

电致伸缩是另一种在施加电场作用下固体成形的现象。施加电场和材料形变程度之间的关系为二次型。尽管滞后长度较低，但电致伸缩材料还是被更受欢迎的压电材料所替代，这是由于这种材料的形变对温度变化过于敏感。

1.2.2.1.3　电活性聚合物

电活性聚合物是指在受到电场作用下会产生形变的聚合物。与其他电活性材料相比，其产生的形变相对较大，而所产生的力较小。此外，聚合物具有柔性的特点，且在需要较低的电压时通常具有生物相容性［CHA 03］。

1.2.2.1.4　电流变液

电流变液是由含有大小为 0.04 ~ 100μm 且总体积比㊀为 20% ~ 30% 的半导体粒子的介电液体组成。根据所施加电场的不同，电流变液的流变性能（黏度、阈值约束等）变化非常大。

1.2.2.2　磁传导

1.2.2.2.1　磁致伸缩

磁致伸缩是指在外部磁场作用下材料发生形变的能力。在所有铁磁材料中均会发生形变，只是增加了磁致伸缩效应。

1.2.2.2.2　磁流变液

磁流变液是指在有机或水性流体中含有铁磁粒子悬浮物。在无磁场情况下，这些流体通常满足表征流体黏度的牛顿流体学。在施加磁场后，会根据剪切约束以 Bingham 塑性模型来表征流体。这表明类似于电流变液，这种流体是一种只能转移能量而不能转化能量的半活性材料。因此，主要应用于可控缓冲器或近来出现的半活性触觉接口［LOZ 07］。

1.2.2.3　热传导

1.2.2.3.1　热膨胀

固体的热膨胀可用于完成机械任务。在微观世界中，这一原理广泛用于双金属或

㊀ 粒子体积与总体积之比。

更一般的由具有不同热膨胀系数的多个固体层所组成的多形态结构。由温度效应产生的膨胀程度不同会导致复合结构的整体弯曲。热执行器具有时间常数较低且受散热问题影响等缺点。

1.2.2.3.2　气体热膨胀

理想气体状态方程的具体解释可用来构建微执行器：在恒定压力下，对压缩在一个初始容积中的气体加热会使得该容积的体积增大。

1.2.2.3.3　形状记忆合金

在形状记忆合金（SMA）中，温度的变化会导致材料的固-固相之间发生变化，从而使得晶体网络发生显著变化，其中剪切应力是主要组成分量。在最大可达 250MPa 阻滞力约束下，牵引力达到 6% 时可发生显著形变。在永久性低温形变后，通过加热，SMA 可恢复到其初始非形变的形状，这就是形状记忆功能（见图 1.14）。在执行模式下，可利用焦耳效应来实现加热控制，即 SMA 中的电流运动，或根据文献［BEL 98］中提出的激光切割方法（见图 1.15）。然而，由热力现象引起的形变会使得这些材料的响应时间相对较慢（SMA 线缆直径为 150μm 时的带宽不超过 1Hz）。因此，这种材料的热力特性为高度非线性。

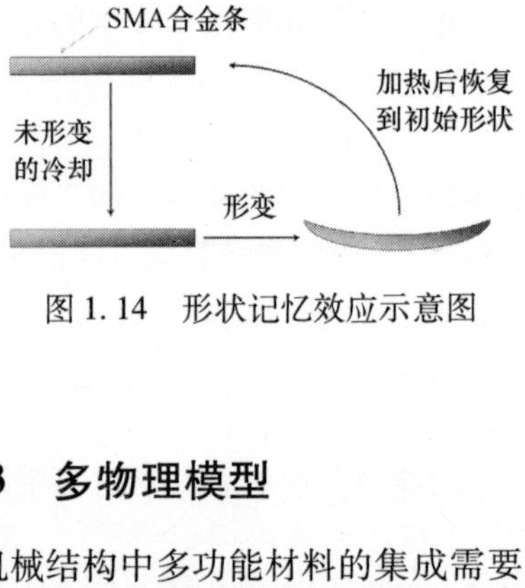

图 1.14　形状记忆效应示意图

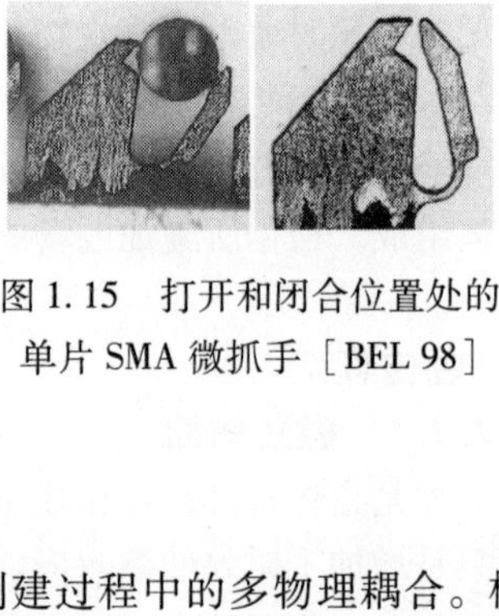

图 1.15　打开和闭合位置处的单片 SMA 微抓手［BEL 98］

1.2.3　多物理模型

机械结构中多功能材料的集成需要考虑模型创建过程中的多物理耦合。模型的出发点是在线性弹性连续体的一般假设下分析材料的组成关系。在线性弹性连续体的一般假设条件下，物体通常被认为是一种组成关系。在考虑系统中多物理耦合下利用表示能量形式问题中变分函数的广义汉密尔顿（Hamiltonian）原理来分析结构的动态特性［HE 01］。因此，机械结构的运动约束 - 位移假设与结构的几何（片、条、杆等）相关。

尽管分析模型本身的结构很简单，但并不能说明复杂结构的离散化是不可避免的。已知的最常见情况无疑是利用基本系统形变的多项式插值（如杆、条和片）的有限元（FE）方法。插值计算是利用结构中特定节点处的位移离散值来数值求解偏微分方程。由此，有限元方法可将系统动态特性连续方程转化为一组由特定自由度描述的离散微分方程。

约束和变形与材料的组成关系密切相关。对于非活性材料，在这种线性弹性的依赖关系下，广义胡克（Hook）定律近似成立。活性材料情况下，必须满足胡克定律，或甚至由材料的组成规律所代替，以考虑其力学性能和耦合（电、磁或热）。尽管除了某些特殊的材料，如高度非线性的电致伸缩材料或形状记忆合金并未在线性弹性情况下直接构成，而压电、磁致伸缩或热膨胀材料可由一组线性方程组描述。变分计算（最初目的是研究纯机械材料的动态特性）已通过考虑不同形式的能量证明活性系统具有可能的延伸：例如，压电材料的弹性和带电情况。耦合需要在系统内引入附加的自由度。在压电材料的大多数有限元中，需考虑节点电位［ALL 05］。当这是一个对磁场敏感的材料时，需考虑标量磁势［MIF 06］。

1.2.3.1　运动方程

应用这些形式化描述可得到线性矩阵运动方程的动态模型。这是一个二阶方程，其中包括半径 K、质量 M 和阻尼矩阵 $\boldsymbol{D}$：

$$M\ddot{\boldsymbol{p}} + \boldsymbol{D}\dot{\boldsymbol{p}} + K\boldsymbol{p} = \boldsymbol{F}\boldsymbol{u} \qquad [1.1]$$

式中，$\boldsymbol{Fu}$ 表示执行器对柔性结构的作用，输入 $\boldsymbol{u}$ 为一个由控制系统分布定义的外部控制量 $\boldsymbol{F}$ 所构成的矢量。

当结构中包含活性元素时，自由度矢量 $\boldsymbol{p}$ 通常包括节点机械位移、电势或节点磁势。电磁效应通常是一种比纯力学特性响应快得多的动态性能，从某种程度上，其作用本质上是一种准瞬时响应。这种情况下，只有刚度矩阵表达式受多物理耦合的影响。

1.2.3.2　线性状态空间表示

对于控制而言，线性运动方程通常可转化为系统状态方程。对于纯机械问题，利用位置和速度可定义状态矢量 $\boldsymbol{x}$ 并得到如下状态空间表达式：

$$\dot{\boldsymbol{x}} = \begin{bmatrix} \dot{\boldsymbol{p}} \\ \ddot{\boldsymbol{p}} \end{bmatrix} = \begin{bmatrix} 0 & \boldsymbol{I} \\ -M^{-1}K & -M^{-1}\boldsymbol{D} \end{bmatrix} \begin{bmatrix} \boldsymbol{p} \\ \dot{\boldsymbol{p}} \end{bmatrix} + \begin{bmatrix} 0 \\ M^{-1}\boldsymbol{F} \end{bmatrix} \boldsymbol{u} \qquad [1.2]$$

由此可得：

$$\dot{\boldsymbol{x}} = \boldsymbol{A}\boldsymbol{x} + \boldsymbol{B}\boldsymbol{u} \qquad [1.3]$$

在主动闭环控制系统中，传感器需要测量各种各样的信号，如位移量（电容传感器、激光等）、力或局部形变（形变计量仪等）。因此，线性测量方程可写为下列通用形式：

$$\boldsymbol{y} = \boldsymbol{C}\boldsymbol{x} + \boldsymbol{D}\boldsymbol{u} \qquad [1.4]$$

式中，矢量 $\boldsymbol{y}$ 中包括系统中观测到的所有输出。矩阵 $\boldsymbol{C}$ 和 $\boldsymbol{D}$ 分别为系统观测矩阵和转移矩阵。

因此，状态模型是系统结构特性的函数，且受系统结构中执行器和传感器分布的影响。此外，系统输入和输出的选择，即关于执行器和传感器的数量、位置和类型的选择，会影响系统性能、复杂度以及计算成本。

1.2.3.3　模型降阶

利用有限元得到的结构模型通常会在控制律设计中涉及太多的自由度。复杂结构往往会具有几百甚至几千个自由度，而校正合成方法及其分析工具只能限于几十个自由度。这种悬殊差距表明了动态模型降阶技术的重要作用，其目的是通过仅考虑影响输出响应的第一振型来限制状态矢量分量的个数［CRA 90］。

1.2.3.4　控制器综合

标准的控制器综合过程应遵循以下顺序：

1）具体控制目标是在性能（稳定时间、精度等）与调控鲁棒性（灵敏度、抗干扰等）之间采取一种折中方案；

2）定义外源性变量和调节变量；

3）根据系统的确定模式，通常基于初选的系统输入（基于系统反应的控制量）和系统输出（用于控制律计算的测量值）以及根据调节器实现目标和约束以及模型类型来选择的调节器综合方法（已有的一些方法）来选择控制器结构；

4）经过闭环系统的仿真验证之后，在实际物理系统中实现控制律。

对闭环控制系统进行评估之后，为完善系统性能可能需要迭代运算（见图1.10）。

1.2.4　微机电结构的优化策略

结构的建模、仿真和控制需要在优化研究的基础上对问题进行先验参数化（拓扑域、结构的几何形状、使用材料等），从而确定与具体应用相关的最适合的结构设计、材料的选择、执行器和传感器的实现与物理集成等。接下来，将要讨论几种用于微操作机器人柔性结构优化设计的不同方法。

大多数结构优化的研究都需要优化影响机械运动和输出的边界条件下的材料分布，目标是从该系统中取得一定程度的性能和运动。根据类型不同可对优化算法进行分类。例如，确定性算法用于考虑一个凸的、连续可微的搜索空间，而随机优化算法（如基于模拟退火算法的进化算法）的优势在于能够用于一个离散或甚至不定值的搜索空间。为得到问题准则下的最优解，随机优化算法在基于大量候选解对该准则的评价基础上利用一种随机搜索过程来搜索整个空间。该算法的计算复杂度为0阶，在一定程度上无需多次计算功能-成本。此外，既不需要目标函数连续，也无需函数梯度。算法的鲁棒性和适应性使之能够得到其他难题的数值解。然而，该算法具有能够适用于体现更大潜力的非标准搜索空间中的能力。这些方法可通过创建一个折中准则来很好地求解多目标优化问题。基于达尔文种群进化论的简化模拟以及模拟退火算法的进化算法［CHA 94］是一种常用于拓扑结构优化的非确定性方法。然而，计算时间成本具有灵活性。在计算时间方面，目标函数的评价和搜索空间的探索是两个成本较高的阶段。该问题的一个解是利用如杆或条网络的简单机械模型得到的［SAX 02］。利用条的弯曲更加强调了其在描述形变机械结构上的重要性。

1.2.4.1　结构参数的优化

这种被誉为“自动结构调整”的方法旨在对预先确定形式和拓扑的结构中各部件的直线部分和横向厚度进行调节。通常利用柱模型来对形变机械进行建模。这种情况下，柔性传动可简单地看作一个按照预定义模型来排列布局的柱形结构网络（见图1.16）。一个主要示例是文献［CAN 00］和［FRE 00］的研究，其中，通过将最大输出位移看作目标函数来探讨了一种压电执行器中位移放大机构的最优综合方法。网络中的每一根柱都有一个作为优化变量的矩形截面。设置该矩形截面的下限非常小，以使得当元素到达搜索空间的下界时，可在后处理中忽略。在优化过程中，剩余的柱元素定义了最优拓扑。

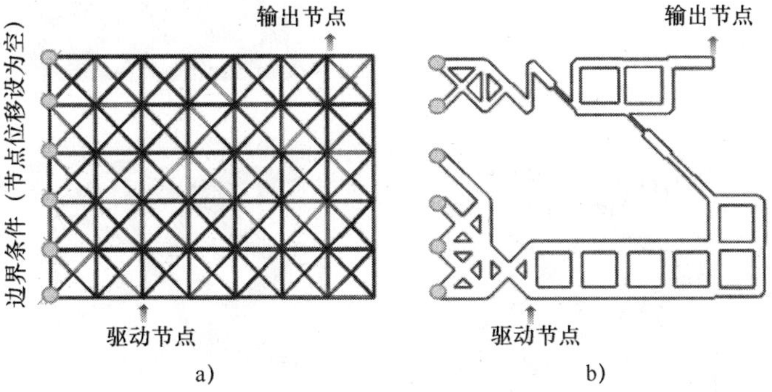

图 1.16　a）拓扑优化域；b）运动放大的最优解［CAN 00］

也可通过指定其刚度来定义外部环境的特性。目前，已有一系列的研究将影响形变能量［SAX 00］或机械效益最大化（机械输出与输入之间产生的力之比）［KOT 99］的准则相集成。该方法还可应用于杆装置的情况下，与条装置相比，杆装置仅与牵引/压缩相关。另外，多层机械结构的优化设计也一直是一项科学研究课题。在执行器和压电或磁致伸缩的双形态传感器情况下，优化直接影响着对解析模型的分析。因此，目标是通过改变活性或非活性材料不同层厚度等具体参数来最大限度地提高执行器阻滞力的自由挠度［GEH 00］。

1.2.4.2　形状优化

这种类型的优化方法可使得与之前固定拓扑结构相兼容的形状发生改变。该方法也称为“敏感度分析”或“域变化”，是优化边界上有限个数的控制点位置。边界形状的微小变化或多或少地会对欲优化的准则值产生显著影响。分析目标函数值域边界上的变化可优化迭代过程来不断改进初始形状。上述过程是基于对优化变量相关的目标函数的梯度进行评价。在域变化方法中，水平集方法（见图 1.17）是根据水平集函数来表示形状的边界，该函数具有能够处理三维和非线性弹性问题的优势［ALL 04，JOU 07］。然而，这些方法的计算时间成本较大，取决于初始形式及其表示分辨率。由此产生的形式只根据其边界发生变化，而不能改变结构间的连通性或固有特性，即允许在结构中出现或消失的新的边缘或孔。

1.2.4.3　拓扑优化

拓扑优化的目的是确定结构组成要素的性质以及之间的连通性。在此类问题上，只需指定可能定义结构的边界条件和空间域。文献［BEN 88］提出了一种通过改变最初形式来概括形状概念的方法，该方法来源于多孔复合材料的概念。拓扑优化问题的变量包括设计过程中每点处的材料密度以及复合材料的力学性能。均质化理论应用于

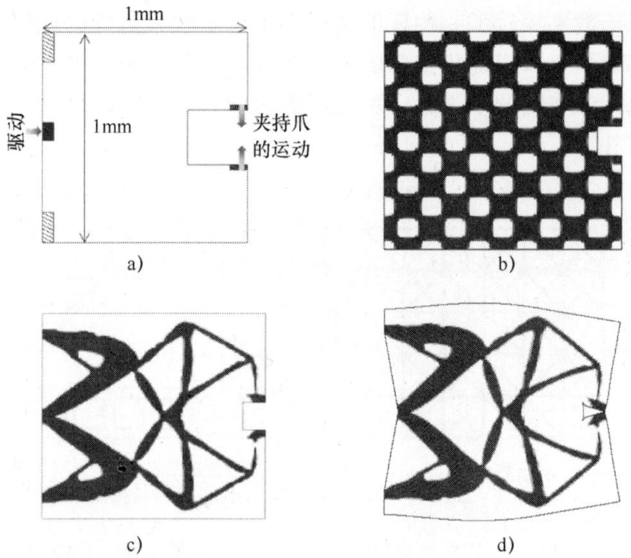

图 1.17 利用水平集方法设计一个二维微抓手［ALL 02］
a）问题定义 b）初始拓扑 c）优化 d）形变设计

宏观行为规律的建模，利用作为［0，1］区间内连续变量的材料密度来局部表征的多孔微结构。通过综合考虑第一材料之后具有更大柔性度的第二种材料来得到上述材料密度。为得到一个适定性的问题，有必要从数学上进行形式描述，从而保证解的存在。

在微系统的实际应用领域，已开发利用上述优化方法来设计运动范围限于几微米的压电执行器的放大结构。通常将执行器集成到一个需要确定最优拓扑的被动结构，其中要考虑能够最大程度上影响平稳［NIS 98］或特定频率［SIL 99］下输出自由运动的多个准则。另外，还可根据换向运动机构设计等其他目的来优化这种结构的几何优势（输入、输出之间的位移比率，见图 1.18）。

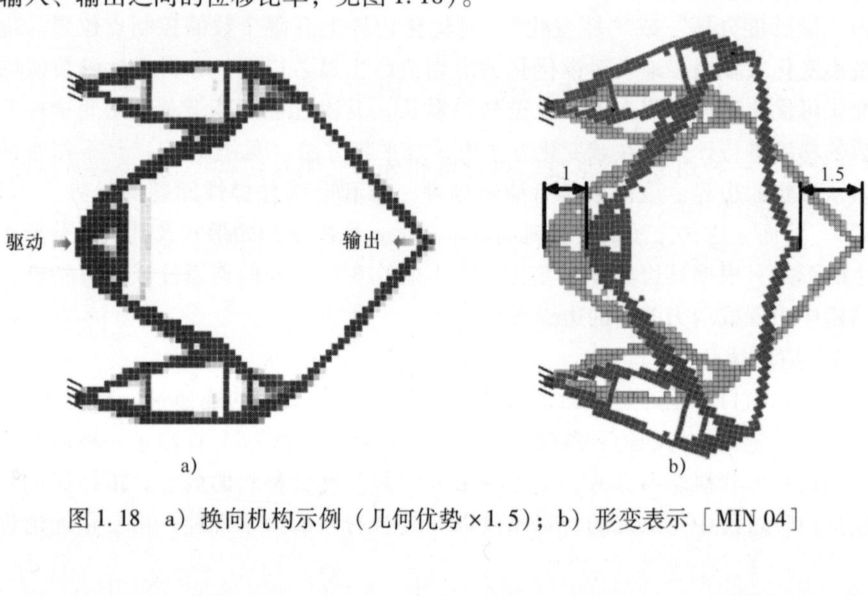

图 1.18 a）换向机构示例（几何优势 ×1.5）；b）形变表示［MIN 04］

通常可根据直觉和设计者自身经验，或试错法来设计集成微执行机构。均质化方法在包括压电［TEL 90，GAL 92］或电磁干扰［YOO 00，YOO 04］等现象的多物理问题下的扩展为该领域的研究提供了一种新思路。由此，利用功能材料来实现结构的拓扑优化成为可能。关于这方面研究的一个主要示例是 Sigmund 所开展的研究［SIG 98，SIG01a，SIG01b］，以及最近文献［RUB 06］中所介绍的研究，其中提出一种用于具有电热机械执行器的单片式平面微系统的优化辅助设计方法。由此，该方法实现了柔性结构中执行器功能的完美集成。在一个假定的电热机械弱耦合下，依次解决了三个有限元问题。首先进行电分析，然后进行热分析，最后是弹性分析：

$$\begin{aligned} \boldsymbol{K}_0\boldsymbol{p}_0 &= \boldsymbol{f}_0 \rightarrow \text{电分析} \\ \boldsymbol{K}_1\boldsymbol{p}_1 &= \boldsymbol{f}_1(\boldsymbol{p}_0) \rightarrow \text{热分析} \\ \boldsymbol{K}_2\boldsymbol{p}_2 &= \boldsymbol{f}_2(\boldsymbol{p}_1) \rightarrow \text{机械弹性分析} \end{aligned} \qquad [1.5]$$

式中，$\boldsymbol{K}_0$ 和 $\boldsymbol{K}_1$ 分别是全局电导矩阵和全局热导矩阵；$\boldsymbol{K}_2$ 为机械刚度矩阵；$\boldsymbol{p}_0$、$\boldsymbol{p}_1$ 和 $\boldsymbol{p}_2$ 分别为电势、温度和机械运动的节点矢量；而 $\boldsymbol{f}_0$、$\boldsymbol{f}_1$ 和 $\boldsymbol{f}_2$ 分别为电荷、热量和机械节点矢量。

在材料连续情况下，已应用拓扑结构的优化方法来设计一个具有电热机械执行器的单片微抓手（见图 1.19）。

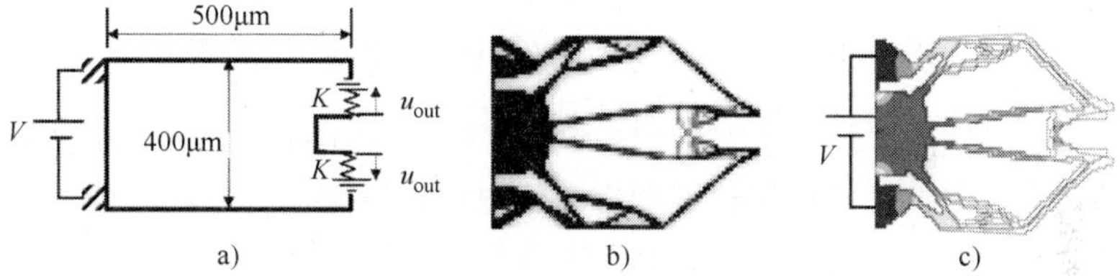

图 1.19 外径厚度为 15μm 的单片镍电热机械微抓手［RUB06］

a）过载和边界条件 b）最优解 c）形变

1.3 柔性压电传导结构的综合优化方法示例

本节介绍了一种用于机械形变、执行器和分布式测量结构的初步辅助设计工具。CEA LIST 提出的这种方法是基于在一个固定的设计区域内基本柔性配体的优化配置，如梁式系统。接下来将通过多个介观尺度的机器人操作示例来阐述该方法的几个优点。

1.3.1 块方法

在由梁组成的柔性结构情况下，一般可从基本柔性配体角度来观察其拓扑结构。为避免考虑所有可能的组合梁配置，可利用可变刚度的柔性配体来描述该机构。这些块被定义为给定区域内预先定义的多个矩形截面梁的配置（见图 1.20）。这可根据设计者的经验来定义，并使得考虑新技术约束问题的方法得到进一步发展。定义块的目的也是为了避免局部变形。为加快算法收敛，每个块（最初包含 13 个节点）的特点是在一个刚性矩阵中具有块中的 4 个外部节点，并在优化过程开始时对所有节点进行一次计算。利用线性框架中的有限元方法以及在矩形截面中 Navier-Bernoulli 型梁具有小扰动来计算性能，并预假设材料为线性弹性各向同性。在此，利用块方法来检验平面结构的情况。利用文献［DEB02］启发的一种能够实现多目标优化的进化算法。在优化过程开始时确定域的大小、所用块的数量以及输出点特性（相对于目标）等参数。用户设定性能目标，并利用遗传算法在模态可控性和可观性[⊖]等准则下来评估可能的解。该方法可优化柔性结构中定义的全部变量或部分变量：点相邻框架（固定基座）、单边接触（内部或外部）、执行器分布以及其他常用变量（块的拓扑类型及其配置尺寸和所用材料）。在优化过程结束时，该方法可提供一组最接近于对应特定约束目标的最优柔性结构。

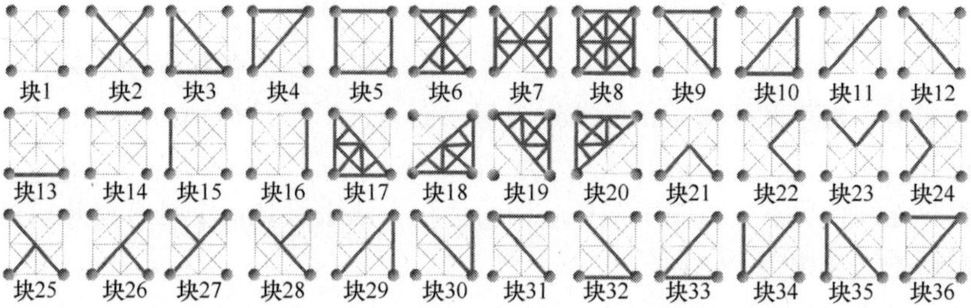

图 1.20　库中不同基本块的拓扑及其相关表示个数

通过将库中特定配体块认为是活动块来实现柔性结构中执行器和测量功能的分布式集成。这些具有压电特性的配体块可能会由于电场效应而使得柔性结构产生局部变形（执行器模式）或通过产生与形变成正比的电荷来返回形变信息（传感器模式）。采用活动配体块的优点在于可直接耦合多个机械自由度，从而允许在柔性结构网格的单个部件中产生复杂运动。在设计单片压电微执行器的文献［GRO07b］中着重强调了这种现象。

1.3.2　通用设计方法

优化设计方法需要搜索一个授权组成块的理想分布以及需考虑的不同结构参数（见图 1.21）。结构中固定节点的位置、材料的选择、配体块的大小和活性配体块的位置也可看作优化参数。该算法的结构如下：

—根据设计条件（网格大小、拓扑结构、材料的厚度和边界条件）来实现柔性机构的离散参数化；

—优化的随机操作（柔性机构的描述修改）。

在多准则优化或单准则优化的单一解情况下，遗传算法对每次迭代中所选择的准则进行评价，并提供多个伪最优解。用户通过解释和分析解，来根据应用期望需求选择相应的解。

⊖ 将在第 2 章中给出定义。

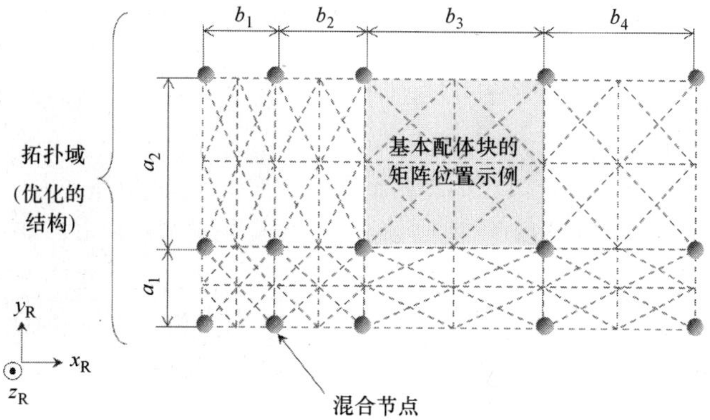

图 1.21　矩形块框架下的网格描述

1.3.3　有限元模型

通过考虑 Navier-Bernoulli 梁型的有限元公式可得到块模型。每个矩形块的结构参数为各自的高度、宽度和厚度。每个配体块的材料特性由杨氏模量、泊松系数、密度和压电传导系数来参数化表示。为计算不同的优化准则，该方法采用库中每个块的有限元模型。必须通过制定这些运动假设的合适问题来事先开发好一个基本的压电梁模型［GRO 08，GRO 11］。

根据由压电标准定义的线性方程组［STD 96］和机电一体化系统的广义汉密尔顿原理［TIE 67］，可利用变分方法来推导压电梁的有限元模型公式。计算细节可参见文献［GRO 08］和［ELK 10a］。在其局部位置处的基础梁动态特性可由矩阵表达式表示如下：

$$\boldsymbol{M}_{\mathrm{p}}\ddot{\boldsymbol{X}}_{\mathrm{p}}+\boldsymbol{K}_{\mathrm{p}}\boldsymbol{X}_{\mathrm{p}}=\boldsymbol{G}_{\mathrm{p}}\boldsymbol{V}_{\mathrm{p}}+\boldsymbol{F}_{\mathrm{p}} \tag{1.6}$$

$$\boldsymbol{G}_{\mathrm{p}}^{t}\boldsymbol{X}_{\mathrm{p}}+\boldsymbol{C}_{\mathrm{p}}^{t}\boldsymbol{V}_{\mathrm{p}}=\boldsymbol{q}_{\mathrm{p}} \tag{1.7}$$

式中，$\boldsymbol{M}_{\mathrm{p}}$为质量矩阵；$\boldsymbol{K}_{\mathrm{p}}$ 为刚度矩阵；$\boldsymbol{G}_{\mathrm{p}}$ 为机电耦合矩阵；$\boldsymbol{C}_{\mathrm{p}}$ 为电容矩阵；$\boldsymbol{X}_{\mathrm{p}}$ 为节点机械力矢量；$\boldsymbol{q}_{\mathrm{p}}$为梁电极表面的电荷分布。

当基础梁用于执行器模式时，作用在电极表面的电势信号会使得节点按比例运动（见式［1.6］）。与此同时，当基础梁用于传感器模式时，电极接收的电荷量与梁的形变成比例（见式［1.7］）。在实际中，电荷-张力转换电路中采用使得传感器梁的上、下电极短路的运算放大器，从而可将测量比简化为 $\boldsymbol{q}_{\mathrm{p}}=\boldsymbol{G}_{\mathrm{p}}^{t}\boldsymbol{X}_{\mathrm{p}}$。

为考虑平面梁的朝向，一般表示为表征各梁机电特性的有限元模型矩阵，然后构成各个块的矩阵以及整个柔性结构的矩阵。

1.3.4　应用示例：柔性集成微抓手设计

优化综合方法已用于设计可实现抓取功能的单片压电微机器人结构，它是由两个独立移动的手指型对称微夹钳组成。该抓手包括集成驱动结构（见图 1.22），或甚至驱动与测量集成结构（见图 1.23）。

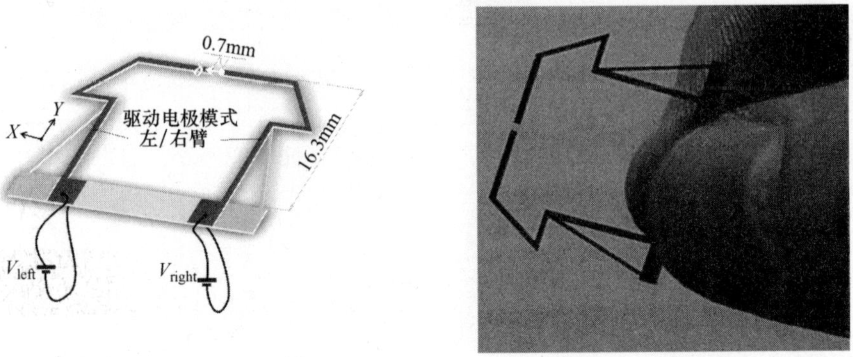

图 1.22　a）压电微抓手的三维视图，以及左右手指的上电极路径；
b）激光切割制造的微抓手原型机图片（电势差为 100V 时自由
位移为 10.69μm 且阻滞力为 0.84N）［GRO 08］

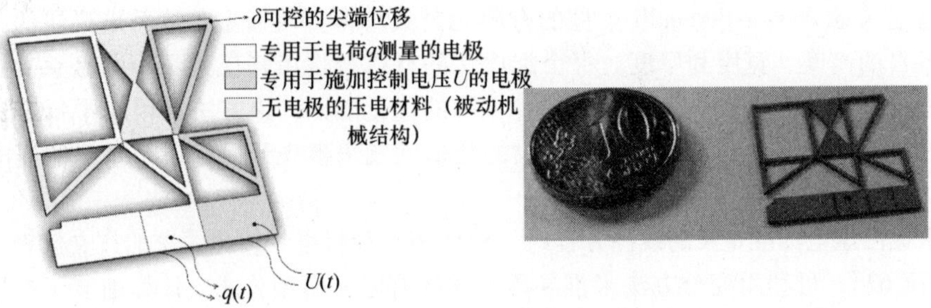

图 1.23　a）具有电动执行器和测量轨迹的压电微抓手的左手指三维视图；
b）激光切割制造的微抓手的左手指原型机图片（电势差为 100V 时边缘
自由位移为 6.98μm 且电荷量为 2×10^{-9}C）［EL 10］

如图 1.22 和图 1.23 所示的结构已综合考虑了各种机械标准（输出自由运动最大化和阻滞力最大化）、测量（利用电测量的结构形变所产生的电荷量最大化）和控制（系统频率响应中振动模式域的模态可控性和可观性最大化）。一般来说，只有选择执行器手指的拓扑作为优化参数。在系统受到主动块中上下电极之间电位差作用时对方法的准则进行评价。相比之下，在该情况下不考虑被动块的机电特性（无电张力）。只有硬度和质量方面的机械标准会影响微结构的静态特性和频率特性。

1.4　小结

微观世界中机器人操作的任务需求可直接利用可形变的机械结构来设计微抓手。因此，结构的机械变形可提高定位精度，并能够克服多关节机构相关的一些局限性。与此同时，这种总趋势也意味着这些微系统具有更显著的功能密度，并逐步接近自适应机电的概念。活性材料的使用在这些方法中起着重要作用。事实上，在可能的情况下，多功能材料可同时作为一种机械结构、执行器或传感器。因此，在设计这些可塑形的集成结构时，设计者必须对涉及与特殊结构相关的复杂现象的问题进行多物理分析。

目前，已提出一些用于整体式柔性结构的新型优化综合方法。这些方法可优化配置和集成机械结构中的执行器和测量功能。在本章结束处的拓扑优化方法中已对此着重强调，这是在对基本柔性配体块进行优化布局的基础上来合成压电转换桁架梁结构。

优化集成结构设计的方法旨在考虑如下问题：

—通过活性材料特性引入的非线性问题，尤其是压电传导情况下的迟滞现象；

—三维效果的可预测性（尤其是结构平面外形变的情况）；

—不仅是平面合成而且还包括三维机构的合成。

最后，目前同时考虑综合优化控制律与机械设计的集成结构优化方法还远远太少，这将在后面重点介绍。

参 考 文 献

[AGN 05] AGNUS J., NECTOUX P., CHAILLET N., "Overview of microgrippers and design of a micromanipulation station based on a MMOC microgripper", *Proceedings of the IEEE International Symposium on Computational Intelligence in Robotics and Automation (CIRA)*, 27–30 June, pp. 117–123, 2005.

[ALL 02] ALLAIRE G., JOUVE F., TOADER A.M., "A level set method for shape optimization", *Comptes Rendus de l'Académie des sciences*, vol. 334, pp. 1125–1130, 2002.

[ALL 04] ALLAIRE G., JOUVE F., TOADER A.M., "Structural optimization using sensitivity analysis and a level set method", *Journal of Computational Physics*, vol. 184, pp. 363–393, 2004.

[ALL 05] ALLIK H., HUGHES T.J.R., "Finite element method for piezoelectric vibration", *International Journal for Numerical Methods in Engineering*, vol. 2, pp. 151–157, 2005.

[ANA 03] ANANTHASURESH G.K., *Optimal Synthesis Methods for MEMS*, Kluwer Academic, Boston, MA, 2003.

[BEL 98] BELLOUARD Y., CLAVEL R., GOTTHARDT R., *et al.*, "A new concept of monolithic shape memory alloy micro-devices used in micro-robotics", *Proceedings of the 6th International Conference on New Actuators*, Bremen, Germany, 17–19 June, 1998.

[BEN 88] BENDSOE M., KIKUCHI N., "Generating optimal topologies in structural design using a homogenization method", *Computer Methods in Applied Mechanics and Engineering*, vol. 71, pp. 197–224, October 1988.

[BOU 02] BOURJAULT A., CHAILLET N., *La Microrobotique*, Hermès Science Lavoisier, Paris, 2002.

[BRE 97] BREGUET J.M., HENEIN S., MERICIO R., *et al.*, "Monolithic piezoceramic flexible structure for micromanipulation", *9th International Precision Engineering Seminar and 4th International Conference on Ultraprecision in Manufacturing Engineering*, Brunswick, Germany, 26–30 May, 1997.

[BUT 02] BÜTEFISCH S., SEIDEMANN V., BÜTTGENBACH S., "Novel micro-pneumatic actuator for MEMS", *Sensors and Actuators*, vol. 97–98, pp. 638–645, 2002.

[CAN 00] CANFIELD S., FRECKER M., "Topology optimization of compliant mechanical amplifiers for piezoelectric actuators", *Structural and Multi-Disciplinary Optimization*, vol. 20, pp. 269–278, 2000.

[CHA 94] CHAPMAN C.D., SAITOU K., JAKIELA M.J., "Genetic algorithms as an approach to configuration and topology design", *ASME Journal of Mechanical Design*, vol. 116, pp. 1005–1012, 1994.

[CHA 03] CHANGA R.J., WANG H.S., WANG Y.L., "Development of mesoscopic polymer gripper system guided by precision design axioms", *Precision Engineering*, vol. 27, pp. 362–369, 2003.

[CLE 05] CLEVY C., HUBERT A., AGNUS J., *et al.*, "A micromanipulation cell including a tool changer", *Journal of Micromechanics and Microengineering*, vol. 15, pp. 292–301, 2005.

[CRA 90] CRAIG R.R., SU T.J., "A review of model reduction methods for structural control design", *Proceedings of the 1st Conference Dynamics and Control of Flexible Structures in Space*, Cranfield, United Kingdom, 15–18 May, 1990.

[DEB 02] DEB K., PRATAP A., AGARWAL S., *et al.*, "A fast and elitist multi-objective genetic algorithm: Nsga-II", *IEEE Transactions on Evolutionary Computation*, vol. 6, pp. 182–197, 2002.

[ELK 10a] EL KHOURY MOUSSA R., GROSSARD M., CHAILLET N., *et al.*, "Optimal design and control simulation of a monolithic piezoelectric microactuator with integrated sensor", *IEEE/ASME International Conference on Advanced Intelligent Mechatronics*, Montreal, Canada, 6–9 July, 2010.

[ELK 10b] EL KHOURY MOUSSA R., GROSSARD M., CHAILLET N., *et al.*, "Observation-oriented design of a monolithic piezoelectric microactuator with optimally integrated sensor", *41st International Symposium on Robotics, ISR*, Munich, Germany, 7–9 June, 2010.

[FRE 00] FRECKER M., CANFIELD S., "Optimal design and experimental validation of compliant mechanical amplifiers for piezoceramic stack actuators", *Journal of Intelligent Material Systems and Structures*, vol. 11, pp. 360–369, 2000.

[FRE 03] FRECKER M., "Recent advances in optimization of smart structures and actuators", *Journal of Intelligent Material Systems and Structures*, vol. 14, pp. 207–216, 2003.

[GAL 92] GALKA A., TELEGA J.J., WOJNAR R., "Homogenization and thermopiezoelectricity", *Mechanics Research Communications*, vol. 19, pp. 315–324, 1992.

[GEH 00] GEHRING G.A., COOKE M.D., GREGORY I.S., *et al.*, "Cantilever unified theory and optimization for sensors and actuators", *Smart Materials and Structures*, vol. 9, pp. 918–931, 2000.

[GRO 07a] GROSSARD M., ROTINAT-LIBERSA C., CHAILLET N., "Gramian-based optimal design of a dynamic stroke amplifier compliant micro-mechanism", *IEEE/RSJ International Conference on Robots and Systems (IROS)*, San Diego, CA, October 29–November 2, 2007.

[GRO 07b] GROSSARD M., ROTINAT-LIBERSA C., CHAILLET N., "Redesign of the MMOC microgripper piezoactuator using a new topological optimization method",

IEEE/ASME International Conference on Advanced Intelligent Mechatronics, pp. 1–6, Zürich, Switzerland, 2007.

[GRO 08] GROSSARD M., ROTINAT-LIBERSA C., CHAILLET N., *et al.*, "Mechanical and control-oriented design of a monolithic piezoelectric microgripper using a new topological optimisation method", *IEEE/ASME Transactions on Mechatronic*, vol. 14, pp. 32–45, 2008.

[GRO 11] GROSSARD M., BOUKALLEL M., CHAILLET N., *et al.*, "Modeling and robust control strategy for a control-optimized piezoelectric microgripper", *IEEE/ASME Transactions on Mechatronic*, vol. 16, pp. 674–683, 2011.

[HAD 00] HADDAB Y., Conception et réalisation d'un système de micromanipulation contrôlé en effort et en position pour la manipulation d'objets de taille micrométrique, PhD Thesis, LAB – CNRS, University of Franche-Comté, Besançon, 22 February 2000.

[HAD 11] HADDAB Y., REGNIER S., "Workshop on dynamics, characterization and control at the micro/nano scale: issues and specificities in the micro/nano-world", *IEEE International Conference on Robotics and Automation*, Shanghai, China, 2011.

[HE 01] HE J.H., "Hamilton principle and generalized variational principles of linear thermopiezoelectricity", *Journal of Applied Mechanics*, vol. 68, pp. 666–667, 2001.

[HUA 06] HUANG S.C., LAN G.J., "Design and fabrication of a microcompliant amplifier with a topology optimal compliant mechanism integrated with a piezoelectric microactuator", *Journal of Micromechanics and Microengineering*, vol. 16, pp. 531–538, 2006.

[HUR 06] HURLEBAUSA S., GAUL L., "Smart structure dynamics", *Mechanical Systems and Signal Processing*, vol. 20, pp. 255–281, 2006.

[JAN 07] JANOCHA H., *Adaptronics and Smart Structures – Basics, Materials, Design and Applications*, 2nd ed., Springer, Berlin, Heidelberg, New York, 2007.

[JOU 07] JOUVE F., MECHKOUR H., "Optimization assisted design of compliant mechanisms by the level set method", *12th IFToMM World Congress*, Besançon, France, 17–20 June, 2007.

[KOE 99] KOELEMEIJER S., JACOT J., "Cost efficient assembly of microsystems", *MST-News, The World's Knowledge*, pp. 30–32, January, 1999.

[KOT 99] KOTA S., HETRICK J., SAGGERRE L., "Tailoring unconventional actuators using compliant transmissions: design methods and applications", *IEEE/ASME Transactions on Mechatronics*, vol. 4, pp. 396–408, 2009.

[LOZ 07] LOZADA J., HAFEZ M., BOUTILLON X., "A novel haptic interface for musical keyboards", *IEEE/ASME International Conference on Advanced Intelligent Mechatronics*, Zürich, Switzerland, 4–7 September, 2007.

[MIF 06] MIFUNE T., ISOZAKI S., IWASHITA T., *et al.*, "Algebraic multigrid preconditioning for 3-D magnetic finite-element analyses using nodal elements and edge elements", *IEEE Transactions on Magnetics*, vol. 42, pp. 635–638, 2006.

[MIN 04] MIN S., KIM Y., "Topology optimisation of compliant mechanism with geometrical advantage", *International Journal of the Japan Society of Mechanical Engineers*, vol. 47, pp. 610–615, 2004.

[NAH 07] NAH S.K., ZHONG Z.W., "A microgripper using piezoelectric actuation for micro-object manipulation", *Sensors and Actuators*, vol. 113, pp. 218–224, 2007.

[NIS 98] NISHIWAKI S., FRECKER M.I., MIN S., KIKUCHI N., "Topology optimization of compliant mechanisms using the homogenization method", *International Journal for Numerical Methods in Engineering*, vol. 42, pp. 535–559, 1998.

[REG 10] RÉGNIER S., CHAILLET N., *Microrobotics for Micromanipulation*, ISTE, London, John Wiley & Sons, New York, 2010.

[RUB 06] RUBIO W.M., DE GODOY P.H., SILVA E.C.N., "Design of electrothermomechanical MEMS", *ABCM Symposium Series in Mechatronics*, vol. 2, pp. 469–476, 2006.

[SAX 00] SAXENA A., WANG X., ANANTHASURESH G.K., "Pennsyn: a topology synthesis software for compliant mechanisms", *ASME Design Engineering and Technical Conference*, Montreal, Quebec, Canada, 31 December 2000.

[SAX 02] SAXENA A., YIN L., ANANTHASURESH G.K., "Pennsyn 2.0 - enhancements to a synthesis software for compliant mechanisms", *ASME Design Engineering and Technical Conference*, Montreal, Quebec, Canada, September 29–October 2, 2002.

[SHA 05] SHACKLOCK A., SUN W., "Integrating microscope and perspective views", *Proceedings of the IEEE International Conference on Robotics and Automation (ICRA)*, vol. 97–98, pp. 454–459, 2005.

[SIG 98] SIGMUND O., *1st International Conference on Modeling and Simulation of Microsystems, Semiconductors, Sensors and Actuators*, Santa Clara, CA, USA, 6–8 April, 1998.

[SIG 01a] SIGMUND O., "Design of multiphysics actuators using topology optimization – Part I: one-material structures", *Computer Methods in Applied Mechanics and Engineering*, vol. 190, pp. 6577–6604, 2001.

[SIG 01b] SIGMUND O., "Design of multiphysics actuators using topology optimization - Part II: two-material structures", *Computer Methods in Applied Mechanics and Engineering*, vol. 190, pp. 6605–6627, 2001.

[SIL 99] SILVA E.C.N., NISHIWAKI S., KIKUCHI N., "Design of flextensional transducers using homogenization design method", *Proceedings of SPIE, the International Society for Optical Engineering*, vol. 3667, pp. 232–243, 1999.

[STD 96] ANSI/IEEE STANDARD 176–1987 "ANSI/IEEE standard on piezoelectricity", *IEEE Transactions on Ultrasonics, Ferroelectrics and Frequency Control*, vol. 45, p. 717, 1996.

[TEL 90] TELEGA J.J., "Piezoelectricity and homogenization: application to biomechanics", in MAUGIN G.A. (ed.), *Continuum Models and Discrete Systems 2*, Longman, London, vol. 2, no. 9, pp. 220–230, 1990.

[TIE 67] TIERSTEN H.F., "Hamilton's principle for linear piezoelectric media", *Proceedings Letters of the IEEE Journal*, vol. 16, pp. 1523–1524, 1967.

[YOO 00] YOO J., KIKUCHI N., VOLAKIS J.L., "Structural optimization in magnetic devices by the homogenization design method", *IEEE Transactions on Magnetics*, vol. 36, pp. 574–580, 2000.

[YOO 04] YOO J., "Modified method of topology optimization in magnetic fields", *IEEE Transactions on Magnetics*, vol. 40, pp. 1795–1802, 2004.

[ZUB 09] ZUBIR M.N.M., SHIRINZADEH B., TIAN Y., "A new design of piezoelectric driven compliant-based microgripper for micromanipulation", *Mechanism and Machine Theory*, vol. 44, pp. 2278–2264, 2009.

第 2 章　柔性结构的控制表示和显著特性

Mathieu Grossard、Arnaud Hubert、Stéphane Régnier 和 Nicolas Chaillet

本章将研究控制相关的柔性结构输入/输出动态特性的离散化表示。采用状态空间方程形式来表示动态模型，即振动系统力学方程的离散化公式。在此，将介绍在显著振动模式的控制权限中具有重要作用的双模态能控性和能观性符号。在柔性结构中，模态能控性和能观性矩阵可由相对简单的解析表达式表征，使之成为设计符合标准的机构中的一个重要因素。在此将探讨一系列模型降阶的相关特性，并表明执行器和传感器配置对柔性结构控制性能的影响。本章通过大量机械手示例，阐述如何利用这些特性来优化设计微操作中的抓取装置。

2.1　柔性结构的状态空间表示

2.1.1　动态表示

机械系统中动态平衡方程的数学公式给出了一组二阶微分方程。所要分析的最简单系统是只有一个自由度的系统，这是一个状态由单一参数定义的系统，其中参数是由相对静止的质量位置定义（见图 2.1）。一个典型表示是由提供系统动能的质量块 m、提供系统弹性能量的刚度为 k 的弹簧以及允许系统能量消耗的阻尼常数 c 来构成。

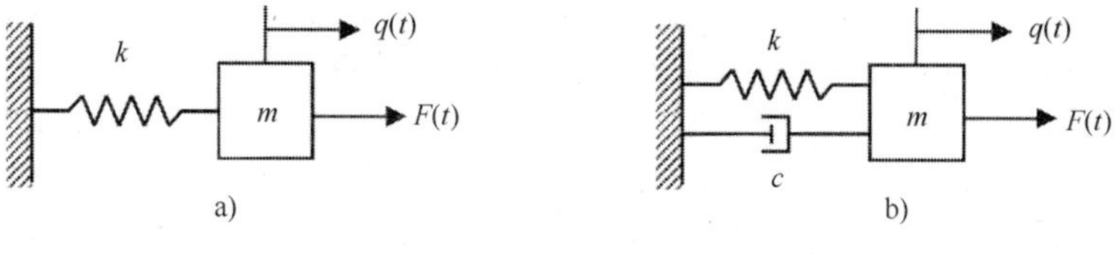

图 2.1　a）能量守恒示例；b）能量消耗系统

尽管对于简单系统可能求解解析方程，但对于必须离散化的复杂机械结构并不适用。最常见的情况无疑是利用近似解来截断基本偏微分方程问题的计算网格节点字段值的有限元（FE）方法，然后在节点解之间进行多项式变形插值。因此，有限元方法来自于一个由有限自由度的一组微分方程表示的无限自由度的系统动态连续公式，其中将激励表示为响应。在这种情况下，可将方程表示为矩阵形式，且矩阵大小直接取决于所考虑的离散化程度。

更准确地说，一个具有 p 个自由度的能量守恒系统的离散方程可表示如下：

$$\boldsymbol{M}\ddot{\boldsymbol{q}} + \boldsymbol{K}\boldsymbol{q} = \boldsymbol{E}\boldsymbol{u} \qquad [2.1]$$

式中，$\boldsymbol{M}$ 和 $\boldsymbol{K}$ 分别为 $p \times p$ 的质量矩阵和刚度矩阵；自由度矢量 $\boldsymbol{q}$ 表示结构的位移；矢

量 $\boldsymbol{u}$ 为系统控制量（压电执行器下的电势和磁致伸缩执行器下的电流等）；而矩阵 $\boldsymbol{E}$ 中的元素对应于离散结构输入控制的空间分布。

在动态控制系统中，传感器用于测量各种各样的信号，如运动（激光干涉仪、电容传感器、霍尔效应传感器）或甚至变形（应变计、压电传感器等）。大多数示例都可按照下列测量方程来表示：

$$\boldsymbol{y} = \boldsymbol{F}\boldsymbol{q} \tag{2.2}$$

式中，矩阵 $\boldsymbol{F}$ 表示整个柔性结构中的传感器分布。

根据执行器/传感器对的技术特性，执行器/传感器对情况下称为“柔性”，如运动力，传感器/执行器对情况下称为“刚度”（或“硬度”），相同类型的一对执行器/传感器情况下称为“可传递性”[GIR 97]。

2.1.2　模态基的能量守恒模型

对结构的模态分析有助于了解物理知识以及某些情况下的行为：柔性机械结构的模态基计算是设计过程中的一个重要阶段。事实上，可证明影响优化自由振动量的准则是避免往往会造成结构不合适或甚至破裂的动态放大问题的关键工具[JOG 02]。适合于可靠性计算的建模方法的直接物理意义有限，这是因为在无能量消耗的情况下，计算得到的共振频率的振幅不确定。然而，在给定特定频率下，结构的动态约束可能有用。

不管是时域（暂态响应）还是频域（谐波响应）分析，柔性结构的动态响应问题通常是通过模态叠加进行求解，其中，解的形式如下：

$$\boldsymbol{q} = \sum_{i=1}^{p} \eta_i v_i \tag{2.3}$$

这是由一真值模态方法得到的。而这种方法通常又是利用“实模式”方法实现的。事实上，通常先验未知的能耗往往非常低（仅占很少的百分比），因此这不是一个能耗结构。为此，真值谐振模式与由正常频率和复数关联的复杂代数矢量表示的物理谐振模式略有不同。

$\boldsymbol{\eta}_i$量，即模态强度，是表示振动模态振幅时间变化的特征矢量中 $\boldsymbol{q}$ 矢量的坐标。$p \times 1$的矢量$\boldsymbol{v}_i$表示相应的模态形状，并构成独立模态矢量的矩阵形式：

$$\boldsymbol{V} = [\boldsymbol{v}_1 \cdots \boldsymbol{v}_p] \tag{2.4}$$

构成对角矩阵 $\mathrm{diag}(\boldsymbol{w}_i^2)$ 的模态形状及其相关的固有脉动 $\boldsymbol{w}_i$可通过求解问题的特征值[㊀]得到：

$$(\boldsymbol{K} - \boldsymbol{w}_i^2\boldsymbol{M})\boldsymbol{v}_i = 0 \tag{2.5}$$

按照惯例，按升序排序固有脉动 p，$w_1^2 \leqslant w_2^2 \leqslant \cdots \leqslant w_p^2$。

模态形状与矩阵 $\boldsymbol{K}$ 和 $\boldsymbol{M}$ 正交：对于验证动态平衡条件的两种模态$\boldsymbol{v}_i$和$\boldsymbol{v}_j$，且与质

㊀ 给定一个正定对称质量和一个半正定刚度，方程具有 p 个正实根 $\boldsymbol{\lambda}_i$，且表示为 $\boldsymbol{\lambda}_i = \boldsymbol{w}_i^2$。

量、刚度和对称的质量矩阵相关的范式如下：

$$\boldsymbol{v}_i^t\boldsymbol{M}\boldsymbol{v}_j=\boldsymbol{\delta}_{ij}\text{和}\boldsymbol{v}_i^t\boldsymbol{K}\boldsymbol{v}_j=\boldsymbol{w}_i^2\delta_{ij} \quad [2.6]$$

式中，δ_{ij}定义为克罗内克符号（Kronecker），若 $i=j$ 则值为 1，否则为 0。

根据下列假设：

$$\boldsymbol{V}^t\boldsymbol{M}\boldsymbol{V}=\boldsymbol{I}_{p\times p}\text{和 }\boldsymbol{V}^t\boldsymbol{K}\boldsymbol{V}=\mathrm{diag}(\boldsymbol{w}_i^2) \quad [2.7]$$

以及物理坐标变量到模态坐标变量的转换：

$$\boldsymbol{q}=\boldsymbol{V}\boldsymbol{\eta} \quad [2.8]$$

式中，$\boldsymbol{\eta}$ 为模态强度列矢量，可用于能量守恒特性方程（式［2.1］和式［2.2］）。

通过将该动态方程预先乘以 $\boldsymbol{V}^t$，可由正交比（式［2.7］）得到以下模态基：

$$\ddot{\boldsymbol{\eta}}+\mathrm{diag}(\boldsymbol{w}_i^2)\boldsymbol{\eta}=\boldsymbol{V}^t\boldsymbol{E}\boldsymbol{u}$$
$$\boldsymbol{y}=\boldsymbol{F}\boldsymbol{V}\boldsymbol{\eta} \quad [2.9]$$

以此类推，模态基中的输入 $\boldsymbol{u}$ 和输出 $\boldsymbol{y}$ 系统可形成 p 个单自由度简单振荡器的解耦。

2.1.3　阻尼特性

在没有实验表征阶段中，阻尼是一个需提前估计的复杂现象。能量消耗现象有多种形式，可由不同的流变和数学模型（结构、弹性和黏性；［BER 73，ZHA 94，RAO 02］）表征，由此导致频率、温度、形变类型、几何和材料之间的相互依赖关系。另外，难以测量阻尼，而只能大致估计。这也从一定程度上解释了为何在后续中人为引入结构的阻尼矩阵 $\boldsymbol{D}$。然而，阻尼的作用至关重要，这是由于“能耗”保证了系统的绝对稳定性（系统极点为绝对负值）。

与考虑模态方程解中阻尼的“复模态”方法不同㊀，“实模态”方法的模态研究中所采取的策略需要考虑无能耗系统来简化所得解。提供实数模态分量的“实模态”方法简单但只能在成本还原时避免：模态基中阻尼矩阵 $\boldsymbol{V}^t\boldsymbol{D}\boldsymbol{V}$ 的对角性。除一些特殊情况之外，这个“Basile”假设在非邻近模态中最重要［HAS 76］。因此，在模态基中应选择对角阻尼矩阵，即在该模态基中阻尼将解耦。从分析角度来看，该假设等效于存在一个可表示为柯西（Caughey）级数展开的特定阻尼模型［CAU 65］：

$$\boldsymbol{D}=\boldsymbol{M}\sum_{j=1}^{N}\boldsymbol{\alpha}_j(\boldsymbol{M}^{-1}\boldsymbol{K})^{j-1} \quad [2.10]$$

其中，系数 $\boldsymbol{\alpha}_j$有实数值，最常见情况是 $N=2$，通常称为瑞利（Rayleigh）阻尼。

最初假设阻尼矩阵为质量矩阵和刚度矩阵的线性组合［ADH 06］：

$$\boldsymbol{D}=\boldsymbol{\alpha}_1\boldsymbol{M}+\boldsymbol{\alpha}_2\boldsymbol{K} \quad [2.11]$$

通过以下关系式：

$$\boldsymbol{V}^t\boldsymbol{D}\boldsymbol{V}=\mathrm{diag}(2\boldsymbol{\xi}_i\boldsymbol{\omega}_i) \quad [2.12]$$

式中，$\boldsymbol{\xi}_i$表示第 i 个阻尼模式，瑞利阻尼（式［2.11］）对模态阻尼施加一个特殊关

㊀　通常，复模态专用于强阻尼结构等特殊情况。

系，这取决于频率：

$$\boldsymbol{\xi}_i = \frac{1}{2}\left(\frac{\boldsymbol{\alpha}_1}{\boldsymbol{\omega}_i} + \boldsymbol{\alpha}_2\boldsymbol{\omega}_i\right) \qquad [2.13]$$

为确定比例系数 $\boldsymbol{\alpha}_1$、$\boldsymbol{\alpha}_2$，对于至少两个特定固有脉动 $\boldsymbol{\omega}_1$、$\boldsymbol{\omega}_2$，必须已知阻尼。这种模态通常在有限元软件代码中给出。

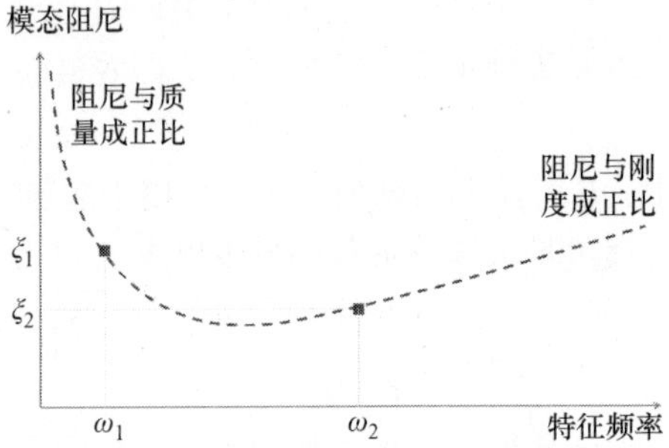

图 2.2 基于瑞利模型的模态阻尼演化规律

然而，这意味着在较高和较低频率处会过高估计阻尼，而在中间频率间隔内会低估阻尼（见图 2.2）。如果带宽仍相当大，则很难在阻尼比类似于实际系统时得到极点。

机械设计人员可在无先验知识下选择一个在频域上均匀分布的模态阻尼。一般而言，在设计人员修正模型的后处理阶段来更接近地模拟结构的动态特性。这些阻尼系数的值提供了结构的模态强化测试基的信息，如果有必要，还可得到先验估计信息。一般来说，柔性结构的模态阻尼非常低（仅有很少的百分比［PRE 02］）。因此，压电饱和电抗器频率响应中的模态阻尼㊀，本质上具有低阻尼，通常低于 1%［ANT 03，NAD 04］。

2.1.4 方程组求解

在假设模态基中比例阻尼的基础上，结构具有下列微分方程形式的动态阻尼模型，也被称为“正则方程”：

$$\ddot{\eta}_i + 2\xi_i\omega_i\dot{\eta}_i + \omega_i^2\eta_i = v_i^t E u \qquad [2.14]$$

阻尼系统中的脉动 $\widetilde{w}_i$ 与弱能耗系统（$\xi \ll 1$）情况下阻尼系统的脉动 w_i 类似：

$$\widetilde{\omega}_i = \omega_i\sqrt{1-\xi_i^2} \qquad [2.15]$$

由于阻尼假设而解耦的正则方程为常系数二阶微分方程，其中零初始条件下的解析解已知：

$$\eta_i(t) = \int_0^t e^{\xi_i\omega_i(t-\tau)} \frac{\sin(\widetilde{\omega}_i(t-\tau))}{\widetilde{\omega}_i} v_i^t E u \mathrm{d}\tau \qquad [2.16]$$

根据式［2.3］利用线性原理由线性组合得到每个时间段的完备解。

2.1.5 模态基的状态空间表示

标准的状态矢量元素 $\boldsymbol{x}$ 为物理坐标系中的位置 q 和速度 $\dot{q}$。因此，可选择维

㊀ 由于机械品质因数 Q_m 较高，达到了 50～150，通常主要用于振动声学来设计微谐振器。

度为$n=2p$的另一种状态矢量 $\boldsymbol{x}$，该状态矢量更适合于柔性结构［LIM 93］，由此可得：

$$\boldsymbol{x}=(\dot{\eta}_1 \quad \omega_1\eta_1 \quad \cdots \quad \dot{\eta}_p \quad \omega_p\eta_p)^t \qquad [2.17]$$

并且，该模态状态矢量中的元素具有相同单位值且数值更稳定的优势［HAC 93］。状态表示的矩阵三元组（$\boldsymbol{A}$，$\boldsymbol{B}$，$\boldsymbol{C}$）为：

$$\begin{aligned}\dot{\boldsymbol{x}} &= \boldsymbol{A}\boldsymbol{x}+\boldsymbol{B}\boldsymbol{u}\\ \boldsymbol{y} &= \boldsymbol{C}\boldsymbol{x}\end{aligned} \qquad [2.18]$$

与选择向量关联的矩阵三元组可表示为

$$\boldsymbol{A}=\mathrm{diag}(A_1,\cdots,A_p),\boldsymbol{B}=(B_1^t,\cdots,B_p^t)^t,\boldsymbol{C}=(C_1,\cdots,C_p) \qquad [2.19]$$

且，对于$i=1$，…，p，可得

$$\boldsymbol{A}_i=\begin{bmatrix}-2\xi_i\omega_i & -\omega_i\\ \omega_i & 0\end{bmatrix},\boldsymbol{B}_i=\begin{bmatrix}b_i^t\\ 0_{1\times s}\end{bmatrix},\boldsymbol{C}_i=\begin{bmatrix}0_{r\times 1} & \frac{1}{\omega_i}c_i\end{bmatrix} \qquad [2.20]$$

以及

$$\begin{aligned}b_i &= E^t v_i\\ c_i &= F v_i\end{aligned} \qquad [2.21]$$

$b_i\in\mathbb{R}^s$（相应地，$c_i\in R^r$）分别定义了E^tV的第i列（相应地，FV）。状态矩阵 $\boldsymbol{A}$ 隐式依赖于机械结构的具体参数（如配置、拓扑结构、材料和尺寸大小）。结构的控制矩阵 $\boldsymbol{B}$（类似于观测矩阵 $\boldsymbol{C}$）与执行器的类型和布局密切相关（或相应的传感器）。由此，在控制术语中，这种形式化描述可将柔性结构表示为一个弱阻尼、有限维的线性时不变（LTI）系统，该系统能控、能观且具有复共轭极点对［LIM 93］。

2.1.6 模态辨识与控制

辨识一词是用于表示所有方法的目标是利用测量的系统动态响应来表征一个参数化模型（状态模型、极点/复极点或自然模式/阻尼模式）。这一普遍问题是机械工程的实验模态分析和系统辨识相关文献中的主要内容。在物理坐标下，有限元离散结构中的自由度个数通常非常重要，此外，几何结构还创建了大量节点。然而，在控制律调节方面，必须使用阶次尽可能最少的模型。先进控制方法提供了阶次与系统相同的合成校正系统。因此，对于创建一个相对于综合控制律算法复杂度，频率分量合理的系统，模式简化似乎是一个根本解决方法。

模态表示基中的截断技术是一种可大大减少自由度个数的方法，因此，对于柔性机构的动态响应非常有效。对于最小二乘法（L^2 范数），这种截断技术可能是最好的方法。该技术涉及根据拉普拉斯变量（表示为s）计算传递矩阵 $\boldsymbol{G}$：

$$\boldsymbol{Y}(s)=\boldsymbol{G}(s)\boldsymbol{U}(s) \qquad [2.22]$$

上述方程表明系统输入/输出关系。

根据默认假设的线性系统，稳态谐波激励u下，结构的连续响应y也是相同频率的谐波。结构的传递矩阵可表示为

$$G(s)=C(sI-A)^{-1}B \quad [2.23]$$

可根据模态转移，分为

$$G(s)=\sum_{i=1}^{p}G_i(s) \quad [2.24]$$

其中，根据文献［GAW 03］，第 i 个模态的传递函数矩阵可表示为

$$G_i(s)=C_i(sI-A_i)^{-1}B_i=\frac{c_ib_i^t}{s^2+2\xi_i\omega_is+\omega_i^2} \quad [2.25]$$

对于局限于第一模态的带宽，动态变化可分为动态响应的低频模态（$i\leqslant m$）和稳态响应的高频模态：

$$G(s)=\sum_{i=1}^{m}\frac{c_ib_i^t}{s^2+2\xi_i\omega_is+\omega_i^2}+\sum_{i=m+1}^{p}\frac{c_ib_i^t}{\omega_i^2} \quad [2.26]$$

式［2.26］中的第 2 项，有时也称为“残差模态”，与频率无关，并在输入和输出之间引入比例关系。因此，在预测输入/输出传递函数的零点时具有重要作用。从输入/输出传递函数的扩张模态来看，可证明模态截断是一个微妙过程。截断必然会涉及模型降阶与完整模型表示精度之间的折中。为了避免阶次过高，需要通过保留有限个振动模态来保证频率分量足够大。模态截断还可导致非建模模态相关的不良现象，这是由于控制器不仅可以相对于建模和控制模态提前动作，也可在残差模态下提前动作。这一现象的影响，称为“控制”溢出，也可通过谨慎选择包括结构大小在内的几个因素来缓解。执行器的传感器布局仍必不可少，可影响控制模态并降低对残差模态控制的影响。与此同时，模态截断还可能在被控系统的状态矢量估计中由于不完备而引入误差。这就是所谓的“观测”溢出现象［COL 01］。这些观测误差在观测中增益放大，而该观测又由控制中的增益放大。控制溢出和观测溢出可能会形成一个不稳定的循环。为避免出现这种情况，有必要利用一个结构精度尽可能高的模型（仿真模型）进行仿真模拟，其中包括所有对系统响应具有显著作用的模态。现已证明能控性和能观性对偶概念是用于量化影响作用的强大数学工具。

2.2 模态能控性和能观性概念

能控性和能观性是研究系统及其控制的基本概念。通常由所研究系统的状态模型定义，这意味着易于根据多种准则进行表征。在由状态表示的 LTI 系统建模下给出下列定义。

2.2.1 状态能控性与能观性概述

系统能控性与控制性能的变化有关。

定义 2.1 当输入（或控制量）$u(t)$ 在使得任意时刻 t_1（$t_0<t_1<t_f$）在每个初始状态 $x_i(t_0)$ 时 $x_i(t_1)=0$ 的时间间隔［t_0，t_f］中确定，状态变量 x_i 能控。

如果对于每个 t_0 和状态矢量变量，上述属性均成立，则系统完全能控。另外，还

认为（$\boldsymbol{A}$，$\boldsymbol{B}$）对能控。更一般的，每对（$\boldsymbol{A}$，$\boldsymbol{B}$）可通过正交变换分为能控状态子空间和不能控状态子空间［BOR 92］。

系统能观性与通过输出测量值确定其状态的可能性有关。

定义 2.2　如果可由时间间隔［t_0，t_f］内的输出信息 $y(t)$ 来确定 $x_i(t_0)$，则状态变量 x_i 能观。

如果对于每个 t_0 和每个状态矢量分量，上述属性均成立，则系统完全能观。另外，也可认为（$\boldsymbol{A}$、$\boldsymbol{C}$）对能观。同样，每对（$\boldsymbol{A}$，$\boldsymbol{C}$）也可分为能观状态子空间和不能观状态子空间。

利用状态表示矩阵来计算的经典卡尔曼和 Popov/Belevitch/Hautus（PBH）准则可用于确定线性系统的能控性和/或能观性。接下来，将对此进行简单讨论。

定义 2.3　依赖于计算能控性和能观性的两个矩阵 $\boldsymbol{C}_{A,B}$ 和 $\boldsymbol{O}_{A,C}$ 的卡尔曼准则计算如下：

$$\mathcal{C}_{A,B}=[B \quad AB \quad \cdots \quad A^{n-1}B],\mathcal{O}_{A,C}=\begin{bmatrix} C \\ CA \\ \vdots \\ C^{n-1}A \end{bmatrix} \qquad [2.27]$$

如果 $\mathcal{C}_{A,B}$ 或 $\mathcal{O}_{A,C}$ 满秩，即等于状态维数 n，那么系统是能控或能观的。

定义 2.4　对表征状态能控性和能观性的动态矩阵 $\boldsymbol{A}$ 的特征值和特征矢量进行两组不同测试。

—能控性：

如果对于矩阵 $\boldsymbol{A}$ 的每个特征值 $\boldsymbol{\lambda}$，下列矩阵的秩为 n，则线性系统能控：

$$[(\boldsymbol{\lambda I}-\boldsymbol{A})\boldsymbol{B}] \qquad [2.28]$$

如果在矩阵 A 的左侧没有与矩阵 B 的所有列矢量正交的特征矢量 $\boldsymbol{v}_i$，则线性系统能控：

$$\text{如果}\boldsymbol{v}_i^t\boldsymbol{A}=\boldsymbol{\lambda}_i\boldsymbol{v}_i^t\text{，则}\boldsymbol{v}_i^t\boldsymbol{B}=0\Rightarrow\boldsymbol{v}_i\equiv 0 \qquad [2.29]$$

—能观性：

如果矩阵 $\boldsymbol{A}$ 中每个特征值 $\boldsymbol{\lambda}$，下列矩阵的秩为 n，则线性系统能观：

$$\begin{bmatrix} \boldsymbol{\lambda I}-\boldsymbol{A} \\ \boldsymbol{C} \end{bmatrix} \qquad [2.30]$$

如果矩阵 $\boldsymbol{A}$ 的右侧没有与矩阵 $\boldsymbol{C}$ 的所有列矢量正交的特征矢量 $\boldsymbol{p}_i$，则线性系统能观：

$$\text{如果 }\boldsymbol{A}\boldsymbol{p}_i=\boldsymbol{\lambda}_i\boldsymbol{p}_i\text{，则 }\boldsymbol{C}\boldsymbol{p}_i=0\Rightarrow\boldsymbol{p}_i\equiv 0 \qquad [2.31]$$

此外，还有其他影响用于表征系统能控性和能观性的矩阵表达式的准则。

定义 2.5　其他标准依赖于渐近稳定系统矩阵㊀。在计算如下且正定的渐近能控矩

㊀ 当矩阵 $\boldsymbol{A}$ 的状态表示满足胡尔维茨（Hurwitz）判据（即特征值中不包含负实数部分）时，系统稳定。

阵 W_C中，系统能控：

$$W_C = \int_0^{+\infty} e^{A\tau} BB^t e^{A^t\tau} d\tau \quad [2.32]$$

在计算如下且正定的渐近能观矩阵 W_O中，系统能观：

$$W_O = \int_0^{+\infty} e^{A^t\tau} C^t C e^{A\tau} d\tau \quad [2.33]$$

另外，也可利用下列李亚普诺夫方程来得到渐近能控性矩阵和渐近能观性矩阵：

$$\begin{aligned} AW_C + W_C A^t + BB^t &= 0 \\ A^t W_O + W_O A + C^t C &= 0 \end{aligned} \quad [2.34]$$

W_C和 W_O为式［2.34］的唯一解，且对称正定。

这些不同准则只能判别系统是否能控和/或能观。然而，并不能量化系统能控和能观的不同程度，即使在柔性系统不同振动模式各自独立的情况下。

2.2.2 柔性结构下的格拉姆矩阵解释

柔性结构的控制问题，特别是有关执行器/传感器的数量和位置的控制，一直是多年来的主要研究内容［GAW 96］。这些执行器和传感器的定位策略是由可控状态超区域的大小［VIS 84］、系统性能的特定模态成本［SKE 80，SKE 83］、动态矩阵 A 中矢量的几何因素以及系统状态表示的输入矩阵 B 或输出矩阵 C 的列矢量或行矢量［HAM89］等相关指标确定。其他数学准则是建立在可能构成能控性矩阵和能观性矩阵的成因解释的基础上。这种准则的最大化能够优化系统与其环境之间的能量交换：一方面，可使得状态控制所需的能量最小，另一方面，使得系统状态产生的输出能量最大。实际上，一个自由系统（即 $u(t)=0$）在初始状态 x_0处产生的输出能量可表示为

$$\int_0^{+\infty} y(t)^t y(t)\, dt = x_0^t W_O x_0 \quad [2.35]$$

从零初始条件 $x(0)=x_0$获得最终状态 $x(+\infty)=x_f$的最小控制能量可表示为

$$\min_u \int_0^{+\infty} u(t)^t u(t)\, dt = x_f^t W_C x_f \quad [2.36]$$

策略可用于研究与初始条件无关的格拉姆矩阵 W_C和 W_O的最优结构［GEO 95］。利用奇异值分解，这些格拉姆矩阵可以几何表示系统能控性和能观性的程度［MOO 81］。对于一个 LTI 稳定系统，所有的能控（或能观）空间定义了一个能控性（或能观性）椭球体，其轴的方向由特征矢量方向确定［GRE 05］。而轴的长度，是根据每个格拉姆矩阵的特征值确定。由此，如矩阵排列等准则最大化意味着可以考虑所有的主要方向。然而，将这种准则作为全局度量指标的缺点是忽略了最不可控和/或最不可观的方

向：这隐含在那些更大程度的能控性和能观性中［GAW 96］。另一种方法是需要使得确定性格拉姆矩阵最大化㊀，这反过来又需要平等地考虑各个方向［GAW 96］。另外如文献［GEO 95］等其他研究人员提出使得最小的格拉姆矩阵特征值最大化以确保在每个主要方向上的传递最小。最后，在根据控制目标选择特定准则时，其他更复杂的准则显然也是可能的［LAC 93，LEL 01，KER 02］。

2.2.3　模态基的格拉姆矩阵表示

根据弱模态阻尼的假设，SENS 块的状态表示形式（式［2.18］）可用于得到作为李亚普诺夫方程（式［2.34］）解的格拉姆矩阵简单解析表达式。所得到的模态能控性和能观性格拉姆矩阵为对角矩阵［GAW 91，WIL 90］：

$$\begin{aligned} \boldsymbol{W}_C &= \mathrm{diag}(W_{C_{11}},\cdots,W_{C_{pp}}) \\ \boldsymbol{W}_O &= \mathrm{diag}(W_{O_{11}},\cdots,W_{O_{pp}}) \end{aligned} \qquad [2.37]$$

其中，对于第 i 个稳定模态，李亚普诺夫方程为

$$\begin{aligned} A_i W_{C_{ii}} + W_{C_{ii}} A_i^t + B_i B_i^t &= 0 \\ A_i^t W_{O_{ii}} + W_{O_{ii}} A_i + C_i^t C_i &= 0 \end{aligned} \qquad [2.38]$$

且对于 $i=1$，…，p，有

$$W_{C_{ii}} = \frac{b_i^t b_i}{4\xi_i \omega_i} I_{2\times 2}, W_{O_{ii}} = \frac{c_i^t c_i}{4\xi_i \omega_i^3} I_{2\times 2} \qquad [2.39]$$

标量 $b_i^t b_i = \|b_i\|_2^2$ 和 $c_i^t c_i = \|c_i\|_2^2$ 称为“模态格拉姆矩阵系数”㊁。对于一个给定模态（ξ_i 和 w_i 固定），这些项表示不同执行器对第 i 个模态的影响以及不同传感器在第 i 个模态下的表现形式。值得注意的是，对这些模态格拉姆矩阵（式［2.39］）的近似表明，大阻尼高频模态是最不可控和最不可观的。

2.3　模型降阶

2.3.1　均衡实现

上述方法旨在分别优化状态能控性和能观性。一种不期望出现的情况可能是能够有效控制一个状态子空间，而有效观测的却是另一个状态子空间。当目标是控制输出时，更关心的是以一种“均衡”形式来实现系统格拉姆矩阵中对角元素的优化［TOM 87］。

上述实现的基础是确定能控性和能观性格拉姆矩阵为对角矩阵且相等：

$$\boldsymbol{W}_C = \boldsymbol{W}_O = \boldsymbol{W} = \mathrm{diag}(\sigma_1,\cdots,\sigma_n) \qquad [2.40]$$

㊀ 从几何角度看，该准则与椭球体体积直接相关。

㊁ 符号 $\|\cdot\|_2$ 表示标准 2 范数。

式中，标量σ_i称为 Hankel 奇异值（HSV）。这些项表示可“均衡”实现状态变量的联合能控性和能观性。例如，HSV 值较大表明存在一个能控性和能观性较高的子空间，从而可通过输入得到一个良好的可控性输出。HSV 值可由能控性和能观性格拉姆矩阵之积的特征值$\lambda_i(\cdot)$定义如下：

$$\sigma_i = \sqrt{\lambda_i(\boldsymbol{W}_C \boldsymbol{W}_O)}, i=1,\cdots,n \qquad [2.41]$$

2.3.2 Moore 降阶技术

现已证明可消除所有不可控和不可观状态的 Moore 降阶技术［MOO 81］在需要合成一个系统的降阶模型时非常重要。Moore 展示的几个基本点实现了该方法［PER 82］。

初始系统（$\boldsymbol{A}$，$\boldsymbol{B}$，$\boldsymbol{C}$）状态表示的矩阵三元组（$\widetilde{\boldsymbol{A}}$，$\widetilde{\boldsymbol{B}}$，$\widetilde{\boldsymbol{C}}$）（式［2.18］）以均衡实现形式表示。这种表示形式以 HSV 值降序来排列模态状态：

$$\begin{bmatrix} \dot{\tilde{x}}_1 \\ \dot{\tilde{x}}_2 \end{bmatrix} = \left[\begin{array}{c|c} \widetilde{A}_{11} & \widetilde{A}_{12} \\ \hline \widetilde{A}_{21} & \widetilde{A}_{22} \end{array}\right] \begin{bmatrix} \tilde{x}_1 \\ \tilde{x}_2 \end{bmatrix} + \begin{bmatrix} \widetilde{B}_1 \\ \widetilde{B}_2 \end{bmatrix} \boldsymbol{u}$$

$$\boldsymbol{y} = [\widetilde{C}_1 \mid \widetilde{C}_2] \begin{bmatrix} \tilde{x}_1 \\ \tilde{x}_2 \end{bmatrix} \qquad [2.42]$$

$$\begin{aligned} \boldsymbol{W} &= \mathrm{diag}(W_1 W_2) \\ &= \mathrm{diag}(\sigma_1 \cdots \sigma_k \quad \sigma_{k+1} \cdots \sigma_n) \end{aligned} \qquad [2.43]$$

$$\sigma_{k+1} \leqslant \sigma_k \qquad [2.44]$$

$$\tilde{x}_1 \in \mathbb{R}^k, \ \tilde{x}_2 \in \mathbb{R}^{n-k}$$

u_1和u_2为使得系统分别达到［$\hat{x}_1^t(\tau) \quad 0]^t$和［$0 \quad \hat{x}_2^t(\tau)]^t$状态的两个最小能量输入信号。可表示为

$$\frac{\int_0^\tau \|u_2(t)\|_2^2 \mathrm{d}t}{\int_0^\tau \|u_1(t)\|_2^2 \mathrm{d}t} \geqslant \frac{\sigma_k}{\sigma_{k+1}} \frac{\|\hat{x}_2(\tau)\|_2^2}{\|\hat{x}_1(\tau)\|_2^2} \qquad [2.45]$$

假设$\sigma_k \gg \sigma_{k+1}$和$\int_0^\tau \|u_2(t)\|_2^2 \mathrm{d}t = \int_0^\tau \|u_1(t)\|_2^2 \mathrm{d}t$，由此得到

$$\|\hat{x}_2(\tau)\|_2^2 \ll \|\hat{x}_1(\tau)\|_2^2 \qquad [2.46]$$

这意味着输入信号对与$\hat{x}_2$关联的状态的影响要略小于与$\hat{x}_1$关联的状态。

y_1和y_2是在时刻τ分别从自由系统的［$\hat{x}_2^t(\tau) \quad 0]^t$和［$0 \quad \hat{x}_2^t(\tau)]^t$状态观测的两个输出信号。由此可得

$$\int_0^T \|y_2(t)\|_2^2 \mathrm{d}t << \int_0^T \|y_1(t)\|_2^2 \mathrm{d}t \qquad [2.47]$$

假设 $\sigma_k >> \sigma_{k+1}$ 和 $\|\hat{x}_1(0)\|_2 = \|\hat{x}_2(0)\|_2$，因此，只有与 $\tilde{x}_2$ 关联的状态会对输出产生很小的影响。

综上，可合理假设状态矢量的 $\hat{x}_2$ 部分不会显著影响系统的输入/输出特性，其中，$\sigma_k >> \sigma_{k+1}$。因此，主导子系统($\tilde{A}_{11}$，$\hat{B}_1$，$\hat{C}_1$)可提供一个对如上所述原始模型的良好近似（见图 2.3）。

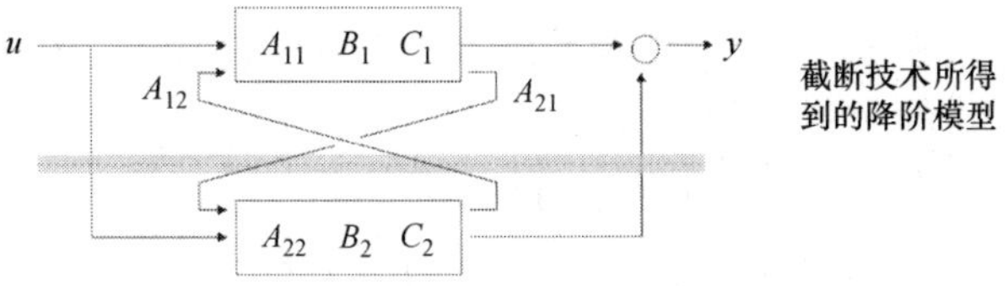

图 2.3　基于均衡实现方法的模型降阶

2.3.3　柔性结构的模态和均衡实现等效模态

HSV 是表明降阶模型精度的良好指标。即使在状态坐标通过线性变换而发生变化的情况下，仍具有值保持不变的显著特性 [BOR 92]。此外，对于能耗较低的系统，模态和均衡实现模态几乎相同。事实上，模态实现中能控性和能观性格拉姆矩阵的对角性能意味着主要的能控性和能观性方向与均衡实现的主要方向大致相同 [JON 84]。给定式 [2.39] 和式 [2.41]，可通过下式很容易地求解 HSV：

$$\sigma_i = \frac{\|b_i\|_2 \|c_i\|_2}{4\xi_i \omega_i^2} \qquad [2.48]$$

尤其是，在实现处理模态降阶综合时的数学优化准则中，已证明这个相对简单的解析表达式非常有用。

2.4　模态分析准则对拓扑优化的作用

2.4.1　模型降阶的实际问题

一种表征柔性系统的降阶模型合成方式是直接截断模态基中表示的完整系统。动态模型降阶的优化可通过影响根据式 [2.48] 计算 HSV 值的不同数值准则来进行评估。由此，在综合优化柔性结构软件中引入一些模态能控性和能观性判别的数值准则 [GRO 08]。利用这些辅助设计工具，设计人员可在初始设计阶段通过在主导振动模态中集成期望个数 k 来得到合成机构。一般来说，必须最大化对完整系统中 k 个第一主导模态的控制权限。相比之下，对位于所研究问题（从第 $k+1$ 个模态）带宽之外的高频控制权限应最小，以限制不稳定（溢出）的风险。较小 HSV 值表征的模态状态的能控性和能观性很差，因此可从模型中去除。由此，在文献［GRO 08］中提出各种最大化数值准则，如：

$$\mathcal{J}_1^k = \frac{\sum_{i=1}^{k} \sigma_i}{\sum_{i=k+1}^{p} \sigma_i} \qquad [2.49]$$

其中，根据 ω_i 模态升序来排列 σ_i。

值得注意的是，通过无穷范数 $\|\cdot\|_\infty$ 定义可得到系统频率响应准则的解释说明。该范数的特点是系统输出产生的输入信号放大。在 SISO 系统中，直接表示频率响应的最大幅值。振动模态的无穷范数为

$$\|G_i\|_\infty = \underset{\omega}{\mathrm{Max}} |G_i(\omega)| \qquad [2.50]$$

这可在固有脉动 ω_i 处的第一近似幅值上进行估计[⊖]：

$$\|G_i\|_\infty \simeq \frac{\|b_i\|_2 \|c_i\|_2}{2\xi_i \omega_i^2} \qquad [2.51]$$

根据式［2.48］，σ_i 直接与谐振峰值成正比：

$$\|G_i\|_\infty \simeq 2\sigma_i \qquad [2.52]$$

根据准则 $\mathcal{J}_1^k$，指向结构频率响应形式的 σ_i 如图 2.4 所示。

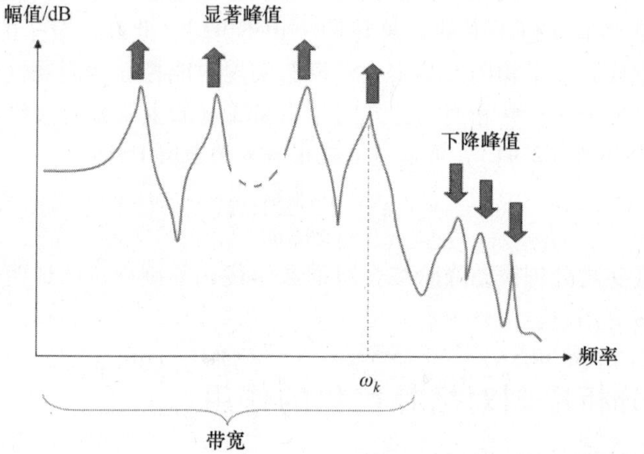

图 2.4　根据准则 $\mathcal{J}_1^k$，SISO 系统中频率响应幅值形式：在频率窗口［0；ω_k］中谐振峰值最大，而在［ω_k；$+\infty$］中最小

另外需要值得注意的是，准则 $\mathcal{J}_1^k$ 直接将截断模型的精度误差量化到 k 个第一模态。

⊖　在弱阻尼情况下，二阶系统的谐振模式可能与正常模式混淆。

事实上，$\mathcal{J}_1^k$的最大值会使得 $\sum_{i=k+1}^{p}\sigma_i$ 最小。$\widetilde{G}_k$为将 G 截断到 k 个第一模态后所得的降阶模型：

$$\widetilde{G}_k(s) = \sum_{i=1}^{k} G_i(s) \tag{2.53}$$

无穷范数的误差作为上界［GLO 84］：

$$\|G - \widetilde{G}_k\|_\infty \leqslant 2\sum_{i=k+1}^{p}\sigma_i \tag{2.54}$$

等效于 $k=p-1$（一个截断状态）的情况。因此，准则 $\mathcal{J}_1^k$间接使得模型降阶误差的无穷范数最小。

2.4.2　执行器/传感器配置

柔性结构表征技术的不完善之处有很多，且在柔性结构控制过程中可发现。材料结构性能系统化越高，则机械非线性和局部变化也会成为影响结构柔性的潜在因素。同样，考虑实验边界条件的不当之处（显著结构件）也会影响动态系统的整体特性。由此，可实现的性能具有局限性：

—通过模型质量或能力控制来恰当地考虑建模不确定性；

—通过综合合成法的复杂性和处理器的计算能力，使其可应用于实际物理系统。

第一个方面与鲁棒性概念有关。这些系统中大量的状态表征数据构成了一定的模态密度，使之并不是总能在性能无显著下降情况下截断模型。调节器的鲁棒稳定性是一个工程领域中的研究热点。控制应能够克服谐振和反谐振中可能存在的频率变化，以及系统中频率出现的快速动态谐振特性[①]。

第二个方面与基于控制律的先进鲁棒性调节技术有关，例如，H_2、H_∞ 范数或甚至 μ 分析概念的约束。这些控制方法也必须考虑模型的不确定性，并已广泛用于柔性结构的主动控制［ABR 03，HAL 02a，HAL 02b］。然而，这些方法的缺点是通常会导致高阶的校正系统，并可能会导致限制专用控制器实现的数值计算困难。

柔性结构中的执行器/传感器配置方法是一个能够一定程度上处理该对偶问题的有效方法。执行器和传感器的配置方法能够实现机械结构中单一布局的物理集成。对于这种设计问题的柔性系统，现已表明一种极点（谐振现象频率表示）和零点（反谐振现象频率表示）交替模式可表征输入/输出之间的传递函数（见图 2.5）。在博德图中，每个谐振脉动的相位滞后，并在每个零点处由超前180° 的相位补偿。因此，在零/极点交替模式占主导的带宽内，相位在 0°~180°不断振荡。

系统配置属性能够保证在保持零/极点交替模式下的一些控制律的内在鲁棒性。因此，在实际过程中，并不需要结构的数学模型或数值模型的结构，而是通过适当调节追溯链中由根轨迹计算的增益来实现振动的主动阻尼，并根据补偿器增益图形化表征

---

① 这是带宽通常大于几 kHz 的压电系统中的特殊情况。

闭环系统极点的变化轨迹。这可确定为闭环方程的根轨迹解 s。当追溯链中的增益 g 变化时，闭环系统的极点描述了在左半复平面阻尼环从开环系统（$g=0$）的极点轨迹 p_i 朝开环系统（$g \to +\infty$）零点轨迹 z_i 运动的情况。由于零点稳定（最小相位系统），根轨迹包含在稳定的左半复平面。当不再保持零/极点交替模式时，极点和零点的出现顺序会发生变化［PRE 02］。当发生这种反转时，对零/极点之间的角度分析突出表明了默认的补偿系统稳定鲁棒性。由此，反转之间左半复平面中包含的轨迹转化零/极点反转之后系统不稳定的轨迹［PRE 02］。

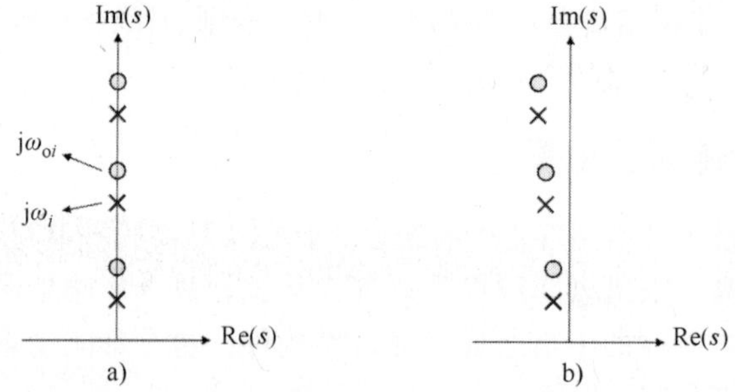

图 2.5　零/极点交替系统的复平面排列中的零（O）/极点（×）位置
实轴对称的图形中仅显示复平面的上半部［PRE 02］
a）无阻尼示例　b）弱阻尼示例

柔性结构的频率特性分析产生了一种评估所研究系统中频域的零/极点交替模式属性的数学判据。该判据利用了结构中振动（时间）和模态形状（空间）之间的交互作用。可处理执行器和传感器的位置以及结构拓扑对闭环系统性能影响的问题。其表达式是基于柔性 SISO 系统传递函数的模态扩张。残差模态符号分析表明了交替特征［APH 07 MAR 78］：“如果两个相邻模态在开环系统传递函数的模态扩张中具有相同残差符号，则在其之间总有一个虚部零点”。从数学上，很容易形式化满足这种交替要求。

$G_{al}(s)$ 为由式［2.24］给定的输入/输出传递函数 $G(s)$ 中表示结构由第 l 个执行器驱动的第 a 个输出响应分量。可忽略仍为一个先验非常小的模态阻尼 ξ_i。相应的无阻尼传递函数具有实部解，且表示为

$$G_{al}(\omega) = \sum_{i=1}^{p} \frac{c_i(a) b_i^t(l)}{\omega_i^2 - \omega^2} \qquad [2.55]$$

设 R_{ali} 为输出为 a、输入为 l 时的第 i 个残差模态：

$$R_{ali} = c_i(a) b_i^t(l) \qquad [2.56]$$

当所有模态残差 R_{ali} 具有相同符号时，$|G_{al}(w)|$ 函数在两个连续频率 w_i 之间的每个子区间内单调。在每个子区间，频率响应幅值为空时的频率为 w_{oi}。这些称为反谐振的频率对应于开环传递函数 G_{al} 中的零点。在复平面中，无阻尼系统具有虚部极点为 $p_i = \pm w_i$ 和虚部零点为 $z_i = \pm w_{oi}$ 的交替模式（见图 2.5a）。当在由式［2.55］给定的传递函

数 $G_{al}(w)$ 中增加模态阻尼时，极点和零点位置会稍微偏离左半复平面（见图 2.5b)，且不改变交替模式的特点。这将产生一个最小相位系统。根据这一结果，在柔性结构的机械设计中将考虑使得新判据最小化。由此，在初始设计阶段对系统频率响应判据的考虑有助于阻尼鲁棒控制律的后验综合。在文献［GRO 08］中，提出了一种用于加强微操作系统设计中配置功能的新准则：

$$\mathcal{J}_2^{k'} = \left| \sum_{i=1}^{k'} \text{sign}(R_{\text{al}i}) \right| \qquad [2.57]$$

其中，$\text{sign}(\cdot) = \{-1;\ 0;\ +1\}$ 对应于参数符号。对 i 的求和运算将扩展到期望交替模式下带宽内的所有模态。

2.4.3　拓扑优化中控制传递函数的频率响应

通过一个微机械手优化合成的实际示例来阐述了模型降阶和配置的概念。除了纯粹的机械准则（如力或位移)，该综合合成法还考虑了初始设计阶段中的模态分析准则［GRO 11］来构造控制最优的柔性结构。在这种情况下所使用的方法是第 1 章中所介绍的一种方法。块拓扑优化方法可有效地用于创建一个具有抓取功能的集成压电执行器的整体式微机械手结构（见图 2.6)。在系统设计过程中，利用 $k = k' = 2$ 的准则，$\mathcal{J}_1^k$ 和 $\mathcal{J}_2^{k'}$ 可提供有关系统性能的重要信息，由于是开环频率特性，因此可能是闭环系统性能信息。

图 2.6　微抓手及其电子处理单元的原型机

系统动态特性的谐波分析表明在残差高频上谐振的两种初始模态以及所研究问题频域内期望的零/极点交替模式。通过分别考虑两种柔性模态可实现频率识别，因此需要一个四阶的降阶模型（见图 2.7)。

2.4.4　结构优化中的模态能观性判据

当柔性结构具有测量功能时，这就提出了优化配置本体感知部件的问题。由于被控变量是作为输出反馈的不精确观测变量，因此需要构建一个观测器（见图 2.8)。当观测变量对应于被控变量的相同动态特性时，这种综合合成方法非常有用。为使得准则 $\mathcal{J}_1^k$ 和 $\mathcal{J}_2^{k'}$ 更完备以确保输出被控量的良好能观性，需附加准则根据观测输出量（结构局部形变）提供的本体感知信息来调节执行器末端偏移量 δ。

为利用结构局部形变测量信息来重建输出运动，系统测量信息必须保证结构中所有主导模态都具有良好的能观性。由此，输出传递函数初始主导模态的能观性可控，以确保输出观测量的传递函数中能观性矩阵的奇异值最大（见图 2.9)。在第 1 章所述

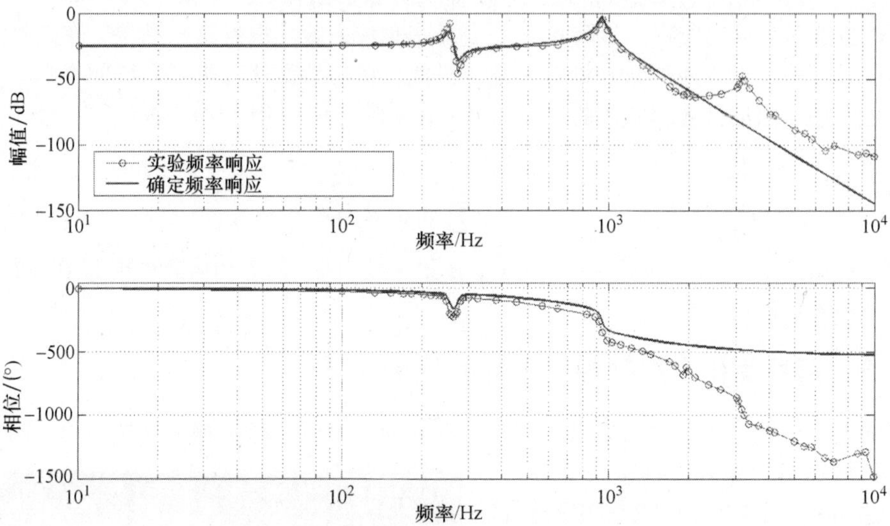

图 2.7　在末端偏移量$\frac{\delta}{U}$（δ 的单位为 mm，而 U 的单位为 V）的传递函数以及相应确定传递函数的博德图［GRO 08］

的柔性结构中，压电传导可利用传感器模式下的压电块来观测柔性结构的局部形变（见图 2.10）。引入新判据需要电荷转移期间的能观性矩阵 HSV 的表达式，从而可合成输出动态观测量最优的新的柔性结构（见图 2.11）。模态状态观测器的实现有助于偏移量重建［EL 10］。

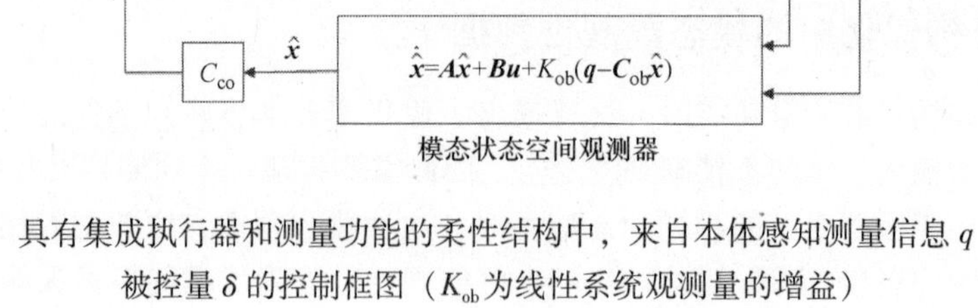

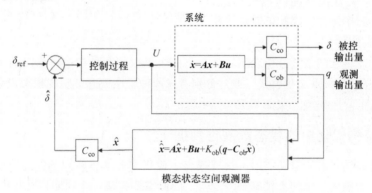

图 2.8　具有集成执行器和测量功能的柔性结构中，来自本体感知测量信息 q 的输出被控量 δ 的控制框图（K_{ob} 为线性系统观测量的增益）

2.4.5　高控制权限（HAC）/低控制权限（LAC）控制

柔性结构控制中的一个主要作用是减少不期望的暂态影响并防止干扰。能量必须

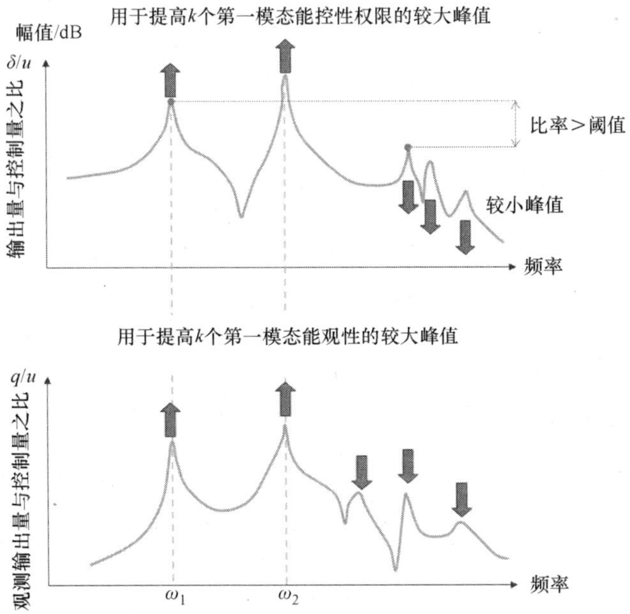

图 2.9　控制和测量的期望频率响应曲线：对应于第一模态的能控性和能观性

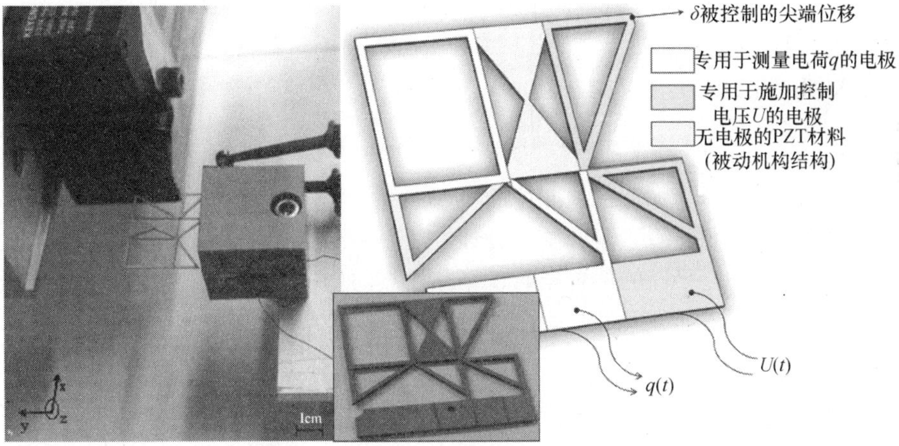

图 2.10　集成执行器和测量功能的抓手原型机

主要用于减少谐振峰值对系统响应的影响。增加给定模态 ω_i 下模态阻尼 ξ_i 需要可将系统极点移动到左下复平面的实施策略（见图 2.12）。

层次化控制方法[㊀]证明非常有效，并可产生简化合成与实现的控制律，该方法最初是用于主导模态的阻尼问题［APH 07］。当前主动阻尼策略可有效地降低暂态过程

㊀ 也可由 HAC/LAC 得知。

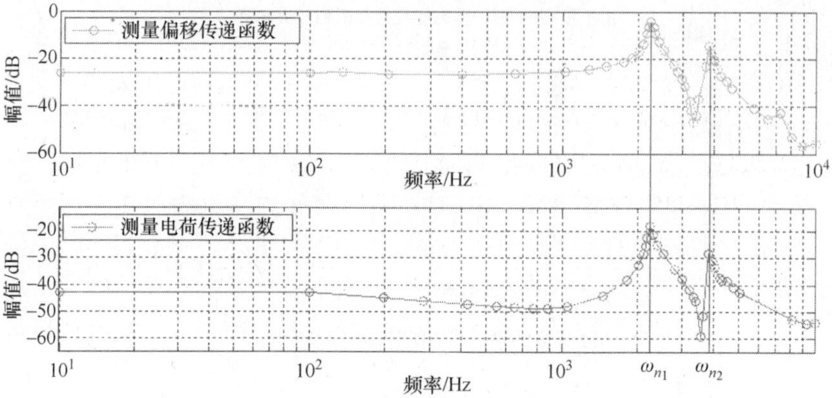

图 2.11　偏移电荷和实验确定电荷中主导模态的对应关系

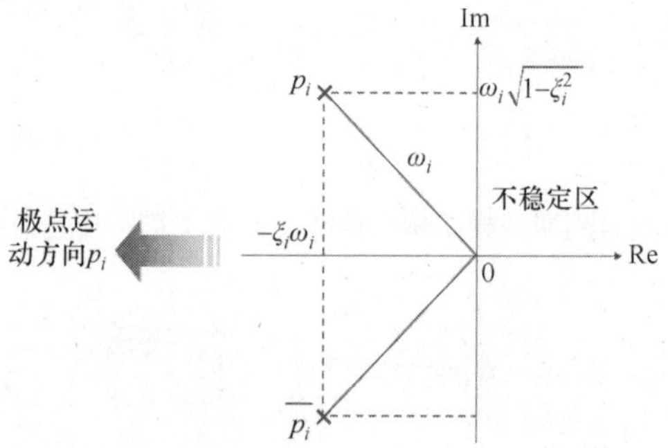

图 2.12　柔性结构复平面阻尼策略：朝左半平面的极点位移为 $\overline{p}_i = -\xi_i\omega_i \pm \widetilde{\omega}_i$

中系统的振动特性。尽管如此，这些控制机制中的低增益校正系统，称为“低权限控制（LAC）”，并不提供设置点跟踪解。设计该校正系统是用于增大开环极点的阻尼系数，由此闭环极点在复平面的位置相对于开环极点的位置只有微小变化。这些控制技术可导致鲁棒性提高，从而可用于使得全局补偿环稳定，最终确保设置点跟踪的性能。第二种校正系统需要显著收益来明显地改变这些极点的位置，称为高权限控制（HAC，见图 2.13）。最初由洛克希德（Lockheed）公司提出的下列方法［LOC 83］在层次化控制通用框架中将上述两种方法相结合［AUB 84，SCH 84］，也称为宽带位置控制［PRE 02］。

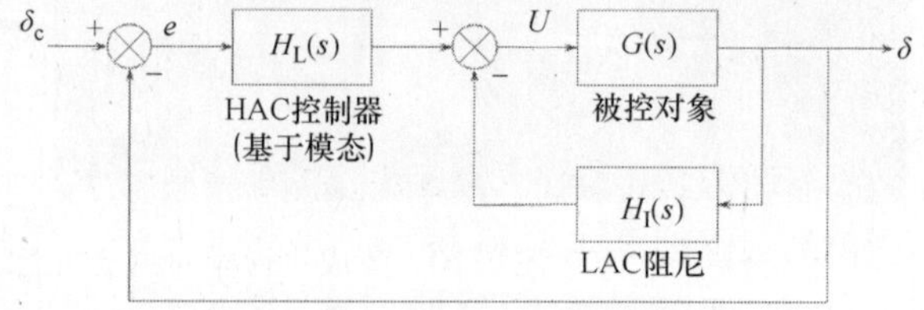

图 2.13　HAC/LAC 控制原理

内阻尼环可通过调节 LAC 传递函数调节器 $H_1(s)$ 来减小谐振附近频率响应的幅值。这是基于采用取决于被控输入/输出之比的各种形式的控制技术（力/位移、力/速度等）［PRE 02］。简化超前校正系统有时可在所研究问题的频带中引入足够大的相移。这具有在朝向较弱品质因数 isogain 曲线的 Black-Nichols 曲线中扩展系统表征曲线的效果[BRI 03，ROH 05]。特别适用于力/速度之比的直接速度反馈等其他调节器可在纯能耗粘滞阻尼中增加 90°的相位裕量［POT 02］。为防止由于非模态动态而产生的噪声放大和溢出现象，必须衰减高频增益。Caughey 和 Fanson 提出的位置正反馈（PPF）技术［GOH85，FAN 90，GRO 11］具有甚至在带宽内存在不可控模态时也能保持稳定的优点。这种技术在高频段具有显著下降，从而可限制非模态高频动态下系统不稳定的风险。在 HAC 传递函数 $H_L(s)$ 方面，在由之前 $H_l(s)$ 阻尼的系统基础上合成，将会在低频段具有显著的积分作用，并提供性能-鲁棒性和稳定性的折中。

利用系统频率响应的零/极点/交替模式，通过完全比例增益构建的一个用于校正系统内环的简单阻尼控制律可有效地对前述压电结构的振动特性产生阻尼。由于在纯积分器中增加了校正系统 H_L，低频增益值略有增加，从而可避免统计误差并抵制统计扰动（在高频段，这将减少传感器噪声并提高稳定鲁棒性）。通过一个预乘项校正积分作用，可改善环的带宽。

控制过程框图以及系统暂态响应如图 2.14 所示。

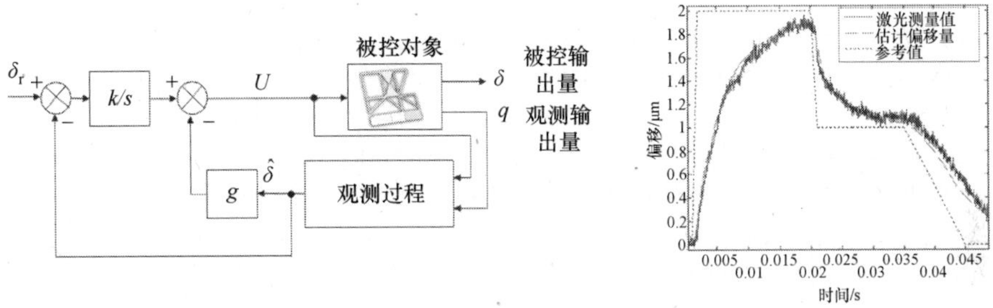

图 2.14　控制过程框图以及系统暂态响应

2.5　小结

在系统仿真甚至优化过程中，柔性机构的输入/输出动态表征必不可少。根据弱模态阻尼的假设，柔性结构的特定状态表示形式可用来得到能控性和能观性格拉姆（Gramians）矩阵的简单解析表达式。初始设计阶段的优化方法和模态分析得到的判据可确定系统频率并确保控制过程中性能达到一定后验程度。在弱阻尼结构情况下，在全局最优结构设计方法中很容易地会考虑计算时间成本更低的判据。格拉姆矩阵的简化表达式有利于评估模型降阶技术、控制权限或谐振模态观测，以及谐振和反谐振现象中频域位置的相关性能。

利用系统的开环频率响应特性，基于主动阻尼技术的综合合成控制器可提供令人满意的性能，并能保证具有时间裕量的强鲁棒性。这种方法似乎比采用相对简单的 Evans轨迹的校正器合成方法更有效，同时与其他经典鲁棒控制方法（如合成 H_∞ 法）

相比，能保证在一定结构特性的系统频率响应上满足渐近稳定性。在自适应系统设计，同时将校正系统集成到片上系统方面，采用该方法将更有效。

参考文献

[ABR 03] ABREU G.L.C., RIBEIRO M., STEFFEN J.F., "Experiments on optimal vibration control of a flexible beam containing piezoelectric sensors and actuators", *Journal of Shock and Vibration*, vol. 10, no. 5–6, pp. 283–300, 2003.

[ADH 06] ADHIKARI S., "Damping modeling using generalized proportional damping", *Journal of Sound and Vibration*, vol. 293, pp. 156–170, 2006.

[ANT 03] ANTKOWIAK B., GORMAN J.P., VARGHESE M., *et al.*, "Design of a high-Q, low impedance, GHz-range piezoelectric mems resonator", *Proceedings of the 12th IEEE International Conference on Transducers, Solid-state Sensors, Actuators and Microsystems*, vol. 293, Boston, MA, pp. 841–846, 2003.

[APH 07] APHALE S.S., FLEMING A.J., MOHEIMANI S.O.R., "Integral resonant control of collocated smart structures", *Smart Materials and Structures*, vol. 16, pp. 439–446, 2007.

[AUB 84] AUBRUN J.N., LYONS M.G., RATNER M.J., "Structural control for a circular plate", *Journal of Guidance, Control, and Dynamics*, vol. 7, pp. 535–545, 1984.

[BER 73] BERT C.W., "Material damping: an introductory review of mathematical models, measures, and experimental techniques", *Journal of Sound and Vibration*, vol. 29, pp. 129–153, 1973.

[BOR 92] BORNE P., DAUPHIN-TANGUY G., RICHARD J.P., *et al.*, *Modélisation et identification des processus (tome 1)*, Technip, Paris, 1992.

[BRI 03] BRIEN R.T.O., WATKINS J.M., "A unified approach for teaching root locus and bode compensator design", *Proceedings of the IEEE American Control Conference*, vol. 46, Denver, CO, pp. 645–649, 2003.

[CAU 65] CAUGHEY T.M., O'KELLY M.E.J., "Classical normal modes in damped linear dynamic systems", *Transactions of ASME, Journal of Applied Mechanics*, vol. 32, pp. 583–588, 1965.

[COL 01] COLLET M., "Shape optimization of piezoelectric sensors dealing with spill-over instability", *IEEE Transactions on Control Systems Technology*, vol. 9, pp. 654–662, 2001.

[EL 10] EL KHOURY MOUSSA R., GROSSARD M., CHAILLET N., *et al.*, "Observation-oriented design of a monolithic piezoelectric microactuator with optimally integrated sensor", *41st International Symposium on Robotics, ISR*, Munich, Germany, 2010.

[FAN 90] FANSON J.L., CAUGHEY T.K., "Positive position feedback-control for large space structures", *AIAA Journal*, vol. 28, pp. 717–724, 1990.

[GAW 91] GAWRONSKI W., WILLIAMS J., "Model reduction for flexible space structures", *Journal of Guidance, Control and Dynamics*, vol. 14, pp. 68–76, 1991.

[GAW 96] GAWRONSKI W., LIM K.B., *Balanced Control of Flexible structures*, Springer, London, 1996.

[GAW 03] GAWRONSKI W., "Discrete-time norms of flexible structure", *Journal of Sound and Vibrations*, vol. 264, pp. 983–1004, 2003.

[GEO 95] GEORGES D., "The use of observability and controllability gramians or functions for optimal sensor and actuator location in finite-dimensional systems", *Proceedings of the 34th IEEE Conference on Decision and Control*, New Orleans, LA, pp. 3319–3324, 1995.

[GIR 97] GIRARD A., "Dynamique des structures - Techniques d'analyse et d'essai", *Dossier Techniques de l'Ingénieur*, Dossier B5150, 1997.

[GLO 84] GLOVER K., "All optimal Hankel-norm approximations of linear multivariable systems and their L^{∞}-error bounds", *International Journal of Control*, vol. 39, pp. 115–1193, 1984.

[GOH 85] GOH C.J., CAUGHEY T.K., "On the stability problem caused by finite actuator dynamics in the collocated control of large space structures", *International Journal of Control*, vol. 41, pp. 787–802, 1985.

[GRE 05] GRESSICK W., WEN J.T., FISH J., "Order reduction for large-scale finite element models: a systems perspective", *International Journal for Multiscale Computational Engineering*, vol. 3, pp. 337–362, 2005.

[GRO 08] GROSSARD M., ROTINAT-LIBERSA C., CHAILLET N., *et al.*, "Mechanical and control-oriented design of a monolithic piezoelectric microgripper using a new topological optimisation method", *IEEE/ASME Transactions on Mechatronic*, vol. 14, pp. 32–45, 2008.

[GRO 11] GROSSARD M., BOUKALLEL M., CHAILLET N., *et al.*, "Modeling and robust control strategy for a control-optimized piezoelectric microgripper", *IEEE/ASME Transactions on Mechatronic*, vol. 16, pp. 674–683, 2011.

[HAC 93] HAC A., LIU L., "Sensor and actuator location in motion control of flexible structures", *Journal of Sound and Vibrations*, vol. 167, pp. 239–261, 1993.

[HAL 02a] HALIM D., MOHEIMANI S.O.R., "Experimental implementation of spatial H_{∞} control on a piezoelectric laminate beam", *IEEE Transactions on Mechatronics*, vol. 4, pp. 346–356, 2002.

[HAL 02b] HALIM D., MOHEIMANI S.O.R., "Spatial H_2 control of a piezoelectric laminate beam: experimental implementation", *IEEE Transactions on Control System Technology*, vol. 10, pp. 533–546, 2002.

[HAM 89] HAMDAN A.M.A., NAYFEH A.H., "Measures of modal controllability and observability for first- and second-order linear systems", *Journal of Guidance, Control and Dynamics*, vol. 12, no.3, pp. 421–428, May–June 1989.

[HAS 76] HASSELMAN C.K., "Modal coupling in lightly damped structures", *AIAA Journal*, vol. 14, pp. 1627–1628, 1976.

[JOG 02] JOG C.S., "Topology design of structures subjected to periodic loading", *Journal of Sound and Vibration*, vol. 253, pp. 687–709, 2002.

[JON 84] JONCKHEERE E.A., "Principal components analysis of flexible systems - Open-loop case", *IEEE Transactions on Automatic Control*, vol. 29, pp. 1095–1097, 1984.

[KER 02] KERMANI M.R., MOALLEM M., PATEL R.V., "Optimizing the performance of piezoelectric actuators for active vibration control", *Proceedings of the IEEE International Conference on Robotics and Automation (ICRA)*, Washington, DC, pp. 2375–2380, 2002.

[LAC 93] LAC A., LIU L., "Reduction of large flexible spacecraft models using internal balancing theory", *Journal of Sound and Vibration*, vol. 167, pp. 239–261, 1993.

[LEL 01] LELEU S., ABOU-KANDIL H., BONNASSIEUX Y., "Piezoelectric actuators and sensors location for active control of flexible structures", *IEEE Transactions on Instrumentation and Measurement*, vol. 50, pp. 1577–1582, 2001.

[LIM 93] LIM K.B., GAWRONSKI W., *Actuators and Sensor Placement for Control of Flexible Structures in Control and Dynamics Systems: Advances in Theory and Applications*, Academic Press, London, 1993.

[LOC 83] LOCKHEED MISSILES AND SPACE COMPANY INC., "Vibration control of space structures: a high and low authority hardware implementation", AFWAL-TR-83-3074, 1983.

[MAR 78] MARTIN G.D., On the control of flexible mechanical systems, PhD Thesis, Stanford University, 1978.

[MOO 81] MOORE B.C., "Principal component analysis in linear systems: controllability, observability, and model reduction", *IEEE Transactions on Automatic Control*, vol. 26, pp. 17–32, 1981.

[NAD 04] NADER G., SILVA E.C.N., ADAMOWSKI J.C., "Effective damping value of piezoelectric transducer determined by experimental techniques and numerical analysis", *ABCM Symposium Series in Mechatronics*, no. 1, pp. 271–279, 2004.

[PER 82] PERNEBO L., SILVERMAN L.M., "Model reduction via balanced state space representation", *IEEE Transactions on Automatic Control*, vol. 27, pp. 382–387, 1982.

[POT 02] POTA H.R., MOHEIMANI S.O.R., SMITH M., "Resonant controllers for smart structures", *Smart Materials and Structures*, vol. 11, pp. 1–8, 2002.

[PRE 02] PREUMONT A., *Vibration Control of Active Structures: An Introduction*, 2nd. ed., Kluwer Academic, Berlin, 2002.

[RAO 02] RAO M.D., "Recent applications of viscoelastic damping for noise control on automobiles and commercial airplanes", *Journal of Sound and Vibration*, vol. 262, pp. 457–474, 2002.

[ROH 05] ROHITHA P.D., SENADHEERA S., PIEPER J.K., "Fully automated PID and lead/lag compensator design tool for industrial use", *Proceedings of the IEEE Conference on Control Applications*, Toronto, Canada, pp. 1009–1014, 2005.

[SCH 84] SCHAECCHTER D.B., ELDRED D.B., "Experimental demonstration of the control of flexible structures", *Journal of Guidance, Control, and Dynamics*, vol. 7, pp. 527–534, 1984.

[SKE 80] SKELTON R.E., "Cost decomposition of linear systems with applications to model reduction", *International Journal of Control*, vol. 32, pp. 1031–1055, 1980.

[SKE 83] SKELTON R.E., YOUSSUF A., "Component cost analysis of large scale systems", *International Journal of Control*, vol. 37, pp. 285–304, 1983.

[TOM 87] TOMBS M.S., POSTLETHWAITE I., "Truncated balanced realization of a stable non-minimal state-space system", *International Journal of Control*, vol. 46, pp. 1319–1330, 1987.

[VIS 84] VISWANATHAN C.N., LONGMAN R.W., LIKINS P.W., "A degree of controllability definition: fundamental concepts and applications to modal systems", *Journal of Guidance, Control and Dynamics*, vol. 7, pp. 222–230, 1984.

[WIL 90] WILLIAMS J., "Close-form Gramians and model reduction for flexible space structures", *IEEE Transactions on Automatic Control*, vol. 35, pp. 379–382, 1990.

[ZHA 94] ZHANG W., LIN F., "Smart structure damping modeling", *Proceedings of the 33rd Conference on Decision and Control*, Buena Vista Palace, Walt Disney Resort, Lake Buena Vista, FL, pp. 3975–3980, 1994.

第3章 柔性结构建模的结构能量法

Nandish R. Calchand、Arnaud Hubert、Yann Le Gorrec 和 Hector Ramirez Estay

3.1 简介

柔性或兼容性机械机构建模与连续介质模型有关。所建模装置的特性和配置表示值在空间（即某个域）中分布，并且相应的模型方程可偏导。在这种情况下，将其称为分布式系统或无限维系统。

欧拉（Euler）和拉格朗日（Lagrange）对这些柔性结构建模做出了重要贡献，提出了虚拟变分的概念。正是基于这种开创性概念，才提出基于变分方法的各种建模方法。在柔性机械结构的研究中，可以应用汉密尔顿（Hamilton）最小作用量原理、达朗贝尔（D'Alembert）定理和虚拟功/虚拟能量原理。由于目前最常用的工程方法主要是根据变分原理［加勒金（Galerkin）和有限元法］，因此提供了许多数值解析方法。这些方法中共用的一个关键概念是能量概念相关函数。这种概念首先将一个局部问题（基于力的概念）转化为一个全局问题（基于能量的概念）。这种考虑问题角度的变化可将一个典型的问题（如机械问题）转化成一个更为普遍的优化问题。其次，利用能量相关函数意味着可应用于所有现象学和热力学理论。由此说明该方法的优点在于不必局限于某个具体的物理理论，而是可提出一种所有基本物理现象都完全相同的多物理又统一的更为通用的理论。通过热力学概念可为不同类型的现象提供一个通用框架。

18～19世纪，在机械领域产生了一些经典的科学发展。然而，在19～20世纪，电气领域形成了一种更适用于复杂情况的不同愿景。因此，目前的建模是基于系统、网络和互连的概念。机械工程人员已熟知子系统之间互连的概念，但只是将其看作一个可通过约束方程和拉格朗日乘子进行解决的次要因素，而不是看作一个基本理论。在某种意义上，可以认为机械工程人员首先和首要考虑的是通过能量函数来讨论机械特性问题，而电气工程人员关注的是子系统互连网络下的复杂性与结构问题。尽管电气工程师和机械工程师之间的分歧是相对的，但是作为离散拓扑学的奠基人，并因此从电气角度考虑问题的非欧拉莫属，同时他也是机械工程方向的开创者。

直到20世纪之前，都是各自从这两个方向独立研究的。在此之后，科学家们开始尝试将两者协调和结合。在网络热力学和键合图得到普及的20世纪60年代取得了突破性的进展。尝试结合能量法来描述不同子系统互连的结构。在该研究领域，提出了许多更加复杂的数学工具和概念（如微分几何和微分拓扑学）。同样地，诸如因果关系和空间分布子系统等问题仍是如今广泛研究的概念。虽然目前这些工具相对成熟，但在工程领域中却没有太大进展，很大程度上还是只限于应用数学领域。

本章重点介绍利用能量和系统结构概念的不同建模工具。其中，将具体讨论波特-汉密尔顿（Port-Hamiltonian）系统模型，这是因为该系统模型是目前结构能量建模中最先进的工具之一［DUI 09］。其中，融合了键合图和基于汉密尔顿等式的状态建模相关概念。

从教学学术的角度，本章可分成两部分。第一部分介绍了基本概念，主要关注于有限维系统。这将允许暂时搁置与高等数学相关的难题（如泛函分析和微分几何）而集中于基本问题。以一个相对简单的纵向振荡器机械问题为例，介绍不同的概念和原理并逐步用于构建波特-汉密尔顿模型结构。第二部分将利用更多理论将这些概念扩展到应用更复杂数学工具的无限维系统。其中，通过首先考虑梁纵向振动，然后是 Timoshendo 梁横向振动，从而构成柔性分布式机械结构原型的示例来阐述第二部分内容。

3.2　有限维系统

本节介绍了有限维系统中的波特-汉密尔顿模型，所谓有限维系统是指其状态变量个数有限的系统。正如 3.1 节所述，该模型依赖于两个互补概念的结合：

—基于能量函数的系统特性规律描述；

—应用类似于网络的拓扑学的系统内部互连描述。

第一个概念与欧拉、拉格朗日和汉密尔顿的观点直接相关，而第二个概念来自于欧拉、基尔霍夫和特勒根的思想。在某种意义上，波特-汉密尔顿系统是佩因特（Paynter）提出的键合图的扩展［PAY 61］，并利用布莱恩（Branin）［BRA 66］和特勒根（TEL 52）的思想进行了推广。本节所讨论的一个示例是如图 3.1 所示的集总参数系统。该系统是一个横向、纵向运动的两自由度的质量-弹簧-阻尼系统（4 个状态变量）。由质量块 m_1、m_2 和一系列线性弹簧 k_1、k_2、k_3 连接的固定支座，以及粘滞阻尼器 d_1、d_2、d_3 组成。该系统具有两个控制输入，分别为力 f_1 和 f_2。本章中，不会涉及因果关系问题，这是由于所有首选因果关系都已在系统中体现。

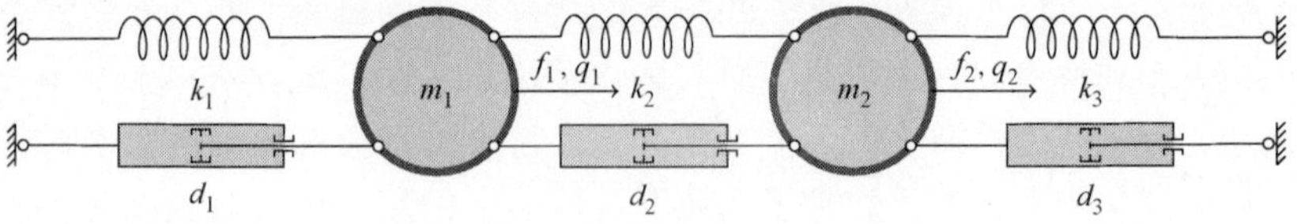

图 3.1　所研究装置的描述与配置

在介绍不同概念相结合而成的波特-汉密尔顿系统之前，首先讨论经典能量模型（拉格朗日和汉密尔顿）和经典网络模型（线性图）。

3.2.1　经典能量模型

为构建该系统的拉格朗日模型，在此选择一组描述该系统配置的通用坐标。在本例中，配置空间为一个由 $\mathbb{R}$ 中的两个坐标 q_1 和 q_2 表征的二维矢量空间。所选择的坐标为两个质量块从其静止状态位置（在固定 Galilean 框架下表示）到纵向位置的变化量。相应的值和参数如下：

$$\boldsymbol{q}=\begin{pmatrix}q_1\\q_2\end{pmatrix}\quad \boldsymbol{M}=\begin{pmatrix}m_1&0\\0&m_2\end{pmatrix}$$
$$\boldsymbol{K}=\begin{pmatrix}k_1+k_2&-k_2\\-k_2&k_3+k_2\end{pmatrix}$$
$$\boldsymbol{D}=\begin{pmatrix}d_1+d_2&-d_2\\-d_2&d_3+d_2\end{pmatrix} \qquad [3.1]$$
$$\boldsymbol{f}=\begin{pmatrix}f_1\\f_2\end{pmatrix}$$

如果忽略重力（横向、纵向运动假设），则该系统的增广拉格朗日函数 $\mathcal{L}_a$是由包括共动能值 $\mathcal{T}^*(\boldsymbol{q},\ \dot{\boldsymbol{q}})$ 减去弹性势能 $\mathcal{V}(\boldsymbol{q})$ 的守恒拉格朗日函数 $\mathcal{L}_c$，和与外力 $\mathcal{W}_{ext}(\boldsymbol{q},\ \boldsymbol{t})$相关的非守恒项$\sum_i \mathcal{W}_i$以及能耗项 $\mathcal{W}_d(\dot{\boldsymbol{q}})$ 组成 [GER 97]：

$$\begin{aligned}\mathcal{L}_a(\boldsymbol{q},\dot{\boldsymbol{q}},t) &= \mathcal{L}_c(\boldsymbol{q},\dot{\boldsymbol{q}}) + \sum_i \mathcal{W}_i(\boldsymbol{q},\dot{\boldsymbol{q}},t)\\ &= \mathcal{T}^*(\boldsymbol{q},\dot{\boldsymbol{q}}) - \mathcal{V}(\boldsymbol{q}) + \mathcal{W}_{ext}(\boldsymbol{q},t) + \mathcal{W}_d(\dot{\boldsymbol{q}})\end{aligned} \qquad [3.2]$$

其中

$$\mathcal{T}^*(\boldsymbol{q},\dot{\boldsymbol{q}}) = \frac{1}{2}\cdot\dot{\boldsymbol{q}}^{T}\cdot\boldsymbol{M}\cdot\dot{\boldsymbol{q}} = \mathcal{T}^*(\dot{\boldsymbol{q}}) \qquad [3.3]$$

$$\mathcal{V}(\boldsymbol{q}) = \frac{1}{2}\cdot\boldsymbol{q}^{T}\cdot\boldsymbol{K}\cdot\boldsymbol{q} \qquad [3.4]$$

$$\mathcal{W}_{ext}(\boldsymbol{q},t) = \boldsymbol{f}^{T}\cdot\boldsymbol{q} \qquad [3.5]$$

$$\mathcal{W}_d(\dot{\boldsymbol{q}}) = \int_{t_1}^{t_2}\mathcal{R}(\dot{\boldsymbol{q}})\mathrm{d}t \text{ 和 } \mathcal{R}(\dot{\boldsymbol{q}}) = \frac{1}{2}\cdot\boldsymbol{q}^{T}\cdot\boldsymbol{D}\cdot\dot{\boldsymbol{q}} \qquad [3.6]$$

经典能量模型的基本原理是汉密尔顿原理中的最小作用量原理，其中规定了使得时刻 t_1和 t_2之间满足作用量 $\mathcal{A}=\int_{t_1}^{t_2}L_a\mathrm{d}t$ 极值的系统固有结构。在这种情况下，对于配置中每个允许的虚拟变化 $\delta\boldsymbol{q}$，必须保证作用量 $\delta\mathcal{A}$ 的虚拟变化平稳：

$$\delta\mathcal{A} = \int_{t_1}^{t_2}\delta\mathcal{L}_a\mathrm{d}t = 0 \quad \forall\,\delta\boldsymbol{q} \qquad [3.7]$$

利用变化演算 [LAN 86]，由汉密尔顿原理可推导出系统的欧拉-拉格朗日方程：

$$\frac{\partial\mathcal{L}_c(\boldsymbol{q})}{\partial\boldsymbol{q}} - \frac{\mathrm{d}}{\mathrm{d}t}\left(\frac{\partial\mathcal{L}_c(\boldsymbol{q}\cdot\dot{\boldsymbol{q}})}{\partial\dot{\boldsymbol{q}}}\right) - \frac{\partial\mathcal{R}(\dot{\boldsymbol{q}})}{\partial\dot{\boldsymbol{q}}} + \frac{\partial\mathcal{W}_{ext}(\boldsymbol{q},t)}{\partial\boldsymbol{q}} = 0 \qquad [3.8]$$

上述方程定义了能量守恒子系统相关的广义动量 $\boldsymbol{p}$：

$$\boldsymbol{p} = \frac{\partial\mathcal{L}_c(\boldsymbol{q},\dot{\boldsymbol{q}})}{\partial\dot{\boldsymbol{q}}} = \boldsymbol{M}\cdot\dot{\boldsymbol{q}} \qquad [3.9]$$

在本例中，可得到如下欧拉-拉格朗日方程：

$$-\boldsymbol{K}\cdot\boldsymbol{q}-\boldsymbol{M}\cdot\frac{\mathrm{d}\dot{\boldsymbol{q}}}{\mathrm{d}t}-\boldsymbol{D}\cdot\dot{\boldsymbol{q}}+\boldsymbol{f}=0 \qquad [3.10]$$

这完全满足应用于集总参数机械系统的牛顿第二定律（力平衡）。

通过将广义速度 $\dot{\boldsymbol{q}}$ 和广义动量 $\boldsymbol{p}$ 相互交换的勒让德（Legendre）变换，可由拉格朗日模型得到汉密尔顿模型：

$$\mathcal{H}_c(\boldsymbol{q},\boldsymbol{p})=\boldsymbol{p}\dot{\boldsymbol{q}}-\mathcal{L}_c(\boldsymbol{q},\dot{\boldsymbol{q}}) \qquad [3.11]$$

因此，所用的能量函数不再是增广拉格朗日函数 $\mathcal{L}_a$或是守恒拉格朗日函数 $\mathcal{L}_c$，而是一个称为守恒汉密尔顿方程的新函数 $\mathcal{H}_c$（或简称为“汉密尔顿量” $\mathcal{H}$）。从热力学角度来说，该函数完全对应于能量守恒系统的总能量。通过下式，将变量 $\dot{\boldsymbol{q}}$ 变换为 $\boldsymbol{p}$：

$$\dot{\boldsymbol{q}}=\boldsymbol{M}^{-1}\cdot\boldsymbol{p} \qquad [3.12]$$

由此可得

$$\mathcal{H}_c(\boldsymbol{q},\boldsymbol{p})=\mathcal{T}(\boldsymbol{q},\boldsymbol{p})+\mathcal{V}(\boldsymbol{q}) \qquad [3.13]$$

且：

$$\mathcal{T}(\boldsymbol{q},\boldsymbol{p})=\frac{1}{2}\boldsymbol{p}^{\mathrm{T}}\cdot(\boldsymbol{M}^{-1})^{\mathrm{T}}\cdot\boldsymbol{p}=\mathcal{T}(\boldsymbol{p}) \qquad [3.14]$$

函数 $\mathcal{T}(\boldsymbol{q},\ \boldsymbol{p})$ 为系统的动能。与共动能 $\mathcal{T}^*$ 相比，该函数与广义速度 $\dot{\boldsymbol{q}}$ 无关，而取决于广义动量 $\boldsymbol{p}$。由此，可由汉密尔顿原理得到如下汉密尔顿方程：

$$\begin{cases}\dot{\boldsymbol{q}}=\dfrac{\partial\mathcal{H}_c(\boldsymbol{q}\cdot\boldsymbol{p})}{\partial\boldsymbol{p}}\\[2ex]\dot{\boldsymbol{p}}=\dfrac{\partial\mathcal{H}_c(\boldsymbol{q}\cdot\boldsymbol{p})}{\partial\boldsymbol{q}}-\dfrac{\partial\mathcal{R}(\dot{\boldsymbol{q}})}{\partial\dot{\boldsymbol{q}}}+\boldsymbol{f}\end{cases} \qquad [3.15]$$

其中，$\dfrac{\partial\mathcal{H}_c(\boldsymbol{q}\cdot\boldsymbol{p})}{\partial\boldsymbol{p}}=(\boldsymbol{M}^{-1})\cdot\boldsymbol{p}\quad\dfrac{\partial\mathcal{H}_c(\boldsymbol{q}\cdot\boldsymbol{p})}{\partial\boldsymbol{q}}=\boldsymbol{K}\cdot\boldsymbol{q}\quad\dfrac{\partial\mathcal{R}(\dot{\boldsymbol{q}})}{\partial\dot{\boldsymbol{q}}}=\boldsymbol{D}\cdot\dot{\boldsymbol{q}}$ [3.16]

汉密尔顿方程是一种包括状态变量 $\boldsymbol{x}=(\boldsymbol{qp})^{\mathrm{T}}$的特殊形式的状态方程。某些情况下，在机械系统中会采用上述方程而不是拉格朗日方程。尽管从建模和仿真角度，这些方程稍有优势［LAY 98］，但在实际工程中，与欧拉-拉格朗日方程相比，应用还是相对较少。

3.2.2 经典网络模型

用于描述集总参数系统中网络拓扑的最常用系统方法是基于网络相关的线性图［TRE 55］。该方法在 20 世纪 60 年代扩展到多物理系统［KOE 67］，但主要用于电气网络建模［DES 69］。这也是在 Modelica 建模标准语言（https://modelica.org/）中机械系统面向对象建模和数值仿真的灵感来源。

本节示例中所考虑的子系统都是具有两个终端（偶极子）的集总参数系统，从而简化了图形描述。然而，这些方法也适用于描述多极系统。在基于线性图理论的系统描述中，每个偶极子由图中的一个边表示，且两个终端之间的每个互连节点对应于图中的一个顶点。

这种类型的模型需要定义下述物理量：

—与图中每个顶点相关的电势 φ。在这个机械系统示例中，对应于与 Galilean 框架相关的互连节点的绝对位置。在图中每个顶点之间，可定义电势差或跨变量 u，在该机械系统示例中，对应于位移或应变。

—对应于机械系统动量的每个子系统相关能量守恒值 c。在表示偶极子的每条边中流过该守恒值的通量 f（流通变量），这对应于本例中的力。

对应于图 3.1 中机械系统的线性图如图 3.2 所示，该图中包括 $n_s=4$ 个顶点和 $n_a=11$ 条边。图的秩为 $\rho=n_s-1=3$，且无效边为 $\upsilon=n_a-\rho=8$（参见［DES 69］）。

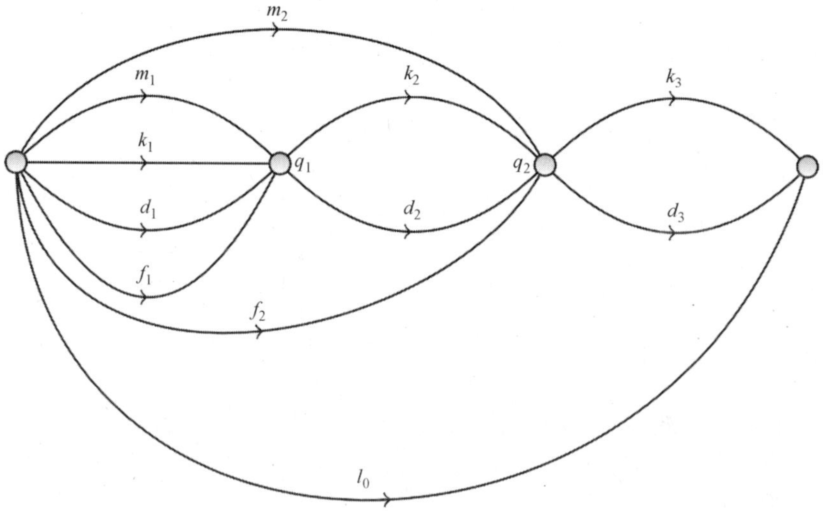

图 3.2　与图 3.1 中机械系统相关的线性图

此外，还可定义一个树 $\mathcal{A}$ 和一个共树 $\overline{\mathcal{A}}$。在非因果建模技术[⊖]中，只要树定义准确，树或共树中的子系统可任意分类。然而因果关系是一种能够有助于求解动态方程的属性，尤其是可以状态空间形式进行表示。在这种情况下，可通过用边表示的各个子系统相关的实际因果关系来实现属于树的边与属于共树的边之间的分类。对于输入 = 流通变量/输出 = 跨变量的因果关系，相关子系统必须位于树中。对于输入 = 跨变量/输出 = 流通变量的因果关系，相关子系统必须位于共树中。值得注意的是，确定子系统中的因果关系往往并不简单，通常需要设备设计及其互连的分析和考虑。侵犯优先因果关系和多可能选择是非独立状态和代数环的标志。对本例而言，这些情况不会发生，因此无需讨论（关于建模和动态系统仿真中因果关系问题的更多信息可参见

⊖ 非因果建模技术是一种无需定义输入/输出双变量配置的建模技术。Modelica 建模标准是一种典型的因果多物理建模标准（面向对象）。

[CEL 91] 和 [CEL 06])。

为有助于矩阵方程的处理，需要按边的序号排序。在此，最好是以序号升序排列，具体如下：

—树中的主动边：约束位置（长度为 l_0 的外部支持）；

—树中的被动守恒边：力因果关系的守恒分量（质量块 m_1、m_2）；

—共树中的主动边：约束力（外力 f_1、f_2）；

—共树的被动守恒边：位移因果关系的守恒分量（弹簧 k_1、k_2、k_3）；

—共树中的能耗被动边：位移因果关系的能耗分量（阻尼器 d_1、d_2、d_3）。

一旦选定树后，确定 $\nu=8$ 为基本循环周期，以及矩阵 $\boldsymbol{B}$ [DES 69]。如果根据上述规则完成编号（l_0，m_1，m_2，f_1，f_2，k_1，k_2，k_3，d_1，d_2，d_3），则该矩阵可拆分成相应于树 $\mathcal{A}$ 和共树 $\overline{\mathcal{A}}$ 的两个子矩阵，形式为 $\boldsymbol{B}=(B_{\mathcal{A}}I_\nu)$ 的 $\boldsymbol{B}=(B_{\mathcal{A}}B_{\overline{\mathcal{A}}})$，其中：

$$\boldsymbol{B}_{\mathcal{A}}=\begin{pmatrix} 0 & -1 & 0 \\ 0 & 0 & -1 \\ 0 & -1 & 0 \\ 0 & 1 & -1 \\ -1 & 0 & 1 \\ 0 & -1 & 0 \\ 0 & 1 & -1 \\ -1 & 0 & 1 \end{pmatrix} \qquad [3.17]$$

同样可确定 $\rho=3$ 的基本循环周期，以及相应矩阵 $\boldsymbol{Q}$。如果按照之前的编号规则，具体可得形式为 $\boldsymbol{Q}=(I_\rho Q_{\overline{\mathcal{A}}})$ 的 $Q=(Q_{\mathcal{A}}Q_{\overline{\mathcal{A}}})$，其中：

其中：

$$\boldsymbol{Q}_{\overline{\mathcal{A}}}=\begin{pmatrix} 0 & 0 & 0 & 0 & 1 & 0 & 0 & 1 \\ 1 & 0 & 1 & -1 & 0 & 1 & -1 & 0 \\ 0 & 1 & 0 & 1 & -1 & 0 & 1 & -1 \end{pmatrix} \qquad [3.18]$$

由此可看出，由于编号首先应用于树中的边，接下来应用于共树的边，除此之外，考虑到特勒根原理，需满足：

$$\boldsymbol{Q}_{\overline{\mathcal{A}}}=-\boldsymbol{B}_{\mathcal{A}}^{T} \qquad [3.19]$$

特勒根理论规定了跨变量空间与流通变量空间正交，这需要满足 $\boldsymbol{B}\cdot\boldsymbol{Q}^{\mathrm{T}}=0$。由此，可由该图推导出广义基尔霍夫定律，从而产生下列互连关系式：

$$\begin{cases}\boldsymbol{Q}\cdot\boldsymbol{f}=0\\ \boldsymbol{B}\cdot\boldsymbol{u}=0\end{cases} \qquad [3.20]$$

式中，$\boldsymbol{f}$ 为在所研究的集总参数系统中应用于各个子系统的力矢量（流通变量）；$\boldsymbol{u}$ 为在所研究的集总参数系统中子系统极值之间的位移矢量（跨变量）。

从力学角度而言，第一个互连方程为力平衡定律，而第二个互连方程与位移协调律相关。

值得注意的是，只有对应于上述两个矩阵关系的一半方程相互独立。与图中各条边相关的子系统的因果性配置，可将跨变量 $\boldsymbol{u}$ 和流通变量 $\boldsymbol{f}$ 分别配置为输入变量和输出变量。

这种分布方法可区分作为输入的共树“流通变量”和树“跨变量”，从而作为独立变量。根据对偶规律，共树的“跨变量”和树的“流通变量”为输出，从而为非独立变量。因此，可重新表示基尔霍夫定律方程，使之只能出现独立方程的确切编号：

$$\begin{cases} \boldsymbol{f}_{\mathcal{A}} = -\boldsymbol{Q}_{\bar{\mathcal{A}}} \cdot \boldsymbol{f}_{\bar{\mathcal{A}}} \\ \boldsymbol{u}_{\bar{\mathcal{A}}} = -\boldsymbol{B}_{\mathcal{A}} \cdot \boldsymbol{u}_{\mathcal{A}} \end{cases} \tag{3.21}$$

这些独立等式可表示为矩阵形式，由此可以明确地构建一个互连矩阵 $\mathcal{J}$:

$$\begin{pmatrix} \boldsymbol{f}_{\mathcal{A}} \\ \boldsymbol{u}_{\bar{\mathcal{A}}} \end{pmatrix} = \underbrace{\begin{pmatrix} 0 & -\boldsymbol{Q}_{\bar{\mathcal{A}}} \\ -\boldsymbol{B}_{\mathcal{A}} & 0 \end{pmatrix}}_{\mathcal{J}} \cdot \begin{pmatrix} \boldsymbol{u}_{\mathcal{A}} \\ \boldsymbol{f}_{\bar{\mathcal{A}}} \end{pmatrix} \tag{3.22}$$

该互连矩阵的对角元素必须为0，这是因为互连关系产生同类变量的约束，而对于非同类变量则不会产生约束㊀。除此之外，该互连矩阵是斜对称矩阵，这是因为必须满足特勒根原理，即 $-\boldsymbol{Q}_{\bar{\mathcal{A}}} = \boldsymbol{B}^{\mathrm{T}}_{\mathcal{A}}$。因此，式［3.22］是一个由网络完备描述设备内部互连的方程。由此，互连矩阵 $\mathcal{J}$能够完全描述该网络的拓扑结构。

互连方程表明需要一半的非独立方程来求解网络问题，另一半非独立方程是来自于各个子系统关联的特性规律，即各个分支或边。因此，其余方程自然而言地在离散网络文献中称为分支方程。关于这些分量及其互连的因果关系信息一般可将树和共树中的分量分为三类：主动树（记为 a）、守恒被动树（记为 c）和能耗被动树（记为 d），从而之前的矩阵表达式可分为如下形式（在本例中考虑无代数环的优先因果关系）：

$$\begin{pmatrix} \boldsymbol{f}_{\mathcal{A}_a} \\ \boldsymbol{f}_{\mathcal{A}_c} \\ \boldsymbol{f}_{\mathcal{A}_d} \\ \boldsymbol{u}_{\bar{\mathcal{A}}_a} \\ \boldsymbol{u}_{\bar{\mathcal{A}}_c} \\ \boldsymbol{u}_{\bar{\mathcal{A}}_d} \end{pmatrix} = \begin{pmatrix} 0 & 0 & 0 & -\boldsymbol{Q}_{\bar{\mathcal{A}}_{aa}} & -\boldsymbol{Q}_{\bar{\mathcal{A}}_{ac}} & -\boldsymbol{Q}_{\bar{\mathcal{A}}_{ad}} \\ 0 & 0 & 0 & -\boldsymbol{Q}_{\bar{\mathcal{A}}_{ca}} & -\boldsymbol{Q}_{\bar{\mathcal{A}}_{cc}} & -\boldsymbol{Q}_{\bar{\mathcal{A}}_{cd}} \\ 0 & 0 & 0 & -\boldsymbol{Q}_{\bar{\mathcal{A}}_{da}} & -\boldsymbol{Q}_{\bar{\mathcal{A}}_{dc}} & -\boldsymbol{Q}_{\bar{\mathcal{A}}_{dd}} \\ -\boldsymbol{B}_{\mathcal{A}_{aa}} & -\boldsymbol{B}_{\mathcal{A}_{ac}} & -\boldsymbol{B}_{\mathcal{A}_{ad}} & 0 & 0 & 0 \\ -\boldsymbol{B}_{\mathcal{A}_{ca}} & -\boldsymbol{B}_{\mathcal{A}_{cc}} & -\boldsymbol{B}_{\mathcal{A}_{cd}} & 0 & 0 & 0 \\ -\boldsymbol{B}_{\mathcal{A}_{da}} & -\boldsymbol{B}_{\mathcal{A}_{dc}} & -\boldsymbol{B}_{\mathcal{A}_{dd}} & 0 & 0 & 0 \end{pmatrix} \cdot \begin{pmatrix} \boldsymbol{u}_{\mathcal{A}_a} \\ \boldsymbol{u}_{\mathcal{A}_c} \\ \boldsymbol{u}_{\mathcal{A}_d} \\ \boldsymbol{f}_{\bar{\mathcal{A}}_a} \\ \boldsymbol{f}_{\bar{\mathcal{A}}_c} \\ \boldsymbol{f}_{\bar{\mathcal{A}}_d} \end{pmatrix} \tag{3.23}$$

假设希望将该系统分成分别标记为主动树、守恒被动树和能耗被动树三个子系统：

—子系统一：

$$\begin{pmatrix} \boldsymbol{f}_{\mathcal{A}_a} \\ \boldsymbol{u}_{\bar{\mathcal{A}}_a} \end{pmatrix} = \underbrace{\begin{pmatrix} 0 & -\boldsymbol{Q}_{\bar{\mathcal{A}}_{aa}} \\ -\boldsymbol{B}_{\mathcal{A}_{aa}} & 0 \end{pmatrix}}_{\mathcal{J}_{aa}} \cdot \begin{pmatrix} \boldsymbol{u}_{\mathcal{A}_a} \\ \boldsymbol{f}_{\bar{\mathcal{A}}_a} \end{pmatrix} + \underbrace{\begin{pmatrix} 0 & -\boldsymbol{Q}_{\bar{\mathcal{A}}_{ac}} \\ -\boldsymbol{B}_{\mathcal{A}_{ac}} & 0 \end{pmatrix}}_{\mathcal{G}_{ac}} \cdot \begin{pmatrix} \boldsymbol{u}_{\mathcal{A}_c} \\ \boldsymbol{f}_{\bar{\mathcal{A}}_c} \end{pmatrix} + \underbrace{\begin{pmatrix} 0 & -\boldsymbol{Q}_{\bar{\mathcal{A}}_{ad}} \\ -\boldsymbol{B}_{\mathcal{A}_{ad}} & 0 \end{pmatrix}}_{\mathcal{G}_{ad}} \cdot \begin{pmatrix} \boldsymbol{u}_{\mathcal{A}_d} \\ \boldsymbol{f}_{\bar{\mathcal{A}}_d} \end{pmatrix} \tag{3.24}$$

㊀ 不同类型变量之间的关系来自各个子系统的特性规律。

—子系统二：

$$\begin{pmatrix} \boldsymbol{f}_{\mathcal{A}_c} \\ \boldsymbol{u}_{\bar{\mathcal{A}}_c} \end{pmatrix} = \underbrace{\begin{pmatrix} 0 & -\boldsymbol{Q}_{\bar{\mathcal{A}}_{ca}} \\ -\boldsymbol{B}_{\mathcal{A}_{ca}} & 0 \end{pmatrix}}_{\mathcal{G}_{ca}} \cdot \begin{pmatrix} \boldsymbol{u}_{\mathcal{A}_a} \\ \boldsymbol{f}_{\bar{\mathcal{A}}_a} \end{pmatrix} + \underbrace{\begin{pmatrix} 0 & -\boldsymbol{Q}_{\bar{\mathcal{A}}_{cc}} \\ -\boldsymbol{B}_{\mathcal{A}_{cc}} & 0 \end{pmatrix}}_{\mathcal{J}_{cc}} \cdot \begin{pmatrix} \boldsymbol{u}_{\mathcal{A}_c} \\ \boldsymbol{f}_{\bar{\mathcal{A}}_c} \end{pmatrix} + \underbrace{\begin{pmatrix} 0 & -\boldsymbol{Q}_{\bar{\mathcal{A}}_{cd}} \\ -\boldsymbol{B}_{\mathcal{A}_{cd}} & 0 \end{pmatrix}}_{\mathcal{G}_{cd}} \cdot \begin{pmatrix} \boldsymbol{u}_{\mathcal{A}_d} \\ \boldsymbol{f}_{\bar{\mathcal{A}}_d} \end{pmatrix} \quad [3.25]$$

—子系统三：

$$\begin{pmatrix} \boldsymbol{f}_{\mathcal{A}_d} \\ \boldsymbol{u}_{\bar{\mathcal{A}}_d} \end{pmatrix} = \underbrace{\begin{pmatrix} 0 & -\boldsymbol{Q}_{\bar{\mathcal{A}}_{da}} \\ -\boldsymbol{B}_{\mathcal{A}_{da}} & 0 \end{pmatrix}}_{\mathcal{G}_{da}} \cdot \begin{pmatrix} \boldsymbol{u}_{\mathcal{A}_a} \\ \boldsymbol{f}_{\bar{\mathcal{A}}_a} \end{pmatrix} + \underbrace{\begin{pmatrix} 0 & -\boldsymbol{Q}_{\bar{\mathcal{A}}_{dc}} \\ -\boldsymbol{B}_{\mathcal{A}_{dc}} & 0 \end{pmatrix}}_{\mathcal{G}_{dc}} \cdot \begin{pmatrix} \boldsymbol{u}_{\mathcal{A}_c} \\ \boldsymbol{f}_{\bar{\mathcal{A}}_c} \end{pmatrix} + \underbrace{\begin{pmatrix} 0 & -\boldsymbol{Q}_{\bar{\mathcal{A}}_{dd}} \\ -\boldsymbol{B}_{\mathcal{A}_{dd}} & 0 \end{pmatrix}}_{\mathcal{J}_{dd}} \cdot \begin{pmatrix} \boldsymbol{u}_{\mathcal{A}_d} \\ \boldsymbol{f}_{\bar{\mathcal{A}}_d} \end{pmatrix} \quad [3.26]$$

特勒根定理 $-\boldsymbol{Q}_{\bar{\mathcal{A}}}=\boldsymbol{B}_{\mathcal{A}}^{\mathrm{T}}$ 表明 $\mathcal{J}_{aa}=-\mathcal{J}_{aa}^{\mathrm{T}}$、$\mathcal{J}_{cc}=-\mathcal{J}_{cc}^{\mathrm{T}}$ 以及 $\mathcal{J}_{dd}=-\mathcal{J}_{dd}^{\mathrm{T}}$，因此，这三个互连矩阵为斜对称。此外，还可证明矩阵 $\mathcal{G}$ 为非斜对称，即 $\mathcal{G}_{ac}\neq-\mathcal{G}_{ac}^{\mathrm{T}}$，但都遵循 $\mathcal{G}_{ac}=-\mathcal{G}_{ca}^{\mathrm{T}}$ 的形式。

通过计算位移变量的时间变化率可修正之前的三个系统方程（同样的互连关系，因此 $\mathcal{J}$ 保持不变）。

—子系统一：

$$\begin{pmatrix} \boldsymbol{f}_{\mathcal{A}_a} \\ \frac{\mathrm{d}}{\mathrm{d}t}\boldsymbol{u}_{\bar{\mathcal{A}}_a} \end{pmatrix} = \underbrace{\begin{pmatrix} 0 & -\boldsymbol{Q}_{\bar{\mathcal{A}}_{aa}} \\ -\boldsymbol{B}_{\mathcal{A}_{aa}} & 0 \end{pmatrix}}_{\mathcal{J}_{aa}} \cdot \begin{pmatrix} \frac{\mathrm{d}}{\mathrm{d}t}\boldsymbol{u}_{\mathcal{A}_a} \\ \boldsymbol{f}_{\bar{\mathcal{A}}_a} \end{pmatrix} + \underbrace{\begin{pmatrix} 0 & -\boldsymbol{Q}_{\bar{\mathcal{A}}_{ac}} \\ -\boldsymbol{B}_{\mathcal{A}_{ac}} & 0 \end{pmatrix}}_{\mathcal{G}_{ac}} \cdot \begin{pmatrix} \frac{\mathrm{d}}{\mathrm{d}t}\boldsymbol{u}_{\mathcal{A}_c} \\ \boldsymbol{f}_{\bar{\mathcal{A}}_c} \end{pmatrix} + \underbrace{\begin{pmatrix} 0 & -\boldsymbol{Q}_{\bar{\mathcal{A}}_{ad}} \\ -\boldsymbol{B}_{\mathcal{A}_{ad}} & 0 \end{pmatrix}}_{\mathcal{G}_{ad}} \cdot \begin{pmatrix} \frac{\mathrm{d}}{\mathrm{d}t}\boldsymbol{u}_{\mathcal{A}_d} \\ \boldsymbol{f}_{\bar{\mathcal{A}}_d} \end{pmatrix} \quad [3.27]$$

—子系统二：

$$\begin{pmatrix} \boldsymbol{f}_{\mathcal{A}_c} \\ \frac{\mathrm{d}}{\mathrm{d}t}\boldsymbol{u}_{\bar{\mathcal{A}}_c} \end{pmatrix} = \underbrace{\begin{pmatrix} 0 & -\boldsymbol{Q}_{\bar{\mathcal{A}}_{ca}} \\ -\boldsymbol{B}_{\mathcal{A}_{ca}} & 0 \end{pmatrix}}_{\mathcal{G}_{ca}} \cdot \begin{pmatrix} \frac{\mathrm{d}}{\mathrm{d}t}\boldsymbol{u}_{\mathcal{A}_a} \\ \boldsymbol{f}_{\bar{\mathcal{A}}_a} \end{pmatrix} + \underbrace{\begin{pmatrix} 0 & -\boldsymbol{Q}_{\bar{\mathcal{A}}_{cc}} \\ -\boldsymbol{B}_{\mathcal{A}_{cc}} & 0 \end{pmatrix}}_{\mathcal{J}_{cc}} \cdot \begin{pmatrix} \frac{\mathrm{d}}{\mathrm{d}t}\boldsymbol{u}_{\mathcal{A}_c} \\ \boldsymbol{f}_{\bar{\mathcal{A}}_c} \end{pmatrix} + \underbrace{\begin{pmatrix} 0 & -\boldsymbol{Q}_{\bar{\mathcal{A}}_{cd}} \\ -\boldsymbol{B}_{\mathcal{A}_{cd}} & 0 \end{pmatrix}}_{\mathcal{G}_{cd}} \cdot \begin{pmatrix} \frac{\mathrm{d}}{\mathrm{d}t}\boldsymbol{u}_{\mathcal{A}_d} \\ \boldsymbol{f}_{\bar{\mathcal{A}}_d} \end{pmatrix} \quad [3.28]$$

—子系统三：

$$\begin{pmatrix} \boldsymbol{f}_{\mathcal{A}_d} \\ \frac{\mathrm{d}}{\mathrm{d}t}\boldsymbol{u}_{\bar{\mathcal{A}}_d} \end{pmatrix} = \underbrace{\begin{pmatrix} 0 & -\boldsymbol{Q}_{\bar{\mathcal{A}}_{da}} \\ -\boldsymbol{B}_{\mathcal{A}_{da}} & 0 \end{pmatrix}}_{\mathcal{G}_{da}} \cdot \begin{pmatrix} \frac{\mathrm{d}}{\mathrm{d}t}\boldsymbol{u}_{\mathcal{A}_a} \\ \boldsymbol{f}_{\bar{\mathcal{A}}_a} \end{pmatrix} + \underbrace{\begin{pmatrix} 0 & -\boldsymbol{Q}_{\bar{\mathcal{A}}_{dc}} \\ -\boldsymbol{B}_{\mathcal{A}_{dc}} & 0 \end{pmatrix}}_{\mathcal{G}_{dc}} \cdot \begin{pmatrix} \frac{\mathrm{d}}{\mathrm{d}t}\boldsymbol{u}_{\mathcal{A}_c} \\ \boldsymbol{f}_{\bar{\mathcal{A}}_c} \end{pmatrix} + \underbrace{\begin{pmatrix} 0 & -\boldsymbol{Q}_{\bar{\mathcal{A}}_{dd}} \\ -\boldsymbol{B}_{\mathcal{A}_{dd}} & 0 \end{pmatrix}}_{\mathcal{J}_{cc}} \cdot \begin{pmatrix} \frac{\mathrm{d}}{\mathrm{d}t}\boldsymbol{u}_{\mathcal{A}_d} \\ \boldsymbol{f}_{\bar{\mathcal{A}}_d} \end{pmatrix} \quad [3.29]$$

因此，定义输入变量 $\boldsymbol{e}$ 和输出变量 $\boldsymbol{s}$ 如下：

$$\boldsymbol{s}_{a}=\begin{pmatrix}\boldsymbol{f}_{\mathcal{A}_a}\\ \dfrac{d}{dt}\boldsymbol{u}_{\bar{\mathcal{A}}_a}\end{pmatrix}=\begin{pmatrix}\boldsymbol{f}_{\mathcal{A}_a}\\ \boldsymbol{\nu}_{\bar{\mathcal{A}}_a}\end{pmatrix}\text{以及 }\boldsymbol{e}_{a}=\begin{pmatrix}\dfrac{d}{dt}\boldsymbol{u}_{\mathcal{A}_a}\\ \boldsymbol{f}_{\bar{\mathcal{A}}_a}\end{pmatrix}=\begin{pmatrix}\boldsymbol{\nu}_{\mathcal{A}_a}\\ \boldsymbol{f}_{\bar{\mathcal{A}}_a}\end{pmatrix} \qquad [3.30]$$

$$\boldsymbol{s}_{c}=\begin{pmatrix}\boldsymbol{f}_{\mathcal{A}_c}\\ \dfrac{d}{dt}\boldsymbol{u}_{\bar{\mathcal{A}}_c}\end{pmatrix}=\begin{pmatrix}\boldsymbol{f}_{\mathcal{A}_c}\\ \boldsymbol{\nu}_{\bar{\mathcal{A}}_c}\end{pmatrix}\text{以及 }\boldsymbol{e}_{c}=\begin{pmatrix}\dfrac{d}{dt}\boldsymbol{u}_{\mathcal{A}_c}\\ \boldsymbol{f}_{\bar{\mathcal{A}}_c}\end{pmatrix}=\begin{pmatrix}\boldsymbol{\nu}_{\mathcal{A}_c}\\ \boldsymbol{f}_{\bar{\mathcal{A}}_c}\end{pmatrix} \qquad [3.31]$$

$$\boldsymbol{s}_{d}=\begin{pmatrix}\boldsymbol{f}_{\mathcal{A}_d}\\ \dfrac{d}{dt}\boldsymbol{u}_{\bar{\mathcal{A}}_d}\end{pmatrix}=\begin{pmatrix}\boldsymbol{f}_{\mathcal{A}_d}\\ \boldsymbol{\nu}_{\bar{\mathcal{A}}_d}\end{pmatrix}\text{以及 }\boldsymbol{e}_{d}=\begin{pmatrix}\dfrac{d}{dt}\boldsymbol{u}_{\mathcal{A}_d}\\ \boldsymbol{f}_{\bar{\mathcal{A}}_d}\end{pmatrix}=\begin{pmatrix}\boldsymbol{\nu}_{\mathcal{A}_d}\\ \boldsymbol{f}_{\bar{\mathcal{A}}_d}\end{pmatrix} \qquad [3.32]$$

由此，这三个子系统之间的互连关系式可表示如下：

$$\begin{cases}\boldsymbol{s}_a=\mathcal{J}_{aa}\cdot\boldsymbol{e}_a+\mathcal{G}_{ac}\cdot\boldsymbol{e}_c+\mathcal{G}_{ad}\,.\,\boldsymbol{e}_d\\ \boldsymbol{s}_c=\mathcal{G}_{ca}\cdot\boldsymbol{e}_a+\mathcal{J}_{cc}\cdot\boldsymbol{e}_c+\mathcal{G}_{cd}\,.\,\boldsymbol{e}_d\\ \boldsymbol{s}_d=\mathcal{G}_{da}\cdot\boldsymbol{e}_a+\mathcal{G}_{dc}\cdot\boldsymbol{e}_c+\mathcal{J}_{dd}\,.\,\boldsymbol{e}_d\end{cases} \qquad [3.33]$$

显然，这些主动树、守恒被动树和能耗被动树之间的互连关系并不充分，且需要通过各个分量的特性方程进行补充，但波特-汉密尔顿系统中线性图的重要作用主要在于构建这些斜对称的互连矩阵 $\mathcal{J}$。在波特-汉密尔顿系统中，特性方程在应用形式上类似于经典汉密尔顿模型所得到的方程。波特-汉密尔顿公式的中心思想是将能量守恒子系统从能耗树和主动树中分离出来。由此可得对应于其状态 $\boldsymbol{x}_c$ 的能量守恒子系统的输出变量：

$$\boldsymbol{s}_{c}=\begin{pmatrix}\boldsymbol{f}_{\mathcal{A}_c}\\ \dfrac{d}{dt}\boldsymbol{u}_{\bar{\mathcal{A}}_c}\end{pmatrix}=\frac{d}{dt}\begin{pmatrix}\boldsymbol{p}_{\mathcal{A}_c}\\ \boldsymbol{q}_{\bar{\mathcal{A}}_c}\end{pmatrix}=\frac{d}{dt}\boldsymbol{x}_c \qquad [3.34]$$

式中，$\boldsymbol{p}_{\mathcal{A}_c}$ 表示能量守恒子系统中的广义动量；$\boldsymbol{q}_{\bar{\mathcal{A}}_c}=\boldsymbol{u}_{\bar{\mathcal{A}}_c}$ 为其广义坐标。因此，在该能量守恒系统中存在一个存储函数 $\mathcal{S}_c$（有关能耗动态系统的建模和控制中的存储函数定义请参见文献［WIL 72］），同时也是能量共轭变量情况下的汉密尔顿量 $\mathcal{H}_c$，即：

$$\boldsymbol{e}_{c}=\begin{pmatrix}\boldsymbol{u}_{\mathcal{A}_c}\\ \boldsymbol{f}_{\bar{\mathcal{A}}_c}\end{pmatrix}=\begin{pmatrix}\dfrac{\partial\mathcal{S}_c}{\partial\boldsymbol{p}_{\mathcal{A}_c}}\\ \dfrac{\partial\mathcal{S}_c}{\partial\boldsymbol{q}_{\bar{\mathcal{A}}_c}}\end{pmatrix}=\frac{\partial\mathcal{S}_c}{\partial\boldsymbol{x}_c} \qquad [3.35]$$

将主动子系统（$\boldsymbol{e}_a$ 和 $\boldsymbol{s}_a$）以及能耗被动子系统（$\boldsymbol{e}_d$ 和 $\boldsymbol{s}_d$）的输入/输出变量重新组合成两个向量 $\boldsymbol{u}$ 和 $\boldsymbol{y}$，分别作为能量守恒子系统的控制输入和共轭输出：

$$\boldsymbol{u}=\begin{pmatrix}\boldsymbol{e}_a\\ \boldsymbol{e}_d\end{pmatrix}\text{以及 }\boldsymbol{y}=\begin{pmatrix}\boldsymbol{s}_a\\ \boldsymbol{s}_d\end{pmatrix} \qquad [3.36]$$

因此，这三个互连关系可表示如下：

$$\begin{cases} \frac{\mathrm{d}}{\mathrm{d}t}\boldsymbol{x}_{\mathrm{c}} = \mathcal{J}_{\mathrm{cc}} \cdot \frac{\partial \boldsymbol{\mathcal{S}}_{\mathrm{c}}}{\partial \boldsymbol{x}_{\mathrm{c}}} + (\mathcal{G}_{\mathrm{ca}} \mathcal{G}_{\mathrm{cd}}) \cdot \begin{pmatrix} \boldsymbol{e}_{\mathrm{a}} \\ \boldsymbol{e}_{\mathrm{d}} \end{pmatrix} \\ \begin{pmatrix} \boldsymbol{S}_{\mathrm{a}} \\ \boldsymbol{S}_{\mathrm{d}} \end{pmatrix} = \begin{pmatrix} \mathcal{G}_{\mathrm{ac}} \\ \mathcal{G}_{\mathrm{dc}} \end{pmatrix} \cdot \frac{\partial \boldsymbol{\mathcal{S}}_{\mathrm{c}}}{\partial \boldsymbol{x}_{\mathrm{c}}} + \begin{pmatrix} \mathcal{J}_{\mathrm{aa}} \mathcal{G}_{\mathrm{ad}} \\ \mathcal{G}_{\mathrm{da}} \mathcal{J}_{\mathrm{dd}} \end{pmatrix} \cdot \begin{pmatrix} \boldsymbol{e}_{\mathrm{a}} \\ \boldsymbol{e}_{\mathrm{d}} \end{pmatrix} \end{cases} \qquad [3.37]$$

从而，特勒根定理表明：

$$\mathcal{G} = (\mathcal{G}_{\mathrm{ca}}\ \mathcal{G}_{\mathrm{cd}}) = \begin{pmatrix} \mathcal{G}_{\mathrm{ac}} \\ \mathcal{G}_{\mathrm{dc}} \end{pmatrix} \qquad [3.38]$$

$$\mathcal{J}_{\mathrm{ad}} = \begin{pmatrix} \mathcal{J}_{\mathrm{aa}} & \mathcal{G}_{\mathrm{ad}} \\ \mathcal{G}_{\mathrm{da}} & \mathcal{J}_{\mathrm{dd}} \end{pmatrix} = -\mathcal{J}_{\mathrm{ad}}^{\mathrm{T}} \qquad \text{（斜对称矩阵）} \quad [3.39]$$

这些关系式表明 $\mathcal{S}_{\mathrm{c}}$ 为能量守恒系统的一个存储函数，由于严格遵循能量守恒定律，因此能耗有限：

$$\begin{aligned} \frac{\mathrm{d}\mathcal{S}_{\mathrm{c}}}{\mathrm{d}t} &= \frac{\partial \mathcal{S}_{\mathrm{c}}^{\mathrm{T}}}{\partial \boldsymbol{x}_{\mathrm{c}}} \cdot \frac{\mathrm{d}\boldsymbol{x}_{\mathrm{c}}}{\mathrm{d}t} \\ &= \frac{\partial \mathcal{S}_{\mathrm{c}}^{\mathrm{T}}}{\partial \boldsymbol{x}_{\mathrm{c}}} \cdot \left[\mathcal{J}_{\mathrm{cc}} \cdot \frac{\partial \mathcal{S}_{\mathrm{c}}}{\partial \boldsymbol{x}_{\mathrm{c}}} + (\mathcal{G}_{\mathrm{ca}}\ \mathcal{G}_{\mathrm{cd}}) \cdot \begin{pmatrix} \boldsymbol{e}_{\mathrm{a}} \\ \boldsymbol{e}_{\mathrm{d}} \end{pmatrix} \right] \\ &= \underbrace{\frac{\partial \mathcal{S}_{\mathrm{c}}^{\mathrm{T}}}{\partial \boldsymbol{x}_{\mathrm{c}}} \cdot \mathcal{J}_{\mathrm{cc}} \cdot \frac{\partial \mathcal{S}_{\mathrm{c}}}{\partial \boldsymbol{x}_{\mathrm{c}}}}_{=0\ \text{因为}\ \mathcal{J}_{\mathrm{cc}} = -\mathcal{J}_{\mathrm{cc}}^{\mathrm{T}}} + \frac{\partial S_{\mathrm{c}}^{\mathrm{T}}}{\partial \boldsymbol{x}_{\mathrm{c}}} \cdot (\mathcal{G}_{\mathrm{ca}}\ \mathcal{G}_{\mathrm{cd}}) \cdot \begin{pmatrix} \boldsymbol{e}_{\mathrm{a}} \\ \boldsymbol{e}_{\mathrm{d}} \end{pmatrix} \\ &= \left[\begin{pmatrix} \mathcal{G}_{\mathrm{ca}}^{\mathrm{T}} \\ \mathcal{G}_{\mathrm{cd}}^{\mathrm{T}} \end{pmatrix} \cdot \frac{\partial \mathcal{S}_{\mathrm{c}}}{\partial \boldsymbol{x}_{\mathrm{c}}} \right]^{\mathrm{T}} \cdot \left(\frac{\boldsymbol{e}_{\mathrm{a}}}{\boldsymbol{e}_{\mathrm{d}}} \right) \\ &= \left[\begin{pmatrix} \mathcal{J}_{\mathrm{aa}} & \mathcal{G}_{\mathrm{ad}} \\ \mathcal{G}_{\mathrm{da}} & \mathcal{J}_{\mathrm{dd}} \end{pmatrix} \cdot \begin{pmatrix} \boldsymbol{e}_{\mathrm{a}} \\ \boldsymbol{e}_{\mathrm{d}} \end{pmatrix} - \begin{pmatrix} \boldsymbol{s}_{\mathrm{a}} \\ \boldsymbol{s}_{\mathrm{d}} \end{pmatrix} \right]^{\mathrm{T}} \cdot \begin{pmatrix} \boldsymbol{e}_{\mathrm{a}} \\ \boldsymbol{e}_{\mathrm{d}} \end{pmatrix} \\ &= \left[\begin{pmatrix} \mathcal{J}_{\mathrm{aa}} & \mathcal{G}_{\mathrm{ad}} \\ \mathcal{G}_{\mathrm{da}} & \mathcal{J}_{\mathrm{dd}} \end{pmatrix} \cdot \begin{pmatrix} \boldsymbol{e}_{\mathrm{a}} \\ \boldsymbol{e}_{\mathrm{d}} \end{pmatrix} - \begin{pmatrix} \boldsymbol{s}_{\mathrm{a}} \\ \boldsymbol{s}_{\mathrm{d}} \end{pmatrix} \right]^{\mathrm{T}} \cdot \begin{pmatrix} \boldsymbol{e}_{\mathrm{a}} \\ \boldsymbol{e}_{\mathrm{d}} \end{pmatrix} \\ &= \underbrace{(\boldsymbol{e}_{\mathrm{a}}^{\mathrm{T}}\ \boldsymbol{e}_{\mathrm{d}}^{\mathrm{T}}) \cdot \begin{pmatrix} \mathcal{J}_{\mathrm{aa}} \mathcal{G}_{\mathrm{ad}} \\ \mathcal{G}_{\mathrm{da}} \mathcal{J}_{\mathrm{dd}} \end{pmatrix}^{\mathrm{T}} \cdot \begin{pmatrix} \boldsymbol{e}_{\mathrm{a}} \\ \boldsymbol{e}_{\mathrm{d}} \end{pmatrix}}_{=0\ \text{因为}\ \mathcal{J}_{\mathrm{ad}} = -\mathcal{J}_{\mathrm{ad}}^{\mathrm{T}}} - (\boldsymbol{s}_{\mathrm{a}}^{\mathrm{T}}\ \boldsymbol{s}_{\mathrm{d}}^{\mathrm{T}}) \cdot \begin{pmatrix} \boldsymbol{e}_{\mathrm{a}} \\ \boldsymbol{e}_{\mathrm{d}} \end{pmatrix} \\ &= -(\boldsymbol{s}_{\mathrm{a}}^{\mathrm{T}}\ \boldsymbol{s}_{\mathrm{d}}^{\mathrm{T}}) \cdot \begin{pmatrix} \boldsymbol{e}_{\mathrm{a}} \\ \boldsymbol{e}_{\mathrm{d}} \end{pmatrix} \end{aligned} \qquad [3.40]$$

式中，$-(\boldsymbol{s}_{\mathrm{a}}^{\mathrm{T}}\ \boldsymbol{s}_{\mathrm{d}}^{\mathrm{T}}) \cdot \begin{pmatrix} \boldsymbol{e}_{\mathrm{a}} \\ \boldsymbol{e}_{\mathrm{d}} \end{pmatrix}$ 为经过能量守恒子系统互连端口的存储函数流量，在具有能量共轭变量的本例中，即在主动、能耗子系统与能量守恒子系统之间的能量转换。

波特-汉密尔顿方程以及键合图模型需要有关之前模型的附加条件，因此这些条件本身都是具体情况。事实上，在这两种理论中，对偶输入 $\boldsymbol{e}$（遵循因果关系的独立特性变量）和输出 $\boldsymbol{s}$（遵循因果关系的非独立特性变量）必须是对偶能量变量，即 $\boldsymbol{s}^{\mathrm{T}} \cdot \boldsymbol{e}$ 一定是能量。

这种属性并不需要通过选择一组流通变量和跨变量来隐式表现[⊖]。对于本例中需遵循的属性，将位移 $\boldsymbol{u}$ 作为跨变量远远不够，而是需要利用之前所得的位移导数 $\boldsymbol{v}=\frac{\mathrm{d}\boldsymbol{u}}{\mathrm{d}t}$。这种要求是一项有关初始定义的约束和限制的附加限制：位移量是一个速度积分的已知常数。

3.2.3 波特-汉密尔顿公式

波特-汉密尔顿公式包括本章开始处介绍的汉密尔顿公式，并明确构建的一个与之前算子 $\mathcal{J}_{cc}$ 相关的矩阵 $\boldsymbol{J}$，以及与内积为能量守恒系统与外界环境交换能量的非守恒输入/输出相关的输入矢量 $\boldsymbol{u}$ 和输出矢量 $\boldsymbol{y}$。为得到能量转换值，通过确定能量守恒汉密尔顿方程的时间变化率来计算该能量交换值：

$$\frac{\mathrm{d}\mathcal{H}_c(\boldsymbol{q}\cdot\boldsymbol{p})}{\mathrm{d}t}=\left(\frac{\partial\mathcal{H}_c(\boldsymbol{q}\cdot\boldsymbol{p})}{\partial\boldsymbol{q}}\right)^{\mathrm{T}}\cdot\left(\frac{\mathrm{d}\boldsymbol{q}}{\mathrm{d}t}\right)+\left(\frac{\partial\mathcal{H}_c(\boldsymbol{q}\cdot\boldsymbol{p})}{\partial\boldsymbol{p}}\right)^{\mathrm{T}}\cdot\left(\frac{\mathrm{d}\boldsymbol{p}}{\mathrm{d}t}\right)\qquad[3.41]$$

通过利用之前所得的汉密尔顿等式代替"$\dot{\boldsymbol{q}}=\frac{\mathrm{d}\boldsymbol{q}}{\mathrm{d}t}$"和"$\dot{\boldsymbol{p}}=\frac{\mathrm{d}\boldsymbol{p}}{\mathrm{d}t}$"项可得

$$\begin{aligned}\frac{\mathrm{d}\mathcal{H}_c(\boldsymbol{q}\cdot\boldsymbol{p})}{\mathrm{d}t}&=\left(\frac{\partial\mathcal{H}_c(\boldsymbol{q}\cdot\boldsymbol{p})}{\partial\boldsymbol{q}}\right)^{\mathrm{T}}\cdot\left(\frac{\partial\mathcal{H}_c(\boldsymbol{q}\cdot\boldsymbol{p})}{\partial\boldsymbol{p}}\right)+\\&\quad\left(\frac{\partial\mathcal{H}_c(\boldsymbol{q}\cdot\boldsymbol{p})}{\partial\boldsymbol{p}}\right)^{\mathrm{T}}\cdot\left(-\frac{\partial\mathcal{H}_c(\boldsymbol{q}\cdot\boldsymbol{p})}{\partial\boldsymbol{q}}-\frac{\partial\mathcal{R}(\dot{\boldsymbol{q}})}{\partial\dot{\boldsymbol{q}}}+\boldsymbol{f}\right)\\&=\left(\frac{\partial\mathcal{H}_c(\boldsymbol{q}\cdot\boldsymbol{p})}{\partial\boldsymbol{p}}\right)^{\mathrm{T}}\cdot\left(-\frac{\partial\mathcal{R}(\dot{\boldsymbol{q}})}{\partial\dot{\boldsymbol{q}}}+\boldsymbol{f}\right)\\&=\frac{\partial\mathcal{H}_c(\boldsymbol{q}\cdot\boldsymbol{p})^{\mathrm{T}}}{\partial\boldsymbol{p}}\cdot\frac{\partial\mathcal{R}(\dot{\boldsymbol{q}})}{\partial\dot{\boldsymbol{q}}}+\frac{\partial\mathcal{H}_c(\boldsymbol{q}\cdot\boldsymbol{p})^{\mathrm{T}}}{\partial\boldsymbol{p}}\cdot\boldsymbol{f}\end{aligned}\qquad[3.42]$$

式中，第一项 $\mathcal{P}_d=-\frac{\partial\mathcal{H}_c(\boldsymbol{q}\cdot\boldsymbol{p})^{\mathrm{T}}}{\partial\boldsymbol{p}}\cdot\frac{\partial\mathcal{R}(\dot{\boldsymbol{q}})}{\partial\dot{\boldsymbol{q}}}$ 对应于能量守恒系统中的能量损耗率；第二项 $\mathcal{P}_{ext}\frac{\partial\mathcal{H}_c(\boldsymbol{q}\cdot\boldsymbol{p})^{\mathrm{T}}}{\partial\boldsymbol{p}}\cdot\boldsymbol{f}$ 对应于外部资源所提供的能量率。

为计算得到上述结果，在波特-汉密尔顿公式中采用了微分几何工具。尤其是，可由一个维数为 $2n$（本例中 $2n=4$）的流形来定义广义坐标 $\boldsymbol{q}$ 和广义动量 $\boldsymbol{p}$，由此可由下式来定义该流形 χ 具有局部坐标的系统状态变量 $\boldsymbol{x}(t)$：

⊖ 通过作为流通变量的热通量来表征热系统中"真实"键合图（能量共轭）与"虚假"（或准键合图）之间的差异。

$$\boldsymbol{x}=\begin{pmatrix}q_1\\q_2\\p_1\\p_2\end{pmatrix} \qquad [3.43]$$

并对定义为流形 $\boldsymbol{u}$ 中局部坐标的输入 $\boldsymbol{u}$ 的非守恒力进行重新排列：

$$\boldsymbol{u}=\begin{pmatrix}\boldsymbol{u}_{\text{ext}}\\\boldsymbol{u}_{\text{d}}\end{pmatrix}=\begin{pmatrix}\boldsymbol{f}\\-\dfrac{\partial\mathcal{R}(\dot{\boldsymbol{q}})}{\partial\dot{\boldsymbol{q}}}\end{pmatrix}=\begin{pmatrix}f_1\\f_2\\-\dfrac{\partial\mathcal{R}(\dot{\boldsymbol{q}})}{\partial\dot{\boldsymbol{q}}_1}\\-\dfrac{\partial\mathcal{R}(\dot{\boldsymbol{q}})}{\partial\dot{\boldsymbol{q}}_2}\end{pmatrix} \qquad [3.44]$$

利用这些表示，汉密尔顿方程可表示为矩阵形式：

$$\frac{\mathrm{d}}{\mathrm{d}t}\begin{pmatrix}q_1\\q_2\\p_1\\p_2\end{pmatrix}=\begin{pmatrix}0&0&1&0\\0&0&0&1\\-1&0&0&0\\0&-1&0&0\end{pmatrix}\cdot\begin{pmatrix}\dfrac{\partial\mathcal{H}_{\text{c}}(\boldsymbol{q}\cdot\boldsymbol{p})}{\partial\boldsymbol{q}_1}\\\dfrac{\partial\mathcal{H}_{\text{c}}(\boldsymbol{q}\cdot\boldsymbol{p})}{\partial\boldsymbol{q}_2}\\\dfrac{\partial\mathcal{H}_{\text{c}}(\boldsymbol{q}\cdot\boldsymbol{p})}{\partial\boldsymbol{p}_1}\\\dfrac{\partial\mathcal{H}_{\text{c}}(\boldsymbol{q}\cdot\boldsymbol{p})}{\partial\boldsymbol{p}_2}\end{pmatrix}+\begin{pmatrix}0&0&0&0\\0&0&0&0\\1&0&1&0\\0&1&0&1\end{pmatrix}\cdot\begin{pmatrix}f_1\\f_2\\-\dfrac{\partial\mathcal{R}(\dot{\boldsymbol{q}})}{\partial\dot{\boldsymbol{q}}_1}\\-\dfrac{\partial\mathcal{R}(\dot{\boldsymbol{q}})}{\partial\dot{\boldsymbol{q}}_2}\end{pmatrix}$$

[3.45]

或更为精简的形式：

$$\frac{\mathrm{d}\boldsymbol{x}}{\mathrm{d}t}=\boldsymbol{J}\cdot\frac{\partial\mathcal{H}_{\text{c}}(\boldsymbol{x})}{\partial\boldsymbol{x}}+\boldsymbol{G}\cdot\boldsymbol{u} \qquad [3.46]$$

式中，$\boldsymbol{J}=\boldsymbol{J}^{\text{T}}=\begin{pmatrix}0_2&I_2\\-I_2&0_2\end{pmatrix}$是斜对称互连矩阵；$\boldsymbol{G}=\begin{pmatrix}0_2&0_2\\I_2&I_2\end{pmatrix}$为输入矩阵。

式［3.46］是一个典型的波特-汉密尔顿方程，这是因为矩阵 $\boldsymbol{J}$ 中只包含单位矩阵。这种情况下，状态模型一般是非最小相位系统，因为对于每个守恒子系统而言，状态矢量中具有坐标变量和动量，而实际上，对于一个集总基本且理想参数的子系统来说，只需其中一个量就足够了（势能或动能存储）。通过选择一个最小状态空间形式，并明确构建图论建模理论中的互连矩阵 $\mathcal{J}_{\text{cc}}$，可得广义波特-汉密尔顿模型。

通过以下方法，重新计算能量守恒汉密尔顿方程的时间导数：

$$\frac{\mathrm{d}\mathcal{H}_{\text{c}}(\boldsymbol{x})}{\mathrm{d}t}=\left(\frac{\partial\mathcal{H}_{\text{c}}(\boldsymbol{x})}{\partial\boldsymbol{x}}\right)^{\text{T}}\cdot\left(\frac{\mathrm{d}\boldsymbol{x}}{\mathrm{d}t}\right)$$

$$
\begin{aligned}
&=\left(\frac{\partial \mathcal{H}_c(\boldsymbol{x})}{\partial \boldsymbol{x}}\right)^{\mathrm{T}}\cdot\left(\boldsymbol{J}\cdot\frac{\partial \mathcal{H}_c(\boldsymbol{x})}{\partial \boldsymbol{x}}+\boldsymbol{G}\cdot\boldsymbol{u}\right)\\
&=\frac{\partial \mathcal{H}_c(\boldsymbol{x})^{\mathrm{T}}}{\partial \boldsymbol{x}}\cdot\boldsymbol{J}\cdot\frac{\partial \mathcal{H}_c(\boldsymbol{x})}{\partial \boldsymbol{x}}+\frac{\partial \mathcal{H}_c(\boldsymbol{x})^{\mathrm{T}}}{\partial \boldsymbol{x}}\cdot\boldsymbol{G}\cdot\boldsymbol{u}
\end{aligned}
\quad [3.47]
$$

由于互连矩阵 $\boldsymbol{J}$ 斜对称，而方程右侧第一项为0，因此只有

$$
\begin{aligned}
\frac{\mathrm{d}\mathcal{H}_c(\boldsymbol{x})}{\mathrm{d}t}&=\frac{\partial \mathcal{H}_c(\boldsymbol{x})^{\mathrm{T}}}{\partial \boldsymbol{x}}\cdot\boldsymbol{G}\cdot\boldsymbol{u}\\
&=\left(\boldsymbol{G}^{\mathrm{T}}\cdot\frac{\partial \mathcal{H}_c(\boldsymbol{x})}{\partial \boldsymbol{x}}\right)^{\mathrm{T}}\cdot\boldsymbol{u}
\end{aligned}
\quad [3.48]
$$

等式右侧括号中的项定义了波特-汉密尔顿系统的输出 $\boldsymbol{y}$ 为

$$
\boldsymbol{y}=\begin{pmatrix}\boldsymbol{y}_{\mathrm{ext}}\\ \boldsymbol{y}_{\mathrm{d}}\end{pmatrix}=\boldsymbol{G}^{\mathrm{T}}\cdot\frac{\partial \mathcal{H}_c(\boldsymbol{x})}{\partial \boldsymbol{x}}=\begin{pmatrix}0&0&1&0\\0&0&0&1\\0&0&1&0\\0&0&0&1\end{pmatrix}\cdot\begin{pmatrix}\dfrac{\partial \mathcal{H}_c(\boldsymbol{q}\cdot\boldsymbol{p})}{\partial \boldsymbol{q}_1}\\ \dfrac{\partial \mathcal{H}_c(\boldsymbol{q}\cdot\boldsymbol{p})}{\partial \boldsymbol{q}_2}\\ \dfrac{\partial \mathcal{H}_c(\boldsymbol{q}\cdot\boldsymbol{p})}{\partial \boldsymbol{p}_1}\\ \dfrac{\partial \mathcal{H}_c(\boldsymbol{q}\cdot\boldsymbol{p})}{\partial \boldsymbol{p}_2}\end{pmatrix}=\begin{pmatrix}\dfrac{\partial \mathcal{H}_c(\boldsymbol{q}\cdot\boldsymbol{p})}{\partial \boldsymbol{p}_1}\\ \dfrac{\partial \mathcal{H}_c(\boldsymbol{q}\cdot\boldsymbol{p})}{\partial \boldsymbol{p}_2}\\ \dfrac{\partial \mathcal{H}_c(\boldsymbol{q}\cdot\boldsymbol{p})}{\partial \boldsymbol{p}_1}\\ \dfrac{\partial \mathcal{H}_c(\boldsymbol{q}\cdot\boldsymbol{p})}{\partial \boldsymbol{p}_2}\end{pmatrix}
\quad [3.49]
$$

由此可得

$$
\begin{aligned}
\frac{\mathrm{d}\mathcal{H}_c(\boldsymbol{x})}{\mathrm{d}t}&=\boldsymbol{y}^{\mathrm{T}}\cdot\boldsymbol{u}\\
&=(\boldsymbol{y}_{\mathrm{ext}}^{\mathrm{T}}\quad \boldsymbol{y}_{\mathrm{d}}^{\mathrm{T}})\cdot\begin{pmatrix}\boldsymbol{u}_{\mathrm{ext}}\\ \boldsymbol{u}_{\mathrm{d}}\end{pmatrix}\\
&=\left(\frac{\partial \mathcal{H}_c(\boldsymbol{q}\cdot\boldsymbol{p})^{\mathrm{T}}}{\partial \boldsymbol{p}}\quad \frac{\partial \mathcal{H}_c(\boldsymbol{q}\cdot\boldsymbol{p})^{\mathrm{T}}}{\partial \boldsymbol{p}}\right)\cdot\begin{pmatrix}\boldsymbol{f}\\ -\dfrac{\partial \mathcal{R}(\dot{\boldsymbol{q}})}{\partial \dot{\boldsymbol{q}}}\end{pmatrix}\\
&=\frac{\partial \mathcal{H}_c(\boldsymbol{q}\cdot\boldsymbol{p})^{\mathrm{T}}}{\partial \boldsymbol{p}}\cdot\boldsymbol{f}-\frac{\partial \mathcal{H}_c(\boldsymbol{q}\cdot\boldsymbol{p})^{\mathrm{T}}}{\partial \boldsymbol{p}}\cdot\frac{\partial \mathcal{R}(\dot{\boldsymbol{q}})}{\partial \dot{\boldsymbol{q}}}\\
&=\mathcal{P}_{\mathrm{ext}}+\mathcal{P}_{\mathrm{d}}
\end{aligned}
\quad [3.50]
$$

这对应于所提供能量（$\mathcal{P}_{\mathrm{ext}}$）的时间变化率，以及系统中耗散的能量（$\mathcal{P}_{\mathrm{d}}$）。因此，波特-汉密尔顿系统的设备描述可按照下列最终形式：

$$
\begin{cases}
\dfrac{\mathrm{d}\boldsymbol{x}}{\mathrm{d}t}=\boldsymbol{J}\cdot\dfrac{\partial \mathcal{H}_c(\boldsymbol{x})}{\partial \boldsymbol{x}}+\boldsymbol{G}\cdot\boldsymbol{u}\\
\boldsymbol{y}=\boldsymbol{G}^{\mathrm{T}}\cdot\dfrac{\partial \mathcal{H}_c(\boldsymbol{x})}{\partial \boldsymbol{x}}
\end{cases}
\quad [3.51]
$$

在本例应用中，实际控制输入是瑞利函数为不可控速度二次型 $\boldsymbol{u}_{\mathrm{d}}=-\dfrac{\partial\mathcal{R}(\dot{\boldsymbol{q}})}{\partial\dot{\boldsymbol{q}}}=-\boldsymbol{D}\cdot\dot{\boldsymbol{q}}$ 形式的外部施加力 $\boldsymbol{u}_{\mathrm{ext}}=\boldsymbol{f}$。在这种情况下，需要通过按下式分割的矩阵 $\boldsymbol{G}$ 和 $\boldsymbol{G}^{\mathrm{T}}$ 来区分这两项的影响：

$$\boldsymbol{G}=\begin{pmatrix}\boldsymbol{G}_{11} & \boldsymbol{G}_{12}\\ \boldsymbol{G}_{21} & \boldsymbol{G}_{22}\end{pmatrix}=\begin{pmatrix}0_2 & 0_2\\ I_2 & I_2\end{pmatrix}\text{和 }\boldsymbol{G}^{\mathrm{T}}=\begin{pmatrix}\boldsymbol{G}_{11}^{\mathrm{T}} & \boldsymbol{G}_{21}^{\mathrm{T}}\\ \boldsymbol{G}_{12}^{\mathrm{T}} & \boldsymbol{G}_{22}^{\mathrm{T}}\end{pmatrix}=\begin{pmatrix}0_2 & I_2\\ 0_2 & I_2\end{pmatrix} \qquad [3.52]$$

由此可得

$$\begin{cases}\dfrac{\mathrm{d}\boldsymbol{x}}{\mathrm{d}t}=\boldsymbol{J}\cdot\dfrac{\partial\mathcal{H}_{\mathrm{c}}(\boldsymbol{x})}{\partial\boldsymbol{x}}+\begin{pmatrix}\boldsymbol{G}_{11} & \boldsymbol{G}_{12}\\ \boldsymbol{G}_{21} & \boldsymbol{G}_{22}\end{pmatrix}\cdot\begin{pmatrix}\boldsymbol{u}_{\mathrm{ext}}\\ \boldsymbol{u}_{\mathrm{d}}\end{pmatrix}\\ \begin{pmatrix}\boldsymbol{y}_{\mathrm{ext}}\\ \boldsymbol{y}_{\mathrm{d}}\end{pmatrix}=\begin{pmatrix}\boldsymbol{G}_{11}^{\mathrm{T}} & \boldsymbol{G}_{21}^{\mathrm{T}}\\ \boldsymbol{G}_{12}^{\mathrm{T}} & \boldsymbol{G}_{22}^{\mathrm{T}}\end{pmatrix}\cdot\dfrac{\partial\mathcal{H}_{\mathrm{c}}(\boldsymbol{x})}{\partial\boldsymbol{x}}\end{cases} \qquad [3.53]$$

或进一步：

$$\begin{cases}\dfrac{\mathrm{d}\boldsymbol{x}}{\mathrm{d}t}=\boldsymbol{J}\cdot\dfrac{\partial\mathcal{H}_{\mathrm{c}}(\boldsymbol{x})}{\partial\boldsymbol{x}}+\begin{pmatrix}\boldsymbol{G}_{11}\\ \boldsymbol{G}_{21}\end{pmatrix}\cdot\boldsymbol{u}_{\mathrm{ext}}+\begin{pmatrix}\boldsymbol{G}_{12}\\ \boldsymbol{G}_{22}\end{pmatrix}\cdot\boldsymbol{u}_{\mathrm{d}}\\ \boldsymbol{y}_{\mathrm{ext}}=(\boldsymbol{G}_{11}^{\mathrm{T}}\ \boldsymbol{G}_{21}^{\mathrm{T}})\cdot\dfrac{\partial\mathcal{H}_{\mathrm{c}}(\boldsymbol{x})}{\partial\boldsymbol{x}}\\ \boldsymbol{y}_{\mathrm{d}}=(\boldsymbol{G}_{12}^{\mathrm{T}}\ \boldsymbol{G}_{22}^{\mathrm{T}})\cdot\dfrac{\partial\mathcal{H}_{\mathrm{c}}(\boldsymbol{x})}{\partial\boldsymbol{x}}\end{cases} \qquad [3.54]$$

由于为一个二次型瑞利函数，可得一个正半定对称矩阵 $\boldsymbol{S}=\boldsymbol{S}^{\mathrm{T}}$，即

$$\begin{aligned}\boldsymbol{u}_{\mathrm{d}}&=-\boldsymbol{S}\cdot\boldsymbol{y}_{\mathrm{d}}\\ &=-\boldsymbol{S}\cdot(\boldsymbol{G}_{12}^{\mathrm{T}}\ \boldsymbol{G}_{22}^{\mathrm{T}})\cdot\dfrac{\partial\mathcal{H}_{\mathrm{c}}(\boldsymbol{x})}{\partial\boldsymbol{x}}\end{aligned} \qquad [3.55]$$

由此可得

$$\frac{\mathrm{d}\boldsymbol{x}}{\mathrm{d}t}=\boldsymbol{J}\cdot\frac{\partial\mathcal{H}_{\mathrm{c}}(\boldsymbol{x})}{\partial\boldsymbol{x}}+\begin{pmatrix}\boldsymbol{G}_{11}\\ \boldsymbol{G}_{21}\end{pmatrix}\cdot\boldsymbol{u}_{\mathrm{ext}}-\begin{pmatrix}\boldsymbol{G}_{12}\\ \boldsymbol{G}_{22}\end{pmatrix}\cdot\boldsymbol{S}\cdot(\boldsymbol{G}_{12}^{\mathrm{T}}\quad\boldsymbol{G}_{22}^{\mathrm{T}})\cdot\frac{\partial\mathcal{H}_{\mathrm{c}}(\boldsymbol{x})}{\partial\boldsymbol{x}} \qquad [3.56]$$

在本例应用中，$\boldsymbol{S}=\boldsymbol{D}$，并将特定项重组来定义矩阵 $\boldsymbol{R}$：

$$\boldsymbol{R}=\begin{pmatrix}\boldsymbol{G}_{12}\\ \boldsymbol{G}_{22}\end{pmatrix}\boldsymbol{S}\cdot(\boldsymbol{G}_{12}^{\mathrm{T}}\quad\boldsymbol{G}_{22}^{\mathrm{T}})=\begin{pmatrix}\boldsymbol{G}^{12}\\ \boldsymbol{G}^{22}\end{pmatrix}\cdot\boldsymbol{D}\cdot(\boldsymbol{G}_{12}^{\mathrm{T}}\quad\boldsymbol{G}_{22}^{\mathrm{T}})=\begin{pmatrix}0_2 & 0_2\\ 0_2 & \boldsymbol{D}\end{pmatrix} \qquad [3.57]$$

最终，得到下列能耗波特-汉密尔顿系统：

$$\begin{cases}\dfrac{\mathrm{d}\boldsymbol{x}}{\mathrm{d}t}=(\boldsymbol{J}-\boldsymbol{R})\cdot\dfrac{\partial\mathcal{H}_{\mathrm{c}}(\boldsymbol{x})}{\partial\boldsymbol{x}}+\begin{pmatrix}\boldsymbol{G}_{11}\\ \boldsymbol{G}_{21}\end{pmatrix}\cdot\boldsymbol{u}_{\mathrm{ext}}\\ \boldsymbol{y}_{\mathrm{ext}}=(\boldsymbol{G}_{11}^{\mathrm{T}}\quad\boldsymbol{G}_{21}^{\mathrm{T}})\cdot\dfrac{\partial\mathcal{H}_{\mathrm{c}}(\boldsymbol{x})}{\partial\boldsymbol{x}}\end{cases} \qquad [3.58]$$

若利用上述计算量来表征汉密尔顿公式的时间导数，可得

$$\begin{aligned}\frac{\mathrm{d}\mathcal{H}_c(\boldsymbol{x})}{\mathrm{d}t} &= \boldsymbol{y}^{\mathrm{T}} \cdot \boldsymbol{u} \\ &= \begin{pmatrix}\boldsymbol{y}_{\mathrm{ext}}^{\mathrm{T}} & \boldsymbol{y}_{\mathrm{d}}^{\mathrm{T}}\end{pmatrix} \cdot \begin{pmatrix}\boldsymbol{u}_{\mathrm{ext}} \\ \boldsymbol{u}_{\mathrm{d}}\end{pmatrix} \\ &= \begin{pmatrix}\dot{\boldsymbol{q}}^{\mathrm{T}} & \dot{\boldsymbol{q}}^{\mathrm{T}}\end{pmatrix} \cdot \begin{pmatrix}\boldsymbol{f} \\ -\boldsymbol{D} \cdot \dot{\boldsymbol{q}}\end{pmatrix} \\ &= \dot{\boldsymbol{q}} \cdot \boldsymbol{f} - \dot{\boldsymbol{q}}^{\mathrm{T}} \cdot \boldsymbol{D} \cdot \dot{\boldsymbol{q}}\end{aligned} \qquad [3.59]$$

并且，由于 $\boldsymbol{D}$ 是一个正半定对称矩阵，可得

$$\frac{\mathrm{d}\mathcal{H}_c(\boldsymbol{x})}{\mathrm{d}t} \leqslant \dot{\boldsymbol{q}} \cdot \boldsymbol{f} \qquad [3.60]$$

这表明如果汉密尔顿函数 $\mathcal{H}_c(\boldsymbol{x})$ 有一下界，则能耗波特-汉密尔顿系统为被动系统，且在研究该系统稳定性时，$\mathcal{H}_c(\boldsymbol{x})$ 可作为一个存储函数 $\mathcal{S}$。

3.3 无限维系统

上节中，讨论了一类集总参数系统，即系统的状态矢量是有限维（一般认为 x 为矢量空间 $\mathcal{X}=\mathbb{R}^n$ 中的一部分）且只与时间有关。当分析柔性结构的具体建模时，如由硅材质梁或活性材料组成的微系统和微执行器，其动态方程本质上是分布式的，即状态与时间和空间变量有关。因此系统动态不再由一组常微分方程（ODE）表征，而是由一组偏微分方程（PDE）表征。在这种情况下，分析这些偏微分方程的解是否存在及特性要求更先进的数学工具。本节将证明波特-汉密尔顿公式对于分析和控制分布式参数系统非常有效。目前已进行了大量基于微分几何的研究 [MAS 05]，尤其是对于二维和三维情况。上述研究表明模型结构可以有效地用于控制律的设计。从学术研究角度，将主要考虑单维系统的研究，并通过一个纵向伸缩振动横梁，以及横向弯曲振动 Timoshenko 梁的示例来阐述这里所提方法 [TIM 53]。泛函分析通常用于分析无限维系统是否存在解（在应用空间降维技术之前），以及稳定控制律的设计。若要进一步了解这些方法，请参见文献 [LE 05]、[VIL 06]、[VIL 07] 和 [VIL 08]，这些参考文献详细介绍了本章所采用的理论原理，并给出了这些原理的其他应用。文献 [BAA 09] 和 [GOL 04] 中介绍了利用辛方法来简化模型的扩展问题。这种热力学相干形式也可用于异构多物理系统的多尺度建模（请参见文献 [BAA 08] 中讨论的吸附过程示例）。

3.3.1 入门示例

为研究 Timoshenko 弯曲梁的更复杂示例，首先讨论具有纵向（轴向）振动的大小为 $[a, b]$ 的简单梁示例。对于这种振动特性，梁的运动受制于沿纵向/轴向（z）的延展/压缩应力。位置 z 处梁的横截面积记为 $A(z)$。如文献 [CRA 82] 中 Crandall 等人

所解释的，本节中将详细分析的梁的分布式模型可由如前面所述的无穷串联集总质量块系统表示。事实上，如果考虑两质量块之间由弹簧连接的无穷质量块系统（质量和长度无穷小），即可得到分布式梁纵向/轴向振动的确切示例。有关转变限制如图 3.3 所示。

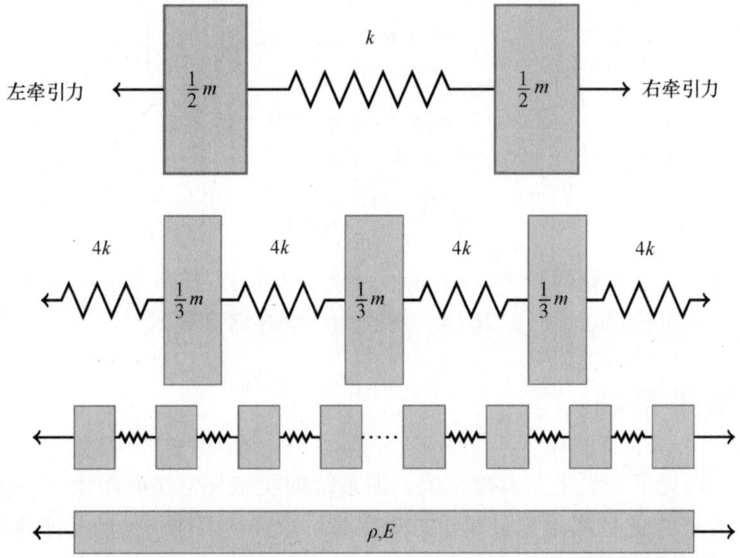

图 3.3　机械系统纵向/轴向振动示例中从有限维到无限维的转变局限

在该机械系统建模时，一般考虑将一段梁的纵向位移 $u(z,t)$ 及其位移速度 $\dot{u}(z,t)=\frac{\mathrm{d}u(z,t)}{\mathrm{d}t}$作为系统的状态变量。在无限维中，这些变量与时间变量 t 和空间变量 z 有关。

在考虑纵向/轴向延展的单维系统示例中，轴向应力 $\epsilon(z,t)$ 与梁的位移 $u(z,t)$ 具有以下关系：

$$\epsilon=\frac{\partial u(z,\ t)}{\partial z} \qquad [3.61]$$

此外，如果认为材料的应变特性为线性（满足胡克定律），则轴向机械约束 $\sigma(z,\ t)$（定义为除以横截面积 $A(z)$ 的延展力或牵引力）与延展约束 ϵ 成正比。比例系数，或称为杨氏弹性模量，记为 E：

$$\sigma(z,\ t)=E\cdot\epsilon(z,\ t) \qquad [3.62]$$

对长度为 dz，横截面积为 A 且质量密度为 ρ 的梁（见图 3.4）的无穷小部分应用牛顿第二定律，可得到该梁纵向/轴向动态振动的 PDE 模型［CRA 82］：

$$\rho A(z)\cdot\frac{\partial^2 u(z,t)}{\partial t^2}=\frac{\partial}{\partial z}\left(EA(z)\frac{\partial u(z,t)}{\partial z}\right) \qquad [3.63]$$

这一系统的动态过程与一个波动方程相对应。需在一组初始条件（即 $u(z,0)$）和边

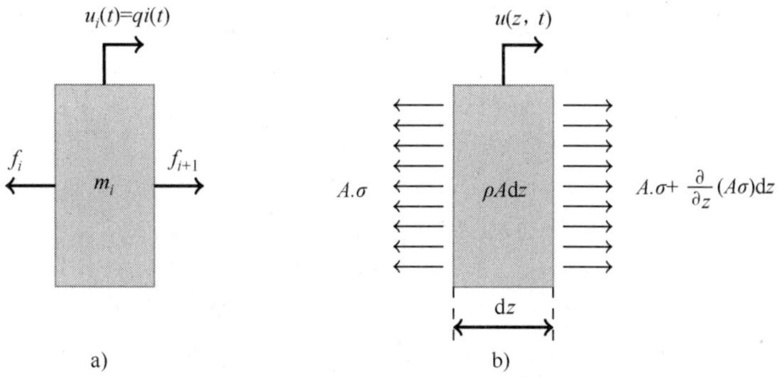

图 3.4 a)集总质量块上的力和轴向应力描述与 b)分布式梁的无穷小部分

界条件(即 $u(a,t)$ 和 $u(b,t)$ 的限制条件)下实现 PDE 模型,以确定解的特性。可选择边界条件作为控制变量或测量变量。

因此,需要在上述选择下确定无任何具体形式结构的式[3.63]是否存在一个能控、能观且稳定的解。尽管针对该问题已在诸多文献中进行了广泛讨论,但仍存在技术难点,且解取决于初始条件和边界条件。由式[3.63]表征的模型的另一种解不再将位移 $u(z,t)$ 及其随时间变化量 $\dot{u}(z,t)$ 作为状态变量(在分布式拉格朗日公式中所用的广义坐标与速度),而是将能量变量作为状态变量。这与泛量(能量守恒)有关:

—轴向弹性应变延展:$\epsilon=\frac{\partial u(z,t)}{\partial z}$;

—动量的线性密度:$p_l=\rho A(z)v(z,t)$。

系统的总能量(汉密尔顿量)可表示为

$$\mathcal{H}(\epsilon,p_l)=\mathcal{V}(\epsilon)+\mathcal{T}(p_l) \qquad [3.64]$$

式中,$-\mathcal{V}(\epsilon)$ 为延展/压缩弹性应变过程中的势能,$\mathcal{V}(\epsilon)=\int_a^b\frac{1}{2}EA(z)\left(\frac{\partial u(z,t)}{\partial z}\right)^2\mathrm{d}z=\int_a^b\frac{1}{2}EA(z)\epsilon(z,t)^2\mathrm{d}z$;$\mathcal{T}(p_l)$ 为非相对论系统的动能,$\mathcal{T}(p_l)=\int_a^b\frac{1}{2}\rho A(z)v(z,t)^2\mathrm{d}z=\int_a^b\frac{1}{2}\frac{1}{\rho A(z)}p_l^2(z,t)\mathrm{d}z$

由此,可通过推导新状态变量下的能量(某种程度上的变分推导)来定义共能变量集合。共能变量如下:

—与机械延展约束 σ 关联的延展/压缩力 σ_A:$\sigma_A=\frac{\delta\mathcal{H}}{\delta\epsilon}=EA(z)\epsilon(z,t)=\sigma A(z)$;

—该段梁的速度:$v=\frac{\delta\mathcal{H}}{\delta p_l}=\frac{p_l}{\rho A(z)}=\dot{u}(z,t)$。

因此,通过一个间隔$[z,z+\mathrm{d}z]$之间无穷小部分梁和横截面积 A 的状态变量的能量守恒平衡方程来表示系统动态方程是可行的,即

$$\frac{\mathrm{d}}{\mathrm{d}t}(\text{状态密度}\cdot A\cdot \mathrm{d}z)=A\cdot(\text{磁通密度}\ z-\text{磁通密度}\ z+\mathrm{d}z) \qquad [3.65]$$

在上一系统情况下，dz 趋近于 0 时，上述方程可写为

$$\frac{\partial}{\partial t}\begin{pmatrix}\epsilon\\ p_l\end{pmatrix} = -\frac{\partial}{\partial z}\begin{pmatrix}v\\ \sigma_A\end{pmatrix}$$

等效于

$$\frac{\partial}{\partial t}\begin{pmatrix}\epsilon\\ p_l\end{pmatrix} = -\frac{\partial}{\partial z}\begin{pmatrix}0 & 1\\ 1 & 0\end{pmatrix}\begin{pmatrix}\dfrac{\partial H}{\partial \epsilon}\\ \dfrac{\partial H}{\partial p_l}\end{pmatrix}$$

这种状态变量选择下，系统可由所有微分算子（时间和空间）为一阶的 PDE 描述。此外，还可知这种形式是一个满足能量守恒定律的斜对称结构。事实上，如果重点关注于几何结构（与空间变量有关，而不考虑时间变量），则可以如下形式表示该系统：

$$\underbrace{\frac{\partial}{\partial t}\begin{pmatrix}\epsilon\\ p_l\end{pmatrix}}_{f} = \underbrace{\begin{pmatrix}0 & -\dfrac{\partial}{\partial z}\\ -\dfrac{\partial}{\partial z} & 0\end{pmatrix}}_{\mathcal{J}=\text{微分算子}}\underbrace{\begin{pmatrix}EA(z) & 0\\ 0 & \dfrac{1}{\rho A(z)}\end{pmatrix}\begin{pmatrix}\epsilon\\ p_l\end{pmatrix}}_{e=\text{驱动力}}$$

其中 $\boldsymbol{f}$ 表示守恒（扩展）变量的时间变化矢量；$\boldsymbol{e}$ 为驱动力矢量（密度变量）；微分算子 $\mathcal{J}$ 为域间耦合算子，$\mathcal{J}$ 完全取决于空间变量，因此可定义分布式系统的几何结构。

对于一个能量守恒系统，在上节的有限维系统中已知，根据满足能量守恒定律的特勒根定理 $\mathcal{J}=-\mathcal{J}^*$，几何/拓扑互连算子 $\mathcal{J}$ 斜对称。同样的，对于斜对称无限维系统，微分算子等效于其负伴随矩阵：

$$\mathcal{J}=-\mathcal{J}^* \qquad [3.66]$$

注意到，$\mathcal{J}$ 算子伴随矩阵的内积（对偶性）<，>为算子 $\mathcal{J}^*$，定义为

$$<\mathcal{J}w,\ w^*> = <w,\ \mathcal{J}^* w^*> \quad \forall \text{其中 } w^* \text{ 为 } w \text{ 的对偶} \qquad [3.67]$$

当为自然内积 L^2 时，只要考虑边界上的零值函数，即可很容易地验证算子斜对称。由此，可将属于几何结构的流量和作用变量看作记为 $\boldsymbol{D}$ 且由 $\boldsymbol{e}$ 和 $\boldsymbol{f}$ 之间斜对称与对称内积力定义的狄拉克（Dirac）结构。

如果边界上的驱动力不为 0，则系统的总能量不再守恒，此时在边界中会存在一个能量流。因此，研究无限维波特-汉密尔顿系统的目标就是将狄拉克结构扩展到边界处，以考虑能量守恒中的能量流量。由于取决于边界处的斯托克斯（Stoke）定理，因此所提出的这种结构称为斯托克斯-狄拉克（Stokes-Dirac）结构。为此，在能量共轭边界 e_∂ 和 f_∂ 上定义两个端口变量：

$$\begin{pmatrix}\sigma_{A\partial}\\ v_\partial\end{pmatrix} = \left.\begin{pmatrix}\dfrac{\delta H}{\delta \epsilon}\\ \dfrac{\delta H}{\delta p_l}\end{pmatrix}\right|_{a,b}$$

以及一个线性空间 $\mathcal{D} \ni (f_1,\ f_2,\ e_1,\ e_2,\ f_\partial,\ e_\partial)$，且

$$\begin{pmatrix} f_1 \\ f_2 \end{pmatrix} = \begin{pmatrix} 0 & -\dfrac{\partial}{\partial z} \\ -\dfrac{\partial}{\partial z} & 0 \end{pmatrix} \begin{pmatrix} e_1 \\ e_2 \end{pmatrix}$$

以使得对称内积满足 $\mathcal{D}=\mathcal{D}^{\perp}$：

$$\int_a^b e_1 f_1 \mathrm{d}z + \int_a^b e_2 f_2 \mathrm{d}z - [f_\partial e_\partial]_a^b$$

有限维波特-汉密尔顿系统的定义与几何结构密切相关。事实上，在波特-汉密尔顿系统中，汉密尔顿量的变化推导和状态的时间推导都是在狄拉克结构中进行的，即

$$\left(\frac{\partial x}{\partial t}, \frac{\delta \mathcal{H}}{\delta x}, f_\partial, e_\partial\right) \in \mathcal{D}$$

在后续内容中，将斯托克斯-狄拉克结构的概念推广到希尔伯特空间中，并在分析解的基础上讨论结果的不同。

3.3.2　系统分类

本节主要研究以下形式的微分系统：

$$\frac{\partial x}{\partial t}(t,z) = \mathcal{J}\mathcal{L}(z)x(t,z), x(0,z) = x_0(z)$$

式中，$\mathcal{J}$为斜对称微分算子（$\mathcal{J}^* = -\mathcal{J}$）；$\mathcal{L}(z)$ 为强制矩阵，即 $\exists \epsilon$ 使得 $\mathcal{L}(z) \geqslant \epsilon > 0$。这些系统对应于能量守恒系统。上述结果可推广到如下形式的能耗系统：

$$\frac{\partial x}{\partial t}(t, z) = (\mathcal{J} - \mathcal{G}_{\mathrm{R}} \mathcal{S} \mathcal{G}_{\mathrm{R}}^*)\mathcal{L}(z)x(t, z), x(0, z) = x_0(z)$$

式中，$\mathcal{G}_{\mathrm{R}}^*$ 是 $\mathcal{G}_{\mathrm{R}}$ 的伴随算子；$\mathcal{S}$为一个强制算子。

在此情况下，$\mathcal{G}_{\mathrm{R}} \mathcal{S} \mathcal{G}_{\mathrm{R}}^*$ 正对称且对应于系统的能耗部分。尽管这些系统本质上不同，但通过以下变换利用斜对称算子进行表示：

$$\begin{pmatrix} \boldsymbol{f} \\ \boldsymbol{f}_{\mathrm{p}} \end{pmatrix} = \mathcal{J}_{\mathrm{e}} \begin{pmatrix} \boldsymbol{e} \\ \boldsymbol{e}_{\mathrm{p}} \end{pmatrix} = \begin{pmatrix} \mathcal{J} & \mathcal{G}_{\mathrm{R}} \\ -\mathcal{G}_{\mathrm{R}}^* & 0 \end{pmatrix} \begin{pmatrix} \boldsymbol{e} \\ \boldsymbol{e}_{\mathrm{p}} \end{pmatrix}$$

且 $\boldsymbol{e}_{\mathrm{p}} = \mathcal{S}\boldsymbol{f}_{\mathrm{p}}$。其中，$\mathcal{S}$为一个强制算子，$\begin{pmatrix} \boldsymbol{f} \\ \boldsymbol{f}_{\mathrm{p}} \end{pmatrix} \in \mathcal{F}$，$\begin{pmatrix} \boldsymbol{e} \\ \boldsymbol{e}_{\mathrm{p}} \end{pmatrix} \in \mathcal{E}$ 以及 $\mathcal{E} = \mathcal{F} = L_2((a, b), \mathbb{R}^n) \times L_2((a,b), \mathbb{R}^n)$ 使之能够推广到能量守恒示例中的现有结果。

这类系统包括梁、波、板模型，其中具有或不具有阻尼以及系统或反应器的热量扩散/对流和交换等。

示例 3.1　在此考虑一个金属棒的热扩散示例。根据能量守恒表达式可得下列热量方程：

$$\frac{\partial T}{\partial t} = -\frac{\partial}{\partial z}\left(-D(z)\frac{\partial T}{\partial z}\right)$$

式中，T 为温度；D 为扩散系数。

通过定义 $f_1 = \dfrac{\partial T}{\partial t}$，$f_2 = \dfrac{\partial T}{\partial z}$，$e_1 = T$ $e_2 = D(z) f_2$，可得

$$\begin{pmatrix} f_1 \\ f_2 \end{pmatrix} = \begin{pmatrix} 0 & \dfrac{\partial}{\partial z} \\ \dfrac{\partial}{\partial z} & 0 \end{pmatrix} \begin{pmatrix} e_1 \\ e_2 \end{pmatrix}$$

式中，$e_2 = Df_2$。

3.3.3 无限维狄拉克结构

3.3.3.1 一般形式

首先考虑一个独立系统的示例，即边界上力变量及其连续空间导数为0的系统。如上所述，在此关注的是系统的几何结构。共轭力$\boldsymbol{f} \in \mathcal{F}$和$\boldsymbol{e} \in \mathcal{E}$定义在希尔伯特空间，且由如下形式的微分方程关联：

$$\boldsymbol{f} = \mathcal{J} \boldsymbol{e} \qquad [3.68]$$

式中，$\mathcal{J}$为一个正式斜对称算子；$\mathcal{F}$和$\mathcal{E}$为分别作为流量和作用空间的真正希尔伯特空间。

键合空间由$\mathcal{B} = \mathcal{F} \times \mathcal{E}$定义，并采用自然内积形式：

$$\langle \boldsymbol{b}^1, \boldsymbol{b}^2 \rangle = \langle \boldsymbol{f}^1, \boldsymbol{f}^2 \rangle_{\mathcal{F}} + \langle \boldsymbol{e}^1, \boldsymbol{e}^2 \rangle_{\mathcal{E}}, \boldsymbol{b}^1 = \langle \boldsymbol{f}^1, \boldsymbol{e}^1 \rangle, \boldsymbol{b}^2 = \langle \boldsymbol{f}^2, \boldsymbol{e}^2 \rangle \in \mathcal{B}$$

为定义狄拉克结构，采用在键合空间$\mathcal{B}$中定义的对称幂乘积形式：

$$\langle \boldsymbol{b}^1, \boldsymbol{b}^2 \rangle_+ = \langle \boldsymbol{f}^1, \boldsymbol{r}_{\varepsilon}, \mathcal{F} e^2 \rangle_{\mathcal{F}} + \langle \boldsymbol{e}^1, \boldsymbol{r}_{\mathcal{F},\mathcal{E}} f^2 \rangle_{\mathcal{E}}, \boldsymbol{b}^1 = (\boldsymbol{f}^1, \boldsymbol{e}^1),$$
$$\boldsymbol{b}^2 = (\boldsymbol{f}^2, \boldsymbol{e}^2) \in \mathcal{B} \qquad [3.69]$$

式中，$\boldsymbol{r}_{\varepsilon,\mathcal{F}}$和$\boldsymbol{r}_{\mathcal{F},\mathcal{E}}$为从$\mathcal{E}$到$\mathcal{F}$或从$\mathcal{F}$到$\mathcal{E}$的酉变换。由此，可通过下式来定义正交空间$\mathcal{D}^{\perp}$：

$$\mathcal{D}^{\perp} = \{\boldsymbol{b} \in \mathcal{B} | \langle \boldsymbol{b}, \boldsymbol{b}' \rangle_+ = 0, \text{对于所有 } \boldsymbol{b}' \in \mathcal{D}\} \qquad [3.70]$$

从而得到狄拉克结构。

定理3.1 一个在键合空间$\mathcal{B} = \mathcal{F} \times \mathcal{E}$上定义的狄拉克结构$\mathcal{D}$是一个与$\mathcal{B}$配对的子空间，也是与典型对称内积相关的最大各向同性，即

$$\mathcal{D}^{\perp} = \mathcal{D} \qquad [3.71]$$

为确保$\begin{pmatrix} \boldsymbol{f} \\ \boldsymbol{e} \end{pmatrix}$属于狄拉克结构，则需保证系统能量守恒。如上所述，汉密尔顿系统的定义与该定义直接相关。

定理3.2 $\mathcal{B} = \mathcal{E} \times \mathcal{F}$为之前定义的配对空间。在此假设考虑狄拉克结构$\mathcal{D}$和汉密尔顿函数$\mathcal{H}(\boldsymbol{x})$，其中，$\boldsymbol{x}$为能量变量矢量。若流量变量$\boldsymbol{f} \in \mathcal{F}$等于能量变量的时间导数，且作用变量$\boldsymbol{e} \in \mathcal{E}$等于$\mathcal{H}(\boldsymbol{x})$的变分微分，则定义为$\mathcal{H}$的系统为

$$(\boldsymbol{f}, \boldsymbol{e}) = \left(\frac{\partial \boldsymbol{x}}{\partial t}, \frac{\delta \mathcal{H}}{\delta \boldsymbol{x}} \right) \in \mathcal{D}$$

是一个具有能量函数$\mathcal{H}(\boldsymbol{x})$的波特-汉密尔顿系统。

3.3.3.2 边界处端口变量的参数化及扩展

现在考虑利用如下微分算子$\mathcal{J}$参数化定义的开环系统情况：

$$\mathcal{J}_e = \sum_{i=0}^{N} \boldsymbol{P}(i) \frac{\mathrm{d}^i e}{\mathrm{d}z^i}(z) \qquad z \in [a,b]$$

式中，$\boldsymbol{e} \in \boldsymbol{H}^N((a, b); \mathbb{R}^n)$ 为一个 N 阶 Sobolev 空间；$\boldsymbol{P}(i)(i=0, \cdots, N)$ 为一个 $n \times n$ 的实数矩阵，其中 $\boldsymbol{P}_N$ 非奇异，且 $\boldsymbol{P}_i = \boldsymbol{P}_i^T(-1)^{i+1}$。

由此可定义：

$$Q = \begin{pmatrix} P_1 & P_2 & \cdots & P_N \\ -P_2 & -P_3 & \cdots & 0 \\ \vdots & \cdots & \ddots & \vdots \\ (-1)^{N-1}P_N & 0 & \cdots & 0 \end{pmatrix}$$

为了将狄拉克结构扩展至边界情况，有必要定义一个典型双线性乘积（与 $\mathcal{J}$无关），以及一组边界处与 $\mathcal{J}$关联且与能量守恒相关的端口变量。这可以通过分步积分和因式分解得到。从而可得出由对称乘积定义推导的定理 3.3 和引理 3.4：

$$\begin{aligned}&\langle(\boldsymbol{f}^1, \boldsymbol{f}^1_\partial, \boldsymbol{e}^1, \boldsymbol{e}^1_\partial)(\boldsymbol{f}^2, \boldsymbol{f}^2_\partial, \boldsymbol{e}^2, \boldsymbol{e}^2_\partial)\rangle_+ \\ &= \langle \boldsymbol{e}^1, \boldsymbol{f}^2 \rangle_{L^2} + \langle \boldsymbol{e}^2, \boldsymbol{f}^1 \rangle_{L^2} - \langle \boldsymbol{e}^1_\partial, \boldsymbol{f}^2_\partial \rangle - \langle \boldsymbol{e}^2_\partial, \boldsymbol{f}^1_\partial \rangle\end{aligned}$$

定义 3.3　与 $\mathcal{J}$关联的端口变量（$\boldsymbol{e}_\partial$，$\boldsymbol{f}_\partial$）$\in \mathbb{R}^{nN}$可由下式定义：

$$\begin{pmatrix} \boldsymbol{f}_\partial \\ \boldsymbol{e}_\partial \end{pmatrix} = \boldsymbol{R}_{\text{ext}} \begin{pmatrix} e(b) \\ \vdots \\ \dfrac{\mathrm{d}^{N-1}e}{\mathrm{d}z^{N-1}}(b) \\ e(a) \\ \vdots \\ \dfrac{\mathrm{d}^{N-1}e}{\mathrm{d}z^{N-1}}(a) \end{pmatrix} \cdot \boldsymbol{R}_{\text{ext}} = \frac{1}{\sqrt{2}} \begin{pmatrix} \boldsymbol{Q} & -\boldsymbol{Q} \\ I & I \end{pmatrix}$$

由此，可非常简单地来描述与算子 $\mathcal{J}$关联的狄拉克结构。

定理 3.1　由下式定义的 $\mathcal{B}$的子空间 $\mathcal{D}_{\mathcal{J}}$：

$$\mathcal{D}_{\mathcal{J}} = \left\{ \begin{pmatrix} \boldsymbol{f} \\ \boldsymbol{f}_\partial \\ \boldsymbol{e} \\ \boldsymbol{e}_\partial \end{pmatrix} \middle| \boldsymbol{e} \in \boldsymbol{H}^N((a,b);\mathbb{R}^n), \mathcal{J}\boldsymbol{e} = \boldsymbol{f}, \begin{pmatrix} \boldsymbol{f}_\partial \\ \boldsymbol{e}_\partial \end{pmatrix} = \boldsymbol{R}_{\text{ext}} \begin{pmatrix} \boldsymbol{e}(b) \\ \vdots \\ \partial_z^{N-1}\boldsymbol{e}(a) \end{pmatrix} \right\}$$

为一个狄拉克结构，即 $\mathcal{D} = \mathcal{D}^\perp$。

$\boldsymbol{R}_{\text{ext}}$定义为酉变换，也就是说，可看作 $\boldsymbol{R}$，其中

$$\boldsymbol{R} = \boldsymbol{U}\boldsymbol{R}_{\text{ext}}, \boldsymbol{U}^{\mathrm{T}} \sum \boldsymbol{U} = \sum$$

示例 3.2　考虑一个利用 Timoshenko 方程（详细情况请参见文献［KIM 87］和

[XU 05]）建模的柔性梁模型示例。该模型可通过选择状态变量 $x_1=\frac{\partial \omega}{\partial z}-\phi$（切位移）、$x_2=\rho\frac{\partial \omega}{\partial t}$（横向动量分布）、$x_3=\frac{\partial \phi}{\partial z}$（角位移）、$x_4=I_\rho\frac{\partial \phi}{\partial t}$（角动量分布）来表示。在此，$\boldsymbol{\omega}(t, z)$ 表示梁的横向位移，$\phi(t, z)$ 为与中性纤维相关的部分梁的转角。正相关系数 $\rho(z)$、$I_\rho(z)$、$E(z)$、$I(z)$ 和 $G(z)$ 分别为单位长度的质量、横截面上的旋转转动惯量、杨氏弹性模量、横截面上的转矩和剪切模量。给定系统能量为

$$\begin{aligned}\mathcal{H} &= \frac{1}{2}\int_a^b\left(G|x_1|^2+\frac{1}{\rho}|x_2|^2+EI|x_3|^2+\frac{1}{I_\rho}|x_4|^2\right)\mathrm{d}z \\ &= \frac{1}{2}\int_a^b \boldsymbol{x}^{\mathrm{T}}(z)\boldsymbol{\mathcal{L}}(x)(z)\,\mathrm{d}z = \frac{1}{2}\|\boldsymbol{x}\|_{\mathcal{L}}^2\end{aligned} \qquad [3.72]$$

式中，$\boldsymbol{x}=[x_1, x_2, x_3, x_4]^{\mathrm{T}}$，且 $\boldsymbol{\mathcal{L}}=\mathrm{diag}\left\{G, \frac{1}{\rho}, EI, \frac{1}{I_\rho}\right\}>0$。

梁的模型可表示为如下形式（见参考文献 [GOL 02]）：

$$\begin{aligned}\frac{\mathrm{d}}{\mathrm{d}t}\begin{bmatrix}x_1\\x_2\\x_3\\x_4\end{bmatrix} &= \underbrace{\begin{bmatrix}0&1&0&0\\1&0&0&0\\0&0&0&1\\0&0&1&0\end{bmatrix}}_{P_1}\frac{\partial}{\partial z}\begin{bmatrix}Gx_1\\ \frac{1}{\rho}x_2\\ EIx_3\\ \frac{1}{I_\rho}x_4\end{bmatrix} \\ &= \underbrace{\begin{bmatrix}0&0&0&-1\\0&0&0&0\\0&0&0&0\\1&0&0&0\end{bmatrix}}_{P_0}\begin{bmatrix}Gx_1\\ \frac{1}{\rho}x_2\\ EIx_3\\ \frac{1}{I_\rho}x_4\end{bmatrix}\end{aligned} \qquad [3.73]$$

利用上述符号，可得 $N=1$、$n=4$、$\boldsymbol{P}_0=-\boldsymbol{P}_0^{\mathrm{T}}$ 和 $\boldsymbol{P}_1=\boldsymbol{P}_1^{\mathrm{T}}$，且 $\boldsymbol{P}_0$ 和 $\boldsymbol{P}_1$ 为非奇异矩阵。根据上述定义，可表示端口变量如下：

$$\begin{bmatrix}\boldsymbol{f}_\partial\\ \boldsymbol{e}_\partial\end{bmatrix}=\frac{1}{\sqrt{2}}\boldsymbol{U}\begin{bmatrix}(\rho^{-1}x_2)(b)-(\rho^{-1}x_2)(a)\\ (Gx_1)(b)-(Gx_1)(a)\\ (I_\rho^{-1}x_4)(b)-(I_\rho^{-1}x_4)(a)\\ (EIx_3)(b)-(EIx_3)(a)\\ (Gx_1)(b)+(Gx_1)(a)\\ (\rho^{-1}x_2)(b)+(\rho^{-1}x_2)(a)\\ (EIx_3)(b)+(EIx_3)(a)\\ (I_\rho^{-1}x_4)(b)+(I_\rho^{-1}x_4)(a)\end{bmatrix}, \boldsymbol{U}^{\mathrm{T}}\boldsymbol{\Sigma}\boldsymbol{U}=\boldsymbol{\Sigma} \qquad [3.74]$$

为简单起见，令 $\boldsymbol{U}=\boldsymbol{I}$。

3.3.4　边界控制系统及其稳定性

3.3.4.1　边界控制系统

在前面章节中，讨论了未定义输入和输出或施加因果关系的情况下，与系统相关的几何结构。该结构仅体现了空间域及其边界内流量和作用变量之间的关系。在随后的内容中，将考虑与由边界条件子集给定的输入相关的系统动态结构及其解。尤其是，将关注于这类系统方程的解是否存在及其特性。上述分析采用经典的泛函分析工具，尤其是半群概念，相关介绍详见文献［CUR 95］。解的存在与 C0 半群理论（定义类似于有限维中的 e^{At}）及其与由边界控制系统定义表示的控制变量之间的联系相关。定理 3.2 中给出了所有与式［3.68］相关的边界控制条件有关的参数化设置。

定理 3.2　$\boldsymbol{W}$ 为一个 $nN\times 2nN$ 的满秩矩阵。系统：

$$\dot{\boldsymbol{x}}(t)=\mathcal{JL}\boldsymbol{x}(t)$$
$$\boldsymbol{u}(t)=\mathcal{B}\boldsymbol{x}(t)=\boldsymbol{W}\begin{pmatrix}\boldsymbol{f}_\partial(t)\\ \boldsymbol{e}_\partial(t)\end{pmatrix}$$

为一个边界控制系统，其中，$\boldsymbol{A}_W=(\mathcal{JL})_{ker}\mathcal{B}$ 为 $L^2((a,\ b),\ \mathbb{R}^n)$ 上的压缩半群生成器，当且仅当：

$\boldsymbol{W\Sigma W}^{\mathrm{T}}\geqslant 0$，其中 $\boldsymbol{\Sigma}=\begin{pmatrix}0 & I\\ I & 0\end{pmatrix}$。

选择算子由下式定义的 $\mathcal{C}:\boldsymbol{H}^N((a,b),\mathbb{R}^n\to\mathbb{R}^{nN}:\mathcal{C}\boldsymbol{x}(t):=\tilde{\boldsymbol{W}}\begin{pmatrix}\boldsymbol{f}_\partial(t)\\ e_\partial(t)\end{pmatrix}$ 且 $\tilde{\boldsymbol{W}}$ 满秩，$\begin{bmatrix}\boldsymbol{W}\\ \tilde{\boldsymbol{W}}\end{bmatrix}$ 可逆，以及 $\boldsymbol{u}\in\mathcal{C}^2((0,\infty);\mathbb{R}^{nN})$ 且 $\boldsymbol{x}(0)-\boldsymbol{Bu}(0)\in\boldsymbol{D}(\boldsymbol{J}_W)$ 时的输出为 $\boldsymbol{y}(t)=\mathcal{C}\boldsymbol{x}(t)$，由此可得到如下平衡方程：

$$\frac{1}{2}\frac{\mathrm{d}}{\mathrm{d}t}\|\boldsymbol{x}(t)\|^2=\begin{pmatrix}\boldsymbol{u}^{\mathrm{T}}(t) & \boldsymbol{y}^{\mathrm{T}}(t)\end{pmatrix}\boldsymbol{P}_W\begin{pmatrix}\boldsymbol{u}(t)\\ \boldsymbol{y}(t)\end{pmatrix}$$

其中，$\boldsymbol{P}_{\mathrm{W},\tilde{\mathrm{W}}}=\begin{pmatrix}\boldsymbol{W\Sigma W}^{\mathrm{T}} & \boldsymbol{W\Sigma}\tilde{\boldsymbol{W}}\\ \tilde{\boldsymbol{W}}^{\mathrm{T}}\boldsymbol{\Sigma W}^{\mathrm{T}} & \tilde{\boldsymbol{W}}\boldsymbol{\Sigma}\tilde{\boldsymbol{W}}^{\mathrm{T}}\end{pmatrix}^{-1}$。

考虑如下参数设置：$\boldsymbol{W}=\boldsymbol{S}(I+V,I-V)$ 和 $\tilde{\boldsymbol{W}}=\boldsymbol{S}(-\boldsymbol{I}+\boldsymbol{V},\ -\boldsymbol{I}-\boldsymbol{V})$，可得若 $V=0$，即

$$\begin{cases}\dot{\boldsymbol{x}}(t)=\mathcal{J}\boldsymbol{x}(t),\\ \boldsymbol{u}(t)=\dfrac{1}{2}(\boldsymbol{f}_\partial(t)+\boldsymbol{e}_\partial(t))\\ \boldsymbol{y}(t)=\dfrac{1}{2}(\boldsymbol{f}_\partial(t)-\boldsymbol{e}_\partial(t))\end{cases}$$

则边界控制系统与压缩半群以及由$\frac{1}{2}\frac{\mathrm{d}}{\mathrm{d}t}\|\boldsymbol{x}(t)\|^2=\|\boldsymbol{u}(t)\|^2-\|\boldsymbol{y}(t)\|^2$给定的能量平衡有关；

若$V=I$，即

$$\begin{cases}\dot{\boldsymbol{x}}(t)=\mathcal{J}\boldsymbol{x}(t),\\ \boldsymbol{u}(t)=\boldsymbol{f}_\partial(t)\\ \boldsymbol{y}(t)=-\boldsymbol{e}_\partial(t)\end{cases}$$

则边界控制系统与酉半群以及由$\frac{1}{2}\frac{\mathrm{d}}{\mathrm{d}t}\|\boldsymbol{x}(t)\|^2=\boldsymbol{u}(t)^{\mathrm{T}}\boldsymbol{y}(t)$给定的能量方程相关。

3.3.4.2　稳定性分析

本节中，通过边界上的状态反馈（首先是静态状态反馈），讨论了系统的稳定性。选择阻抗变量，即与$V=I$相关的变量。反馈过程如图3.5所示。

可从无限维系统角度，将边界反馈看作一种新选择的端口边界变量。由此可得出引理3.1。

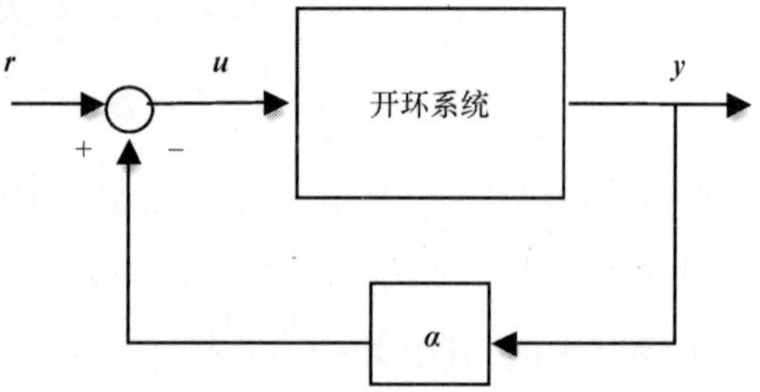

图3.5　边界上端口变量的反馈

引理3.1　由下式描述的反馈系统：

$$\begin{cases}\dot{\boldsymbol{x}}=\mathcal{J}_{\mathcal{L}}\boldsymbol{x}\\ \boldsymbol{r}=(\boldsymbol{W}_{\mathrm{imp}}=\alpha\boldsymbol{C}_{\mathrm{imp}})\begin{pmatrix}\boldsymbol{f}_\partial\\ \boldsymbol{e}_\partial\end{pmatrix}\\ \boldsymbol{y}=\boldsymbol{C}_{\mathrm{imp}}\begin{pmatrix}\boldsymbol{f}_\partial\\ \boldsymbol{e}_\partial\end{pmatrix}\end{cases}$$

式中，$\boldsymbol{W}_{\mathrm{imp}}=[I+V\quad I-V]$且$\boldsymbol{VV}^{\mathrm{T}}=\boldsymbol{I}$为一个边界控制系统。此外，算子$\boldsymbol{\mathcal{A}}_{\mathrm{s}}=\boldsymbol{J}_{\mathcal{L}}|_{\mathrm{D(A_s)}}$在$X=L_2((a,\ b);\ \mathbb{R}^n)$上生成一个压缩半群，其中：

$$\boldsymbol{D}(\boldsymbol{A}_{\mathrm{s}})=\left\{\boldsymbol{x}\in\boldsymbol{D}(\mathcal{J})\mid\begin{pmatrix}\boldsymbol{f}_\partial\\ \boldsymbol{e}_\partial\end{pmatrix}\in ker\,\widetilde{\boldsymbol{W}}\right\}$$

且$\widetilde{\boldsymbol{W}}=(\boldsymbol{W}_{\mathrm{imp}}+\alpha\boldsymbol{C}_{\mathrm{imp}})$为一个$nN\times 2nN$的满秩矩阵。

定理3.3给出了渐近稳定性条件的结论。

定理3.3　假设算子$(\boldsymbol{\lambda}-\boldsymbol{A}_{\mathrm{s}})^{-1}$: $\boldsymbol{X}\to\boldsymbol{X}$为$\boldsymbol{X}>0$下的一个紧算子，则系统可描述为

$$\begin{cases}\dot{\boldsymbol{x}}=\mathcal{J}\boldsymbol{x}\\ \boldsymbol{r}=(\boldsymbol{W}_{\mathrm{imp}}+\alpha\boldsymbol{C}_{\mathrm{imp}})\begin{pmatrix}\boldsymbol{f}_\partial\\ \boldsymbol{e}_\partial\end{pmatrix}\\ \boldsymbol{y}=\boldsymbol{C}_{\mathrm{imp}}\begin{pmatrix}\boldsymbol{f}_\partial\\ \boldsymbol{e}_\partial\end{pmatrix}\end{cases}$$

式中，$\boldsymbol{W}=[\boldsymbol{I}+\boldsymbol{V}\quad\boldsymbol{I}-\boldsymbol{V}]$；$\boldsymbol{VV}^{\mathrm{T}}=\boldsymbol{I}$；$r=0$；$\alpha>0$，该系统全局渐近稳定。

对于任意$\boldsymbol{x}(0)\in\boldsymbol{X}$，反馈系统的弱解（在经典或较弱的程度上）$\boldsymbol{x}(\boldsymbol{t})=\boldsymbol{T}(\boldsymbol{t})\boldsymbol{x}(0)$

渐近收敛到 0，即

$$\lim_{\to\infty}\|x(t)\|X=0$$

现在，讨论下式定义的一阶系统子类：

$$\frac{\partial \boldsymbol{x}}{\partial t}(t,\ z)=\boldsymbol{P}_1\frac{\partial z}{\partial t}(\boldsymbol{\mathcal{L}x})(t,\ z)+(\boldsymbol{P}_0-\boldsymbol{G}_0)\boldsymbol{\mathcal{L}x}(t,\ z)$$

该系统代表了所研究的大部分物理系统。在这种情况下，可表征通过定理 3.4 确保系统指数稳定性的反馈条件：

定理 3.4　设之前定义的边界控制系统并具有 $\boldsymbol{u}(t)=0$，$\forall t\geqslant 0$ 条件。该系统指数稳定，只要：

$$\|(\boldsymbol{\mathcal{L}x}(b))\|_{\mathbb{R}}^2\leqslant k_1(\langle\boldsymbol{\alpha y},\boldsymbol{y}\rangle_{\mathbb{R}}+\langle \boldsymbol{G}_0\boldsymbol{\mathcal{L}x}(t),\boldsymbol{\mathcal{L}x}(t)\rangle_{\mathbb{R}})$$

或

$$\|(\boldsymbol{\mathcal{L}x}(a))\|_{\mathbb{R}}^2\leqslant k_1(\langle\boldsymbol{\alpha y},\boldsymbol{y}\rangle_{\mathbb{R}}+\langle \boldsymbol{G}_0\boldsymbol{\mathcal{L}x}(t),\boldsymbol{\mathcal{L}x}(t)\rangle_{\mathbb{R}})$$

示例 3.3　重新讨论 Timoshenko 梁示例。通常通过速度反馈可保证梁稳定。这对应于边界条件：

$$\frac{1}{\rho(a)}x_2(a,t)=0,G(b)x_1(b,t)=-\alpha_1\frac{1}{\rho(b)}x_2(b,t),t\geqslant 0$$

$$\frac{1}{I_\rho(a)}x_4(a,t)=0,EI(b)x_3(b,t)=-\alpha_2\frac{1}{I_\rho(b)}x_4(b,t)\qquad[3.75]$$

式中，α_1，$\alpha_2\in\mathbb{R}$为与反馈相关的正常数。

这些边界条件对应于一个左侧固定梁，即 $z=a$，并通过速度反馈控制 $z=b$。这些边界条件可看作输入。这些新的输入可通过如下的线性组合 $\boldsymbol{W}$ 由边界上的端口变量得到：

$$\boldsymbol{W}=\frac{1}{\sqrt{2}}\begin{bmatrix}-1&0&0&0&0&1&0&0\\0&0&-1&0&0&0&0&1\\\alpha_1&1&0&0&1&\alpha_1&0&0\\0&0&\alpha_2&1&0&0&1&\alpha_2\end{bmatrix}\qquad[3.76]$$

且满足

$$\boldsymbol{W}\Sigma\boldsymbol{W}^{\mathrm{T}}=2\underbrace{\begin{bmatrix}0&0&0&0\\0&0&0&0\\0&0&\alpha_1&0\\0&0&0&\alpha_2\end{bmatrix}}_{\alpha}\qquad[3.77]$$

参考文献［VIL 07］中的例 3.27 阐述了如何选择输出变量以通过定理 3.2 得到 $\frac{\mathrm{d}}{\mathrm{d}t}\mathcal{H}(t)$。在此，可得

$$\frac{\mathrm{d}}{\mathrm{d}t}\mathcal{H}(t)=\left(\frac{G}{\rho}x_1x_2\right)(b,t)+\left(\frac{EI}{I_\rho}x_3x_4\right)(b,t)$$

$$-\left(\frac{G}{\rho}x_1x_2\right)(a,t)-\left(\frac{EI}{I_\rho}x_3x_4\right)(a,t)$$

。

$$= -\alpha_1 |(\rho^{-1}x_2)(b,t)|^2 - \alpha_2 |(I_\rho^{-1}x_4)(b,t)|^2 \qquad [3.78]$$

其中利用了式［3.75］的条件。值得注意的是，无需定义输出以验证指数稳定性。为证明该系统是通过定理3.4为指数稳定，根据式［3.75］中的边界条件，由式［3.75］可得

$$\begin{aligned}\|\mathcal{L}(x)(b)\|_{\mathbb{R}}^2 &= |(kx_1)(b)|^2 + |(\rho^{-1}x_2)(b)|^2 \\ &\quad + |(EIx_3)(b)|^2 + |(I_\rho^{-1}x_4)(b)|^2 \\ &= (\alpha_1^2+1)|(\rho^{-1}x_2)(b)|^2 + (\alpha_2^2+1)|(I_\rho^{-1}x_4)(b)|^2 \\ &\leqslant -\kappa \frac{\mathrm{d}}{\mathrm{d}t}\mathcal{H}(t) \text{对于特定的 } \kappa>0\end{aligned}$$

考虑 $G(z)$、$\rho(z)$、$EI(z)$ 和 $I_\rho(z)$ 连续可微，则根据定理3.4，可得出结论：系统指数稳定。

3.4 小结

本章中，讨论了柔性结构建模的结构能量方法，尤其是关注于波特-汉密尔顿算法。正如3.2节所述，该方法结合了来自经典拉格朗日和汉密尔顿方法的能量建模法和网络建模法，来明确定义一个完整系统的子系统之间的互连结构。

利用这种建模方法强调了动态系统及其拓扑的能量方面，因此该方法具有很多优势。一方面，基于能量的方法尤其适用于多物理分布式系统的建模，在高度集成的机电一体化系统中的应用愈加广泛。另一方面，一种拓扑方法可允许对于复杂非线性无限维系统从控制理论到有效控制和稳定方法中利用先进工具。

然而，采用这种方法需要某些高等数学的知识，而这对于工程人员多少有些不利。希望本章中所做的工作能够为用于柔性机械结构和高度集成机电一体化系统的建模和控制的这些结构能量方法提供帮助和可行性。

参考文献

[BAA 08] BAAIU A., COUENNE F., LE GORREC Y., *et al.*, "Port based modeling of a multiscale adsorption colum", *Mathematical and Computer Modelling of Dynamical Systems*, vol. 14, no. 3, pp. 195–211, 2008.

[BAA 09] BAAIU A., COUENNE F., LEFÈVRE L., *et al.*, "Structure-preserving infinite-dimensional model reduction. Application to adsorption processes", *Journal of Process Control*, vol. 19, no. 3, pp. 394–404, 2009.

[BRA 66] BRANIN JR. F., "The algebraic-topological basis for network analogies and the vector calculus", *Symposium on Generalized Networks*, Polytechnic Institute of Brooklyn, NY, 12–14 April 1966.

[CEL 91] CELLIER F.E., *Continuous System Modeling*, Springer-Verlag, New York, 1991.

[CEL 06] CELLIER F.E., KOFMAN E., *Continuous System Simulation*, Springer-Verlag, New York, 2006.

[CRA 82] CRANDALL S.H., KARNOPP D.C., KURTZ E.F. JR., *et al.*, *Dynamics of Mechanical and Electromechanical Systems*, Krieger Publishing, Malabar, FL, New York, 1982. [Reprint of 1968 McGraw Hill]

[CUR 95] CURTAIN R., ZWART H., *An Introduction to Infinite-Dimensional Linear Systems Theory*, Springer-Verlag, New York, 1995.

[DES 69] DESOER C.A., KUH E.S., *Basic Circuit Theory*, McGraw-Hill, New York, 1969.

[DUI 09] DUIDAM V., MACCHELLI A., STRAMIGIOLI S., *et al.*, *Modeling and Control of Complex Physical Systems. The Port-Hamiltonian Approach*, Springer-Verlag, New York, 2009.

[GER 97] GERADIN M., RIXEN D., *Théorie des vibrations. Application à la dynamique des structures*, 2nd ed., Masson, Paris, 1997.

[GOL 02] GOLO G., TALASILA V., VAN DER SCHAFT A., "A Hamiltonian formulation of the Timoshenko beam model", *Proceedings of Mechatronics*, Twente University Press, Enschede, the Netherlands, pp. 544–553, 24–26, June 2002.

[GOL 04] GOLO G., TALASILA V., VAN DER SCHAFT A., *et al.*, "Hamiltonian discretization of boundary control systems", *Automatica*, vol. 40, pp. 757–771, 2004.

[KIM 87] KIM J.U., RENARDY Y., "Boundary control of the Timoshenko beam", *SIAM Journal on Control and Optimization*, vol. 25, no. 6, pp. 1417–1429, 1987.

[KOE 67] KOENIG H.E., TOKAD Y., KESAVAN H.K., *Analysis of Discrete Physical Systems*, MacGraw-Hill, New York, 1967.

[LAN 86] LANCZOS C., *The Variational Principe of Mechanics*, 4th ed., Dover Publications, New York, 1986. [Reprint of 1970 University of Toronto Press]

[LAY 98] LAYTON R.A., *Principle of Analytical System Dynamics*, Springer-Verlag, New York, 1998.

[LE 05] LE GORREC Y., ZWART H., MASCHKE B., "Dirac structures and boundary control systems associated with skew-symmetric differential operators", *SIAM Journal on Control and Optimization*, vol. 44, no. 2, pp. 1864–1892, 2005.

[MAS 05] MASCHKE B., VAN DER SCHAFT A., "*Compositional modelling of distributed-parameter systems*", in *Advanced Topics in Control Systems Theory.*, Lecture Notes on Control and Information Sciences, Springer-Verlag, New York, pp. 115–154, 2005.

[PAY 61] PAYNTER H.M., *Analysis and Design of Engineering Systems*, MIT Press, Cambridge, 1961.

[TEL 52] TELLEGEN B.D.H., "A general network theorem with applications", *Philips Research Reports*, vol. 7, pp. 259–269, 1952.

[TIM 53] TIMOSHENKO S., *History of Strength of Materials*, Dover Publications, New York, 1953.

[TRE 55] TRENT H.M., "Isomorphisms between oriented linear graphs and lumped physical systems", *Journal of Acoustic Society of America*, vol. 27, pp. 500–527, 1955.

[VIL 06] VILLEGAS J., LE GORREC Y., ZWART H., MASCHKE B., "Dissipative boundary control systems with application to distributed parameters reactors", *Computer Aided Control System Design, International Conference on Control Applications, and International Symposium on Intelligent Control, 2006 IEEE*, Munich, Germany, pp. 668–673, 4–6 October 2006.

[VIL 07] VILLEGAS J., A Port-Hamiltonian approach to distributed parameter systems, PhD Thesis, Department of Applied Mathematics, University of Twente, the Netherlands, May 2007.

[VIL 08] VILLEGAS J., ZWART H., LE GORREC Y., MASCHKE B., "Exponential stability of a class of boundary control systems", *IEEE Transaction on Automatic Control*, vol. 54, no. 1, pp.142–147, 2008.

[WIL 72] WILLEMS J.C., "Dissipative dynamical systems part I: general theory", *Archive for Rational Mechanics and Analysis*, vol. 45, no. 5, pp. 321–351, 1972.

[XU 05] XU G., "Boundary feedback exponential stabilization of a Timoshenko beam with both ends free", *International Journal of Control*, vol. 78, no. 4, pp. 286–297, 2005.

第 4 章　柔性微操作机器人的开环控制方法

Yassine Haddab、Vincent Chalvet 和 Micky Rakotondrabe

4.1　简介

微型机器人和微系统控制的一个主要难点在于特定性能（亚微米级分辨率和精度）需要高性能的传感器和有效的控制技术。目前这些机器人和系统所用的控制技术大多采用笨重且昂贵的仪器和传感器来确保实现高性能。事实上，易于嵌入到低成本微型机器人的现有传感器并不具有实现实时控制的高性能（分辨率和精度极高）。这也是为何常用外部感知传感器的主要原因。这极大限制了微型机器人在受限环境下的机动性，然而需要在受限环境下［即透射电子显微镜（TEM）或人体内］进行机械手操作的要求显著增长。本章讨论了提高微型机器人和微执行器性能的开环控制（或反馈）方法。主要目的是实现无传感器在微观环境下相匹配的性能水平。本章的结构安排如下：第一部分中讨论了压电微执行器的特性、建模和前馈控制；第二部分重点讨论了热机械双稳态微执行器模块的发展与控制。在此情况下，通过控制结构的机械强度，可获得微执行器的高重复性性能。由此，利用这一原理可用于开发一种整体式平面机器人。

4.2　压电微执行器

4.2.1　柔性压电微执行器

压电材料常常用于开发微执行器和微系统。这是由于其具有极高的分辨率（亚微米级）、高带宽（最高可达到几万赫）和高力密度。除此之外，还易于控制（电驱动）。

现有多种工作原理和功能类型的微执行器：黏滑功能、寸蠕动功能、声波功能和弯曲悬臂梁功能等。基于悬臂梁的执行器是专用于诸如微装配和微操作等领域的压电微抓手。图 4.1 给出了 FEMTO-ST 大学 AS2M 系研发的一种操作微目标（微型轮）的微抓手［CLÉ 07］。该微抓手是由施加电压后可独立弯曲的两个单晶压电悬臂梁组成。一般情况下，一个悬臂梁用作操作力的执行器，而另一个悬臂梁作为定位执行器。实际上，在执行微操作任务中，除了精确定位之外，了解并控制不同情况下的操作力非常重要：避免被操作目标或执行器本身损坏以及描述目标力学特性等。

除了压电材料的上述重要特性，目前最常用的压电材料，尤其是压电陶瓷具有滞回现象和蠕变非线性。另外，悬臂梁结构的压电微执行器具有强阻尼振动特性。尽管滞回作用和蠕变作用会造成微执行器的精度降低，但振动会加快稳定时间。文献［KHA 12，CLÉ 07，HAD 09，AGN 11］中提出了一些这些执行器的闭环控制方法。这些方法对于建模不确定性和外部扰动具有很强的鲁棒性，但是会受到传感器不当的影响。一方面，符合压电微执行器控制性能（如带宽、分辨率等方面）的传感器大多比较笨重，且与被测系统相比，尺寸太大。这些传感器难以集成且相对昂贵（光学传感器、干涉仪等）。另一方面，可集成和嵌入的传感器又往往不具备上述所需全部性能（如应变计）。因此，近年来开环控制方法应用于压电微执行器。这些方法中不必要的传感器使之匹配且有利于完全集成微系统的控制和发展。一个开环（或前馈）控制包括将一种补偿器与被控过程级联，一般情况下，这是建模的逆过程。至于压电微执行器的控制，主要难点在于需考虑强非线性（滞回和蠕变）和强阻尼振动。

本节讨论了具有滞回和强阻尼振动特性的压电执行器的开环控制。所提出的方法包括首先进行滞回补偿以提高执行器的精度，然后对振动进行补偿以减少响应时间。在随后的内容中，利用图 4.2 所示的实验装置，由以下部分组成：

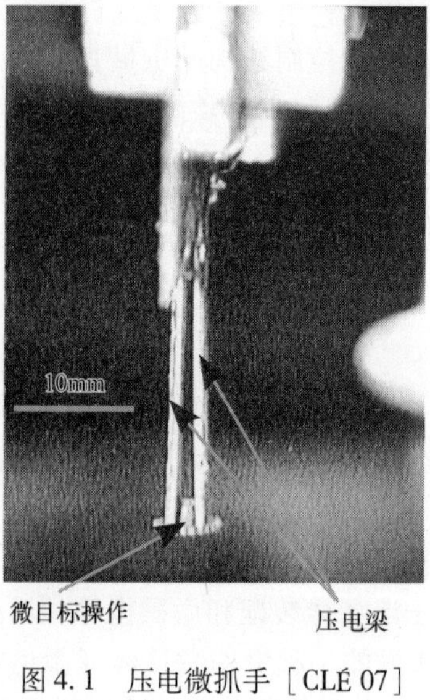

图 4.1　压电微抓手［CLÉ 07］

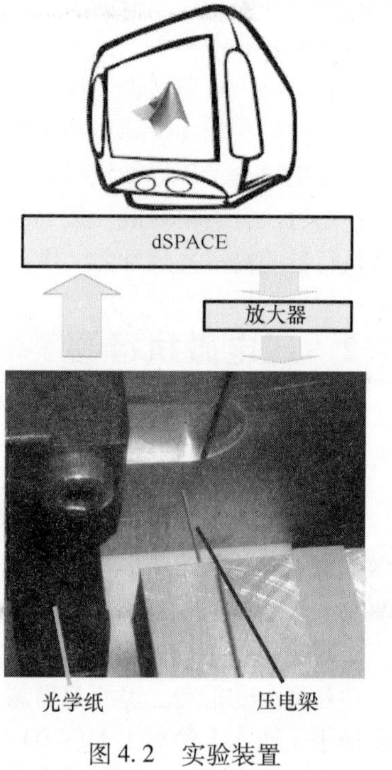

图 4.2　实验装置

——一个尺寸为 15mm × 2mm × 0.3mm 的单晶压电悬臂梁（执行器）。该悬臂梁由一个 0.2mm 厚的锆钛酸铅（PZT）压电层和一个 0.1mm 厚的镍层（被动层）组成。

——一个用于测量并为微执行器提供控制信号 $u(t)$ 的采集系统（dSPACE 板和一个装有 MATLAB Simulink 软件的计算机）。该采集系统设置采样周期为 $T_s = 0.2\text{ms}$。

——一个用于测量压电执行器偏差特性的光学传感器（Keyence LC-2420），并由开环控制对结果进行分析和验证。设置该传感器的精度为 50nm。

——一个能够将 dSPACE 板获得的控制信号 $u(t)$ 在发送到微执行器之前进行放大的高压放大器（±200V）。

4.2.2　滞回建模与补偿

4.2.2.1　滞回特性

为表征压电执行器的滞回特性，采用以下步骤［CLÉ 10］：

—输入信号 $u(t)$（正弦信号或三角波信号）作用于执行器。其幅值应对应于最大量程。频率 f 应足够小，以使得执行器的动态特性不会对滞回曲线产生影响，即在该曲线上不会出现明显的相位滞回。然而，该频率也不能过小以保证蠕变（在极低的频率下产生）不会影响滞回曲线。一旦满足上述条件，即可获得静态（或速率无关）滞回特性。该静态滞回特性表征了压电悬臂梁的非线性静态增益。在本例中，采用的适当频率为 $f=0.1\text{Hz}$。

—绘制相平面（u，y），其中信号 y 表示执行器的偏差信号，图 4.3 给出了所得的滞回曲线。

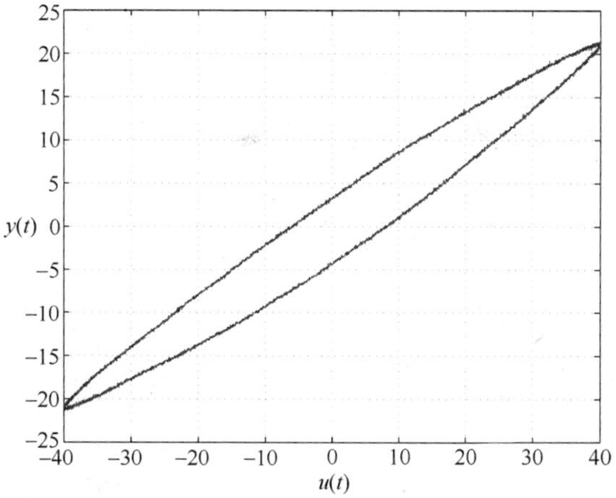

图 4.3　实验滞回曲线

4.2.2.2　滞回特性建模

为补偿压电执行器的滞回特性，需要建立一个精确模型。目前已有多种建模方法来补偿压电执行器的滞回特性。最常用的方法包括有 Preisach 法［CRO 01，DUB 05］、Bouc-Wen 法［RAK 11］以及 Prandtl-Ishlinskii 法［AL 12，ANG 07，MOK 08，CLÉ 10］。本节将采用具有可精确描述且易于实现特点的 Prandtl-Ishlinskii 法。在该方法中，滞回特性可由称为操作算子、间隙和滞回余量的几种基本滞回量叠加来近似。如图 4.4 所示，滞回余量可由下列方程进行描述：

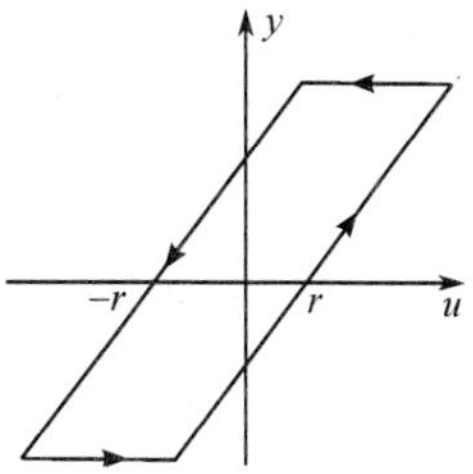

图 4.4　滞回余量

$$\begin{cases} y(t)=\max\{u(t)-r,\min\{u(t)+r,y(t-T_s)\}\} \\ y(0)=y_0 \end{cases} \qquad [4.1]$$

式中，r 为滞回阈值；y_0 为初始偏差值。

由此，一个由 n_h 滞回余量近似的复杂滞回特性可定义如下［KRA 89］：

$$\begin{cases} y(t)=\sum_{i=1}^{n_h} w_i\max\{u(t)-r_i,\min\{u(t)+r_i,y_i(t-T_s)\}\} \\ y(0)=y_0 \end{cases} \qquad [4.2]$$

式中，y_i 为基本输出；r_i 为阈值；w_i 为第 i 个滞回余量的权值（增益）。可利用最小二乘法［ANG 07］或［CLÉ 10］中详细介绍的解析法对参数 r_i 和 w_i 进行辨识。在上述两种方法中，都是根据之前所述的正弦或三角波输入信号在其最大幅值下的实验数据进行分析处理的。图 4.5 给出了实验数据所得的滞回特性曲线以及由仿真模型所得的滞回特性曲线。其中，参数由解析模型进行辨识。

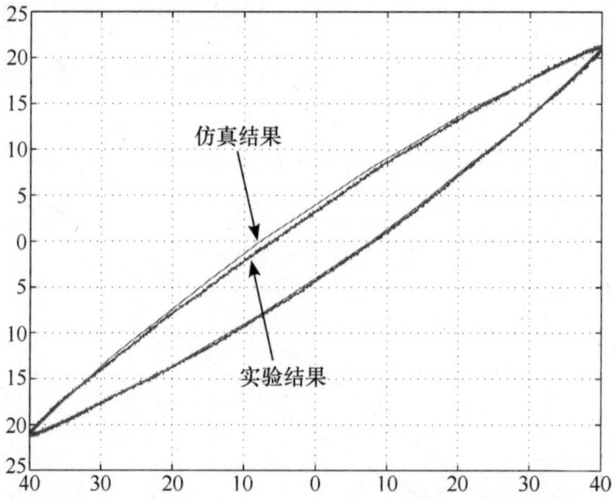

图 4.5　滞回曲线：实验结果和模型仿真结果

4.2.2.3　滞回补偿

现有两种方法用于补偿由经典 Prandtl-Ishlinskii 模型⊖近似的滞回特性：第一种方法是将另一个 Prandtl-Ishlinskii 模型作为补偿器［JAN 01，CLÉ 10］；而第二种方法是将初始模型与一个反向乘法器相结合来生成补偿器［RAK 12］。其中，第二种方法简单直观，这是因为无需计算补偿器的参数。相比之下，在此将采用的第一种方法在实现方面相对更为简单。其中，滞回补偿器为具有 n_{hc} 滞回余量的另一个 Prandtl-Ishlinskii 滞回模型，如下所示：

$$\begin{cases} u(t)=\sum_{j=1}^{n_{hc}} w_j^c\max\{y(t)-r_j^c,\min\{y(t)+r_j^c,u_j^c(t-T_s)\}\} \\ u(0)=u_0 \end{cases} \qquad [4.3]$$

⊖　经典一词是指滞回模型为静态（速率无关）且对称。

式中，u_j^c 为基本输出；r_j^c 为阈值；w_j^c 为每个滞回余量的增益。

图 4.6 给出了由式［4.3］定义的补偿器框图，其中，y_{rh} 为新的输入量。图 4.6b 给出了经过滞回补偿器后实验所得的输入-输出曲线（y_{rh}，y）。该曲线清晰地表明了对初始滞回（见图 4.3）进行了补偿，这是因为新的输入与输出之间为（静态）线性关系：$y_{rh} \approx y$。由此，可提高精度。

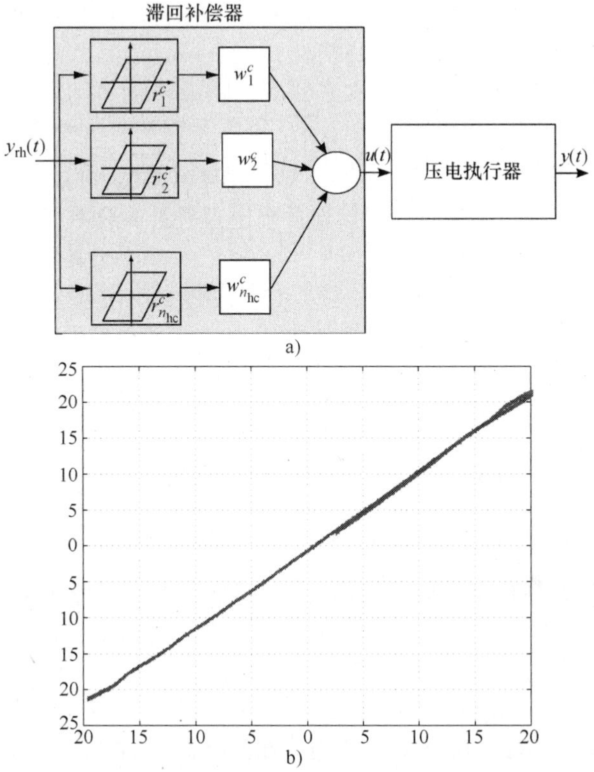

图 4.6　a）具有补偿器的系统框图和 b）经过补偿的实验曲线

4.2.3　强阻尼振动系统的建模和补偿

在 4.2.2 节中，对滞回进行了补偿，从而产生了一个 y_{rh} 为输入且 y 为输出的新线性系统（见图 4.6a）。然而，尽管该系统呈线性，但仍具有振荡特性。这是由于执行器具有悬臂梁结构。该特性与机械结构的动态特性相对应。

4.2.3.1　振动特性

强阻尼振动系统的特性可在频域或时域下进行描述。频域下描述会更加精确但耗时较长，时域下描述相对简单但不够精确。在本例中，后者精度已足够。特性描述是首先对之前系统给定一个阶跃输入 $y_{rh}(t)$，然后分析其阶跃响应。图 4.7 给出了 y_{rh} = 20μm 时的阶跃响应，显然存在强阻尼振动。

4.2.3.2　振动建模

压电悬臂梁的动力学模型可由如下一般传递函数表示：

$$\frac{y(p)}{y_{\text{rh}}(p)} = \frac{\sum_{j=0}^{m} b_j p^j}{\sum_{i=0}^{n} a_i p^i} \qquad [4.4]$$

式中，$m \leqslant n$，n 为系统阶次；系数 a_i 和 b_j 为待辨识参数。

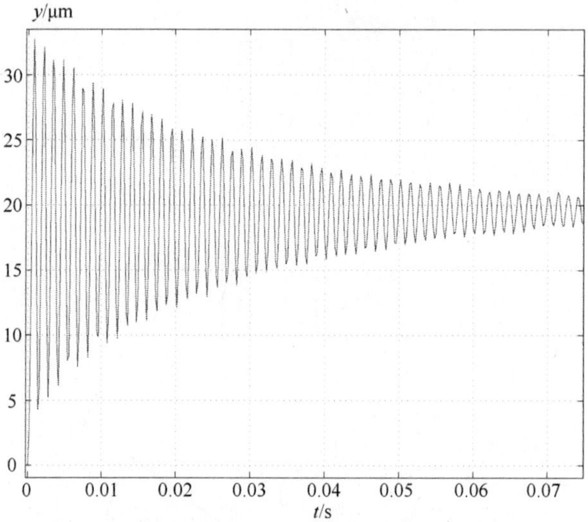

图 4.7 输入为 $y_{\text{rh}} = 20\mu\text{m}$ 时的阶跃响应

利用 MATLAB 中具有外部输入模型的自回归滑动平均模型（ARMAX），可知一个二阶模型既精度较高又相对简单（低阶模型）。因此，辨识模型为

$$\frac{y(p)}{y_{\text{rh}}(p)} = \frac{k_{\text{s}}}{4.5 \times 10^{-8} p^2 + 4.2 \times 10^{-6} p + 1} \qquad [4.5]$$

式中，k_{s} 为由图 4.6b 辨识的静态增益系数，在此设 $k_{\text{s}} = 1.05$。

图 4.8 给出了实验结果（见图 4.7）与辨识模型仿真结果的比较。

4.2.3.3 振动补偿

压电执行器振动的补偿方法有多种。文献［RAK13］中对各种不同方法进行了详细的综述。总的来说，输入成型方法在概念和实现方面都具有很大优势［SIN 02］。输入成型方法包括将在本节中所采用的零振动输入成型（ZVIS）技术［PAS 90］。

当一个幅值为 A_1 的冲击脉冲信号作用于一个振荡系统时，系统产生振荡。ω_{n} 和 ζ 分别表示自然振荡和阻尼振荡系数。准振荡周期设为 T_{p}，从而可得 $T_{\text{p}} = \dfrac{2\pi}{\omega_{\text{n}} \cdot \sqrt{1-\zeta^2}}$。当幅值为 A_2 的第二个冲击脉冲信号在 $T_{\text{d}} = \dfrac{T_{\text{p}}}{2}$ 时作用于系统时，若幅值 A_2 选择得当，则该冲击脉冲所产生的振动可补偿第一个冲击脉冲产生的振动。最后，若要对任意输入信号产生的振动进行补偿，则构成形状成型器之前两个冲击脉冲在输入信号中卷积。图 4.9 给出了对之前线性压电执行器进行振动补偿的实现机制。图中，y_{r} 表示被控系

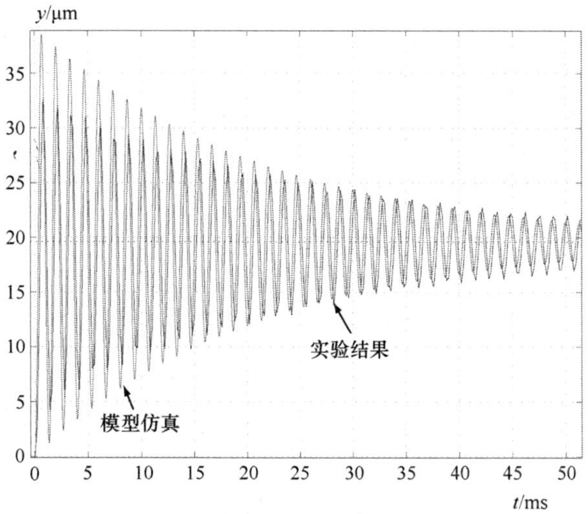

图 4.8　输入为 $y_{rh}=20\mu m$ 时的阶跃响应：实验结果和模型仿真

统的参考输入，y_{rh}为振动补偿器（成型器）的输出。

为保证振动补偿的鲁棒性，即在参数 ω_n 和 ζ 辨识较差下保持一定程度的性能，通常建议在成型器中采用多个冲击脉冲，而非两个。实际上，本例中成型器的脉冲幅值较小，由此产生的残余振动几乎无超调［CLÉ 08］。补偿器（成型器）的参数计算如下。采用式［4.5］定义的压电悬臂梁模型，可得

$$\frac{y}{y_{rh}}=\frac{K}{\left(\frac{1}{\omega_n}\right)^2\cdot p^2+\frac{2\cdot\xi}{\omega_n}\cdot p+1} \qquad [4.6]$$

利用如下表示：$\beta=e^{-\frac{\xi\cdot\pi}{\sqrt{1-\xi^2}}}$。由此，第 i 个冲击脉冲的幅值 A_i 及其作用时间给定如下［PAS 90］：

$$A_i:\left\{\begin{aligned}A_1&=\frac{a_1}{(1+\beta)^{m-1}}\\A_2&=\frac{a_2}{(1+\beta)^{m-1}}\\&\vdots\\A_m&=\frac{a_m}{(1+\beta)^{m-1}}\end{aligned}\right) \qquad [4.7]$$

$$t_i:\left(\begin{aligned}t_1&=0\\t_2&=T_d\\&\vdots\\t_m&=(m-1)\cdot T_d\end{aligned}\right)$$

在实验中采用并测试了不同阶次的振动补偿器（成型器中冲击脉冲的个数）。图 4.10a给出了阶跃输入（比例缩放的最终值）下的不同结果：无补偿器的结果、两个冲

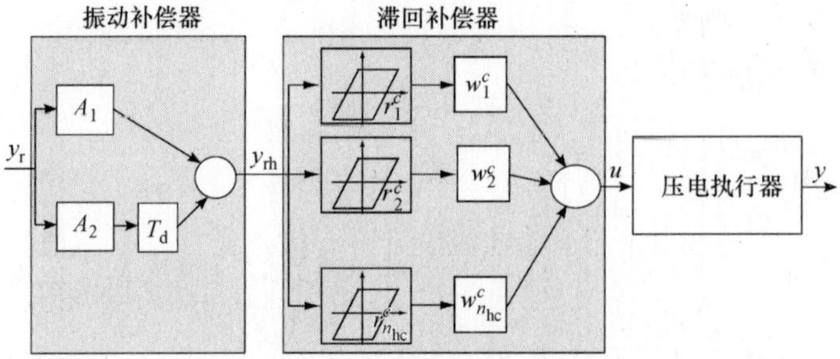

图 4.9　ZVIS 振动补偿器的实现

击脉冲输入的补偿器的结果以及三个冲击脉冲输入的补偿器的结果。同时，还进行了谐波分析。所得结果如图 4.10b 所示。显然，采用补偿器可使得谐振因子明显减小。

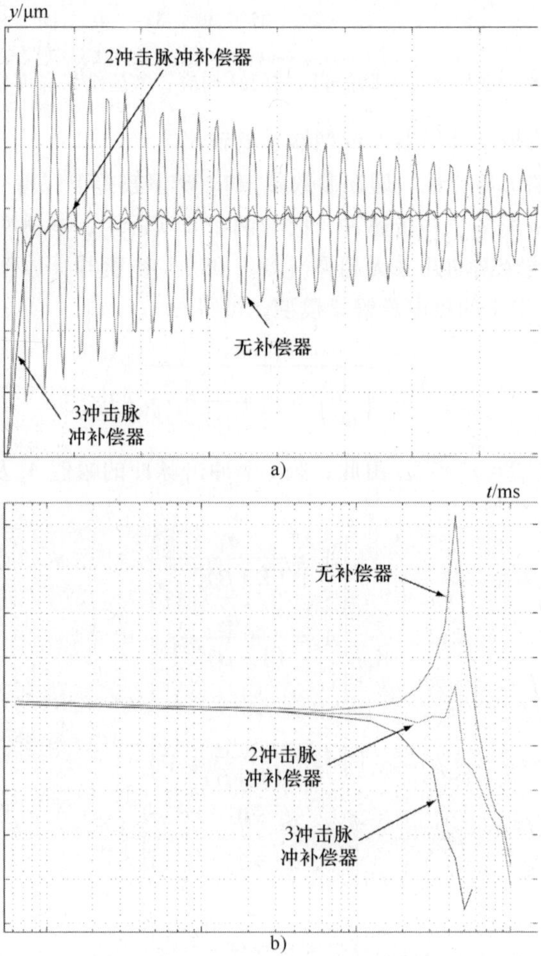

图 4.10　具有振动补偿器的实验结果

a）比例阶跃响应　b）谐波响应

4.3　热敏微执行器

4.3.1　热敏执行器

由于运动结构的尺寸较小，热机械执行器非常适用于微小系统。因此局部加热这些结构所需的能量相对较低，且加热时间和冷却时间要远小于大型机械。

热执行器通常采用 bang-bang 控制律，因此只能产生单一运动。这些热执行器一般用于电学或光学继电器的微米级位移。传递给这些执行器的热能是通过在其中流过电流的焦耳效应而产生的。温度升高会导致结构膨胀，通常是在结构最大尺寸方向上发生最显著的膨胀（往往是梁的纵向方向）。对这些执行器采用若干几何形状可产生不同形式的运动。

产生热机械运动的常用结构是文献中所称的 V 形梁。这是由位于两端的梁铸件组成的，其中在中段稍有偏置以形成 V 形。当电流流过时，会由于焦耳效应发热而膨胀，从而在梁的偏置方向上产生运动，如图 4.11 所示。

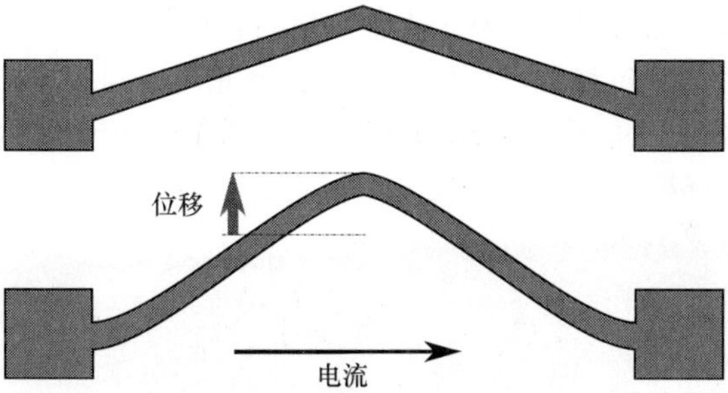

图 4.11　V 形梁热执行器的原理

在文献［COC 05］中，这种热执行器用作一种光学继电执行器。当该执行器未激活时，处于较低位置（见图 4.12）。在该位置下，输入光纤与输出光纤不对准，从而使得光通量中断。当执行器激活时，会移动 130μm，从而使得两个光纤对准。

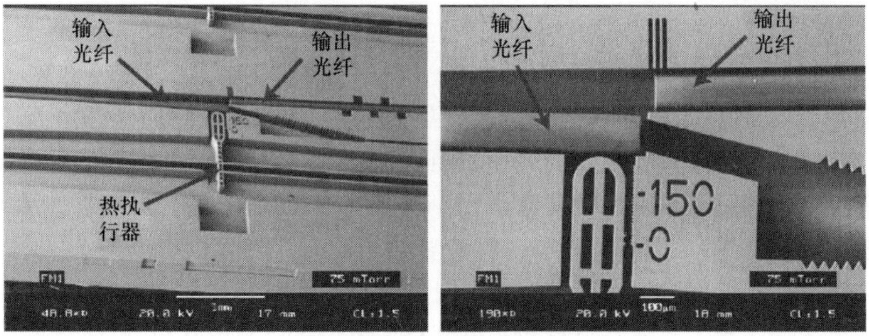

图 4.12　利用 V 形梁热执行器实现光中继［COC 05］

该执行器是基于单个元件的延伸，而其他类型的热执行器是根据两个元件之间的延展性不同而沿延伸横切方向产生位移。这一效应称为二态效应，广泛应用于其他类型执行器的微米级系统（压电、形状记忆合金等）。

U形执行器（见图4.13）是一种利用二态效应的热执行器，并广泛应用于微型系统。该执行器取决于两个梁之间的横截面不同，从而在电流流过时会导致这两个梁的温度不同（由此膨胀也不同）。该二态效应可在基底平面第二维方向上（与延伸方向正交）的热执行器末端产生位移。

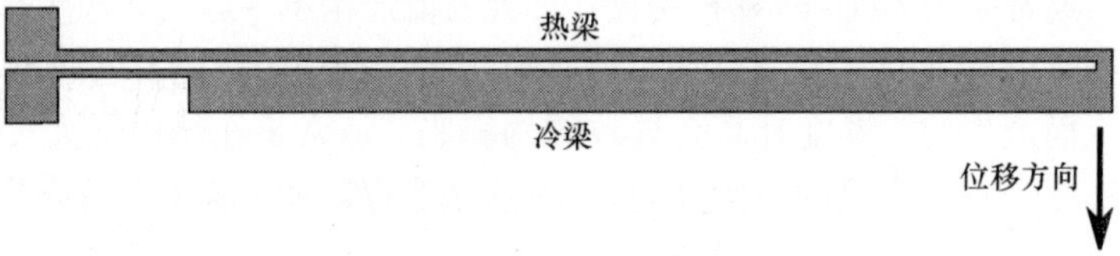

图4.13　由于横截面不同而使得两个梁之间温度不同的U形执行器

为提高该类型执行器所产生的力，可将多个执行器平行组合，从而构成热执行器阵列。在文献［CON 99］中利用该热执行器阵列来构成一种机械数-模转换器，从而产生一种精确的线性位移。该转换器中4个热执行器阵列的每一个（具有不同个数的U形执行器）可产生相同位移但产生的力不同，因此保证构成该转换器的每个元件的精确位置。这可用于微机电系统（MEMS）中的微制造以控制某些元件的位置，如一个微镜系统（见图4.14）。

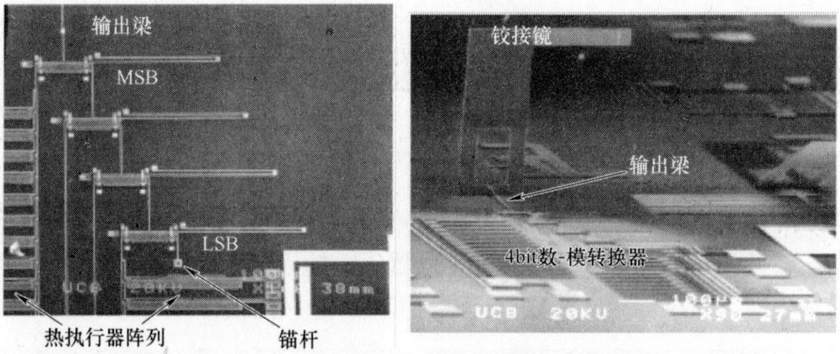

图4.14　应用热执行器阵列的数-模转换器

第三种热执行器也利用了二态效应，但产生了一种平面外屈曲模态（与基底平面正交）。在文献［HUA 02］中作为一种扭矩数-模转换器，以指向具有二元执行器的镜子。该转换器中的每个数字执行器都由一个其上具有金属层的硅层组成。因为每层受热（受相同热源作用）不同（由于材料的导热不同），其延展性也不同，从而导致平面外位移。每个执行器都受bang-bang控制，且每个执行器的长度变化（即横截面不同）可产生不同位移。将4个这种执行器耦合，可构成一个旋转数-模转换器。

热执行器通常用于微系统中，需要产生主要力。在此，重点介绍在微型系统中最常用的一种热执行器，即 U 形执行器。

4.3.2　建模与辨识

U 形执行器如图 4.13 所示。该执行器的建模可分为两个不同的研究：热力方面和电热方面。

4.3.2.1　热力模型

热力模型研究的是与所受温度相关的该热执行器的运动。为此，将执行器分为两个元件，将产生最高热源的热梁（相对较细，长度为 L_h）以及通过柔性关节（长度为 L_{c1}）相连的冷梁（相对较厚，长度为 L_{c2}），与前者相比，也承受主要热源（见图 4.15）。

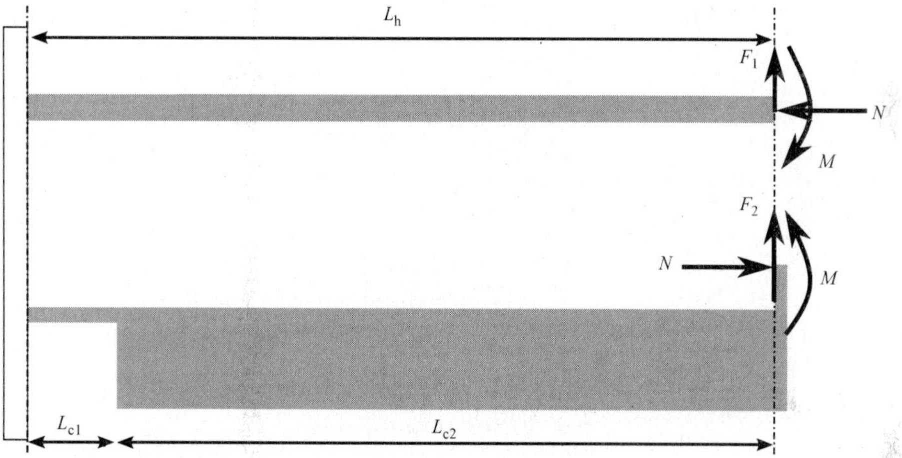

图 4.15　热执行器模型

在力矩 M 和作用力 F_1 下，热梁末端的运动位移（y）和方向（θ）可由式［4.8］定义：

$$\begin{bmatrix} y \\ \theta \end{bmatrix} = \begin{bmatrix} \dfrac{L_h^2}{2EI_h} & \dfrac{L_h^3}{3EI_h} \\ \dfrac{L_h}{EI_h} & \dfrac{L_h^3}{2EI_h} \end{bmatrix} \cdot \begin{bmatrix} M \\ F_1 \end{bmatrix} \qquad [4.8]$$

式中，E 为所用材料（在本例中为硅）的杨氏模量；I_h 为梁的转动惯量。

根据式［4.9］同样可计算冷梁的运动位移与方向：

$$\begin{bmatrix} y \\ \theta \end{bmatrix} = \begin{bmatrix} \dfrac{L_{c1}^2}{2EI_c} + \dfrac{L_{c1}L_{c2}}{EI_{c1}} & -\dfrac{L_{c1}^3}{3EI_c} - \dfrac{L_{c1}^2 L_{c2}}{2EI_{c1}} \\ -\dfrac{L_{c1}}{EI_{c1}} & \dfrac{L_{c1}^2}{2EI_{c1}} \end{bmatrix} \cdot \begin{bmatrix} Nd_0 - M \\ F_2 \end{bmatrix} \qquad [4.9]$$

该执行器所产生的总作用力（两个梁的组合）可由式［4.10］定义如下：

$$F = F_1 + F_2 \tag{4.10}$$

两个梁之间的延展性不同可由式［4.11］表示，其中，α 为所用材料的热延展系数，ΔT 为热梁温度的增量：

$$\alpha \Delta T L_h - \frac{N L_h}{E A_h} - \frac{N L_c}{E A_c} = \theta d_0 \tag{4.11}$$

由此，可得一个具有 6 个未知方程的可求解系统。从而得到如下关系式：

$$D = \frac{(-94 L_h F I_h + 141 t\alpha T E A I_h - 47 t^2 A L_h F + 50 L_h F I_c - 675 t\alpha T E A I_c) L_h^2}{6D(-625 I_c^2 + 1150 I_h I_c + 250 I_c A t^2 + 47 I_h^2 + 94 I_h A t^2))} \tag{4.12}$$

在无作用力（$F=0$）下，该执行器所产生的运动位移 D 为

$$D = \frac{(141 I_h - 675 I_c) t\alpha T E A L_h^2}{6E(-625 I_c^2 + 1150 I_h I_c + 250 I_c A t^2 + 47 I_h^2 + 94 I_h A t^2)} \tag{4.13}$$

且阻力（$D=0$ 时）为

$$F = \frac{3 t\alpha T A (47 I_h - 225 I_c)}{L_h E (94 I_h + 47 t^2 A - 50 I_c)} \tag{4.14}$$

模型计算结果与利用 Ansys 软件进行有限元仿真的结果之间的对比，如图 4.16 和图 4.17 所示。用于计算的数值如下：

$-L_h = 4\text{mm}$；

$-L_{c1} = 500\mu\text{m}$；

$-W_h = 30\mu\text{m}$；

$-W_c = 120\mu\text{m}$。

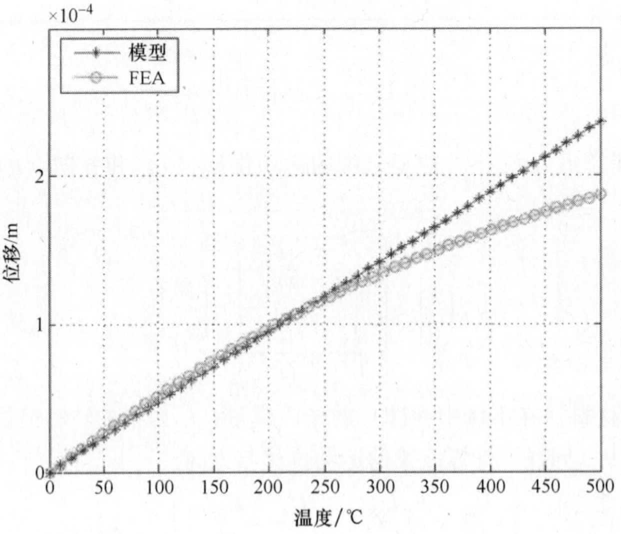

图 4.16　根据温度不同，热执行器的运动位移（模型与仿真对比）

模型与仿真之间的特性差异是由于屈曲而导致的，这在模型中未考虑，是由热梁压缩而引起的。

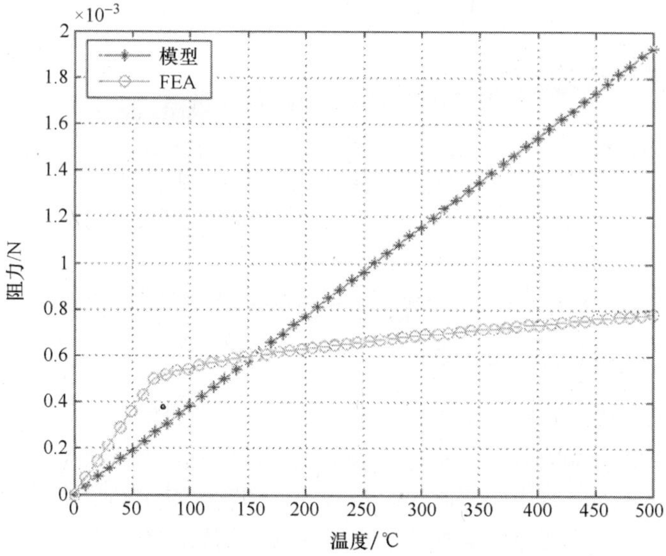

图 4.17　热执行器产生的作用力（模型与仿真对比）

4.3.2.2　电热模型

经过上述计算，可预测需要一个 300℃的热源来产生使用该类型执行器（机器人应用）所需的足够大的作用力（ >1mN）。两个梁之间的温度差是由于电阻不同而产生的。热梁的电阻为

$$R_h = \frac{\rho L_h}{S_h} = \frac{2 \times 10^{-4} \times 4 \times 10^{-3}}{2000 \times 10^{-12}} = 400(\Omega) \qquad [4.15]$$

式中，ρ 为硅材料的电阻率；L_h 为梁的长度；S_h 为梁的横截面积。

冷梁的电阻为

$$R_c = \frac{\rho L_{c2}}{S_{c2}} + \frac{\rho L_{c1}}{S_{c1}} = \frac{2 \times 10^{-4} \times 3.5 \times 10^{-3}}{12000 \times 10^{-12}} + \frac{2. 10^{-4} \times 0.5 \times 10^{-3}}{2000 \times 10^{-12}} = 108(\Omega) \qquad [4.16]$$

300℃的热源作用下，提供给热梁的热能可由下式表示：

$$E = C \times M \times \Delta T \qquad [4.17]$$

$$E_h = 705 \times 2.78 \times 10^{-8} \times 300 = 5.88(\mathrm{mJ}) \qquad [4.18]$$

式中，C：硅材料的热容量（705J $\mathrm{kg}^{-1}\mathrm{K}^{-1}$）；$M$：热梁质量（27.8μg）；$\Delta T$：温度增量（300K）。

冷梁中的热能为 $E_c = 1.53\mathrm{mJ}$，因此，总能量为 $E_{total} = 7.21\mathrm{mJ}$。由于通过对流和辐射损耗的能量很少，因此可估算出作用于该执行器所需的张力。

$$U = \sqrt{\frac{R \cdot E_{total}}{t}} = \sqrt{\frac{508 \times 7.21 \times 10^{-3}}{10^{-2}}} = 20(\mathrm{V}) \qquad [4.19]$$

因此，施加 20V 的张力 10ms，该执行器可产生预期的作用力和位移。通过 Ansys

软件进行电热系统分析可验证上述结果（见图4.18）。

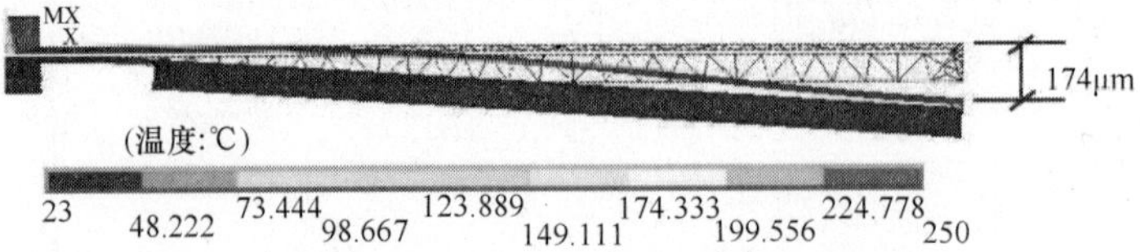

图4.18 Ansys软件下热执行器的电热系统仿真

由此，在该执行器中，20V的张力可确保产生174μm的位移。

4.3.3 热执行器的双稳态模块

U形热执行器是一种用于设计适用于受限环境下进行微操作的新型微机器人（即数字微机器人）的主动元件。数字机器人是利用二元执行器来进行机器人的设计与开发，而非在微机器人中所用的传统连续执行器。受数字电子的启发，即通过稳定的二元状态可提高数据传输能力，这种数字机器人的二元执行器也只能产生在两个稳定重复的位置之间的位移。然后每个执行器的运动位移通过原始结构传递到机器人的末端执行器，从而产生一个离散的工作空间。该机器人运动位移的稳定性和重复性可由所用执行器的二元特性确保，因此需要传感器以及复杂的控制律来简化其应用。

现已开发出多种微观系统中的数字执行器，用作电继电器［COC 05，GOM 02］或光继电器、微型阀［HES 08］，以及甚至用于微定位应用中的数-模机械转换器设计［HUA 02，CON 99］。某些二元执行器会利用之前所述的热执行器，但也可利用其他类型的执行器（磁、静电、形状记忆合金等）。这种微米级的二元执行器无法产生足够大的作用力以用作定位微机器人的一个基本元件。

为此，Chen等人设计了一种二元执行器，作为专用于数字微机器人制造的基本元件［CHE 08，CHE 10，CHE 11］。称为双稳态模块的该二元执行器可从一个U形热执行器发生的位移中产生一个二元运动。其由3个不同部分组成（见图4.19）：

——一个双稳态机械结构；

—两对U形热执行器；

—两个挡块。

双稳态结构是这一系统的核心部件，能确保产生两个稳定且重复的位置，仅在从一个状态到另一个状态转换过程中需要能量输入，而在位置保持下无需能量。热执行器可推动双稳态机械结构来回运动。每对执行器朝相反方向推动。挡块可限制两个状态之间的运动位于期望的位移值（图4.19中为20μm），并对两个位置各生成阻力。这种阻力是双稳态模块设计中的重要特性，这是由于其规定了将该模块作为数字微型机器人中执行器的条件，从而保证了可达位置的鲁棒性。

接下来，将进一步详细分析双稳态机械结构（见图4.20）。该结构是由两个平行放置的双铸梁组成，并由矩形柔性关节铰接。该结构的核心部件（称为管道）是执行器能够产生期望位移的活动部件。通过对该管道施加作用力（图4.20中的纵轴方向），

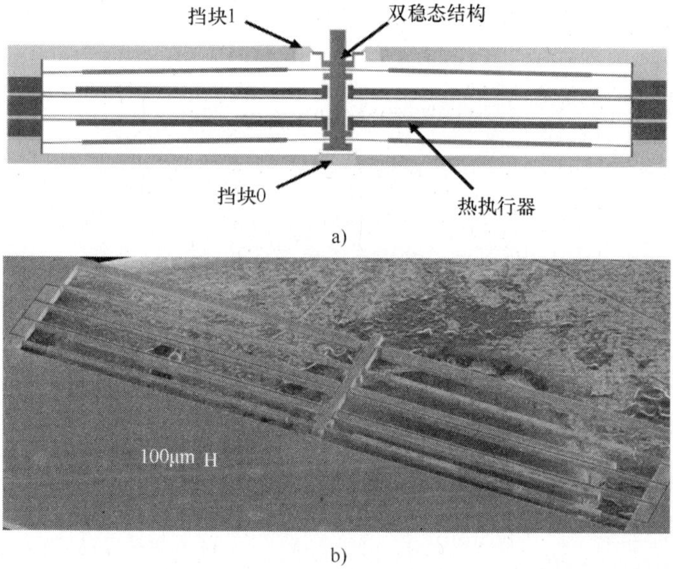

图 4.19　a）双稳态模块的 CAD 图和 b）SEM 图

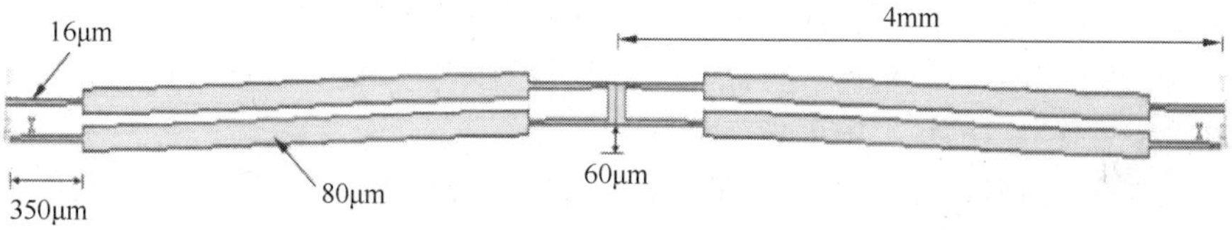

图 4.20　两个铸件梁组成的双稳态模块中的双稳态机械结构

即在其稳定位置之一的自然状态下（经过微加工后），运动到一个不稳定位置并在此自动切换到第二个稳定位置。图 4.21 给出了该双稳态结构中作用力与位移之间的关系。

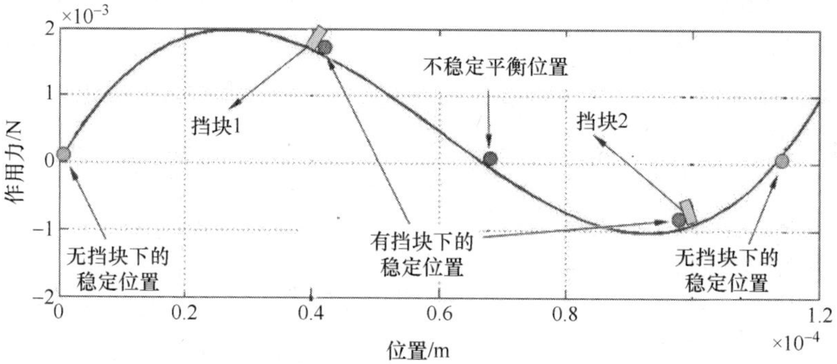

图 4.21　作用于双稳态模块中管道的力与产生位移之间的关系

在图 4.21 中，能够明确地区分两个稳定位置和不稳定位置（均与零作用力相关）。为确保双稳态模块中的两个稳定位置，在管道运动轨迹上增加了挡块，用以产生一侧的新稳定位置以及另一侧的不稳定位置。如图 4.21 所示，挡块的位置将会在两个稳定位置之间产生 60μm 的位移。挡块 1 可确保产生近似 1.7mN 的作用力，而挡块 2 可确保产生 1mN 的阻力。

4.3.4 控制

对 4.3.3 节热执行器设计过程中所用到的数值进行仔细选择，以使得这些成对的热执行器可以驱动双稳态结构。根据惯例并更接近数字电子的概念，将两个可达位置分别标记为状态 0 和状态 1。状态 0 为双稳态模块的较低位置（由挡块 2 产生），而状态 1 为双稳态模块的较高位置。

使用这种二元执行器无需复杂的控制律，这是由于该双稳态模块的输入信号限制为定义模块定位状态的布尔值。根据所施加的输入信号（0 或 1），将采用一对或另一对热执行器。只需对这些热执行器施加几微秒的冲击脉冲信号，即可驱动双稳态模块处于两个可达状态之一。

4.3.5 数字化微机器人

双稳态模块的创建为微操作机器人的设计提供了新思路。数字微机器人可在无传感器下使得末端执行器精确运动。与利用复杂控制律以保证末端执行器精确位置的传统微机械手不同，数字微机器人可利用二元执行器的稳定性、机械鲁棒性和高度可重复性来确保亚微米级的定位精度。

数字机器人已在宏观尺度上得到了深入研究，从而可制造出具有高负载能力且比采用连续执行器机械手更低成本的轻型机械手［CHI 94］。尽管尚未开发出微观世界中的数字机器人，但已出现许多类似于数字机器人的概念。采用二元执行器的微系统（只产生两个位置），可用作微继电器［COC 05］、微阀门［HES 08］或甚至作为机械数-模转换器［HUA 02，CON 99］。

4.3.5.1 DiMiBot

一个称为 DiMiBot 的数字微型机器人的原创设计如图 4.22 中的运动学示意图所示。该机器人由一个锚接在固定基座上的 4 个双稳态模块（记为 bl_0、bl_1、br_0 和 br_1）平行对称结构组成。这 4 个双稳态模块的位移通过一个利用准刚性梁和柔性关节的柔性结构传送到末端执行器（结构的最上端，且位移为$[\delta_x \quad \delta_y]^T$）。从而可生成了一个在正方形区域内均匀分布的 2^N（N 为所用模块个数，本例中 $N=4$）个可达不同位置的离散工作空间。末端执行器的每个可达位置（本例中为16）均对应于一个表征所用

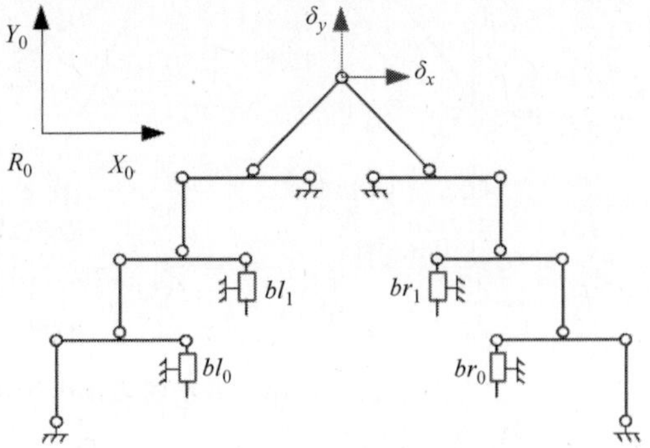

图 4.22 具有 4 个模块的数字微机器人的运动学示意图

4 个模块状态（0 或 1）的二进制字（*XXXX* 形式）。

图 4.23 所示为首个微机器人原型的实物图。该微机器人的尺寸为 36mm × 24mm × 400μm。每个双稳态模块都会在稳定位置之间产生 30μm 的位移，从而生成一个含有 16 个可达位置（精度为 3.5μm）的 12μm 正方形工作空间。该微机器人在开环控制下的重复性定位精度小于 90nm。在第一次驱动测试中，该机器人进行了一个直径为 150μm 的微型球测试。首次微操作测试如图 4.24 所示，在此过程中，需要双稳态模块的 6 个驱动步骤来根据平面的两个维度（步骤 1 ~ 步骤 6）驱动微型球。

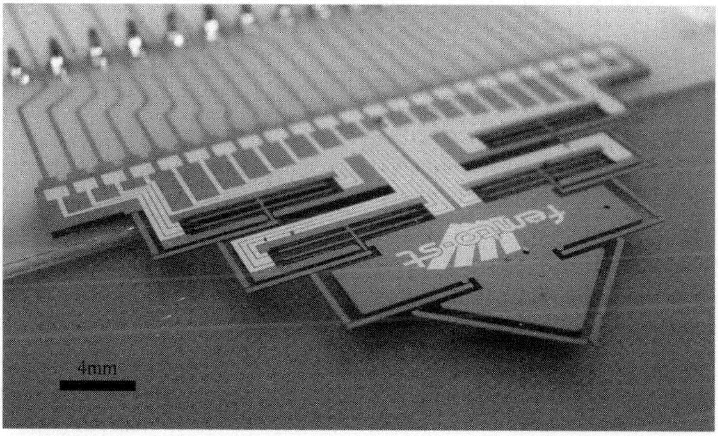

图 4.23　具有 4 个模块的数字微机器人微制造实际图

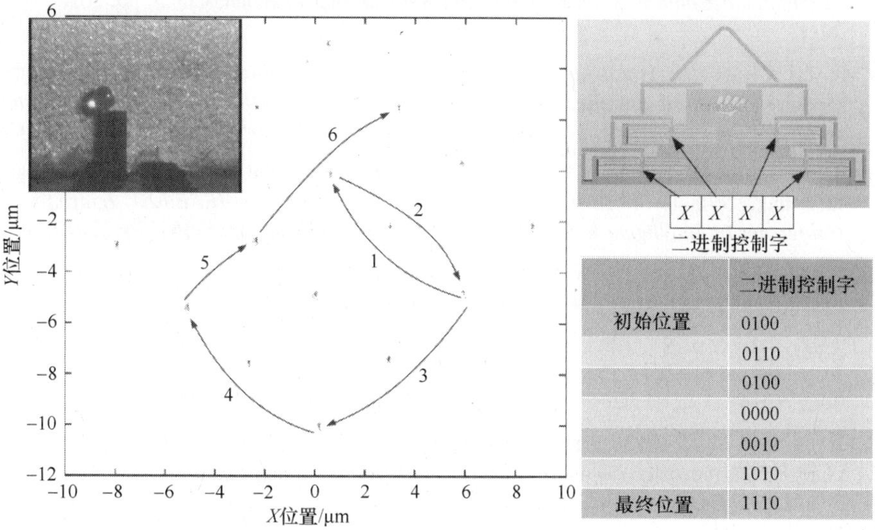

	二进制控制字
初始位置	0100
	0110
	0100
	0000
	0010
	1010
最终位置	1110

图 4.24　DiMiBot 操作直径为 150μm 微型球的轨迹示例

4.4 小结

本章介绍了两种开环控制方法：第一种方法是基于一个反相滞回模型并进行振动补偿以控制微抓手生产中广泛采用的压电执行器；第二种方法采用了热执行器和双稳态机械结构，以实现创建小型微机器人所用的可重复运动。在上述两种情况中，所得到的性能水平与微观世界内的任务执行相兼容。这些无需传感器的方法对于访问受限环境或难以到达的环境下非常有用。

参考文献

[AGN 11] AGNUS J., RAKOTONDRABE M., RABENOROSOA K., *et al.*, "Robust feedforward-feedback control of a nonlinear and oscillating 2-dof piezocantilever", *IEEE Transactions on Automation Science and Engineering (T-ASE)*, vol. 8, no. 3, pp. 506–519, July 2011.

[ANG 07] ANG W.T., KHOLSA P.K., RIVIERE C.N., "Feedforward controller with inverse rate-dependent model for piezoelectric actuators in trajectory-tracking applications", *IEEE/ASME Transactions on Mechatronics*, vol. 12, no. 2, pp. 134–142, April 2007.

[AL 12] AL JANAIDEH M., KREJCI P., "Inverse rate-dependent Prandtl-Ishlinskii model for feedforward compensation of hysteresis in a piezomicropositioning actuator", *IEEE/ASME Transactions on Mechatronics*, no. 99, pp. 1–10, 2012.

[CHA 11] CHALVET V., ZARZYCKI A., HADDAB Y., *et al.*, "Digital microrobotics based on bistable modules: design of a non-redundant digital micropositioning robot", *IEEE International Conference on Robotics and Automation*, Shanghai, China, pp. 3628–3633, 2011.

[CHE 08] CHEN Q., HADDAB Y., LUTZ P., "Digital microrobotics based on bistable modules: design of compliant bistable structures", *IEEE/ASME International Conference on Mechatronic and Embedded Systems and Applications*, Beijing, China, pp. 36–41, 2008.

[CHE 10] CHEN Q., HADDAB Y., LUTZ P., "Characterization and control of a monolithically fabricated bistable module for microrobotic applications", *IEEE/RSJ International Conference on Intelligent Robots and Systems*, Taipei, Taiwan, pp. 5756–5761, 2010.

[CHE 11] CHEN Q., HADDAB Y., LUTZ P., "Microfabricated bistable module for digital microrobotics", *Journal of Micro-Nano Mechatronics*, vol. 6, pp. 1–12, 2011.

[CHI 94] CHIRIKJIAN G.S., "A binary paradigm for robotic manipulators", *IEEE International Conference on Robotics and Automation*, San Diego, CA, USA, pp. 3063–3069, 1994.

[CLÉ 07] CLÉVY C., RAKOTONDRABE M., LUTZ P., "Modelling and robust position/force control of a piezoelectric microgripper", *IEEE International Conference on Automation Science and Engineering (CASE)*, Scottsdale, AZ, September 2007.

[CLÉ 08] CLÉVY C., RAKOTONDRABE M., LUTZ P., "Hysteresis and vibration compensation in a nonlinear unimorph piezocantilever", *IEEE International Conference on Intelligent Robots and Systems (IROS)*, Nice, France, 2008.

[CLÉ 10] CLÉVY C., RAKOTONDRABE M., LUTZ P., "Complete open loop control of hysteretic, creeped and oscillating piezoelectric cantilever", *IEEE Transactions on Automation Science and Engineering (T-ASE)*, vol. 7, no. 3, pp. 440–450, July 2010.

[COC 05] COCHRAN K.R., FAN L., DEVOE D.L., "High-power optical microswitch based on direct fiber actuation", *Sensors and Actuators A: Physical*, vol. 119, pp. 512–519, 2005.

[CON 99] YEH R., CONANT R., PISTER K., "Mechanical digital-to-analog converters", *10th International Solid-State Sensors and Actuators Conference*, Sendai, Japan, pp. 998–1001, 1999.

[CRO 01] CROFT D., SHED G., DEVASIA S., "Creep, hysteresis and vibration compensation for piezoactuators: atomic force microscopy application", *ASME Journal of Dynamic Systems, Measurement and Control*, vol. 123, no. 1, pp. 35–43, March 2001.

[DUB 05] DUBRA A., MASSA J., PATERSON C.L., "Preisach classical and nonlinear modeling of hysteresis in piezoceramic deformable mirrors", *Optics Express*, vol. 13, no. 22, pp. 9062–9070, 2005.

[GOM 02] GOMM T., HOWELL L.L., SELFRIDGE R.H., "In-plane linear displacement bistable microrelay", *Journal of Micromechanics and Microengineering*, vol. 12, pp. 257–264, 2002.

[HAD 09] HADDAB Y., RAKOTONDRABE M., LUTZ P., "Quadrilateral modelling and robust control of a nonlinear piezoelectric cantilever", *IEEE Transactions on Control Systems Technology (T-CST)*, vol. 17, no. 3, pp. 528–539, May 2009.

[HES 08] LUHARUKA R., HESKETH P.J., "A bistable electromagnetically actuated rotary gate microvalve", *Journal of Micromechanics and Microengineering*, vol. 18, 035015 (14pp.), 2008.

[HUA 02] LIU Q., HUAN Q.-A., "Micro-electro-mechanical digital-to-analog converter based on a novel bimorph thermal actuator", *IEEE International Conference on Sensors*, Orlando, FL, USA, pp. 1036–1041, 2002.

[JAN 01] JANOCHA H., KUHNEN K., "Inverse feedforward controller for complex hysteretic nonlinearities in smart-materials systems", *Control of Intelligent System*, vol. 29, no. 3, pp. 74–83, 2001.

[KHA 12] KHADRAOUI S., RAKOTONDRABE M., LUTZ P., "Interval modeling and robust control of piezoelectric microactuators", *IEEE Transactions on Control Systems Technology (T-CST)*, vol. 20, no. 2, pp. 486–494, March 2012.

[KRA 89] KRASNOSEL'SKII M.A., POKROVSKII A.V., *Systems with Hysteresis*, Springer-Verlag, Berlin, 1989.

[MOK 08] MOKABERI B., REQUICHA A.A.G., "Compensation of scanner creep and hysteresis for AFM nanomanipulation", *IEEE Transactions on Automation Science and Engineering (T-ASE)*, vol. 5, no. 2, pp. 197–208, April 2008.

[PAS 90] PASCH K.A., SINGER N.C., SEERING W.P., "Shaping command inputs to minimize unwanted dynamics", US Patent No. 4,916,635, 1990.

[RAK 11] RAKOTONDRABE M., "Bouc-Wen modeling and inverse multiplicative structure to compensate hysteresis nonlinearity in piezoelectric actuators", *IEEE Transactions on Automation Science and Engineering (T-ASE)*, vol. 8, no. 2, pp. 428–431, April 2011.

[RAK 12] RAKOTONDRABE M., "Classical Prandtl-Ishlinskii modeling and inverse multiplicative structure to compensate hysteresis in piezoactuators", *American Control Conference*, Montreal, Canada, pp. 1646–1651, June 2012.

[RAK 13] RAKOTONDRABE M., *Piezoelectric Cantilevered Structures: Modeling Control and Measurement/Estimation Aspects*, Springer-Verlag, Berlin, 2013.

[SIN 02] SINGH T., SINGHOSE W., "Tutorial on input shaping/time delay control of maneuvering flexible structures", *American Control Conference*, Anchorage, AK, pp. 1717–1731, 2002.

第 5 章　多功能灵巧抓手的机械柔性和设计

Javier Martin Amezaga 和 Mathieu Grossard

在机电一体化设计中，必须采取恰当的方法来满足多功能抓手和灵巧操作任务的特定需求。这些方法能够阐述在适应任务性能上超越具有单个自由度的首个抓手机构的复杂机器人抓手。灵巧操作功能是机器人系统运行中最复杂的功能之一。作为前提条件，假定采用能够克服不期望摩擦、滞回或机械振动现象相关约束的可靠且精确的机械系统。机械传动的优化设计能够克服某些约束限制：利用材料的弹性形变来设计替代传统接触式关节的柔性关节，以及驱动架构和技术的选择在系统运行性能中具有至关重要的作用。本章介绍了机器人抓手的不同组件所产生的机械柔性，由此来改善系统的整体性能。

5.1　机器人抓手系统

5.1.1　机器人抓手

机器人抓取是指机器人系统拿起物体的能力。另一方面，抓手是指固定于机器人手臂的末端执行器。机器人抓手利用了多种技术（机械、磁和压力等），并根据机器人所执行任务的自然条件复杂度和空间尺度而采用不同的形式。

因此，在操作亚毫米物体的重力作用之前，静电粘附力、范德华（Van der Waals）力或毛细现象是主要影响因素［REG 10］。可选择多种策略来设计微抓手工具，从而减小粘附效应［ARA 95］、增大紧固力或控制粘附效应（见图 5.1）。相反，宏观抓取尺度下的作用力需要能够产生有力抓取较重负载的相互作用力（见图 5.2）。确保机器人执行装置抓取和接触物体非常复杂。一个机器人抓手应能保证抓取的稳定性，控制抓取物体的力度并克服持续反作用力（如重力）。这是一项复杂的任务。

一般来说，专用抓手或简单开关控制的对称夹具能够满足工业机器人大批量生产零件的需求。然而，当任务需要进一步执行或适应抓取可操作性时，这种抓手的能力会受到限制。从此以后，抓手系统必须考虑任务可编程的约束，以及相对于更换末端执行器成本的技术与成本约束。面对工业机器人任务的复杂性，必须在机电一体化的初始设计阶段中综合考虑末端执行器本体。在感知和行为能力方面，末端执行器的机电一体化是满足柔性生产约束的关键问题（见图 5.3），尤其是对于小型系列零件的生产制造。机器人抓取动作还表明常见动作（握、抓、举、推等）均与内置于抓取系统中的一系列传感器（位置、触觉、压力或视觉传感器）有关。

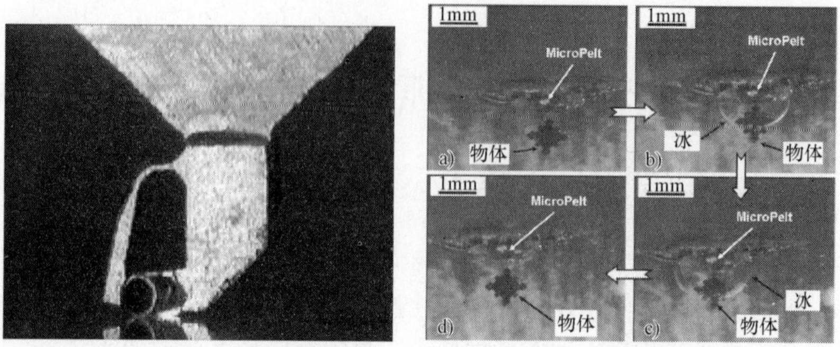

图 5.1　左图：单片形状记忆合金和抓取一个直径为 250μm 镜片的夹持力［BEL 98］。
右图：无粘附力扰动作用下通过相变由浸入水中的微抓手抓取一个
600cm × 600cm × 100cm 的硅质微物体［LOP 08］

图 5.2　应用于汽车工业中的真空抓取系统

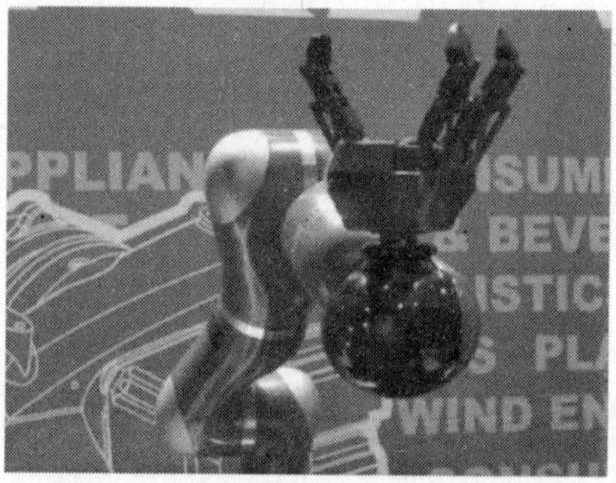

图 5.3　腕部集成视觉系统和压力/转矩传感器的三指抓手

5.1.2　多功能抓取概念

除了专用抓手之外，对于一些复杂应用，还或多或少地需要多功能可重构抓取系统。多功能是指机器人执行多种任务和/或同一任务的不同执行方式的物理适应性。这一方面取决于机器人系统的几何结构和机械能力，意味着其具有适用于任务的运动能力，另一方面还取决于机器人末端执行器的结构。为应对上述问题，一些操作工作站计划通过工具改变机制来适应不同的工具［CLÉ 05］。

然而，由于末端执行器本体缺乏多功能性，实际中会需要特殊设计，从而大大增加了工具切换的时间和成本。这种机制与机器人操作相关并具有多个自由度，能够提供一定程度的多功能性，使之更接近于人类生产的控制能力。单一末端本体的开发必须要求任务能够快速可重编程，并保证对于各种具有不同特性（几何结构、重量等）物体的任务一致。这些抓取系统是能够多功能抓取的多指抓手，在物体移除操作中，其性能大大优于两指抓手（见图 5.4）。

环境的自适应能力体现了抓取系统的自主性，可定义为机器人在不完全指定或环

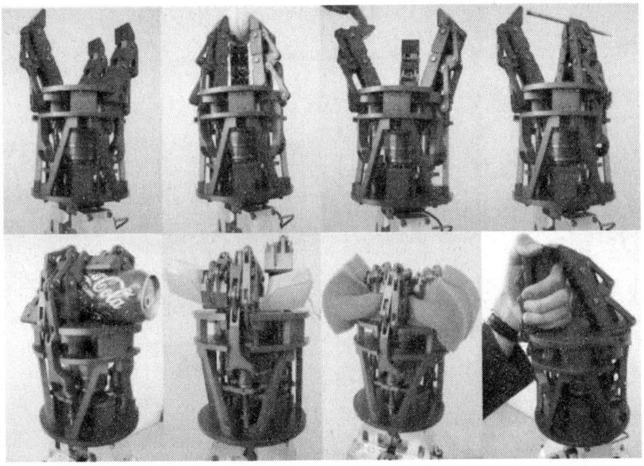

图 5.4　Robotiq 公司生产的“自适应抓手”[SOC 12]。该抓手的创新性在于定义了圆柱形、球形、剪刀、挤压 4 种抓取配置

境突发变化下执行任务的能力。这包含了适应物体的机械能力、环境（传感器）的感知能力、任务分析的理解能力以及采用适当实现策略和控制模式的可能性。执行器个数小于系统自由度的欠驱动机制在机器人操作领域中具有重要作用。系统的机械智能化可实现自动构造配置或符合物体的手指形状。欠驱动的自由度通常取决于一种类似弹簧的特性，且必须适当地确定其尺寸（见图 5.5）。

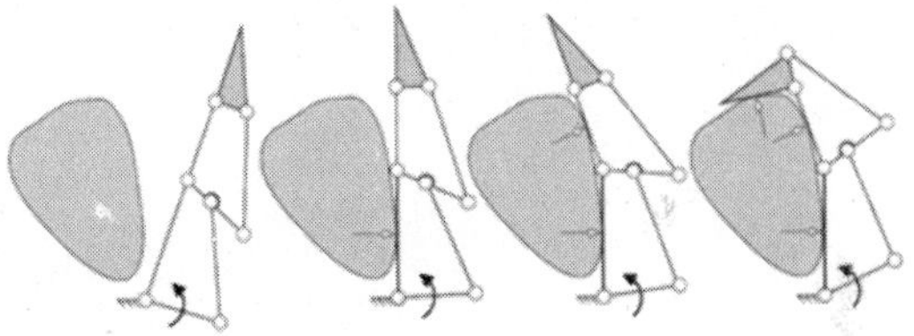

图 5.5　欠驱动操作手的抓取动作顺序图

可采用基于与传感器（压力和/或视觉）先进控制方法相关联的认识机制的控制系统。该系统可充分利用所有硬件部件来保证有效的感知-认知-行为控制回路。在执行复杂装配任务时尤其需要这种性能。

5.1.3　灵巧操作概念

5.1.3.1　定义

从定性上来讲，末端执行器的灵巧性概念是指将所操作物体的配置从最初配置改变为系统工作空间中任意选择的最终配置的能力。在多功能机器人抓手的情况下，上述概念还包括在结构的不同机械手指之间移动或重定位物体的能力，同时不影响抓取物体的稳定性［BIC 02］。当所执行的任务需要将物体精确配置在机器人的末端执行器时，灵巧性是尤为需要考虑的目标。物体的重定位过渡运动是通过多个机械手指的共同作用来实现的，通常是远端抓取。抓取的鲁棒性也是完成任务的主要控制目标，这是由于其能够评估即使存在可能影响任务顺利执行的诸多扰动因素（出现突发力、物体特性估计不当等）下抓取被操作物体的能力［BIC 00］。

5.1.3.2 拟人论

机电一体化系统执行右旋操作任务或多或少地受到拟人化的启发。拟人论是指机器人末端执行器部分或完全地模仿人手形状、大小以及整体外观的能力。拟人论一词本身表明了其与外部感知特性相关，而并非对机械抓手具体完成功能的测度。灵巧性概念反而与超越审美因素的系统实际能力相关。因此，在科学文献中会介绍能够完成复杂操作任务的机电一体化系统，而不会提及与拟人论有关的特性（见图 5.6）。

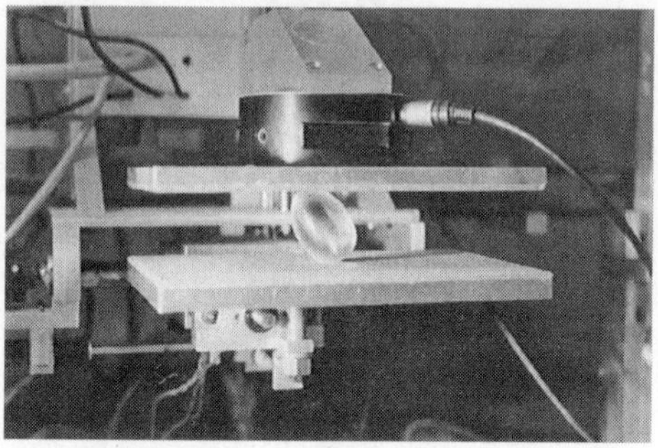

图 5.6 比萨大学研制的灵巧手原型“DxGrip”，其中包括两个独立平移的平行执行区和一个六轴压力/转矩传感器的旋转盘［BIC 02］

尽管已证明人手具有高度灵巧性，且可作为机器人机械手设计的一种有效模型，但拟人化本身并不是一种实现灵巧性的方法。然而在设计能够与尺寸相当的人造物体交互的抓手时，实现拟人化是一个期望目标。在文献［BIA 04］中已给出一些能够量化的机器人右旋操作的灵巧性和/或拟人化程度的信息。拟人化末端执行器可由人工操作者以一种非常自然的方式进行远程控制（见图 5.7）。

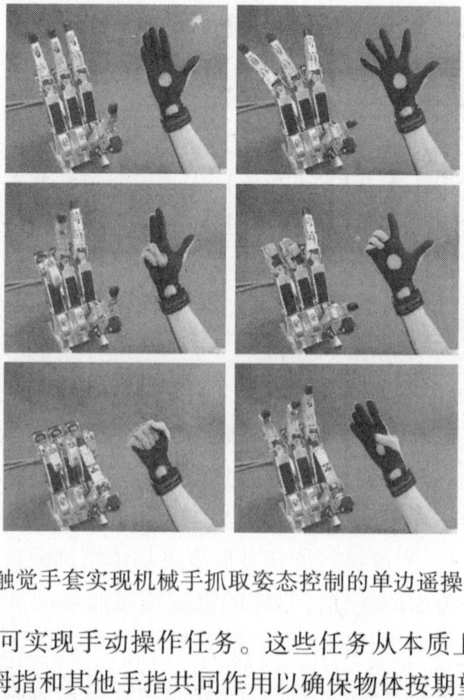

图 5.7 利用触觉手套实现机械手抓取姿态控制的单边遥操作［UED 10］

右旋和拟人化系统可实现手动操作任务。这些任务从本质上可分为三个阶段（平移、转换和旋转）。大拇指和其他手指共同作用以确保物体按期望运动，并同时保证其稳定性。如果更多地利用手掌来抓取物体，则远程多功能抓手更适用于精细操作任务。

5.1.3.3　拟人化机械手的机电一体化设计

系统提供的驱动自由度越多，则导致主体结构中环境还原所需的执行器个数越多。如果来自压力和触觉传感器的冗余信息的确有助于整体系统的灵巧性，那么会使得系统的机电一体更加复杂。最后，与人手尺寸相当的结构还必须能够适应执行器及其相关的机械传动，以及实现简单控制所需的一些多模态传感器和嵌入式电子设备。一种解决方案是设计与操作臂独立的机械手，这会产生各种尺寸和复杂度的设计任务（见图 5.8）。另一种适用于 Robonaut 机械手设计［DIF 01］和博洛尼亚大学Ⅱ型机械手［MEL 93］的解决方案是综合考虑机械手和操作臂的设计。该方法能够在机械手和操作臂构成的整个结构中以一种分布式方式将机械手的机电元件集成，然而该灵巧机械手不再看作操作臂独立且自治。

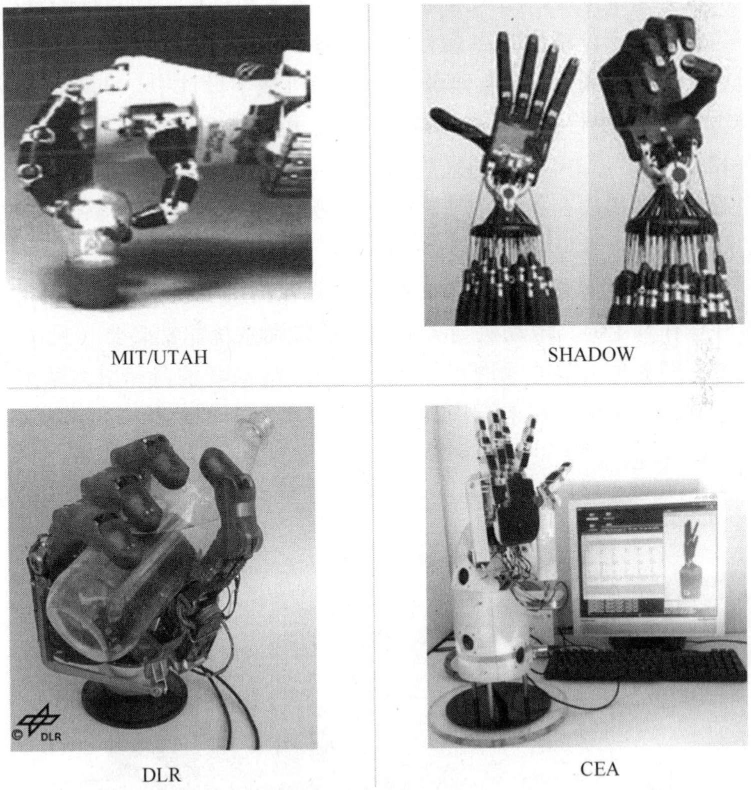

图 5.8　右旋操作手示例

将运动位移从执行器传递到关节的优选方法是采用一种由本体、肌腱、齿轮或滑轮组合而成的机械传动系统。将肌腱作为力传动元件具有重量轻、柔性程度高的优点，但这也会在一方面使得部件机制的复杂度增加，另一方面使得系统带宽减小。机械手指设计的复杂性，即一般而言的灵巧手运动学，揭示了能够降低或干扰精细操作任务的不必要现象。执行器与关节之间的驱动设计和机械传动研究仍然是至关重要的。如果在最初设计阶段未考虑摩擦力、滞回和有限带宽（由于非理想传动），则这些现象可能会对系统的操作能力产生影响。接下来的内容中将介绍一些专用于右旋操作的机械手机电一体化设计中非常有用的元件。

5.2 驱动架构和弹性元件

5.2.1 驱动系统

5.2.1.1 驱动系统的结构集成

给定具体技术参数（运动学结构、体积、形状、输出力等）下，设计选择并不唯一。考虑紧凑性和系统集成的约束条件下，驱动技术和机械传动系统的选择非常关键。由于在功率重量比和定位精度方面具有良好性能，电磁式电动机仍是驱动大多数大型电动机的首选。在少数利用其他物理驱动原理的机械手设计中，Shadow 拟人化机械手是基于 McKibben 气动执行器的一种结构。反之，机械传动系统的选择与结构中的执行器位置紧密相关。

—当电磁执行器集成在指骨中或在某些情况下直接连接到直驱配置的关节上时，传动系统的机械构件个数可减少到最小。由此可消除上述所有扰动的机械传动。

—相反，当执行器远离手指，通常在操作臂和机械手设计中位于手掌或前臂上，或甚至直接在操作臂上时，电动机与关节之间的传动系统非常必要（见图 5.9）。通过电动机与关节之间各种关节的通道普遍认为会影响运动联轴器和增大摩擦的多个接触点的外观。当驱动具体施加在末节指骨上时，尤为明显。反之，这些联轴器会使得动

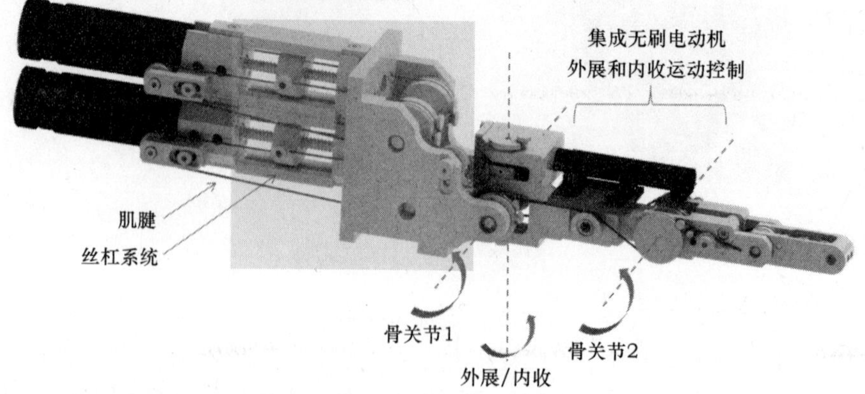

图 5.9 一个具有三机动自由度的机械手指的设计示例

态模型和随后的控制律更加复杂化。

由于指骨的尺寸限制一般不允许电磁电动机在其中完全集成，非定域驱动是一种最普遍接受的技术方案。实际上，可利用刚性和柔性构件的方式来进行运动传动。在这种情况下，设计者考虑采用肌腱或拉力元件。在实际应用中肌腱具有不同的表现形式：可能是索绳和滑轮系统，而传动特性仍为近似线性，或索绳和外壳，此时非线性模型中包含与曲率相关的滞回现象［KAN 91］。采用这种柔性元件可大大提高对结构配置变化的适应能力，且与刚性元件相比，具有重量较轻的优点。

5.2.1.2　驱动架构

不管如何选择执行器的位置（集成或非定域），大多数机械手都具有两种主要的驱动机制：

—“简单效应”执行器：这种结构中，每个执行器都只能向肌腱传递单向张力。返回运动由被动元件如回位弹簧（见图 5.10a）或第二个拮抗执行器（见图 5.10b）来确保。被动返回驱动结构的缺点在于利用一部分执行器的力来刚好平衡回位弹簧所产生的关节力矩。“简单效应”主动返回驱动办法可通过被控运动方向与第一个执行器相反的第二个执行器来确保返回运动。尽管在实现过程中需要大量执行器（重量问题、紧凑性和成本），但由于执行器可同时产生正向张力而允许采用更加复杂的控制策略。例如，通过考虑两个执行器的不同作用力大小，根据操作阶段来重建同时收缩现象并调节关节刚性。被动返回驱动结构需要采用可逆执行器和传动装置[⊖]。

—“双重效应”执行器：这种广泛应用的结构考虑了同一执行器中关节位置的双向控制（见图 5.10c）。为避免方向变换时出现死区现象，预载机制必不可少。

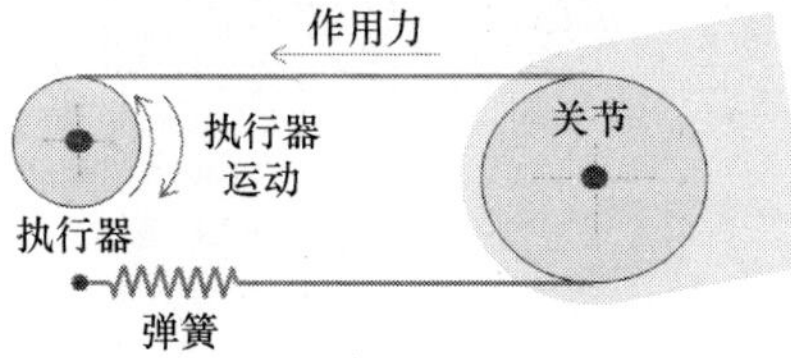

a)

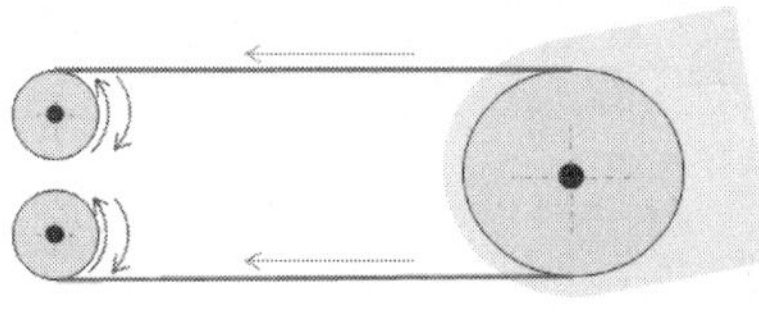

b)

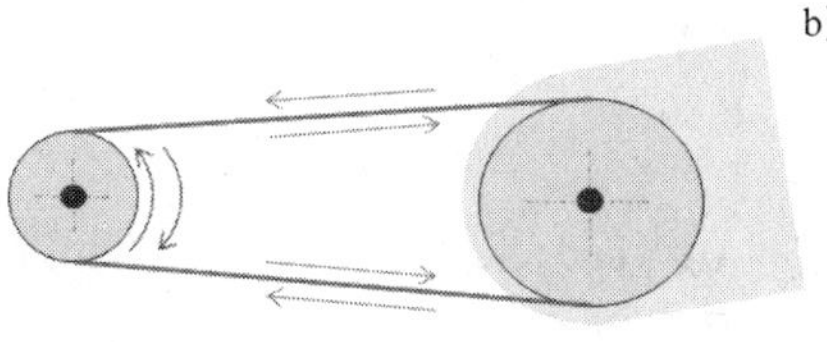

c)

图 5.10　驱动架构配置

a）具有拮抗被动元件的“简单效应”b）具有激动/拮抗运动可能性的“简单效应”c）“双重效应”

5.2.1.3　肌腱路由问题

执行器和指关节之间的机械传动机构包括将肌腱、还原阶段、滑轮以及有时外壳

⊖　通过可逆机械系统，意味着这是一种输入与输出完全相同的驱动机制。

相结合。尽管这种传动类型的优点在于能够通过多关节运动链来适应复杂路径，但目前仍面临很多困难。由于滞回和摩擦等不必要现象通常需要复杂的控制技术，因此需尽可能地避免发生［PAL 06，PAL 09］。另外，有限的刚性肌腱展现了弹性特性，其中刚度 k 可作为第一近似值进行估算：

$$k=\frac{ES}{l} \qquad [5.1]$$

式中，E 表示张力/压力的杨氏模量。

方便的设计准则既可增加肌腱的横截面积 S，又可使之长度 l 达到最小值。这种选择可保持较高的传动刚度，意味着具有较大的带宽。

在运动学方面，肌腱路径的复杂度有时会与多自由度的不必要联轴器相关，从而使得控制系统变得复杂。一些控制方法针对肌腱的最优路径问题进行了研究。结合了近端与远端运动、外展和内收运动的三轴模块单元是由法国原子能和可替代能源署（CEA）提出的所有机械手指的设计基础（见图 5.8）。与屈曲关节 2 和 3 相关的肌腱路径的显著特征是滑轮上的索绳切向点仍保持在外展/内收的旋转轴上，以避免重复出现运行联轴器［MAR 11］。与屈曲运动相关的机械部件仍保持位于同一平面上（见图 5.11）。

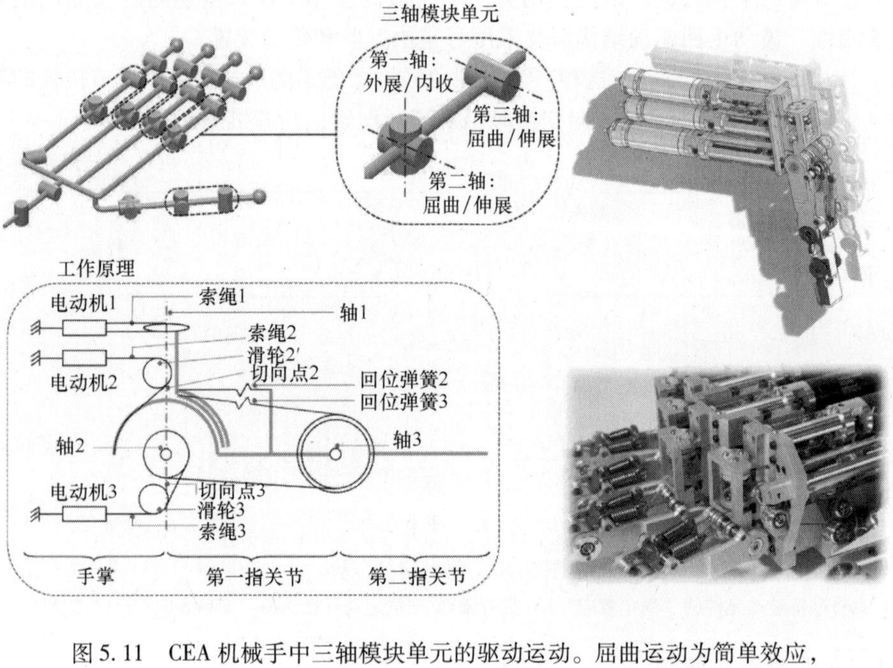

图 5.11　CEA 机械手中三轴模块单元的驱动运动。屈曲运动为简单效应，而外展/内收运动采用双重效应执行器

5.2.1.4　执行器与负载之间弹性联轴器的动态效应：双重效应驱动情况

不管执行器的位置如何，有限刚性传动的存在会启发系统设计的一些指导性思想。

不失一般性，传动系统的简化表示一方面考虑了与电动机转动惯量和负载惯量相关的运动轴，另一方面考虑了传动元件的弹性。设考虑如图 5.12 所示的双重效应执行器的案例问题，其中，关节由同一执行器双向驱动。理论上，在两个方向上实现的性能应相同。

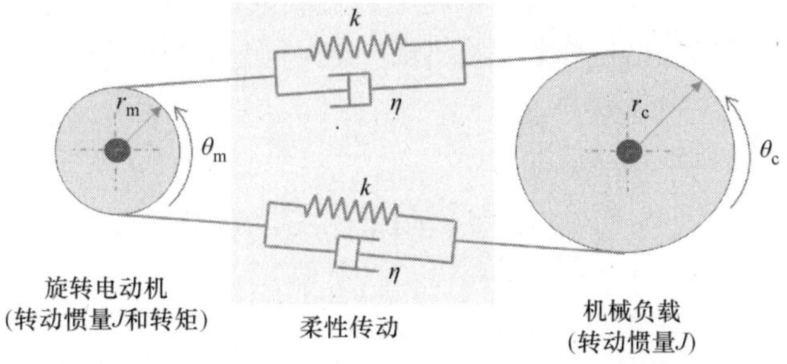

图 5.12　执行器与负载之间的黏弹性耦合表征

为简单起见，在该案例中不考虑电动机的黏性摩擦。控制系统的两个微分方程表明了负载与执行器之间的动态耦合：

$$J_m\ddot{\theta}_m+2\eta r_m(r_m\dot{\theta}_m-r_c\dot{\theta}_c)+2r_mk(r_m\theta_m-r_c\theta_c)=\tau$$

$$J_c\ddot{\theta}_c+2\eta r_c(r_c\dot{\theta}_c-r_m\dot{\theta}_m)+2r_ck(r_c\theta_c-r_m\theta_m)=0 \qquad [5.2]$$

本节中，符号 s 表示拉普拉斯变换变量，变量 $\Theta(s)$ 和 $\Gamma(s)$ 分别表示时间变量 $\theta(t)$ 和 $\tau(t)$ 的拉普拉斯变换。开环传递函数的特点是一个四阶正则系统：

$$\frac{\Theta_c(s)}{\Gamma(s)}=\frac{K_c(Ts+1)}{s^2\left(\frac{1}{\omega_n^2}s^2+\frac{2\zeta}{\omega_n}s+1\right)} \qquad [5.3]$$

固有频率 ω_n、模态阻尼系数 ζ、增益 K_c 和时间常数 T 的参数可由下式得到：

$$K_c=\frac{\frac{r_m}{r_c}}{J_m+\left(\frac{r_m}{r_c}\right)^2J_c},\omega_n=\sqrt{\frac{2k(J_mr_c^2+J_cr_m^2)}{J_cJ_m}},\zeta=\frac{\eta}{\sqrt{\frac{2kJ_cJ_m}{J_mr_c^2+J_cr_m^2}}},T=\frac{\eta}{k} \qquad [5.4]$$

该简化模型的优点在于当执行器和被控元件不同位时，可突出显示所引起的局限性。柔性传动可导致系统带宽衰减以及电动机转矩与指关节角度之间的相位滞后。这在高频频域下的传递函数表达式中会引入零点。

电动机的开环传递函数突出强调了反谐振现象的出现，由固有频率 ω_{na} 和模态阻尼系数 ζ_a 表征：

$$\frac{\Theta_m(s)}{\Gamma(s)}=\frac{K_m\left(\frac{1}{\omega_{na}^2}s^2+\frac{2\zeta_a}{\omega_{na}}s+1\right)}{s^2\left(\frac{1}{\omega_n^2}s^2+\frac{2\zeta}{\omega_n}s+1\right)}. \qquad [5.5]$$

其中：

$$K_{\mathrm{m}}=\frac{1}{J_{\mathrm{m}}+\left(\frac{r_{\mathrm{m}}}{r_{\mathrm{c}}}\right)^{2} J_{\mathrm{c}}},\ \omega_{\mathrm{na}}=r_{\mathrm{c}}\sqrt{\frac{2k}{J_{\mathrm{c}}}},\ \zeta_{\mathrm{a}}=\frac{r_{\mathrm{c}}\eta}{\sqrt{2kJ_{\mathrm{c}}}} \qquad [5.6]$$

由此，可将电动机看作行为与频率相关的负载来观察其动态柔性。电动机频率响应的波形展示了谐振与反谐振现象交替出现，这是同位系统的一种特性［PRE 02］，且反谐振频率总是要小于谐振频率。

低频行为相当于刚性传动情况：

$$\left(J_{\mathrm{m}}+\left(\frac{r_{\mathrm{m}}}{r_{\mathrm{c}}}\right)^{2} J_{\mathrm{c}}\right)\ddot{\theta}_{\mathrm{m}}(t)=\Gamma(t) \qquad [5.7]$$

而高频行为：

$$J_{\mathrm{m}}\ddot{\theta}_{\mathrm{m}}(t)=\tau(t) \qquad [5.8]$$

表明从电动机侧观察的负载完全解耦。转动惯量比：

$$\left(\frac{r_{\mathrm{m}}}{r_{\mathrm{c}}}\right)^{2}\frac{J_{\mathrm{c}}}{J_{\mathrm{m}}} \qquad [5.9]$$

是系统设计过程中的一个重要尺寸标准。由于该值对应于使得作为频率函数的负载表征惯量变化最小的机械结构，因此需搜索该值的最小值。实际上，在该情况下，低频和高频动作限制为频率特性$\frac{1}{J_{\mathrm{m}}s^{2}}$，此时可减弱谐振现象并释放出高频频谱（见图 5.13）。这需要指导系统机械设计的多个注释：

—减少惯性负载 J_{c}，进而减小比值$\left(\frac{r_{\mathrm{m}}}{r_{\mathrm{c}}}\right)^{2}\frac{J_{\mathrm{c}}}{J_{\mathrm{m}}}$，使得从电动机侧观测的柔性动态变化最小。从这个意义上来说，执行器位于指关节之外的配置，从电动机控制角度而言更为有利。

—增大减速比 $r_{\mathrm{c}}/r_{\mathrm{m}}$是一种有效的解决办法，这是由于可最终采用较低功率的电动机，这样既能降低成本，又能满足系统的紧凑性约束。然而，这有时也会导致负载旋转动力急剧下降。

—必须谨慎考虑采用更大的电动机惯量 J_{m}，这会使得电动机旋转动力下降。采用更大转矩的电动机可补偿上述缺陷。

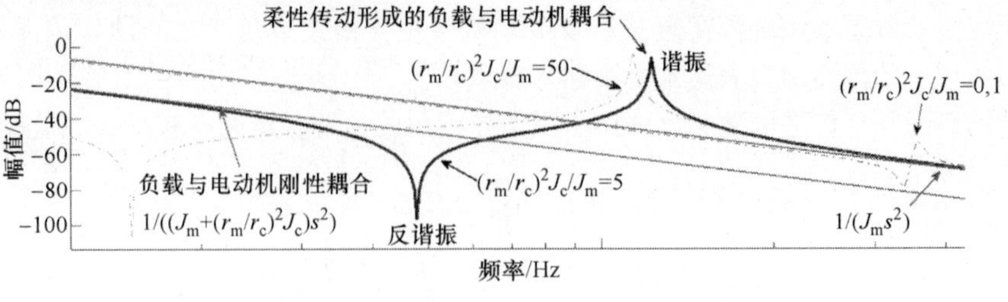

图 5.13　不同比值$\left(\frac{r_{\mathrm{m}}}{r_{\mathrm{c}}}\right)^{2}\frac{J_{\mathrm{c}}}{J_{\mathrm{m}}}$下的传递函数$\frac{\Theta_{\mathrm{m}}(s)}{\Gamma(s)}$的频率响应特性

5.2.1.5　感知与位置控制

有关测量装置的选择可推测得到什么样的控制稳定性和性能。尽管受到机电一体化的约束，但一个在负载上另一个在电动机上同时利用两个传感器的方法仍非常普遍。这种解决办法可实现适用于高精度应用的分层控制回路。实际上，外回路控制可实现与负载连接的传感器测量，从而保证指关节位置控制的精度，而基于电动机测量的内回路控制可实现较大的动态约束，并实现电动机位置的稳定精确控制。

可能会发生集成约束或连接阻止关节编码器工作的情况。在这种情况下，柔性传动元件可改变负载的动态特性，以使得并不完全按照高带宽处的电动机动态控制。总结自动观测器的状态可实现未测量关节变量的有效重建，并证明这是一种适用于电动机和关节位置检测特殊情况下的方法［HUA 12］。该方法的优点在于能够避免与关节连接器的编码器相关的复杂通道问题。尤其是对于远端指关节的情况。

相反，将负载上的位置传感器作为唯一测量变量并不是一种可行的解决方案，这是由于柔性传动产生的延迟会使得传递函数$\frac{\Theta_c(s)}{\Gamma(s)}$中出现零点。执行器与传感器不同位会使得在实际中难以实现高带宽的动态特性。另外，摩擦的非线性现象必然会影响操作和传动运动：线性黏滞摩擦系数 η 必须由反映法速度不连续现象的摩擦定律（如库仑定律或静摩擦定律）进行严格补偿。从控制角度而言，会出现极限环，且必须在控制器整定过程中明确考虑。

5.2.2　“简单效应”驱动结构中的弹性传动建模

5.2.2.1　弹性肌腱简单效应执行器建模

在运行学以及构建机械手指动态模型中需考虑基于肌腱的机械传动效应。不失一般性，机械手指可看作一系列由惯量矩阵 M 以及离心力、科氏力、重力和摩擦力的矢量 H 描述其动态特性的结构：

$$\boldsymbol{M}(\theta)\ddot{\theta}+\boldsymbol{H}(\theta,\dot{\theta})=\boldsymbol{\tau} \qquad [5.10]$$

式中，$\boldsymbol{\tau}$ 为关节转矩矢量。

在简单效应执行器结构的情况下，有必要采用适当的控制技术来保证肌腱中总是具有正向张力。这些可建模为无摩擦或质量的传动元件，根据应用不同，可以是弹性或非弹性的。在此，必须说明的是，在弹性肌腱的情况下，是由位置控制执行器来实现控制，而作用力控制执行器更适应用于非弹性肌腱的情况。

肌腱伸展建模涉及作为手指关节角函数的末端运动，由函数 h_i：$R^n \to R$ 确定。在肌腱网络仅与滑轮和下降元件简单相关的情况下，伸展函数可线性表示为关节角的函数：

$$h_i(\theta)=h_{i0}\pm r_{i1}\theta_1\pm\cdots\pm r_{in}\theta_n \qquad [5.11]$$

在关节角矢量 $\theta=[\theta_1\cdots\theta_n]^{\mathrm{T}}$ 为空时估计肌腱的初始伸展值 h_{i0}。r_{ij}表示第 j 个关节的滑轮半径。符号取决于所考虑关节角正向旋转时肌腱是缩短还是伸长的配置。根据

能量守恒定律，作用于肌腱和关节的力之间的关系可表示为

$$\boldsymbol{\tau}=\boldsymbol{P}(\theta)\boldsymbol{f} \tag{5.12}$$

式中，$\boldsymbol{P}(\theta)=\dfrac{\partial \boldsymbol{h}^{\mathrm{T}}}{\partial \boldsymbol{\theta}}(\theta)$，$\boldsymbol{P}(\theta)$ 是指肌腱产生的转矩阵转；$\boldsymbol{h}(\theta)\in R^p$是指 p 个伸展肌腱的系统矢量；$\boldsymbol{f}\in R^p$是指肌腱末端的作用力矢量。

通过以恒定刚度 k_i 为基础，对肌腱的整体弹性建模，作用于第 i 个肌腱的作用力可表示为

$$f_i(\theta)=k_i(e_i-(h_i(\theta)-h_{i0})) \tag{5.13}$$

式中，e_i表示作用于第 i 个肌腱的执行器所控制的伸展性。

将不同刚度的肌腱对角矩阵记为 $\boldsymbol{K}$，则弹性肌腱网络中的感应力矢量为

$$\boldsymbol{f}(\theta)=\boldsymbol{K}(\boldsymbol{e}-(\boldsymbol{h}(\theta)-\boldsymbol{h}_0)) \tag{5.14}$$

从而可将表示具有 n 个关节的手指动态变化的式［5.10］简化为

$$\boldsymbol{M}(\theta)\ddot{\theta}+\boldsymbol{H}(\theta,\dot{\theta})+\boldsymbol{P}(\theta)\boldsymbol{K}(\boldsymbol{h}(\theta)-\boldsymbol{h}_0)=\boldsymbol{P}(\theta)\boldsymbol{K}\boldsymbol{e} \tag{5.15}$$

式中，$\boldsymbol{P}(\theta)\boldsymbol{K}$ 表示系统弹性耦合的新矩阵。

求解简单效应执行器和弹性肌腱的手指控制问题需要计算伸展矢量 $\boldsymbol{e}$，一方面可保证生成转矩矢量，另一方面 $\boldsymbol{\tau}\in R^n$ 且满足肌腱正向张力的约束：

$$\boldsymbol{\tau}=\boldsymbol{P}(\theta)\boldsymbol{K}\boldsymbol{e} \text{ 和 } e_i-(h_i(\theta)-h_{i0})>0, i=1\cdots p \tag{5.16}$$

该问题的伸展矢量解可采用以下形式［MUR 12］：

$$\boldsymbol{e}=(\boldsymbol{PK})^{+}\boldsymbol{\tau}+\boldsymbol{e}_N \tag{5.17}$$

式中，$(\boldsymbol{PK})^{+}=(\boldsymbol{PK})^{\mathrm{T}}((\boldsymbol{PK})(\boldsymbol{PK})^{\mathrm{T}})^{-1}$ 表示 $\boldsymbol{PK}$ 的伪逆矩阵，且 $\boldsymbol{e}_N\in R^p$ 为 $\boldsymbol{PK}$ 核中所包含的内部伸展向量矩阵，使得 $\boldsymbol{e}N_i>0$。应根据正向张力条件来选择内部伸展矢量。

5.2.2.2 可逆回位弹簧执行器建模案例研究

本节主要介绍指关节运动控制一个自由度的案例（见图 5.14）。简单效应执行器的特点具有高度机械可逆性，这是该类型结构操作的一个前提条件。电动机的旋转运动通过滚珠丝杠传动转化为肌腱的平移运动。在前向方向上，集总与转动惯量 J_{m} 的螺钉使得与肌腱相连的螺母平移运动。在反向方向上，螺母的平移运动转换为驱动电动机转轴的螺钉的旋转运动。这一可逆机制可由以下特性确保实现：

—丝杠螺距 p 与其半径之比较大；

—如果采用附加变速器，则齿轮比较小；

—反向方向上的机械效率较高，意味着摩擦力较小。

一个简化模型是将回位肌腱的整体刚度等效为串联的等效刚度 k_1 与肌腱刚度之和。等效刚度 k_2 为固定于螺母上的两条肌腱的弹性（见图 5.15）。肌腱伸展函数可将肌腱位移表示为关节角的函数：

$$\begin{aligned} h_1(\theta_{\mathrm{c}})&=h_{10}+r\theta_{\mathrm{c}} \\ h_2(\theta_{\mathrm{c}})&=h_{20}-r\theta_{\mathrm{c}} \end{aligned} \tag{5.18}$$

式中，$\theta_{\mathrm{c}}>0$。

耦合矩阵 $\boldsymbol{P}$ 表征了耦合关节与肌腱末端力之间的关系：

$$\boldsymbol{P} = [r \quad -r] \tag{5.19}$$

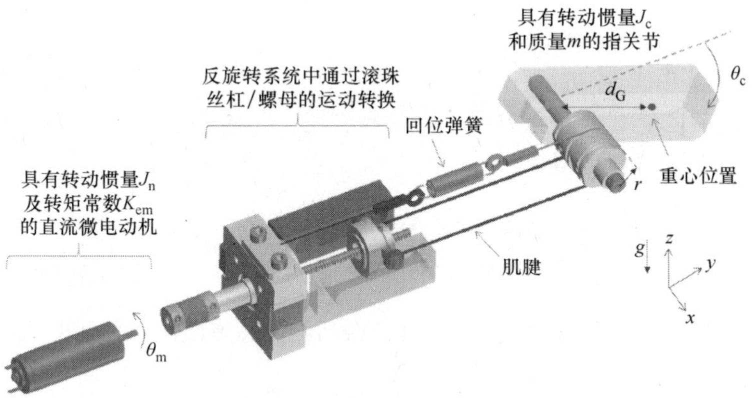

图 5.14　简单效应执行器的旋转控制产生

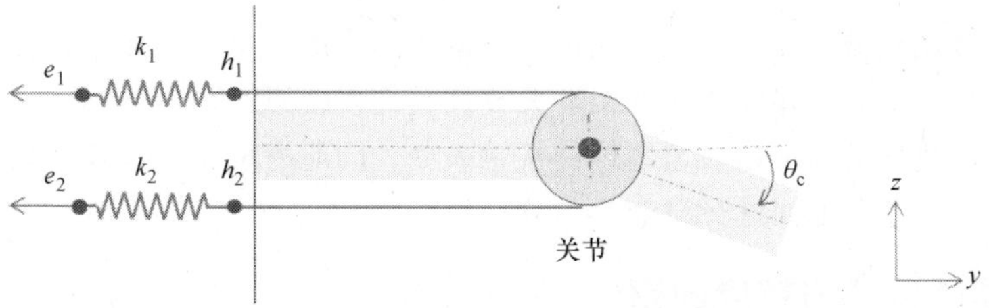

图 5.15　弹性肌腱执行器示意图

引入刚度矩阵：

$$\boldsymbol{K} = \begin{bmatrix} k_1 & 0 \\ 0 & k_2 \end{bmatrix} \tag{5.20}$$

式中，数值 k_i 表示由肌腱底部产生的等效弹性刚度，从而可用于描述装置中的弹性耦合：

$$\boldsymbol{PK}(h(\theta_c) - h_0) = \boldsymbol{r}^2(\boldsymbol{k}_1 + \boldsymbol{k}_2)\boldsymbol{\theta}_c \tag{5.21}$$

肌腱伸展与关节转矩之间的弹性耦合矩阵可表示为

$$\boldsymbol{PKe} = \boldsymbol{r}(k_1 e_1 - k_2 e_2) \tag{5.22}$$

执行器结构配置需设置 $e_1 = e_{N_1}$ 作为一个返回肌腱末端的限位条件（即保证肌腱中的预应力 $k_1 e_{N_1}$）。电动机旋转需要第二条肌腱的限位条件 $e_2 = -\frac{p}{2\pi}\theta_m$，其中在控制考虑静态作用 e_{N_2} 以确保内部伸展向量 $\boldsymbol{e}_N \in R^2$ 包含在 $\boldsymbol{PK}$ 核内。关节耦合上的返回力可表示为

$$e_{N_2} = \frac{k_1}{k_2} e_{N_1} \tag{5.23}$$

上述条件表明返回力静态平衡。应选择内部延展矢量中元素 e_{N_1} 和 e_{N_2} 的幅值足够大以满足肌腱中的正向张力条件。然而，应避免预应力过高，以使得肌腱结构不会承受

过大的压力。从数学结构上，不考虑等式两端消除的内部作用力，指关节动态变化的非线性方程可表示为

$$\underbrace{J_{c}\ddot{\theta}_{c}}_{\text{转动惯量项}}+\underbrace{d_{G}mg\cos(\theta_{c})}_{\text{重力项}}+\underbrace{\tau_{fa}(\dot{\theta}_{c})}_{\text{摩擦转矩}}+\underbrace{r^{2}(k_{1}+k_{2})\theta_{c}}_{\text{刚度项}}=\underbrace{rk_{2}\frac{p}{2\pi}\theta_{m}}_{\text{关节转矩}} \quad [5.24]$$

旋转动态变化方程可写为

$$\underbrace{J_{m}\ddot{\theta}_{m}}_{\text{转动惯量项}}+\underbrace{\tau_{fm}(\dot{\theta}_{m})}_{\text{摩擦转矩}}+\underbrace{\frac{p}{2\pi}k_{2}\left(\frac{p}{2\pi}\theta_{m}-r\theta_{c}-e_{2N}\right)}_{\text{阻力矩}}=\underbrace{K_{em}i}_{\text{电磁转矩}} \quad [5.25]$$

其中，电动机产生的阻力矩为 $-\frac{p}{2\pi}f_{2}$，第 2 条肌腱的总弹性返回力由式［5.13］给出。

5.3 结构柔性

可有效利用机械形变来简化和优化某些运动链中的分量，从而使得系统的整体特性更加可靠。一方面，在此情况下柔性关节具有许多优点，另一方面，优化与物体交互的远端区的机械柔性可增大与物体的接触表面，同时有助于操作任务的完成。在本节中，将从以上两个方面进行讨论。

5.3.1 柔性关节与精度问题

性能下降的机械结构是机械手精度的一个限制因素，而装置和控制系统只能部分克服这种限制。如果可能，利用柔性结构来代替某些关节结构方法能够克服上述缺陷。总结柔性机制所具有的优势包括：

—无机械间隙，从而可达到满足精细操作需求的内在精度水平；

—不会出现因固体间摩擦而导致零件磨损的情况；

—不会存在因固体间摩擦而产生能耗的现象（低速时，由于黏滑作用而导致运动分辨率下降）；

—不会出现阻塞现象，且无需润滑。

此外，柔性结构还可机械加工成整体结构件，从而可简化流程，并减少装配中的零件个数。

5.3.1.1 局部形变

当只有局部柔性时，材料的弹性形变主要集中在具有柔性孔或枢轴的结构中的特定区域上，而结构中非形变部分看作完全刚体（见图 5.16）。

结构刚度设计可使得在特定优先方向上产生运动，并限制横向方向上的运动。在简单旋转柔性关节（柔性枢轴）情况下，这些弹性连接件可使得材料局部形变，而不是采用诸如机械轴承的接触式关节，这会产生摩擦力（见图 5.17）。

然而，柔性枢轴并不能避免所有问题。材料的弹性极限严格限制了其角位移，这

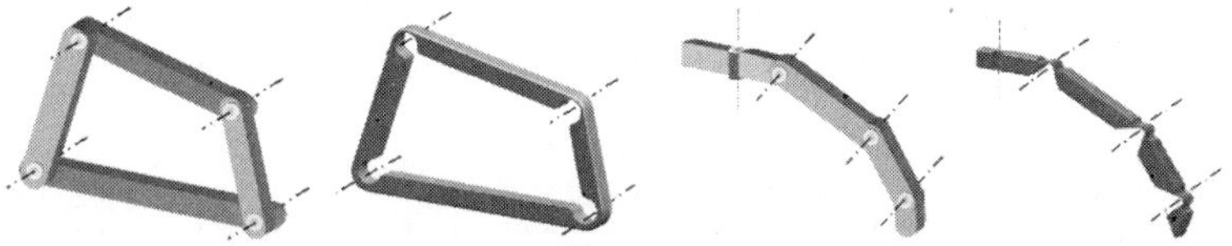

图 5.16　代替多关节机构的柔性机构设计

使得操作装置的整个工作空间减小。另外，所产生的运动一般来说是一个纯旋转运动和一个伴随平移运动的组合：瞬时旋转中心（ICR）不再固定不变，其位置作为关节运动的函数而变化。柔性枢轴有时由单线圈弹簧驱动，这种弹簧的刚度特性需要在所需方向上精确导向（见图 5.18）。此外，由于弹簧为非完全刚体，会在横向方向上产生不期望的运动。

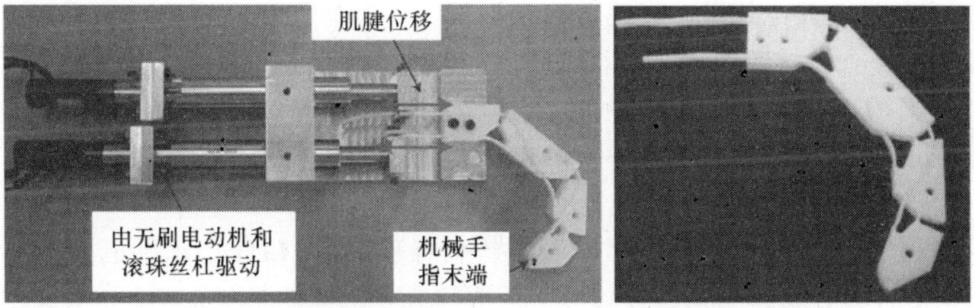

图 5.17　3 个自由度的机械手指示例：由驱动电动机驱动，
关节由聚四氟乙烯高分子结构的柔性圈制成［BIA 02］

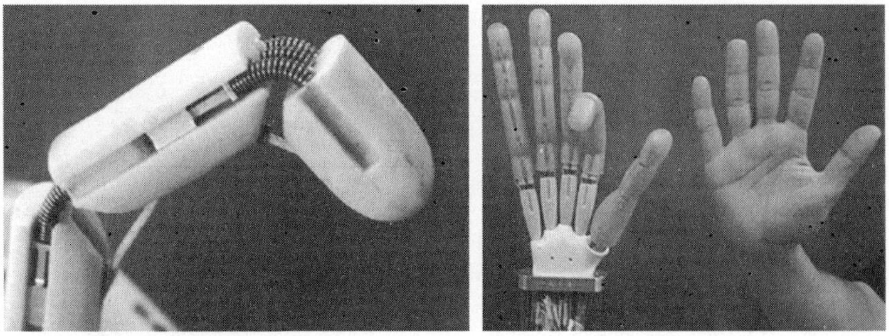

图 5.18　基于线圈弹簧关节的多关节抓手

5.3.1.2　分布式形变

欠驱动机构可提高多物体的抓取稳定性，在假肢和机械手的应用上具有广泛的发展前景。目前，相关文献中已介绍了不同类型的欠驱动机构，包括四连杆组机制［LAL 02］、索绳和滑轮机制［CAR 04，HIR 78］以及分布式柔性结构的开发［CAR 05，LOT04］。与局部柔性机构不同，分布式柔性结构能够克服应力集中区域的部分固有局限性。这些机制的设计仍不直观，且通常需要基于拓扑优化方法的设计辅助工具。从这点来看，分布式形变结构仍主要用于使得手指的几何结构与物体形状相一致。欠驱动柔性分布式钛合金整体式机械手指原型：手指合并动作序列如图 5.19 所示。

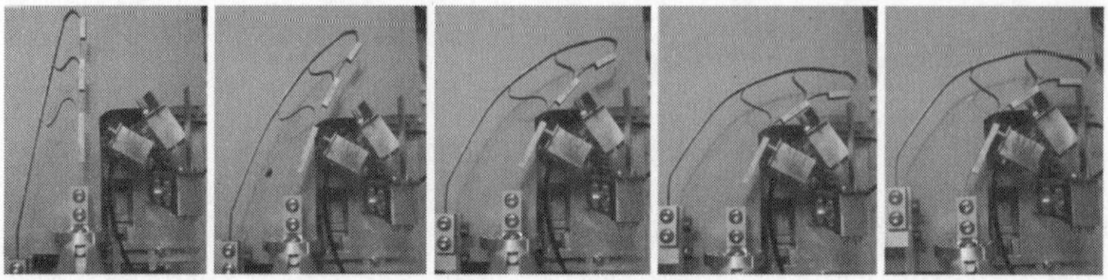

图 5.19　欠驱动柔性分布式钛合金整体式机械手指原型：手指合并动作序列［STE 10］

5.3.2　多关节操作的指间关节设计示例

柔性整体式枢轴主要用于无摩擦或间隙的指间关节设计，同时还可简化装配过程［MAR 11c］。然而其优化设计面临着诸多挑战。一方面，驱动机械抓手手指运动的关键动作通常会导致材料的塑性形变。另一方面，在运动过程中柔性导向的瞬时旋转中心不再固定不变：这会产生非平稳运动模型。除非采用复杂的控制律，否则这些现象会导致运动跟踪的精度下降。此外，由于在多关节机械手中需大规模集成，这种结构的生成会面临紧凑性和成本的约束（见图 5.20）。

所提结构“X^2”的设计是由多个叶型等腰梯形弯曲(LITF) 枢轴的智能组合而产生的［MAR 11b］。这种结构设计解决了角位移最大化与柔性枢轴弯曲的 ICR 中心轴或伴生位移最小化之间相互冲突的权衡问题。LITF 元件之间的相对位置和朝向可增大角运动的功能，并相互补偿每个枢轴单元的 ICR 位移（见图 5.21）。枢轴 LITF 结构的运动模型及其相对简化设计（两个刚体由两片柔性叶片相连（见图 5.22））使之成为制造柔性枢轴的理想候选模型（见图 5.23）。

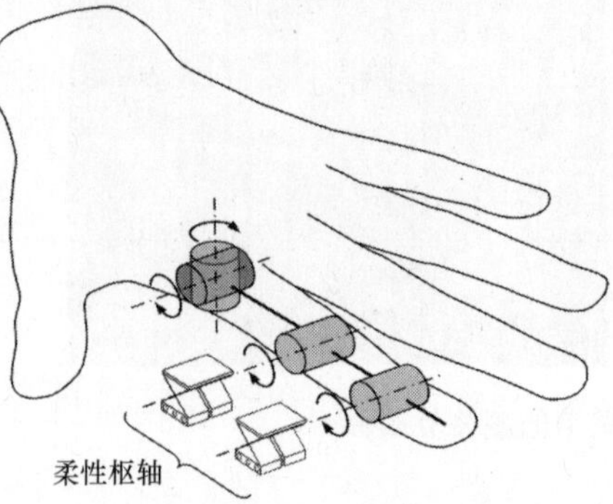

图 5.20　多自由度机械手指柔性设计中作为指间枢轴关节的柔性枢轴“X^2”

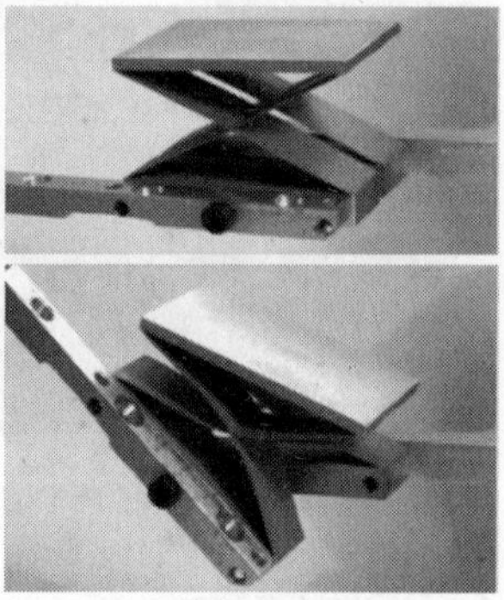

图 5.21　铝合金放电加工而成的整体式结构原型“X^2”（S_y = 580MPa，E = 73GPa，9mm × 7mm × 5mm）

根据增量方法，由 4 个 LIFT 枢轴或等效的两个完全相同的车轮式结构装配而成枢轴“X^2”［PEI 09］（见图 5.24）。若枢轴单元 LITF 的旋转角为 θ，则车轮式结构的角

位移为 2θ，从而 X^2 结构的旋转角为 4θ。

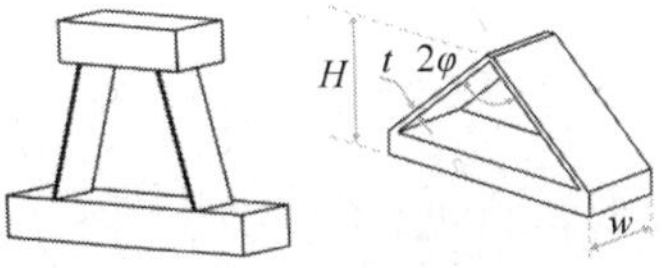

a)　　b)

图 5.22　LITF 柔性叶片枢轴

a）通用结构　b）枢轴“X_2”设计的结构及其尺寸特性

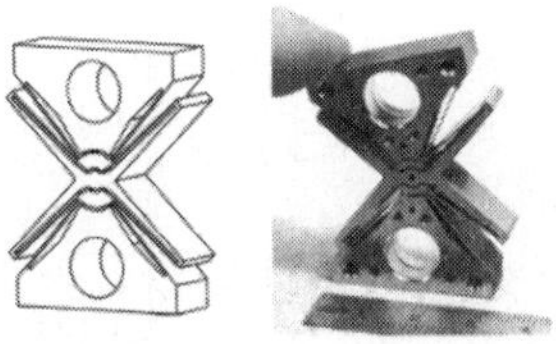

图 5.23　旋转中心位移小于 2μm，角度位移 ±10°的钛合金“蝴蝶型枢轴”

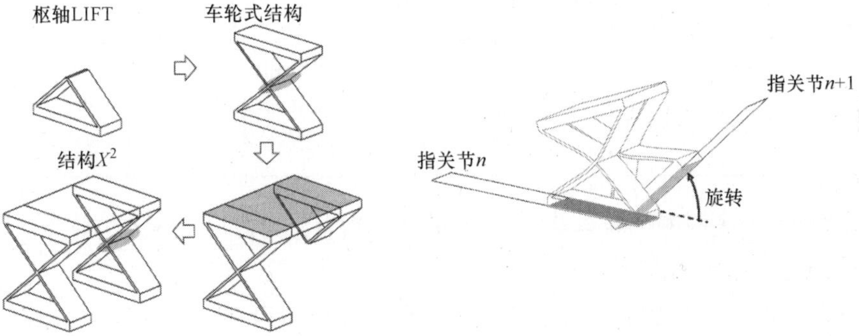

图 5.24　机械抓手中两个相连指关节之间的 X^2 枢轴的设计及其产生的旋转运动

在平面结构和伪刚体假设条件下，LIFT 枢轴弹性特性的分析建模可预测枢轴 ICR 的位移。ICR 定义为枢轴顶点轨迹的法线交点处［MAR 11a］。ICR 的角位移 $\delta(\theta)$ 可计算为 $\theta=0$ 时的 ICR 与给定角位移 θ 时的 ICR 之间的距离。由枢轴顶点绘制的轨迹为角度 θ 和结构尺寸特性的函数。每个结构的顶点位置从理论上可在固定参考坐标系中进行表示（见表 5.1）。同样的 ±10°旋转下，结构 X^2 的位移 δ 是车轮式结构的 1/60，是简单 LIFT 枢轴结构的 1/120。

表 5.1　枢轴 LITF、车轮式结构和 X^2 结构的顶点坐标

LITF 结构	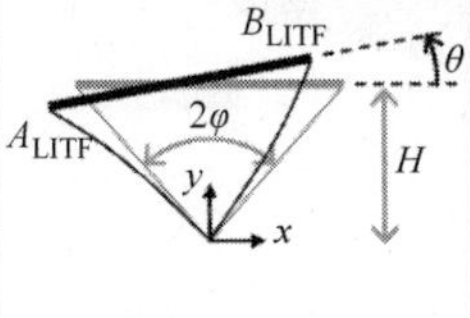	$A_{\mathrm{LITF}}(\theta)=\begin{bmatrix} H\left(B_3\sin(\theta)-\dfrac{\sin(\theta+\varphi)}{\cos(\varphi)}\right) \\ H\left(B_3(n-\cos(\theta))+\dfrac{\cos(\theta+\varphi)}{\cos(\varphi)}\right) \end{bmatrix}$ avec $n=1/9$ $B_1=1+n^2-2n\cos(\theta)$ $B_2=(1-n^2)/\sin^2(\varphi)$ $B_3=1-\tan(\varphi)\sqrt{B_2/B_1-1}$ $B_{\mathrm{LITF}}(\theta)=A_{\mathrm{LITF}}(\theta)+\begin{bmatrix} 2H\tan(\varphi)\cos(\theta) \\ 2H\tan(\varphi)\sin(\theta) \\ 1 \end{bmatrix}$

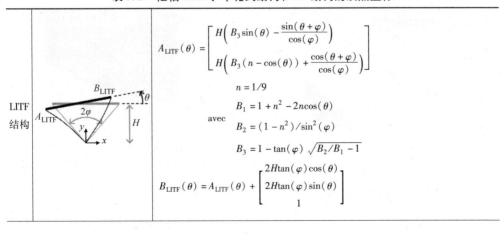

（续）

车轮式结构	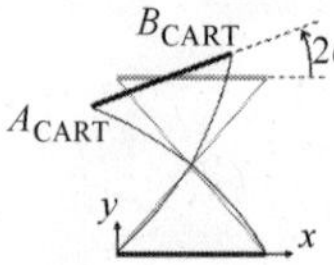	$A_{CART}(2\theta)=\begin{pmatrix}\cos(\theta)&\sin(\theta)&(A_{LITF}(\theta))_x\\-\sin(\theta)&\cos(\theta)&-(A_{LITF}(\theta))_y\\0&0&1\end{pmatrix}^{-1}A_{LITF}(\theta)$ $B_{CART}(2\theta)=A_{CART}(2\theta)+\begin{bmatrix}2H\tan(\varphi)\cos(2\theta)\\2H\tan(\varphi)\sin(2\theta)\\1\end{bmatrix}$
X^2 枢轴	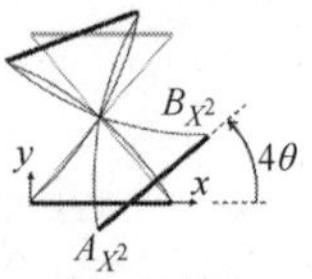	$A_{X^2}(4\theta)=\begin{pmatrix}\cos(2\theta)&-\sin(2\theta)&\\\sin(2\theta)&\cos(2\theta)&A_{CART}(2\theta)\\0&0&\end{pmatrix}\begin{pmatrix}-1&0&2H\tan(\varphi)\\0&-1&0\\0&0&1\end{pmatrix}B_{CART}(2\theta)$ $B_{X^2}(4\theta)=A_{X^2}(4\theta)+\begin{bmatrix}2H\tan(\varphi)\cos(4\theta)\\2H\tan(\varphi)\sin(4\theta)\\1\end{bmatrix}$

材料的弹性 S_y 限制了局部柔性关节的最大角偏移。为避免结构永久形变，X^2 结构的最大允许行程可表示为

$$\theta_{max}=\frac{2HS_y}{t\cos(\varphi)E} \qquad [5.26]$$

式中，E 表示杨氏模量；比值 S_y/E 为材料选择的实际标准：该比值越大，则弹性位移就越大。

角刚度的解析表达式为

$$K_\theta=\frac{Ewt^3\cos(\varphi)}{6H} \qquad [5.27]$$

且最大偏移量可限定结构的尺寸大小。作为一般准则，设计目标是使得 θ_{max} 最大、δ 和 K_θ 最小，设设计参数为 H、t、φ，且具体材料特性为 E、S_y。图 5.25 和图 5.26 分别给出了文献［MAR 10a］中 X^2 柔性枢轴的优化过程。

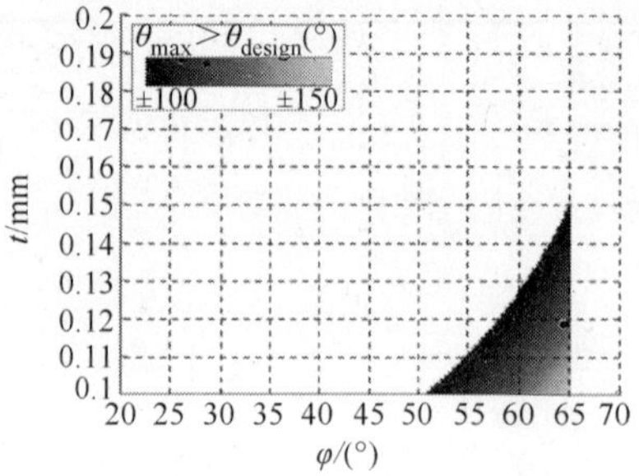

图 5.25　满足 $\theta_{max}\geqslant\theta_{design}=100°$ 目标的一组（φ，t）（铝材料，尺寸为 $H=7$mm，$w=9$mm）

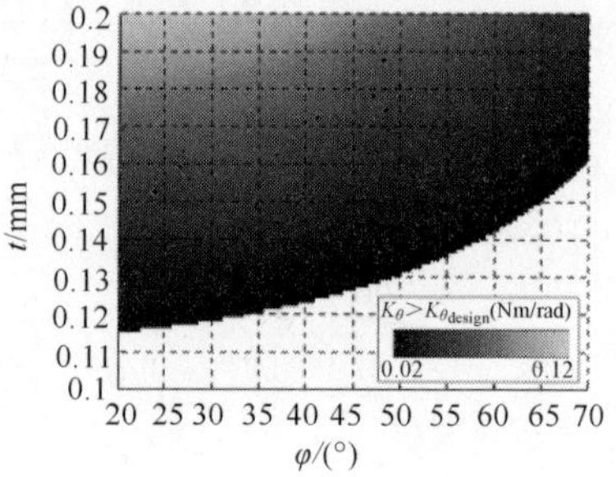

图 5.26　满足 $K_\theta\geqslant K_{\theta_{design}}=0.02$Nm/rad 目标的一组（$\varphi$，$t$）（铝材料，尺寸为 $H=7$mm，$w=9$mm）

5.3.3　可形变接触表面

通过描述指尖与物体之间交互作用的接触力来保证机械抓手能够抓取物体。接触特性（摩擦/无摩擦、交互作用表面的机械柔性）会直接影响抓取的稳定性。

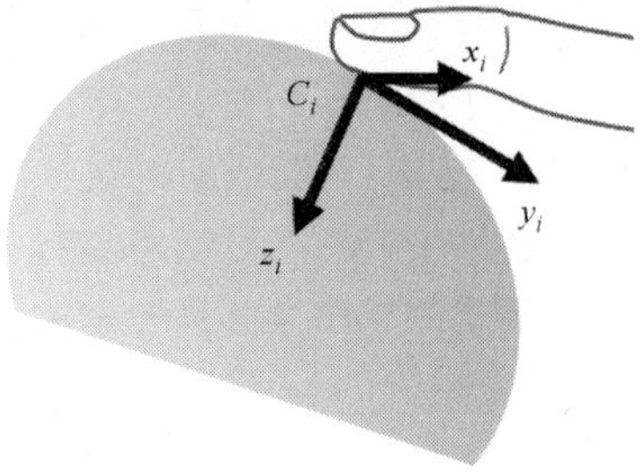

图 5.27　与接触面相关的参考坐标系

接下来，通过作用在与接触面 C_i 相连的参考坐标系原点的扭力 F_{c_i} 来对第 i 个手指作用于物体的交互力进行建模。按照惯例，选择 C_i 坐标系的轴，以使得 z_i 轴指向物体接触表面的法线方向（见图 5.27）。

在一点接触且无摩擦的简单情况下，交互力的扭力只包括法向分量的力

$$F_{C_i}=\begin{bmatrix}0\\0\\1\\0\\0\\0\end{bmatrix}f_{c_i},\ f_{c_i}\geqslant 0 \qquad [5.28]$$

式中，$f_{c_i}\in R$ 为手指在法线方向上施加的法向力大小。设 f_{c_i} 为正可保证接触对物体产生推力作用。尽管在实际中无摩擦的点接触没有实际物理意义，但这适用于摩擦力程度相对较小或未知的情况下。考虑这种类型的接触可保证操作物体不是由摩擦力作用的。

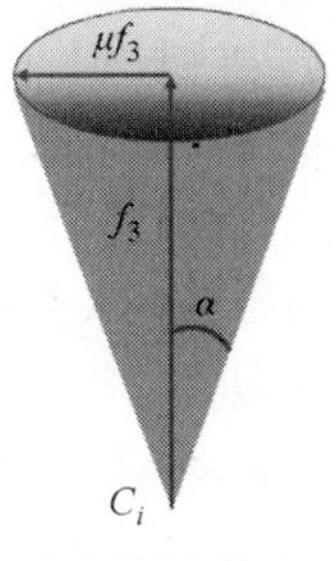

图 5.28　库仑摩擦模型的几何解释，其中 $\alpha=\tan^{-1}(\mu)$

利用库仑摩擦模型可引入作为法向分量 f_3 的接触力切向分量 f_t。当下式成立时可满足非滑动约束：

$$|f_t|\leqslant\mu f_3 \qquad [5.29]$$

式中，$\mu>0$ 是取决于机械手指与物体功能性接触表面设计所用材料的静摩擦系数（见图 5.28）。

当考虑接触摩擦时，扭力可表示为

$$F_{C_i}=\begin{bmatrix}1&0&0\\0&1&0\\0&0&1\\0&0&0\\0&0&0\\0&0&0\end{bmatrix}f_{c_i},\ f_{c_i}\in E_{C_i} \qquad [5.30]$$

且所产生的约束力位于摩擦圆锥体内：

$$E_{C_i}=\{f\in R^3: \sqrt{f_1^2+f_2^2}\leqslant\mu f_3, f_3\geqslant 0\} \quad [5.31]$$

实际接触模型还与机械手指软指接触区的形变有关。考虑软指接触区具有以下优点：

—软指接触区与物体几何形状局部一致，这当接触到物体边缘或不规则物体时可避免临界非平稳情况；

—限制交互区域较大时的接触压力，这可沿接触表面更好地分散接触力；

—缓解冲击或振动等动态影响［SHI 96］。

一种简单的建模方法是考虑接触力螺钉中沿接触表面法线方向的摩擦力矩：

$$F_{C_i}=\begin{bmatrix}1&0&0&0\\0&1&0&0\\0&0&1&0\\0&0&0&0\\0&0&0&0\\0&0&0&1\end{bmatrix}f_{c_i},\ f_{c_i}\in E_{C_i} \quad [5.32]$$

且满足以下摩擦约束：

$$E_{C_i}=\{f\in R^4: \sqrt{f_1^2+f_2^2}\leqslant\mu f_3, f_3\geqslant 0, |f|_4\leqslant\gamma f_3\} \quad [5.33]$$

式中，γ 表示力矩中的静摩擦系数。

采用通常具有较大摩擦系数特性的柔性材料可减少紧固力，从而在装置紧凑性方面具有尺寸优势［CUT 86］。采用柔性材料还可减少必要接触点的最小个数以保证一个稳定的闭合抓力［LI 01］。例如，在无摩擦的点接触情况下，稳定抓取空间中物体的必要手指个数最少是7个，而采用柔性表面的情况下，则最少只需3个。因此，一些机械抓手原型机具有黏弹性的表面（见图5.29）：材料选择（通常是弹性橡胶或塑料）、横向厚度和曲面半径对于接近人类手指刚度特性的结构尺寸上具有至关重要的作用（见图5.30）。实际上，这在现实中非常复杂且难以复制，这是由于人类手指的刚度随破碎功能非线性增大，且形变是由人体表皮层组织、指甲和手指骨骼等因素约束确定的。

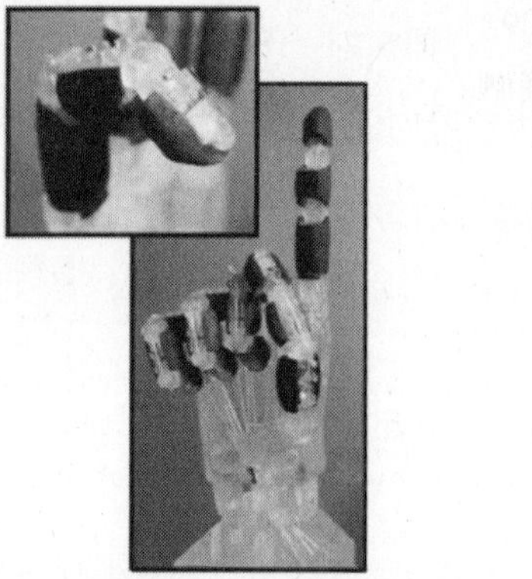

图5.29　具有形变表面的机械抓手示例

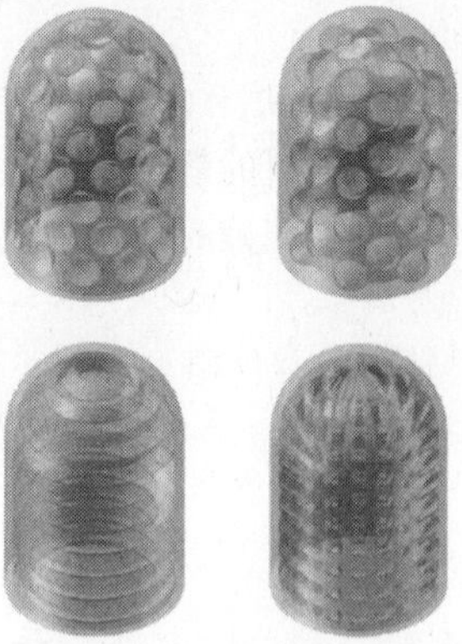

图5.30　多层半球远端指关节设计示例

5.4 小结

无论是在机械传动、驱动、结构体还是接触表面，在设计先进机械手时，必然会产生机械柔性现象。为有助于机电一体化设计人员完成该复杂任务，本章介绍了一些关键部件和标准来指导设计中的选择。在机器人装置的最初设计阶段，考虑机械柔性可提高机械抓手的操作能力。简单控制率和高级操作策略有利于更好地进行系统描述。

参考文献

[ARA 95] ARAI T., ANDO D., FUKUDA T., "Micromanipulation based on microphysics – strategy based on attractive force reduction and stress measurement", *IEEE/RSJ International Conference on Intelligent Robots and Systems*, vol. 2, Pittsburgh, PA, pp. 236–242, 1995.

[BEL 98] BELLOUARD Y., CLAVEL R., GOTTHARDT R., *et al.*, "A new concept of monolithic shape memory alloy micro-devices used in microrobotics", *6th International Conference on New Actuators*, p. 88, Bremen, Germany, 1998.

[BER 09] BERSELLI G., VASSURA G., "Differentiated layer design to modify the compliance of soft pads for robotic limbs", *IEEE International Conference on Robotic and Automation*, Kobe, Japan, 2009.

[BIA 02] BIAGIOTTI L., Advanced robotic hands: design and control aspects, PhD Thesis, University of Bologna, 2002.

[BIA 04] BIAGIOTTI L., LOTTI F., MELCHIORRI C., *et al.*, How far is the human hand? A review on anthropomorphic robotic end-effectors, DIES internal report, University of Bologna, 2004.

[BIA 05] BIAGIOTTI L., LOTTI F., PALLI G., *et al.*, "Development of UB Hand 3: early results", *IEEE International Conference on Robotics and Automation*, Barcelona, Spain, 2005.

[BIC 00] BICCHI A., "Hands for dexterous manipulation and robust grasping: A difficult road toward simplicity", *IEEE Transactions on Robotics and Automation*, vol. 16, pp. 652–662, 2000.

[BIC 02] BICCHI A., MARIGO A., "Dexterous grippers: putting nonholonomy to work for fine manipulation", *The International Journal of Robotics Research*, vol. 21, pp. 427–442, 2002.

[CAR 04] CARROZZA M.C., SUPPO C., SEBASTIANI F., *et al.*, "The SPRING hand: development of a self-adaptive prosthesis for restoring natural grasping", *Autonomous Robots*, vol. 16, pp. 125–141, 2004.

[CAR 05] CARROZZA M., CAPPIELLO G., STELLIN G., *et al.*, "A cosmetic prosthetic hand with tendon driven under-actuated mechanism and compliant joints: ongoing research and preliminary results", *IEEE International Conference on Robotics and Automation*, Barcelona, Spain, pp. 2661–2666, 2005.

[CLÉ 05] CLÉVY C., HUBERT A., AGNUS J., *et al*, "A micromanipulation cell including a tool changer", *Journal of Micromechanics and Microengineering*, vol. 15, pp. 292–301, 2005.

[CUT 86] CUTKOSKY M.R., WRIGHT P.K., "Friction, stability and the design of robotic fingers", *The International Journal of Robotic Research*, vol. 5, 1986.

[DIF 01] DIFTLER M.A., AMBROSE R.O., "Robonaut: a robotic astronaut assistant", *Proceeding of the 6th International Symposium on Artificial Intelligence and Robotics and Automation in Space: i-SAIRAS 2001*, Canadian Space Agency, Montreal, Canada, 2001.

[HEN 03] HENEIN S., SPANOUDAKIS P., DROZ S., *et al.*, "Flexure pivot for aerospace mechanisms", *Proceedings of the 10th European Space Mechanisms and Tribology Symposium*, San Sebastian, Spain, 2003.

[HIR 78] HIROSE S., UMETANI Y., "The development of soft gripper for the versatile robot hand", *Mechanism and Machine Theory*, vol. 13, pp. 351–359, 1978.

[HUA 12] HUARD B., GROSSARD M., MOREAU S., *et al.*, "Multi-model observer and state feedback for position control of a flexible robotic actuator", *38th Annual Conference of the IEEE Industrial Electronics Society (IECON)*, Montreal, Canada, 2012.

[KAN 91] KANEKO M., YAMASHITA T., TANIE K., "Basic considerations on transmission characteristics for tendon drive robots", *International Conference on Advanced Robotics*, Pisa, Italy, 1991.

[KAN 03] KANEKO M., HIGASHIMORI M., TAKENAKA R., *et al.*, "The 100 G capturing robot – too fast to see", *IEEE/ASME Transactions on Mechatronics*, vol. 8, pp. 37–44, 2003.

[KRA 09] KRAGTEN G., BOSCH H., VAN DAM T., *et al.*, "On the effect of contact friction and contact compliance on the grasp performance of underactuated hands", *ASME International Design Engineering Technical Conferences*, San Diego, CA, 2009.

[LAL 02] LALIBERTE T., BIRGLEN L., GOSSELIN C.M., "Underactuation in robotic grasping hands", *Machine Intelligence and Robotic Control*, vol. 4, pp. 1–11, 2002.

[LI 01] LI Y., KAO I., "A review of modeling of soft-contact finger and stiffness control of dexterous manipulation in robotic", *IEEE International Conference on Robotic and Automation*, Seoul, Korea, 2001.

[LOP 08] LOPEZ-WALLE B., GAUTHIER M., CHAILLET N., "Principle of a submerged freeze gripper for microassembly", *IEEE Transactions on Robotics*, vol. 24, pp. 897–902, 2008.

[LOT 04] LOTTI F., TIEZZI P., VASSURA G., *et al.*, "UBH 3: an anthropomorphic hand with simplified endoskeletal structure and soft continuous fingerpads", *ASME International Design Engineering Technical Conferences and Computers and Information in Engineering Conference (IDETC/CIE)*, Salt Lake City, UT, pp. 4736–4741, 2004.

[MAR 11] MARTIN J., Ensemble mécanique articulé et main mécanique comportant un tel ensemble, Patent applications no. FR1161547, 2011.

[MAR 11a] MARTIN J., ROBERT M., "Novel flexible pivot with large angular range and small center shift to be integrated into a bio-inspired robotic hand", *Journal of Intelligent Material Systems and Structures*, vol. 22, pp. 1431–1437, 2011.

[MAR 11b] MARTIN J., HUARD B., ROBERT M., *et al.*, "Robotic hands: mechatronic design and compliance control of a self-sensing finger prototype", *Computer Methods in Biomechanics and Biomedical Engineering*, vol. 14, pp. 103–105, 2011.

[MAR 11c] MARTIN J., HUARD B., ROBERT M., *et al.*, "Design of a novel self-sensing and compliance controlled robotic finger joint", *IEEE/ASME International Conference on Advanced Intelligent Mechatronics (AIM)*, Budapest, Hungary, 2011.

[MEL 93] MELCHIORRI C., VASSURA G., "Mechanical and control issues for integration of an arm-hand robotic system", Experimental Robotics II, Lecture Notes in Control and Information Sciences, Springer, Berlin, Heidelberg, 1993.

[MUR 12] MURRAY R.M., LI Z., SASTRY S.S., *A Mathematical Introduction to Robotic Manipulation, 2nd ed.*, Taylor and Francis, Pasadena, CA, 2012.

[PAL 06] PALLI G., MELCHIORRI C., "Model and control of tendon-sheath transmission systems", *IEEE International Conference on Robotics and Automation*, Orlando, FL, 2006.

[PAL 09] PALLI G., BORGHESAN G., MELCHIORRI C., "Tendon-based transmission systems for robotic devices: models and control algorithms", *IEEE International Conference on Robotics and Automation*, Kobe, Japan, 2009.

[PEI 09] PEI X., YU J., ZONG G., *et al.*, "The modeling of cartwheel flexural hinges", *Mechanism and Machine Theory*, vol. 44, pp. 1900–1909, 2009.

[PRE 02] PREUMONT A., *Vibration Control of Active Structures: An Introduction, 2nd ed.*, Kluwer Academic, Berlin, 2002.

[REG 10] REGNIER S., CHAILLET N., *Microrobotics for Micromanipulation*, ISTE, London, John Wiley & Sons, New York, 2010.

[SAL 85] SALISBURY K., MASON M.T., *Robot Hands and the Mechanics of Manipulation*, MIT Press, Cambridge, 1985.

[SHI 96] SHIMOGA K.B., GOLDENBERG A.A., "Soft robotic fingertips – part i: a comparison of construction materials", *The International Journal of Robotic Research*, vol. 15, pp. 320–334, 1996.

[SOC 12] SOCIÉTÉ ROBOTIQ, 2012. Available at www.robotiq.com.

[STE 10] STEUTEL P., KRAGTEN G.A., HERDER J.L., "Design of an underactuated finger with a monolithic structure and largely distributed compliance", *ASME International Design Engineering Technical Conferences and Computers and Information in Engineering Conference (IDETC/CIE)*, Montreal, Quebec, Canada, pp. 355–363, 2010.

[UED 10] UEDA J., KONDO M., OGASAWARA T., "The multifingered NAIST hand system for robot in-hand manipulation", *Mechanism and Machine Theory*, vol. 45, pp. 224–238, 2010.

第 6 章　多关节灵巧手操作的柔性触觉传感器

Mehdi Boukallel、Hanna Yousef、Christelle Godin 和 Caroline Coutier

6.1　简介

对于机器人研究来说，最前沿的领域并不在于宇宙空间，而是人类的日常生活 [VER 06]。当今，机器人的应用领域从固定的工业生产线环境不断拓展到诸如家庭、办公室和医院等更为复杂的环境。这些新的应用领域需要能够与人类以及现实环境中各种工具交互的灵活自主的智能机器人。为更加具有“类人”功能，机器人需要能够执行类人的操作任务，使得目前的机器人水平从抓取提升到再抓取、旋转和平移等更加先进的操作，并同时能够与人类用户进行交互。

为了能够在非结构化的动态变化环境中智能地执行任务，机器人需要在操作物体的同时感知和推理其外部环境。为此，机器人需要一个可提供其与所交互物体之间所有接触点的作用力与位置等信息的接口。因此，目前机器人领域的一个核心问题是开发完全分布式的触觉感知人造皮肤。

机器人的触觉感知定义为可变接触力的连续感知 [PEN 86]。该信息可用于确定机器人是否与物体接触、接触的自然属性（如是否为固体、是否发生形变等）、接触配置、抓取稳定性以及机器人控制的反馈作用力 [TEG05]。此外，在更高层次上，触觉信息还可用于分析灵巧操作的动作步骤，从而可通过优化机器人的操作技术来提高机器人的灵活性、技巧和性能 [HAN 12]。

本章的前两节全面介绍了目前在特定灵巧手操作背景下触觉和压力感知的最新发展现状，尤其是在考虑特定多关节灵巧手操作环境下，与抓取操作的比较。6.2 节介绍了描述人手活动与运动的模型，并定义了一组有关机器人多关节触觉感知系统的功能和技术规范。6.3 节中对满足上述要求的传感器以及认为能够适应上述要求的传感器进行了综述。另外，并进行了研究工作的分析比较，以及对不同感知技术的优缺点进行了对比。6.4 节介绍了一个触觉示例系统的设计过程。其中介绍了一个用于触觉表面参数辨识和估计的三轴力微传感器阵列及其在人工触摸系统中的集成。

6.2　作为机器人操作基础的人类灵巧操作

由于要求机器人能够在非结构化环境中具有类人操作的性能，因此机器人领域的研究趋势是从人类运动以及人类皮肤和触感中寻找灵感。由此，了解人类触觉和知觉的生理学原理，以及在抓取物体和操作物体时人手活动和动作的工程学机理十分重要。

6.2.1　人手和手指运动

人手操作物体由一系列行为动作组成，每个行为动作用于完成整个操作任务的一个子任务。除了个体差异的不同，执行操作任务的动作选择还取决于物体相关参数（如大小、重量、形状和质地）、操作相关参数（如运动模式）以及性能需求（如速度和准确性）[KIM 03]。抓取物体时的手部姿态和运动已得到广泛研究，目前已有大量关于建模与重现方面研究工作的文献，如 [CUT 89]、[BIC 00]、[CHO 08]、[EDU 08]、[CIO 09] 和 [COB 10]。相比之下，人手操作的研究还远远不够。其原因在于任务完成的高度复杂性和多样性，以及目前市场上感知技术在灵敏性和空间分辨率方面的局限性。

然而，灵巧操作已在医学、发展心理学、感知综合治疗和物理治疗方面得到深入研究 [PON 08，PIE 06，DEU 05，SUM 08，PIE 08]。在文献 [ELL 84] 和 [EXN 92] 中，将手部操作中的手部运动划分为两种主要系统。Elliot 和 Connoly [ELL 84] 从操作相关的手指运动方面对手部运动进行了分类。在此，可分为三种主要的类型：①简单的协同运动，即所有相关的手指作为一个整体进行弯曲和伸展运动，如挤压一个小球或吸管；②相互的协同运动，即大拇指独立运动而其他相关手指作为一个整体进行运动，如拧开/拧紧一个瓶盖；③序贯动作模式，即相关手指彼此独立运动而形成的运动模式，如笔在手上的转动和/或重定位。除了手指运动之外，还介绍了一类结合手掌的运动模式，此时被操作物体固定在手掌上而参与手指对该物体其余部分进行操作，如同一只手握紧物体时拧开/拧紧管盖或笔盖。

在 Exner 的分类体系中 [EXN 92]，除了考虑手部运动，还考虑了物体在手中的位移量和位移类型。在此，主要有三种类型：①物体从指尖到手掌或从手掌到指尖的平移运动，如抓取多个小物体并置于手掌中；②物体线性运动或穿过一个或多个手指的切换运动，如书写时铅笔的重定位；③物体在其他手指和拇指之间转动（简单）或物体翻滚或从一端到另一端转动（复杂）的旋转运动，如书写时转动笔来重定位。

Pont 等人 [PON 09] 对 Exner 的分类系统进行了进一步拓展，使其包括实现任务所需的手指运动复杂性以及稳定性所需的具体指标。由此，Pont 等人提出了一种由 Exner [EXN 92]和 Elliot 与 Connoly [ELL 84] 共同组成的分类系统。在该系统中，Exner所定义的切换运动进一步分为简单切换和复杂切换。在此，简单切换包括 Exner 切换和 Elliot 与 Connoly 的简单协同运动，而复杂切换包括序贯运动模式的切换。此外，还讨论了物体从指尖到手掌平移运动的重要性主要在于保证稳定。

在上述 3 个系统描述的不同运动中，可知在大量操作任务中末端指关节的所有 5 个手指垫都参与物体的直接操作。此外，通过对物体表面施加法向力来抵消因物体滑落、旋转及其自身重量而产生的切向力，指尖也用于保证抓取稳定性 [JOH 09]。另外，随着物体形状、表面摩擦力、惯量、弹性和黏性的不同，用于对其进行补偿的法向抓取力也不同 [FLA 97]。由此可知，抓取稳定性对于防止物体滑落以及作用力与精确抓取之间的转换十分重要。然而，中间指关节与末端指关节处的手指垫对于物体抓取稳定性最为重要。同样，五指和手掌的侧面也经常用于保证物体抓取的稳定性。

6.2.2 人手的触觉感知

上述介绍的每个动作都是不同机械接触的动作，例如接触形成或去除以及接触力的变化。因此，每个子任务都会产生不同的离散感知信号［JOH 84］。在涉及的感知模式（主要是触觉、本体感知和视觉）中，触觉感知可提供对机械接触事件和交互作用的一种直接测量［JOH 08］。因此，触觉信号是每个交互作用开始、持续和结束以及对手部操作物体作用力的自适应预测的关键控制因素。

接触动作所产生的触觉感知信号是由促使皮肤外层兴奋的机械性刺激感受传入神经元（机械受体）而产生的［KNI 70］。在文献［JOH 09］中对不同类型的机械受体，其密度（见图6.1）和特性以及所产生信号的编码和功能进行了全面讨论。总的来说，可分为4种不同类型的传入方式，每一种方式都具有各自的功能和感知范围。这些机械受体根据其响应速度及其相对应的刺激信号而划分。其中，两种快速自适应传入方式（Ⅰ型和Ⅱ型）会对皮肤形变的瞬态变化（动态）产生反应。而另外两种慢速自适应传入方式（Ⅰ型和Ⅱ型）会长时间对持续形变（静态）具有反应。机械受体还可根据其在皮肤中的深浅程度以及接受场（即在受到刺激时传入神经响应信号的皮肤外层区域）来进一步分类。Ⅰ型传入方式位于真皮-表皮边界处，且接受场较小而明确。而Ⅱ型传入方式位于皮肤更深层，且接受场较大但更为不确定。

Ⅰ型传入方式在指尖处的分布密度最高，并向下逐步减小。而Ⅱ型传入方式在整个手指和手掌中分布均匀。除此之外，快速自适应Ⅰ型传入方式在人手上具有主导地位。上述两点表明在动态动力相互作用的高时空分辨率上具有显著意义，尤其是接触产生/去除或接触力变化过程中。同时，这也支持了前面的假设，即指尖和末端指关节主要是负责直接操作物体的运动，而时空分辨率较低的触觉信号主要是用于保证操作过程中的稳定性。

6.2.3 机器人灵巧操作触觉感知的功能规范

基于上述讨论，一种仿人操作的机械手触觉感知系统的最低功能要求可归纳如下：

—能够检测对一个物体的接触和释放；

—能够抓取和移动一个物体；

—能够检测接触区域（触觉成像）的形状和受力分布以识别物体；

—能够检测接触力的大小和方向以实现操作过程中稳定抓取物体；

—能够检测动态接触力和静态接触力；

—能够监测操作过程中接触点的轨迹变化；

—能够检测操作所需的预测抓取力与实际抓取力之间的差别；

—能够检测操作过程中手部运动而导致的接触力大小的变化；

—能够检测为防止物体滑落而需要的与物体形状和重量相关的切向力；

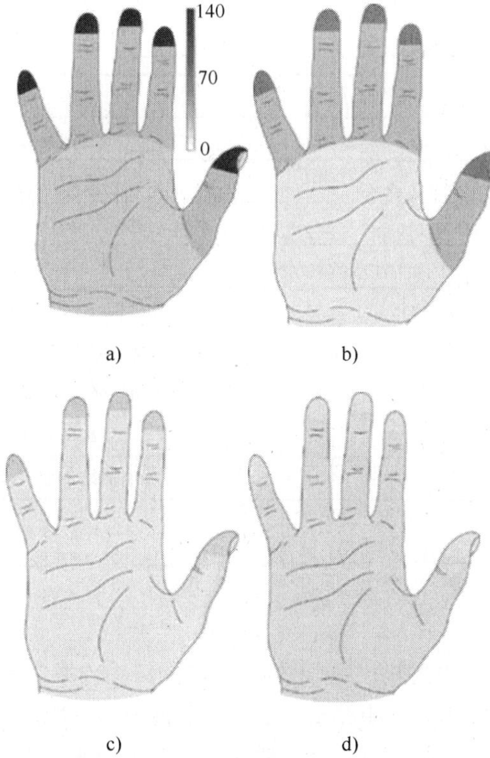

图 6.1　人手的机械受体密度（每平方厘米，a 粒度分布尺度［JOH 09］。所有 4 种数据的颜色编码如 a 所示）

a）快速Ⅰ型　b）慢速Ⅰ型　c）快速Ⅱ型　d）慢速Ⅱ型

—能够检测为防止物体滑落由物体参数变化而产生（表面摩擦力、惯量和弹性）的切向力。

Dargahi 和 Narajan［DAR 04］在考虑各种约束和可能性（如与传感器系统相连的测量电子元件和数据处理单元）的条件下提出了基于仿人触觉感知的一般设计原则，该设计原则是基于机械受体最为集中的指尖处的仿人触觉感知。Dahiya 等人［DAH 10］针对上述设计原则增加了多项考虑因素，其中考虑到人体皮肤中不同类型传感器的具体功能和空间分辨率等需求。除此之外，Dahiya 等人认为可对触觉信息数据在传送至中央处理器之前进行某些处理以减少数据量。另外，还认为不同类型的触觉信息数据可经不同通道以不同速率传递，类似于快速和慢速自适应机械受体，从而可尽快处理更为重要的信号，但是这可能会导致接线增多。源自文献［YOU 11a］的适用于手动操作的设计原则总结见表 6.1。

为实现上述设计原则，一个触觉感知系统可由满足上述准则的传感器或共同满足上述准则的不同传感器组合而成的综合解决方案构成。一种设想的解决方法是在具有较低空间分辨率的较大区域压力敏感基板上集成多个高灵敏的小型三维力传感器。本章所介绍的主要是力和压力传感器以及传感器阵列方面的技术。

表 6.1 灵巧操作的触觉感知系统的设计原则

参 数	原 则
作用力方向	法向和切向
时间变化	静态和动态
空间分辨率（点到点）	指尖 1mm，手掌 5mm
响应时间	1ms（单个传感器）
作用力灵敏度（动态范围）	0.01～10N（1000:1）
线性/滞回	稳定、可重复、弱单调滞回
材料	柔性或可伸缩材料，或柔性可伸缩集成材料
触觉串扰	机械和信号串扰最小
集成与制造	简单机械集成且接线最少

6.3 触觉感知技术

本节从传导方法入手归纳并介绍了不同传感器的解决方案。参考文献的时间跨度是从 2000 年到 2010 年 9 月。6.4 节中给出了不同传感器解决方案的对比比较（见表 6.3），同时还对不同感知技术的优缺点进行了一般对比（见表 6.4）。

6.3.1 电阻式传感器

电阻式感知技术是基于在施加作用力或压力下结构或材料的阻值变化而实现的。在此，介绍一系列适用于电阻式触觉感知的结构和材料，其中包括微机械应变计和压敏电阻、导电聚合物、导电流体和不同的复合材料。接下来，根据传感器设计和材料的不同，来分别介绍电阻式传感器。

6.3.1.1 微机械应变计

应变计是由施加外力时发生弹性形变从而使得电阻阻值变化的结构组成。为优化因施加机械应力而导致的阻值变化，应变计通常是蜿蜒曲折的蛇形结构。由此，当形变时，应变计的横截面积减小，而其导电长度增大。在此，通常情况下，由于机械形变而导致的应变计材料本身的阻值改变是次要的。

微机械应变计具有灵敏度高、尺寸小、空间分辨率高且制造技术成熟等优点。除此之外，微应变计还能够与可读取电子装置和其他微机电系统（MEMS）元件直接集成。Xu 等人［XU 03a］提出了一种基于微应变计的专用于曲面表面的柔性感知皮肤。其中，通过将多晶硅硅基集成电路的应变计键合到柔性印制电路板（柔性 PCB）上而制成剪应力传感器（见图 6.2）。每个传感器封装大小为 10mm×20mm，且由 16 个传感器的一维阵列以及偏置和信号调理电路组成。通过将电路都集成在同一芯片中，可显著简化传感器封装且提高系统可靠性和鲁棒性。在文献［XU 03b，KAT 08］中，来自同一组的研究人员提出了不同的设计方案，其中将扩散硅质应变计直接封装在聚对二甲苯或聚酰亚胺中，形成一个高度柔性的网络（见图 6.2b 和 c）。另外，还在柔性感知皮肤中集成拼接孔以使之可与织物相结合。在 22mm×21mm 的区域内可放置一个 4×4 的传感器排列。单片硅的尺寸范围可从 2.5×2.5～10mm×10mm。初步测试表明传感器网络能够承受拉伸和扭曲，但具有非线性特性。同时还表明只有可忽略不计的少量机械应力转移到硅片上。但认为对于需要与机械应力隔离的传感器应用而言，这是可接受的。

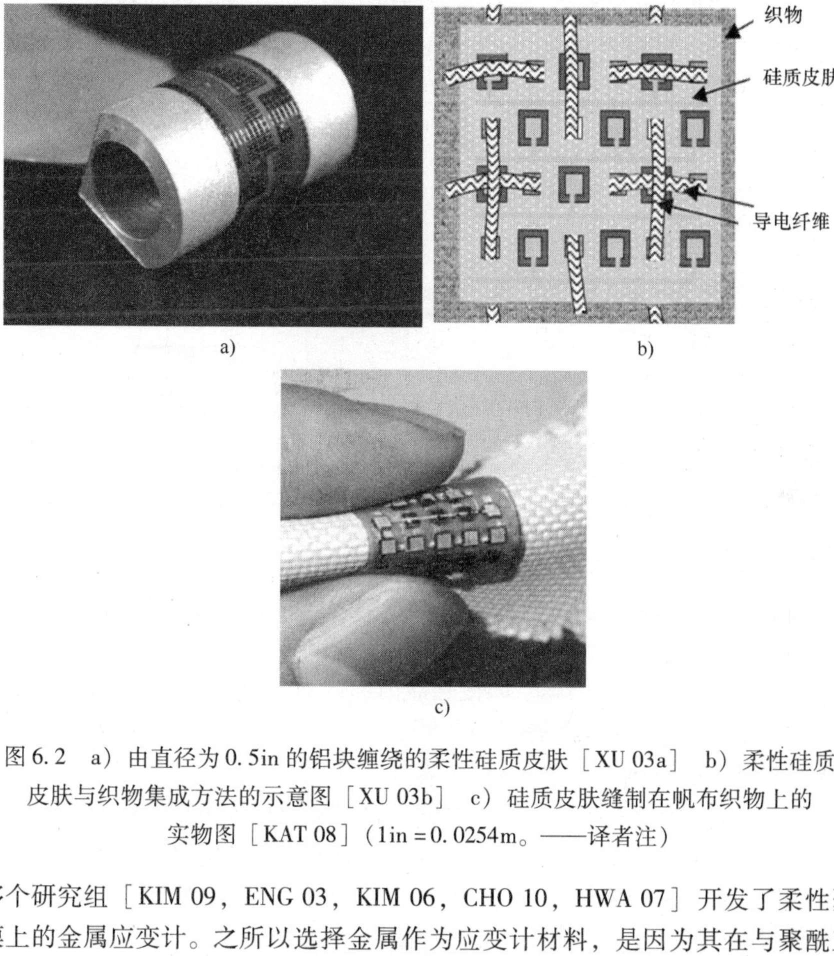

图 6.2　a）由直径为 0.5in 的铝块缠绕的柔性硅质皮肤［XU 03a］　b）柔性硅质皮肤与织物集成方法的示意图［XU 03b］　c）硅质皮肤缝制在帆布织物上的实物图［KAT 08］（1in＝0.0254m。——译者注）

多个研究组［KIM 09，ENG 03，KIM 06，CHO 10，HWA 07］开发了柔性聚酰亚胺薄膜上的金属应变计。之所以选择金属作为应变计材料，是因为其在与聚酰亚胺相兼容的相对较低温度下往往会沉积。应变计通常放置在柔性薄膜中隔膜的最大压力点处，并通常在隔膜顶端增加凸块以提高灵敏度，如图 6.3 所示。Kim 等人提出了一种集成于聚酰亚胺层的 32×32 的镍铬（NiCr）阵列应变计。传感器单元的大小为 1mm×1mm，阵列总面积为 55mm×65mm。在同一基板上具有一个可插拔的柔性电缆，并集成在该传感器阵列中［KIM 09］。另外，还提出了一种传感器尺寸较大（2mm×2mm）且空间分辨率较低的较小阵列（4×4）［KIM 06］。然而，该传感器可以同时检测灵敏度分别为 2.1%/N 和 0.5%/N 且量程范围为 0～2N 的法向力和剪切力。通过开发适用于较厚（80μm）的聚酰亚胺的制造技术，从而可使得应变计具有更深的腔体和更高的挠度。Engel 等人［ENG 03］实现了比之前聚酰亚胺上 NiCr 应变计的灵敏度范围更高的应变计，然而该应变计的空间分辨率和机械柔性均有所下降。Choi 等人［CHO 10］提出了一种分别具有 207mV/N 和 70mV/N 的相对较高的检测法向力和剪切力灵敏度的 NiCr 应变计。Hwang 等人［HWA 07］通过去除薄隔膜来提高作用力灵敏度的强度和耐久性。铜镍（CuNi）应变计置于聚酰亚胺薄膜上，随后附于聚二甲基硅氧烷（PDMS）薄膜上以提高柔性。由此，3 个 8×8 阵列的应变计中每个应变计的空间分辨率为 4mm，且法向力和剪切力的灵敏度分别为 10mV/N 和 0.5mV/N。在传感器结构中增加 PDMS 触觉凸块以改善作用力的分布。

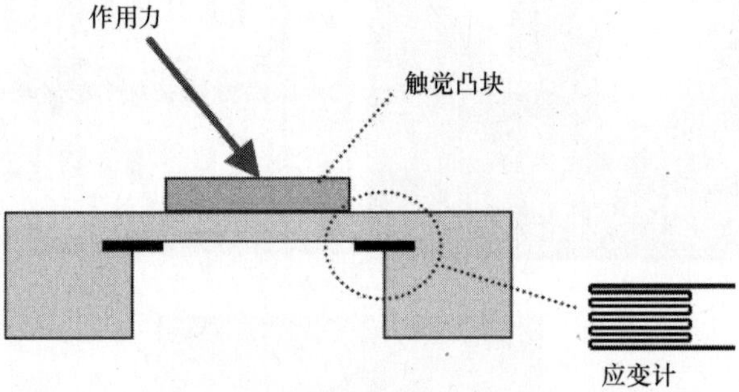

图 6.3　基于隔膜的应变计的常用设计。当对金属箔或凸块表面施加作用力时，隔膜变形，从而使得集成应变计形变。根据应变计的位置（以及测量方法）可同时检测法向力和剪切力

利用弹性材料嵌入或覆盖微机械传感器元件综合了 MEMS 和弹性体机械柔性的优点。由此，本质上较脆的硅质应变计可拉伸并应用于曲面表面和活动关节。此外，弹性体层还可提高系统的鲁棒性和抓取性能，然而所产生的一个问题是会降低传感器的灵敏度，并且会造成横向逆问题，即传感器内部或弹性材料的感知模式不一定唯一，由此可能造成表面上的作用力不同［LEE 99］。

Huang 等人［HUA 08］和 Sohgawa 等人［SOH 07］提出，将应变计放置在垂直倾斜微悬臂梁上。微悬臂梁是在绝缘硅（SOI）上微加工而成，然后嵌入在 PDMS 层或聚氨酯中。当在弹性体表面上施加外力时，应变计可检测到悬臂梁和弹性体的形变。由于根据应力方向，各个不同悬梁臂的输出不同，由此可以区分法向力和切向力（见图 6.4）。由 PDMS 覆盖的传感器对于法向力灵敏度为 0.02%/N 的作用力具有线性响应，传感器对切向力的测量范围要明显小于法向力（1N 与 8N）。由聚氨酯覆盖的传感器对于作用力不具有线性响应，然而其灵敏度要比由 PDMS 覆盖的传感器高大约 30 倍。随着传感器的进一步发展，可检测应力分布和物体形状，一个在 3mm×3mm 面积上与悬臂梁传感器正交的 3×3 传感器阵列对于法向力和切向力的灵敏度分别为 2.2mV/N 和 0.14mV/N，并集成到聚对苯二甲酸乙二醇酯（PET）箔上以使得整个传感器系统具有机械柔性［SOH 09］。

可通过在覆盖传感器的软材料表面上引入脊（类似于人体表皮脊）来提高嵌入式应变计的灵敏度［ZHA 10，SOH 09］。这些脊可增强由于外力作用而造成的机械形变。此外，还可增大摩擦力，从而使得抓取稳定性更高。在此还进行了仿真以确定表皮脊的最佳比，并证明当该因子为 2 时可提高传感器的灵敏度。

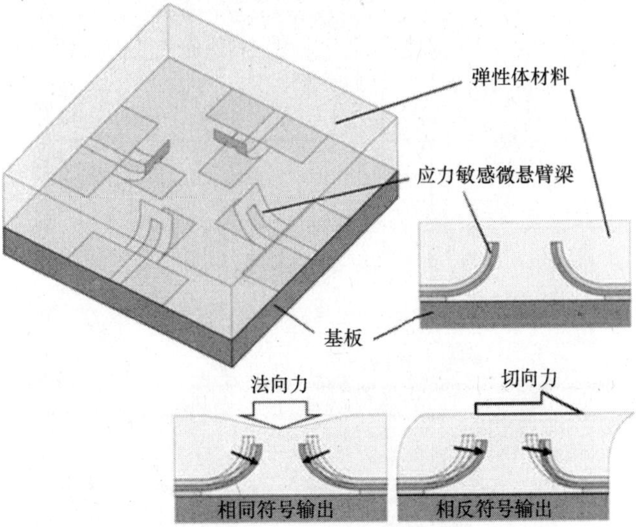

图 6.4　嵌入式倾斜悬臂梁的结构和操作［SOH 07］

6.3.1.2　微机械压敏电阻

在压敏电阻中，可通过压敏电阻材料本身的阻值变化来检测所施加的机械应力。与应变计相比，由于机械形变造成的阻值变化是次要的。因此，一般来说，压敏电阻的横向尺寸较小，并可实现在单位面积上的输出更大。硅和其他半导体材料具有更高的压阻效应，但更脆和易碎。与应变计类似，将压敏电阻嵌入到弹性体中可增加机械柔性并保护传感器元件。关于该弹性体的效果可见前面的讨论。

Ho 等人［HO 09］将硅质力/力矩压敏电阻式传感器直接嵌入到软指尖分析中。该传感器芯片具有 4 根跨梁且在其表面上具有 18 个可检测纵向和剪应力的压敏电阻，其中法向灵敏度为 0.085V/N，切向灵敏度为 0.039V/N。总的传感器封装横向大小为 1mm × 5mm，厚度为 3.3mm。封装之后，传感器芯片注入表示指尖的聚亚安酯半球中。在此，通过仿真表明在外力作用下指尖如何变形，以及对于法向力和切向力具有较高的检测精度。

通过独立测量两个互相垂直放置的嵌入式硅质悬臂梁的阻值变化，可检测所施加切向力的大小和方向［NOD 06］。该传感器在作用力水平方向上的灵敏度是与作用力垂直方向的 20 倍，由此认为这可用来区分作用力的轴向分量。尽管悬臂梁尺寸为毫米级，但整个传感器封装大小不超过 20mm × 20mm。传感器可检测的切向力量程为2N。为增大量程，将直立式悬臂梁嵌入到结构所增加的一个液态腔中［NOD 09］，如图6.5所示。这样，在不损坏悬臂梁的条件下可施加到传感器表面的切向力最大可达3N。

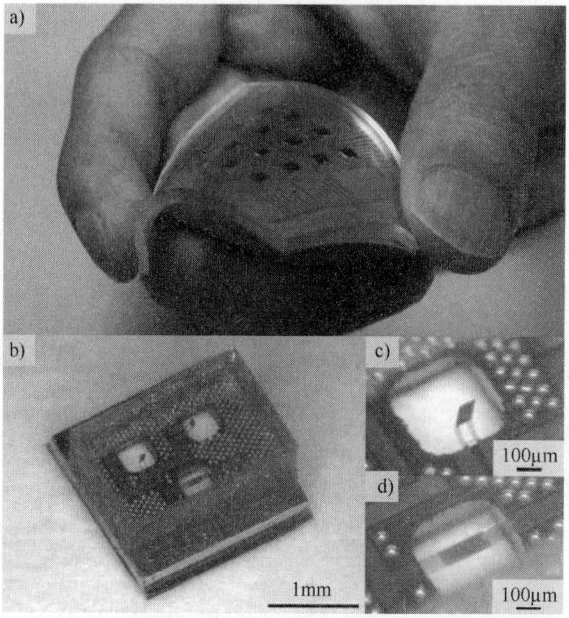

图6.5 a）基于两个直立式悬臂梁独立测量的三维作用力传感器阵列，其中一个是沿切向方向的，而另一个是沿法向方向的。整个传感器芯片集成在PDMS中
b）一个独立的传感器芯片 c）垂直嵌入在PDMS中的直立式悬臂梁
d）测量法向力的横梁［HO 09］

Beccai等人提出了一种硅基的三轴嵌入式压敏电阻传感器［BEC 08］。该传感器集成在柔性PCB中，且整个传感器封装在聚氨酯材料中，从而使得传感器封装及其驱动电路具有机械柔性和更高的鲁棒性。整个传感器封装的半径为3mm，并对于法向力和切向力的灵敏度分别为0.1V/N和0.4V/N。同样的传感器可进一步与柔性PCB以及构成可缠绕的整个柔性光电系统的光信号转换器相集成，如手指［ASC 07］。由此，可减少布线以及串扰量。传感器系统的压力灵敏度可达到1.7kPa。

Wen和Fang［WEN 08］提出了一种调节嵌入式压敏电阻传感器感知范围和灵敏度的方法。该传感器由具有嵌入在PDMS-钴复合材料中的单晶体硅压敏电阻的4个悬臂梁构成。增大相对于PDMS的钴粒子浓度，则聚合物层的刚度也相应增加，从而增大传感器的最大负荷和感知范围，但这样将会降低传感器的灵敏度（见图6.6）。对于施加法向力灵敏度范围为0.52%～3.4%和施加切向力灵敏度范围为1%～2.2%的情况，不同PDMS-钴浓度的传感器之间法向力的灵敏度差异比切向力灵敏度差异更明显。该传感器安装在一个玻璃支架上，用于保护传感器封装的刚性。如果用柔性或可拉伸材料来替代玻璃支架，则该传感器可用于柔性电子皮肤。

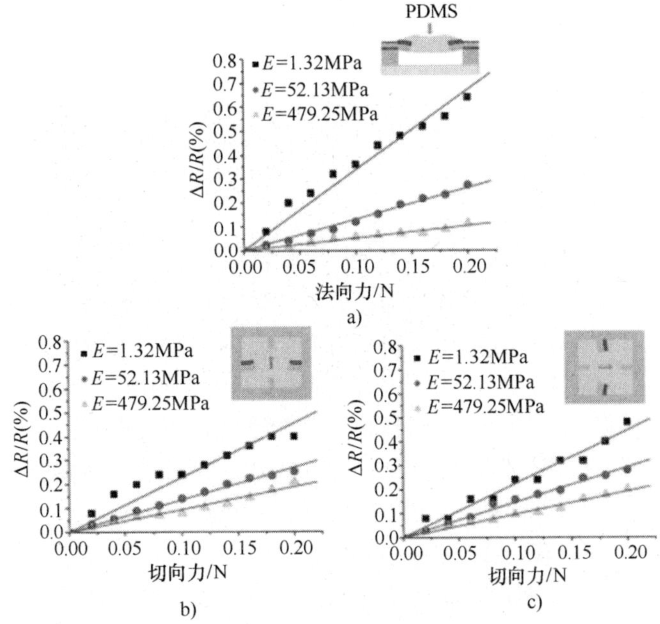

图 6.6　a）法向力　b）不同方向的切向力
c）三种不同薄膜刚度的变化而阻值变化的测量结果

6.3.2　导电聚合物和织物纤维

聚合物薄膜具有良好的机械柔性和鲁棒性，以及抗化学腐蚀性。除此之外，基于聚合物的传感器可利用大面积低成本制造技术制成，如辊-辊制造和丝网印制［LIU 07］。Tsao 等人提出了一种完全聚合且具有机械柔性的压敏电阻传感器［TSA 08］，其中感知材料是由一个充满电解聚吡咯的多孔尼龙矩阵构成。复合材料的电导率随着所施加压力负荷的增大而增大，从而使得传感器在施加应力范围在 20～600kPa 下的稳定灵敏度为 0.023%。在文献［YU 08］中提出了一种利用总面积为 90mm×90mm 中空间分辨率为 1.9mm 的该材料所构成的 32×32 传感器阵列。其中，导电多孔尼龙层沉积在具有叉指电极的聚酰亚胺薄膜上。

Wang 等人［WAN 09］采用一种市面上现有的导电离子聚合物-金属复合材料（IPMC）-Flemion 作为 3D 仿生触觉传感器的感知层（见图 6.7）。Flemion 薄膜沉积在一个可同时测量切向力和法向力的封装在 PDMS 触觉凸块内部的模板电极上。当对凸块施加外力时，Flemion 层发生导致内部电荷重分布的形变，从而产生输出电势。基于 Flemion 的传感器在法向方向上的灵敏度约为 15mV/N，比切向方向上的灵敏度高出 2 倍。与市面上现有的另一种 IPMC 材料-Nafion 相比，基于 Flemion 的传感器的灵敏度要高出几个数量级。

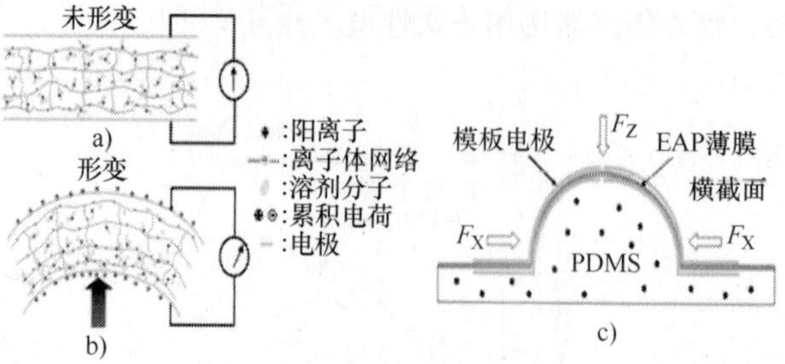

图 6.7　基于 Flemion 的触觉传感器的剖视图［WAN 09］

在另一类基于聚合物的电阻传感器中，一片导电聚合物置于两个电极之间。在施加外力下，导电材料与电极（接触电阻）之间的电阻/阻抗会发生变化，因此这种设置可作为触觉传感器。Weiss 等人［WEI 05］提出了一种在刚性 PCB 上采用乙烯-醋酸乙烯酯（EVA）层的触觉传感器。在此情况下，传感器必须集成制造于一个柔性基底内以适用于触觉皮肤的应用。Del Prete 等人［DEL 01］提出了一种在两个带电极的聚酰亚胺箔之间放置一个商用 Velostat 3M™层的柔性传感器。

Alirezaei 等人［ALI 07，ALI 09］利用电阻抗层析（EIT）成像技术来生成施加外力后导电织物层的电阻分布图，从而产生施加压力时的触觉图像。在此，电极阵列与拉伸后覆盖仿人机器人面部和身体的导电针织物层相连。在电极间流过电流时，整个导电织物上的电流就会根据该材料的电阻分布而生成电势分布，从而得到施加外力的结果（见图 6.8）。该系统的点-点空间分辨率为 9mm，可用于检测诸如手指在物体表

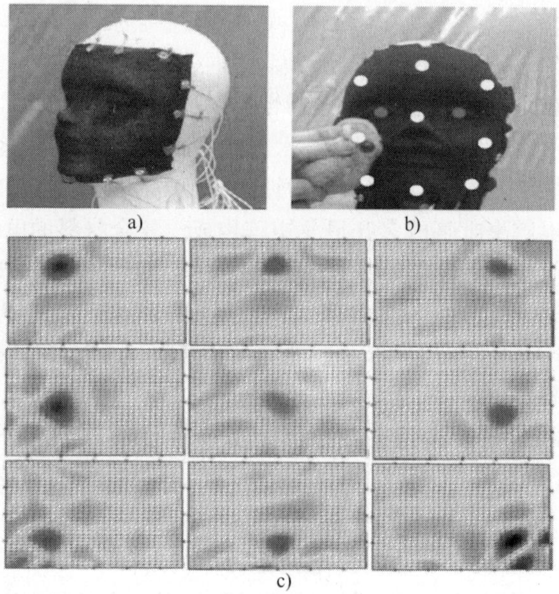

图 6.8　a）覆盖在虚拟人脸上的长方形导电织物　b）表明人脸上的作用力点
c）作用力产生的 EIT 图［ALI 07］

面水平移动所施加 20N 的微小作用力。同时还表明该导电织物具有较高的可延展性，且比导电弹性体具有更小的滞后性。

6.3.3　导电弹性体复合材料

触觉皮肤常见的压力敏感材料是一种富含导电填充粒子的弹性体。当对传感器施加使得弹性体复合材料层形变的外力时，其阻值会根据导电粒子的类型、在弹性体中所占百分比以及材料刚性而变化。由于弹性体材料具有高度可延展性，因此是应用于曲面表面和可移动部件的理想材料。此外，如上所述，利用软材料可模拟人体皮肤并提高抓取性能。然而，由于材料的各向同性，目前主要局限于压力感知的应用。另外的不足之处在于传感器具有滞后效应且动态感知范围较小。

Yang 等人 [YAN 08] 介绍了 PDMS 矩阵中的不同导电填充物，如炭黑、石墨粉和纳米碳纤维以及其电阻率和机械特性等方面的特点。同时还提出了一个面积为 40mm × 40mm 的 8 × 8 传感器阵列。其中，少量导电弹性体直接分配到柔性 PCB 表面上的电极。通过利用少量分离的聚合物而非整层，认为可减少传感器之间的串扰。除此之外，电极模板中包括与箔另一侧上温度传感器芯片相连的作为温度感知垫的结构。采用标准的微机械加工技术来生产制造电极，而利用数控机床（NC）来产生聚合物。不同形状的固体冲模以 10 ~ 50N 的法向力作用在阵列上，所产生的压力分布构成空间分布率为 5mm 的触觉图像（见图 6.9）。Yang 等人还提出了一种通过采用导电传送带垫而非导电弹性体制成的具有相应空间和压力分辨率的更大阵列（32 × 32）。

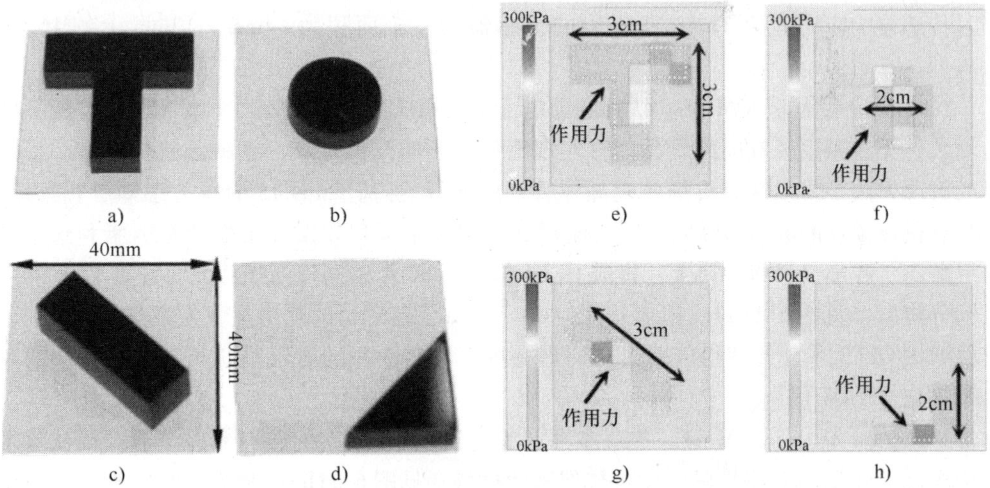

图 6.9　对传感器阵列施加法向力的固体冲模的压力分布图 [YAN 08]。固体冲模如 a)、b)、c) 和 d) 所示，其相应的触觉图像如 e)、f)、g) 和 h) 所示

Cheng 等人 [CHE 11] 利用上述相同的分配技术将少量导电聚合物应用于螺旋状铜电极网格的交点处。螺旋状电极由缠绕在尼龙丝上的铜线构成（见图 6.10）。电极

网格可替代认为在箔拉伸和弯曲下较为脆弱的更标准的平面电极模板。在此，提出一种面积为 20mm×20mm 的 8×8 传感器阵列，且施加 450kPa 压力下固体冲模的触觉图像的空间分辨率为 3mm。

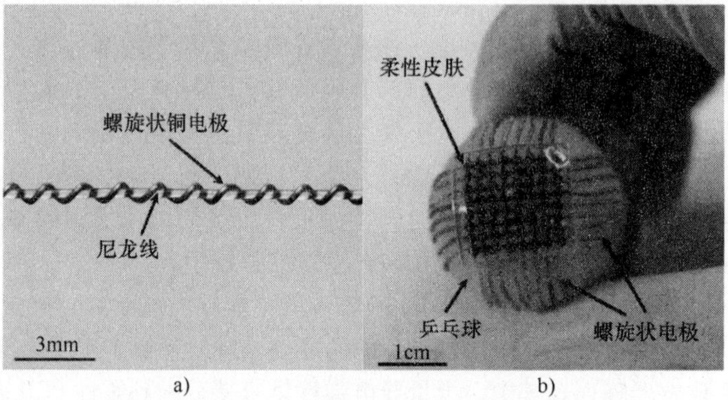

图 6.10 a）所制成的可扩展螺旋状电极
b）分布在乒乓球上的传感器阵列［CHE 11］

Shimojo 等人［SHI 04］提出了一种采用导电橡胶的单层传感器结构。其中，电极和橡胶融为一体。横向和纵向电极网络交织在行列交点处构成的感知单元阵列的皮肤中。由此，利用橡胶的机械柔性可同时避免由于切向力过大而造成的弹性体层形变和分层。在施加 0～200kPa 的压力范围下传感器单元具有可重复性而非线性和滞后响应，且传感器响应时间为 1ms。所提出的传感器为一个面积为 44mm×12mm 上的 16×3 阵列。

Someya 等人［SOM 05］认为随着电子皮肤中压力传感器阵列个数和复杂度的不断增大，无法利用现有的硅质晶体管实现测量电子的开关矩阵，且缺乏机械柔性。提出的解决方法是将柔性有机场效应晶体管（OFET）与基于 PDMS 的压力感知层相集成。具有机械柔性的五苯 OFET 通过大面积低成本技术沉积在柔性聚酰亚胺树脂和聚萘二甲酸乙二醇酯（PEN）薄上。集成 OFET 的 32×32 传感器阵列成功表明具有 1mm 的空间分辨率（见图 6.11a）。施加外力为 0～30kPa 下传感器的输出量程为微安（μA）。一种增大 OFET 尺寸并使得传感器阵列具有更大覆盖面积的方法是切割和粘贴较小的单个阵列［KAW 05］。

Someya 等人［SOM 04］进一步开发了包含 OFET 结构的塑料薄膜，通过机械加工构成可允许 25% 延展性的高度可拉伸网状材料（见图 6.11b）。另外，在阵列中还包括温度传感器。所提出的网状材料虽然力学性能较弱，但对于只需一次拉伸的应用已足够，即无需反复弯曲。该传感器的输出和感知范围可与上述方案相媲美［SOM 04］。

6.3.4 导电流体

通常，导电流体也可作为电阻式触觉传感器中的感知材料。Wettels 等人［WET 08］

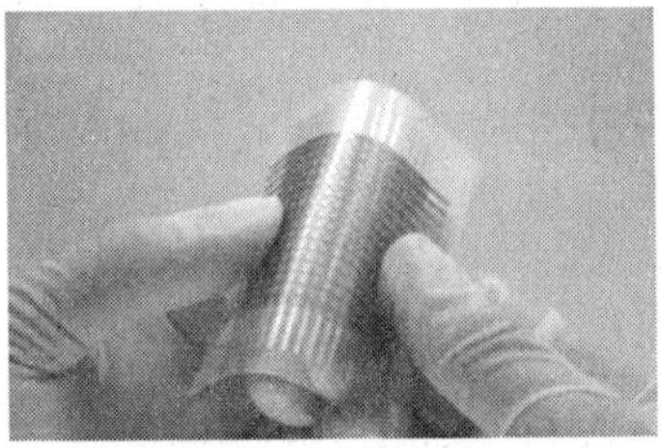

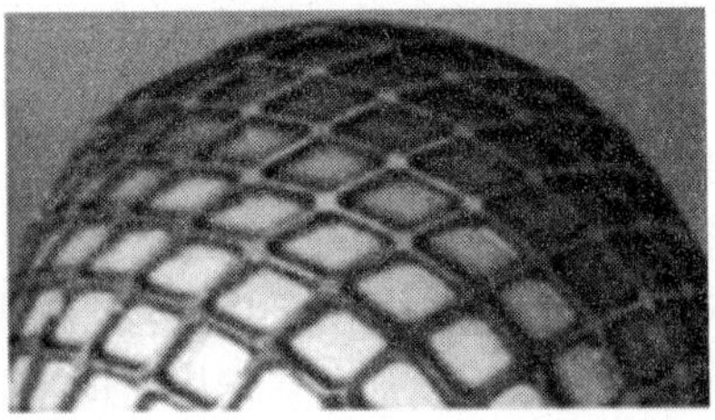

a)　　　　　　　　　　　　　　b)

图 6.11　a）集成 OFET 的柔性压敏电阻传感器阵列［SOM 04］　b）包含压力和温度传感器网络及集成 OFET 的机械加工的网状材料（该网状材料附着在一只鸡蛋上）［SOM 05］

提出了一种模仿人类手指的手指结构（见图 6.12）。该手指由一个表面上覆盖感知电极网络的刚体构成，在刚体和弹性皮肤外层之间具有弱导电性流体。对每个电极施加交流电，则可测量流体体积流量的阻抗。当对外层施加外力时，电极周围的流体路径会发生形变，从而会导致阻抗产生有效变化。由此产生的阻抗模式可提供作用力方向和大小、接触点以及物体形状的相关信息。由于弹性体层是感知结构的一部分，认为当与嵌入式传感器等相比时，这并不影响感知性能。另外还可知除了可承受作用力范围更大之外，传感器的滞后效应更小。同时还讨论了如何通过改变弹性体皮肤表面的纹理来进一步增大动态范围。在阻抗范围为 5～1000kΩ 下，传感器系统具有的作用力灵敏度范围为 0.01～40N。但是，在整个测量范围内并不是线性响应。除此之外，传感器输出还取决于施加作用力的探头形状和接触面积。为更清晰地确定接触物体的形状，必须预先已知或通过主动探索来推导出会发生接触。空间分辨率并不是主要特征，但期望在毫米范围内。Lin 等人［LIN 09］在上述系统中增加了热敏电子来测量所接触物体材料性能相关的温度与热通量。

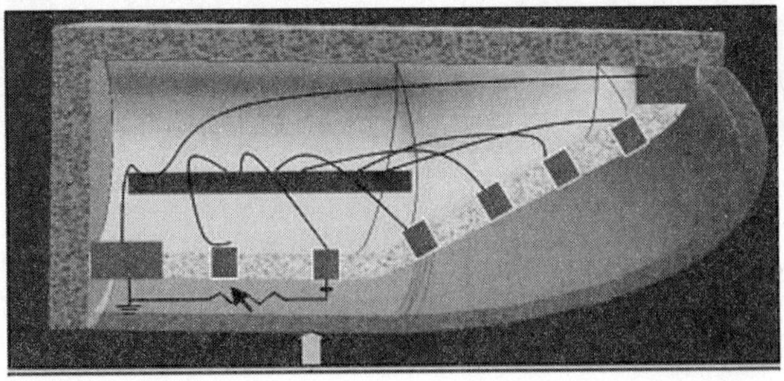

图 6.12　仿生触觉传感器的剖面表明具有一个形状类似于末端指关节的刚体以及在黏性皮肤下与弱导电流体接触的感知电极相连的内部密封电子电路舱［WET 08］

6.3.5　电容式传感器

电容式触觉感知是一种与温度无直接关系的用于检测结构微小形变的最灵敏技术。

实现电容式触觉传感器在电子皮肤中的应用需要制造可缠绕在塑料薄膜上的机械柔性传感器或传感器阵列。Pritchard 等人［PRI 08］研制出了可直接在厚度为 25μm 的聚酰亚胺薄膜上加工的电容式传感器阵列。其中，每个电容式传感器均由两个具有聚对二甲苯中间电介质层的圆形蒸发镀金板组成。该传感器对所施加的压力具有线性响应，且 5 个直径为 500μm 间隔 1mm 的传感器阵列可在 700kPa 的施加压力下输出值为 0.02 ~ 0.04pF。随着反复加载，传感器的额定值会相应增大。在此可通过数据处理来解决该问题。

Cannata 等人［CAN 08］提出了一种每个均包含完整传感器和通信系统的机械柔性模块。通过将多个模块组合，可覆盖较大区域，如整个机器人本体。柔性 PCB 可作为支撑结构，一侧是市面上现有的数字转换器集成电路（CDC）中的电容，另一侧是作为感知单元（taxels）的圆形铜制电容板（见图 6.13）。CDC 用于检测因在 taxels 上施加外力而产生的电容变化。在包含 taxels 的柔性 PCB 上增加一层较厚的硅橡胶，然后再在该层上覆盖导电硅橡胶涂层以作为接地平面。当对接地平面施加外力时，硅橡胶的形变则会使得电路中的电容值发生变化。在上述两个 taxels 上进行测量可得范围为 -0.4 ~ 0.3N。Schmitz 等人［SCH 08］在手指原型机上验证了该感知原理。然而，此时的传感器并不是制造于模块中，而是覆盖在指尖上，且传感器电子电路集成在指尖底部的刚体 PCB 中。用柔性基板代替刚体基板，传感器可覆盖整个手指。对 1 个 taxel 进行测量，表明对于施加外力具有非线性响应，且施加外力越小，则灵敏度越高。由于硅胶泡沫的松弛性能影响，使得 taxel 呈现滞后特性。在未来的研究工作中，要在不同机器人和同一机器人的不同部位上实现传感器模块［SCH 11］。

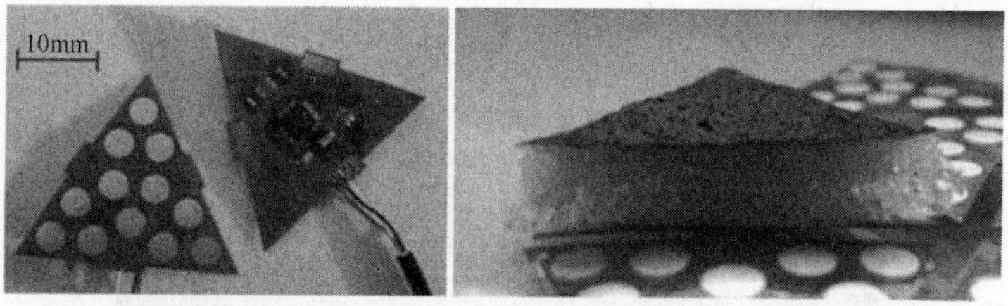

a)　　　　　　　　b)

图 6.13　三角形模块

a）每个传感器可实现 12 个 taxels 并具有容性传导电子　b）较厚的硅橡胶泡沫层覆盖在传感器上，且在顶部喷涂导电层作为接地平面［CAN 08］

在上述传感器中，每个电容器都由两个平板构成，且只能测量表面的法向力。通过修改传感器板和/或测量电子电路的设计，同样的感知原理也可用于测量切向力。Lee 等人［LEE 08］提出了一种能够同时感知法向和切向方向的平板型电容器结构。系统完全嵌入在 PDMS 中（见图 6.14），且在表面上具有一个 PDMS 触觉凸块。当在一个或多个触觉凸块上施加外力时，底层电容器板之间的气隙会发生变形，从而使得每对板的电容值发生变化。每个传感器由 4 对平板组成，板间电容的变化模式可测量作用力的大小和方向，如图 6.14 所示。整个感知单元宽度为 2mm。8×8 的感知单元阵列在切向和法向方向上具有 0～10mN 的测量范围，且灵敏度在 2.5%～3.0%/mN（电容值范围为 fF/mN）。研究表明通过增大电容器平板间的气隙高度可提高传感器的测量范围，然而这会导致输出电容减小。这里给出 4×4 传感器阵列的法向力和切向力映射图，但并未解决各个传感器不同感知单元之间或阵列中不同传感器之间的屏蔽和串扰问题。通过重新配置采集装置，表明电容式传感器还可用于接近感知［LEE 09］。16×16 传感器阵列具有触觉和接近觉感知双模式。在此情况下，触觉感知只能用于测量法向力。

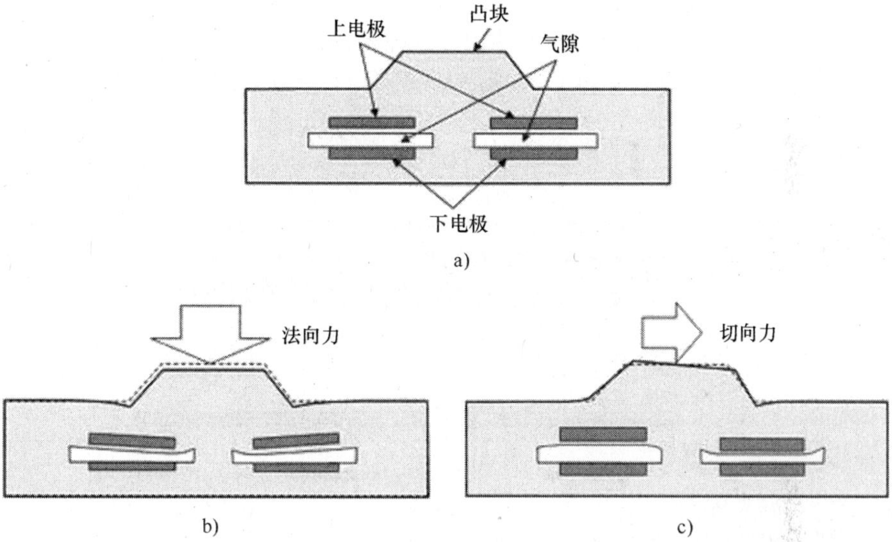

图 6.14　传感器检测法向力和切向力的工作原理
a）无作用力下的传感器剖面　b）施加法向力下的响应　c）施加切向力下的响应［LEE 08］

Yousef 等人［YOU 11b］提出了一种在柔性箔片上集成屏蔽功能的平板配置，用于测量切向力和法向力。该传感器由两种市售的铜-聚酰亚胺-铜的箔片的夹层结构构成，并由作为电介质层的 PDMS 层隔开。外铜层包括电子屏蔽结构，而内铜层构成电容板结构。与其他柔性传感器相比，该传感器同样具有高度弯曲性能，这是由于所覆盖结构弯曲后导致夹层结构完全黏合。该传感器具有较高的作用力灵敏度，对于 0.5～20N 范围内的法向力最大形变可达 30%，且线性灵敏度可达 12%/N。尽管不能定量测定切向力灵敏度，但与其他力相比，可明确确定某一方向上所施加的切向力，因此可用于区分所施加切向力的两个不同的横向分量。

Da Rocha 等人［DAR 09］提出了另一种测量垂直和水平接触力的平板配置。每个传感器由 4 个共享同一上电极的可变电容器组成。铝通过阴影掩膜进行热蒸发，使得电极沉积在柔性介电材料上。由于所施加外力使得介电材料发生形变，导致由同一上电极对应的各个下电极的面积均不同，从而造成相应的电容值也不同。电容式传感器系统的电容读数决定了所施加外力的大小和方向，然而并未表征作用力和灵敏度。电容器的尺寸范围为厘米级，如果该电容器要应用于机器人的电子皮肤，则应减小其尺寸大小。在此，并未讨论串扰和屏蔽的问题。

为减少触觉皮肤中的布线，Hoshi 和 Shinoda［HOS 06a］提出了一种命名为桥式感知单元的系统。每个感知单元是一个由两个电容器组成的电容式传感器，其中电容器是由导电织物和介电材料交替构成的（见图 6.15）。信号传输装置网络（桥）嵌入在感知单元材料中（多层导电织物和介电材料）。通过感知单元材料中的导电层，各个装置间的桥接通信可减少布线。Shinoda 和 Oasa［SHI 00］提出了一种完全无线的电容式压力传感器。其中，无源 LC 谐振器嵌入在硅橡胶层中。每个谐振器由一个电容器和一个与位于硅质皮肤外层的接地线圈电感耦合的线圈组成。施加外力会导致嵌入式电容器的电容值发生变化，从而使得 LC 谐振器的谐振频率发生偏置。该频率偏置可由接地线圈读出。

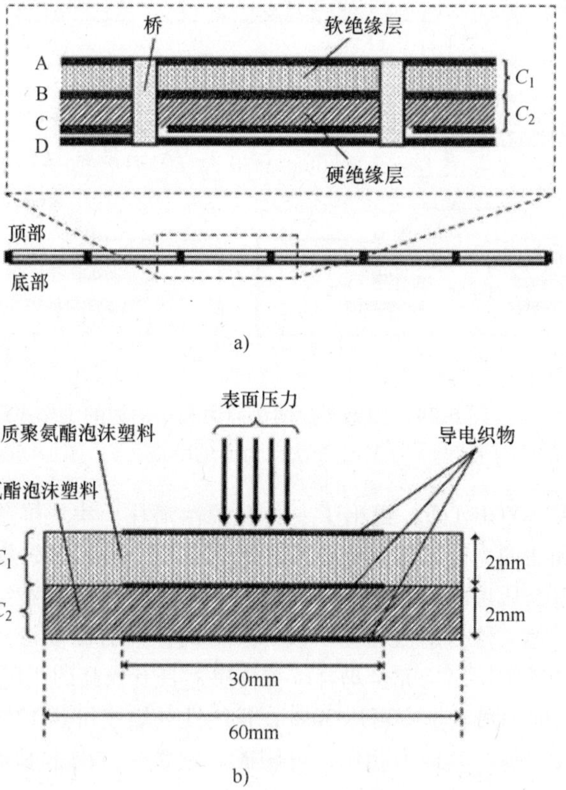

图 6.15 a）传感器元件的设计原理示意图 b）触觉皮肤的剖面（A：接地平面；B 和 C：传感器矩阵；D：进给系统）［HOS 06a］

Hasegawa 等人［HAS 08］提出了一种通过将金属层和介电材料层交替沉积中弹性空心管上而形成的可伸缩织物状电容式传感器。中空纤维编织成可机械形变的二维网格，其中两条纤维之间的每个交点构成一个传感器。通过中空纤维与棉线的交织，提出一种空间分辨率最小为 2mm 的 4×4 传感器阵列，并认为利用商用编织机可提高空间分辨率。

6.3.6　压电式传感器

压电式传感器可将施加外力转换为电压。对于高压输出甚至是微小形变具有较高的灵敏度。感知元件无需供电，因此认为该传感器具有高度可靠性，且具有广泛的应用领域。然而值得注意的是，在受到静态力作用下，压电式传感器的输出电压会随着时间而减小或漂移。因此，压电式传感器仅适用于动态力检测。聚偏氟乙烯（PVDF）及其共聚物是触觉感知应用中的常见材料。PVDF 具有机械柔性、压电系数高、尺寸稳定性、重量轻、化学惰性等多项优异性能，且能够形成 5μm 厚的薄片 [UEB 01，LAN 06]。

基于 PVDF 的传感器已应用于触觉皮肤领域。在某些情况下，分别制造 PVDF 薄膜传感器并嵌入到注成机器人手指或手掌的软材料中。Hosoda 等人 [HOS 06b] 提出了一种触觉感知系统，其中应变计和 PVDF 薄膜这两种不同类型的传感器嵌入到注成指尖结构的硅材料中（见图 6.16）。传感器的功能和分布以及硅层分别模仿人类手指的触觉感知器和皮肤层。指尖结构安装在一个机械手手指上，并通过操作不同对象可成功地区分 5 种不同材料。在不同材质上摩擦时，PVDF 薄膜传感器的输出值约为 1V，而应变计的输出值在 0.5～1V。Takamuku 等人 [TAK 07] 进一步开发了传感器系统，使其可集成于平坦区域，如手掌。

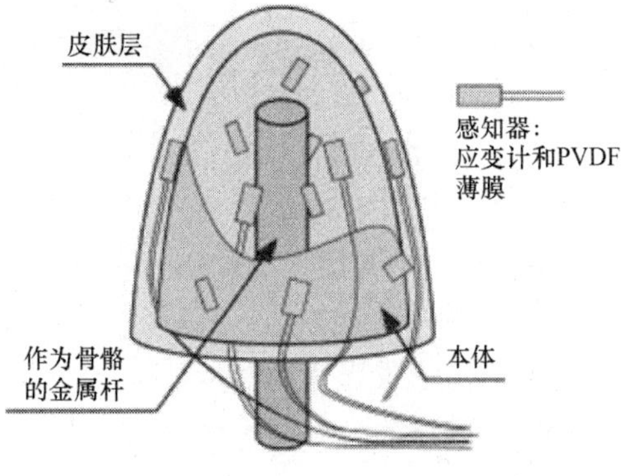

图 6.16　剖面示意图：指尖由金属杆和模仿人类手指结构的本体与皮肤层组成。应变计和 PVDF 薄膜随机嵌入在指尖中

Dahiya 等人 [DAH 07，DAH 09] 提出了一种适用于机器人指尖的仿生压电传感器原理。其中，仿生学的意义在于传感器可同时感知和部分处理，如同人体皮肤的机械受体一样。此外，该传感器的空间和时间分辨率也类似于人体指尖的皮肤。在此，给出两种不同的传感器阵列。第一种是在 PVDF 复合薄膜上黏附着半径为 500μm、间距为 1mm 的 32 个微电极组成的阵列，该传感器阵列对于 0.02～4N 范围内的作用力呈现线性响应。输出值取决于 PVDF 薄膜的厚度，25μm 和 50μm 厚的薄膜所对应的灵敏度

分别为0.2V/N和0.4V/N［DAH 07］。第二种是由涂有压电聚合物的场发射晶体管（FET）阵列所构成的压电氧化物半导体场效应（POSFET）［DAH 09］。其中，传感器和处理电路位于同一实体内，从而可加快处理时间并减少串扰。Taxels大小为1mm×1mm，且对于0.2～5N范围内的外力呈现线性响应，灵敏度为0.5V/N。为应用于触觉皮肤系统，传感器阵列需封装在某种材料中或某种基板上，以便集成在机械手中。

6.3.7 光学传感器

随着触觉皮肤中的传感器个数逐渐增多，在利用电信号时，就会产生布线复杂和串扰的问题。为此，解决方法是利用光缆代替电线来传输信号。采用塑料光纤（POF）后，可解决之前刚性和脆性的限制［ASC 07］。因此，在目前一些传感器中已采用了塑料光纤。这种传感器的一个示例是由Heo等人［HEO 08］提出的微弯光纤传感器。一个光纤二维网格嵌入在硅胶中（见图6.17）。上述光学测量系统由一个发光二极管（LED）光源和一个CCD探测器组合。当对该网格施加接触力时，上下光纤弯曲，从而改变光的强度。当施加外力最大为15N时，该传感器具有线性响应且分辨率为0.05N。然而，由于硅胶的材料特性，会具有滞后误差。

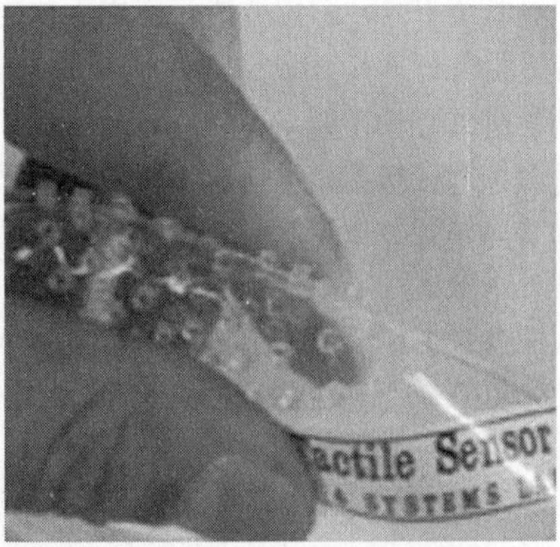

图6.17　所制造的光学触觉传感器的柔性［HEO 08］

Yamada等人［YAM 05］提出了一种集成塑料光纤的光学感知系统（见图6.18）。一个硬而透明的指基被作为皮肤的硅胶所覆盖。在硅质皮肤表层集成了钢化反射芯片，且塑料光纤束垂直插入指基结构中，其中每个反射芯片下都有一束塑料光纤。塑料光纤将光成像从钢化反射镜引导到CCD照相机中。光被引入具有波导功能的基结构中，部分光经皮肤层传播到反射镜芯片处。当物体与皮肤表面接触时，皮肤表面上的反射镜芯片就

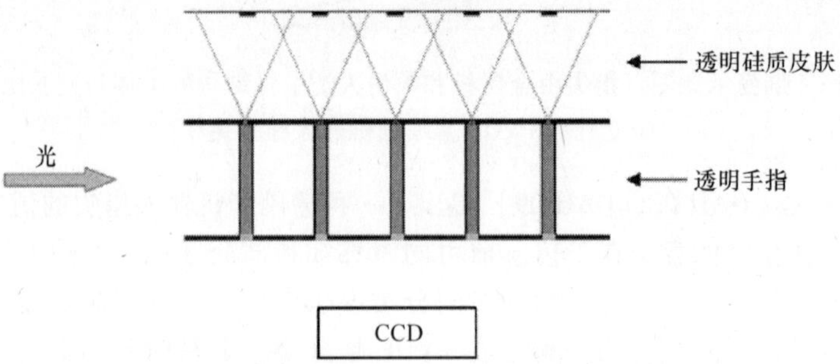

图6.18　位置感知皮肤示意图［YAM 05］

会移动，从而改变塑料光纤所采集的光。传感器可检测反射镜芯片在 3 个方向上的位移，且可计算得到具有亚毫米分辨率的与皮肤相接触物体的位置和形状。如果已知皮肤外层的材料尺寸和性能，则可由上述测量值推导出施加作用力的大小和方向。

Rossiter 和 Maku［ROS 05］认为将 LED 同时作为光发射器和检测器，则可避免产生光纤电缆体积过大和过于复杂的问题。LED 越小，成本越低，且具有更高的物理分辨率。在此提出一种在可形变皮肤层下安装有两个 LED 的传感器。其中一个 LED 对皮肤上层表面发射光，而另一个 LED 检测反射回来的光。若施加接触力，则皮肤发生变形，到达检测 LED 的光量会减少。提出一个光检测灵敏度范围为 mV/N（放大器输出电压 mV）且检测范围最大为 6N 4×4 的阵列。通过进一步研究传感器原理，可测量与皮肤接触的物体位置和形状［ROS 06］。Ohmura 等人［OHM 06］提出了一个 8×4 阵列（见图 6.19），由在作用力下可变形的聚氨酯泡沫覆盖的 LED 传感器安装在灵敏度范围为 mV/N 的柔性箔片上。该柔性箔片切割成可弯曲的手指形状，从而可适应传感器间的相对距离。由此，可弯曲柔性基板使之形成比非结构柔性箔片更复杂的曲面。此外，还表明了如何通过剪贴传感器阵列模块来覆盖更大区域。

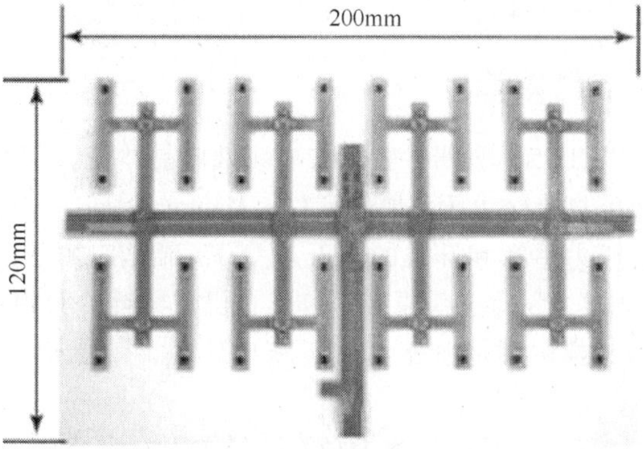

图 6.19　基于 LED 的传感器安装在切割成手指状的柔性箔片上，以便于在复杂曲面周围弯曲［OHM］

Hoshino 和 Mori［HOS 08］提出了另一种基于 LED 的传感器原理。其中，不同波长的两个 LED（蓝色和红色）相叠加，安装在作为皮肤的弹性聚氨酯膜下。采用通用串行总线（USB）照相机来采集弹性聚氨酯膜下光的模式。对该薄膜施加接触力时，光模式变化，由此可计算作用力的位置、入射角和大小（见图 6.20）。

Sato 等人［SAT 08］提出了一种在透明硅胶指尖中嵌入两层硅标记（红色和蓝色）的解决方案。一台安装在机器人手指结构内部的照相机用于捕捉硅标记图像，并输出其位移图像，从而可计算出所施加作用力的矢量场。该方法可测量所有 3 个方向上 0.2～2N 的作用力，且作用力分辨率为 0.3N，空间分辨率为 5mm。同时认为可通过减小标记尺寸及其填充密度来提高空间分辨率。Chorley 等人［CHO 09］提出了一种标记直接成像的方法。通过标记直接成像法和逆运算，认为可提高分辨率。作用力的矢量场图具有高达 0.05N 的作用力分辨率和 5mm 的空间分辨率。在这两种系统中［SAT 08，

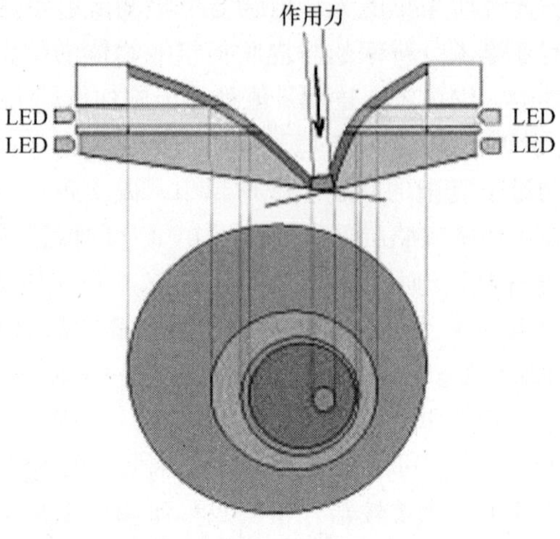

图 6.20 光照射方式和由光形成的圆形区域之间的关系［HOS 08］

CHO 09］，可完全去除每个感知像素的布线、然而每个数位都需要一台照相机。

6.3.8 有机场效应晶体管

Darlinski 等人［DAR 05］表明并五苯有机场效应晶体管（OFET）可直接受施加机械压力的影响，从而可直接作为压力感知元件。Manunza 等人［MAN 06，MAN 07］提出了一种可同时进行压力感知和开关的并五苯 OFET 结构。由于是在 1.6μm 厚的聚酯薄膜（Mylar）箔上制成，因此这些原型完全具有机械柔性。其中，聚酯薄膜可作为栅极电介质和提供机械支撑的载体基板。对于施加外力，传感器呈现 0.07/kPa（$\Delta I/I$）的线性电流响应。

Mannsfeld 等人［MAN 10］提出将 OFET 阵列作为电容式压力传感器。OFET 的输出电流直接取决于电容，因此通过将可机械形变的弹性体作为电介质层，OFET 可作为压力传感器。电介质层由 PDMS 薄膜组成。在此表明通过将 PDMS 层微结构化在微米级金字塔中，灵敏度可提高到 30，且传感器的松弛时间明显减小。所提出的传感器对于低于 2kPa 的压力具有较高的灵敏度，为 1μA/kPa。而对于更大的压力（2～18kPa）来说，灵敏度约为 0.3μA/kPa。

6.4 传感器解决方案和感知技术的比较

相关文献中所提出的触觉传感器解决方案可以满足，或认为经改进后可以满足表 6.3 所示的手动操作所需的功能和技术规范。针对灵敏度、感知范围、空间分辨率、尺寸和机械柔性，对不同感知方法进行了对比，并用粗体字突出显示了在每种传感器分类的解决方法中具有最优性能的具体性能参数。其中，认为完全弹性由此具有可伸缩性的解决方案是最具优势的。见表 6.3，鉴于传感器的变化特点以及文献中所提参数的变化，从本质上说，不可能进行灵敏度和感知范围上的分析比较。然而对于三维力传感器来说，由于可作为传感器是否能够作为三维力感知的测度，因此引入法向力灵敏度和切向力灵敏度之比。考虑到传感器的尺寸/空间分辨率，针对不同的传感器解决方案，提出适用于机械手应用领域的合理建议。最后，为强调分布式触觉感知的重要性，按阵列和非阵列对传感器进行分类。

利用相同感知原理的传感器性能的比较并未表明在相同的传导方法中具有强烈的共同趋向。这可归因于这样一个事实：一般情况下，每个所提出的解决方案都是用于解决不同应用中的具体问题，因此具有自身的优势和局限性。此外，如上所述，由于用于描述传感器的参数的变化，不可能对具体的解决方案进行比较。然而可观测不同感知技术的一般优缺点，见表 6.4。与表 6.3 结合，该表可用作为某一特定应用选择合适感知技术的工具。最后，由于目前尚未制定适用于触觉皮肤应用的传感器分类的通用标准，因此如果能够为传感器特性定义一套通用标准，那么将会是对该领域的一大贡献。所建议的通用标准集合见表 6.2。

表 6.2　对于触觉皮肤应用中传感器特性和分类的建议标准

分　类	特　性
传感器类型	-模态：力（三维法向力、切向力），压力 -静态或动态测量
传感器性能	-灵敏度 -感知范围/动态范围 -传感器大小和总封装大小 -空间分辨率 -单位面积的感知能力（总封装面积） -可重复性 -滞后性 -蠕变性 -温度稳定性 -电磁干扰灵敏度
驱动/读值电子	-串扰 -电路复杂性 -布线复杂性
力学性能	-柔性 -曲率半径 -可移动/可伸缩部件
商业可行性	-单位面积的制造成本 -大面积应用可行性

表 6.3 各种传感器方案对比

参考文献			功能						力学性能，尺寸和应用					阵列		
作者	年份	文献	感知原理	力/压力-灵敏度/N 法向力	力/压力-灵敏度/N 切向力	比率 (N/S)	力/压力范围/N 法向力	力/压力范围/N 切向力	机械柔性	边长/mm	适用领域 距离	适用领域 邻近	适用领域 手掌	元素个数	空间分辨率/mm	总面积/mm²
三维力传感器-阵列																
Kim	2006	[KIM 06]	应变计	2.1%	0.5%	4.2	0~2	0~2	嵌入式	1.5	X	X		4×4	1.8	49
Kwon	2011	[KWO 11]	应变计	200mV	70mV	2.9	0~0.8	0~0.8	柔性	3.3	X	X		4×4	n. s.	n. s.
Sohgawa	2009	[SOH 09]	压电	2.2mV	0.14mV	15.7	0~0.13	0~0.03	嵌入式	1	X			3×3	1	9
Lee	2008	[LEE 08]	电容	3%	2.7%	1.1	0~0.01	0~0.01	可伸缩式	2	X	X		8×8	2.75	484
三维力传感器-非阵列																
Ho	2009	[HO 09]	压电	85mV	39mV	2.2	0~0.5		嵌入式	1×5		X		—	—	—
Noda	2006	[NOD 06]	压电	0.0015%	0.03%	0.5	0~4	0~4	嵌入式	20				—	—	—
Noda	2009	[NOD 09]	压电	0.01%	0.1%	0.1	0.05~3	0.05~3	嵌入式	20				—	—	—
Beccai	2008	[BEC 08]	压电	100mV	400mV	0.3	0~6	0~8	柔性	3	X	X		—	—	—
Wang	2009	[WAN 09]	导电聚合物	15mV	8.6mV	1.7	0~0.4	0~0.4	可伸缩式	10			X	—	—	—
Yousef	2012	[YOU 11]	电容	12%	n. s.	n. s.	0.5~12	n. s.	柔性	2.3	X	X		—	—	—
压力/法向力传感器-阵列																
Kim	2009	[KIM 09]	应变计	1.5%	—	—	0~1	—	柔性	1	X	X		32×32	2	3575
Engel	2003	[ENG 03]	应变计	0.6Ωμ/m	—	—	n. s.	—	柔性	0.1	X	X		10×10	0.4	16
Zhang	2010	[ZHA 10]	应变计	0.3%	—	—	0~7	—	柔性	n. s.				n. s.	n. s.	n. s.
Yu	2009	[YU 09]	Cond. poly	0.1% kPa	—	—	0~30kPa	—	柔性	1	X	X		32×32	1.9	8100
Alirezai	2009	[ALI 09]	Res-EIT	图像	—	—	0~150kPa	—	可伸缩式	9			X	n. s.	10	14400
Yang	2010	[YAN 10]	导电弹性体	图像	—	—	20~300kPa	—	柔性	3		X	X	32×32	5	27225
Cheng	2009	[CHE 09]	导电弹性体	300Ω/kPa	—	—	0~650kPa	—	可伸缩式	2.5	X	X		8×8	3	400
Someya	2004	[SOM 04]	导电弹性体	0.2μA/kPa	—	—	0~30kPa	—	柔性	2.54		X	X	32×32	2.54	6400
Someya	2005	[SOM 05]	导电弹性体	n. s.	—	—	0~1	—	可伸缩式			X	X	12×12	4	1936
Wettels	2008	[WET 05]	导电流体		—	—	0.01~40	—	嵌入式	2.3	X	X		n. s.	2	效应区
Chorley	2009	[CHO 09]	光学	0.05N	—	—	0.05~0.5	—	嵌入式	0.5	X			n. s.	5	效应区
	2008	[HAS 08]	光学	0.023V	—	—	0~0.3	—	可伸缩式	0.25		X	X	4×4	2.6	750
Mannsfeld	2010	[MAN 10]	OFET	1μA/kPa	—	—	0~2kPa	—	柔性		X	X		8×8	2	256
压力/法向力传感器-非阵列																
Heo	2008	[HEO 08]	光学	0.05N	—	—	0~10	—	可伸缩式							
Sato	2008	[SAT 08]	光学	0.3N	—	—	0.2~2	—	嵌入式						5	
Manunza	2007	[MAN 07]	OFET	0.8kPa	—	—	0~20kPa	—	柔性	5		X	X			

表 6.4　不同传感器技术的对比

传感器类型	优　点	缺　点
电阻式（应变计和 MEMS 压敏电阻）	灵敏度高 尺寸小，空间分辨率高 制造技术成熟 三维作用力感知 易于与 MEMS 集成	传感器元件较脆 制造成本相对较高 柔性基板不可伸缩 总封装尺寸较大
电阻式（嵌入式 MEMS 应变计和压敏电阻）	灵敏度高 尺寸小，空间分辨率高 制造工艺成熟 三维作用力感知 可伸缩性 弹性体作为保护层 模仿人类皮肤的软材料 提高抓取性能 易于与 MEMS 集成	传感器灵敏度损失 制造成本相对较高 传感器元件较脆 总封装尺寸较大 蠕变性 测量结果不确定
电阻式（导电聚合物）	机械柔性 鲁棒性和耐化学性 制造成本相对较低 可薄膜封装	不可伸缩性 灵敏度低 往往限于压力感知 各向同性
电阻式（导电弹性体复合材料）	可伸缩性 模仿人类皮肤的软材料 提高抓取性能 制造成本相对较低 可根据特定测量范围进行剪裁	弹性体的滞后性 感知范围小 限于压力感知
电阻式（OFET）	布线最少 适合大面积应用 制造成本相对较低 单位面积成本低 易于与其他 MEMS 集成	灵敏度低 限于压力测量 响应时间慢
电容式	灵敏度高 温度无关 三维作用力感知 尺寸小，空间分辨率高 适合大面积应用 制造工艺成熟	寄生电容效应 电路结构相对复杂 易受电磁干扰影响 串扰

（续）

传感器类型	优　点	缺　点
压电式（PVDF）	灵敏度高，输出信号强 适用于动态场合 机械柔性 薄膜较薄，重量轻 鲁棒性和耐化学性	信号漂移 不适用于静态场合 需要电荷放大器 不可伸缩性
光学	布线简单 串扰最小 柔性且耐用 LED：空间分辨率高，成本低 不受电磁辐射影响	信号衰减

6.5 指甲传感器

除了感知接触力和压力，识别和区分接触表面纹理和性质的能力也是实现灵巧操作的一项重要功能。本节介绍了用于三维作用力感知、纹理识别和人工触觉的高灵敏度触觉传感器——“指甲”传感器。

6.5.1 基本描述与工作原理

这种 MEMS 微传感器是根据其形状而称为指甲传感器的，其是由具有 8 个压敏电阻式应变计的单晶硅薄膜构成，同时在硅轴棒上也安装了薄膜。当对轴棒施加外力时，薄膜发生形变，使得应变计的压力变化，从而改变阻值。根据对轴棒施加外力的方向不同，不同应变计的形变也不同。

8 个压敏电阻式应变计（阻值大小均相同）连接成双惠斯通桥。每个桥由同一轴上的应变计构成，如图 6.21 所示。

通过测量桥中 V_A、V_B、V_C 和 V_D 的电压，即可跟踪施加在传感器上的力。

6.5.1.1 切向力作用下的传感器响应

对轴杆施加切向力会导致薄膜变形，如图 6.21b 所示。其中，两个应变计被拉伸，而另外两个应变计被挤压。这会导致被拉伸应变计的电阻值增加，$+\Delta R$，而被挤压应变计的电阻值减小，$-\Delta R$。根据惠斯通电桥的组成，可得到以下 x 轴上的关系式（对于 y 轴，同理）：

$$\Delta V_x = \frac{\Delta R}{R} \cdot V = S_x \cdot F_x$$

式中，V 为电源电压；ΔV_x 为此情况下，电桥的不平衡值；S_x 为 x 轴上的灵敏度。

因此，电压变化和电阻变化之间存在线性关系，且与施加外力成正比。

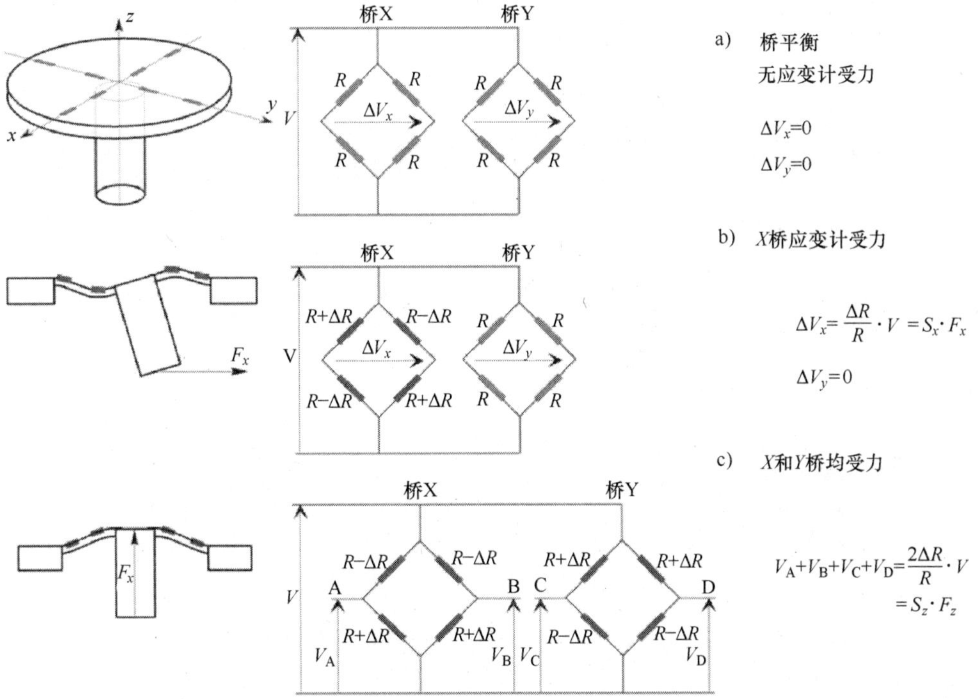

图 6.21　指甲传感器的原理

a）正常情况下　b）切向力作用下（沿 y 或 x 轴）　c）法向力作用下（沿 z 轴）

6.5.1.2　法向力作用下的传感器响应

同理，在对传感器施加法向力（作用力沿 z 轴）的情况下，所有应变计的电阻变化如图 6.21c 所示。为达到最佳灵敏度，将电位变化 V_A、V_B、V_C 和 V_D 相加，由此可得以下关系式：

$$\frac{\Delta V_A+\Delta V_B+\Delta V_C+\Delta V_D}{V_0}=2\cdot\frac{\Delta R}{R}=S_z\cdot F_z$$

式中，ΔV_A 为施加外力下测量的 V_A 值减去无外力下测量的 V_A 值所得的电位。

6.5.2　制造过程

传感器的制造步骤总结于图 6.22 中。

在此，采用绝缘体硅（SOI）型基板。上层硅层厚度决定了传感器薄膜的厚度。压敏电阻式应变计由离子注入的硅确定（a）；最初的电介质层沉积并在接触计处形成开口（b）；然后最初的金属层（c）沉积将应变计相连（双惠斯通桥连接）；第二个绝缘层（d）和第二个金属层绝缘连接，并确定了传感器的接入垫（e）；钝化层（f）沉积在传感器表面以保护互连和应变计；然后在上层蚀刻出一个开口以露出传感器的电气连接端子；最后，传感器的主要机械结构（即薄膜和杆）由基板背面蚀刻而成（g）。

防止薄膜结块并便于恢复连接的传感器保护层可根据集成模式在晶圆级（晶圆级

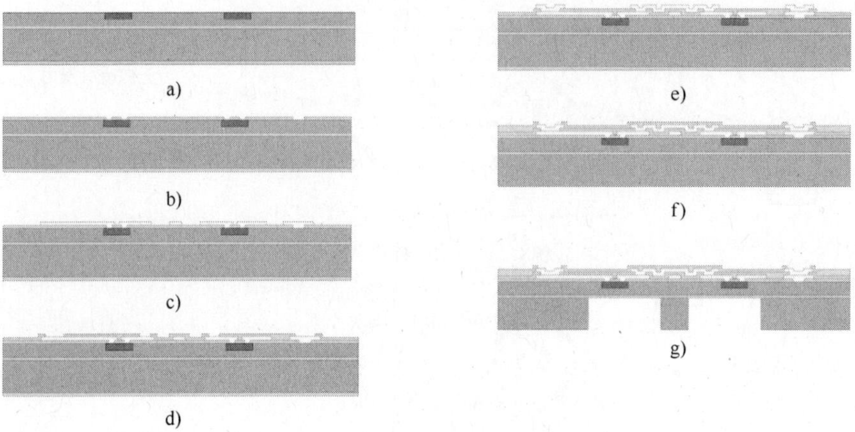

图 6.22　指甲传感器的制作过程

a）离子注入以确定压敏电阻式应变计　b）电介质层沉积并形成接触点开口　c）第一金属层沉积并互连线蚀刻　d）电介质层沉积并形成接触点开口　e）第二金属层沉积并互连线蚀刻　f）钝化层沉积并形成接触点开口　g）在背面深度硅蚀刻以确定机械结构

封装）下制成。出于同样的原因，该传感器也可转移到中间支撑物上（插入）。

6.5.2.1　特征描述

传感器的性能，尤其是灵敏度和作用力范围，与其尺寸，特别是薄膜的大小和厚度以及杆的尺寸直接相关。传感器的机械特性和机电特性可由通用测量技术进行测量，以确定完全不同的特性。在此，一种机械拉伸、剪切焊接或焊锡球的维护测试用于施加在传感器上的可控压力或剪切力。利用纳米压痕仪装置和有限元分析法来校正这些测量值。

图 6.23 对两代传感器的测量特性进行了总结。传感器的灵敏度取决于传感器的尺寸参数。例如，若减小薄膜厚度，则会提高传感器的灵敏度，而测量范围会下降。

	单位	类型0	类型1
薄膜厚度	μm	60	12
薄膜直径	μm	2000	700
轴棒直径	μm	750	200
压力灵敏度(Z)	mV/V/bar	10	25
压力范围(Z)	bar	0~20	0~6
Fz max 灵敏度(Z)	mV/V/N	32	960
Fz max(Z)	N	6.3	0.26
切向力作用下的灵敏度(X,Y)	mV/V/N	40	3300
切向力范围(X,Y)	N	0~2	$0\sim15.10^{-3}$

图 6.23　两种不同指甲传感器的性能

注：1bar = 10^5Pa。——译者注

6.6　从指甲传感器到触觉皮肤

在机械手上集成三维作用力传感器需要设计一个自适应感知系统。将传感器放置在非平面表面上需要各部件（手指、指关节和手掌）的柔性连接，从而导致传感器的重要设计约束，尤其是对于需要较高空间密度的传感器。

为使得非平面表面（如机器人手掌或肢体）具有低空间密度，可将传感器独立地放置在柔性 PCB 上。但是一旦单元面积内所需的传感器个数增加，这一方法很快就具有局限性。此外，每个传感器的连接线也是需要考虑的参数，尤其是与同样大小的面积上传感器个数相比，所覆盖的表面较小时，比如机械手指尖的情况。为克服上述约束，现已开发了符合机器人手指传感器密度的指甲传感器柔性阵列，这将在下节中介绍。

6.6.1　柔性指甲传感器阵列

为达到机器人手指所需的空间密度，即传感器在 $1cm^2$ 的表面上间隔 1mm，集成柔性阵列必须在同一生产过程中制成。

因此，开发思想是利用在各传感器之间建立沟槽以形成间隔 1mm 的指甲传感器阵列。这些沟槽是用高分子聚合物材料填充（见图 6.24）。对于传感器来说，一个需要解决的关键参数是传感器的互连以及供电问题。实际上，传感器互连也必须是柔性的。

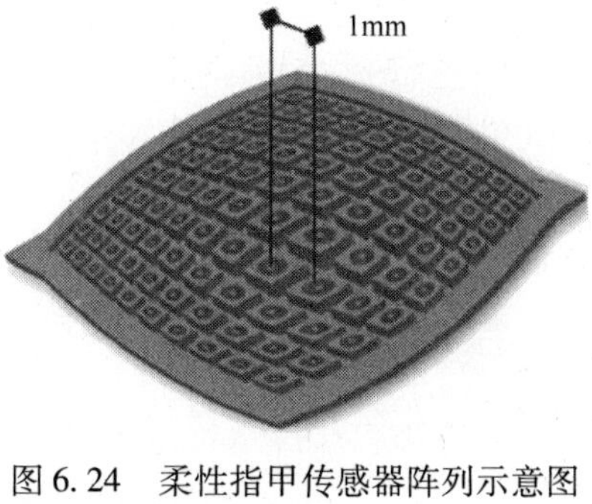

图 6.24　柔性指甲传感器阵列示意图

6.6.2　尺寸、材料和制造工艺

对于机械手应用，主要是考虑单个传感器和阵列的尺寸。这决定了阵列中各传感器之间的距离。

决定传感器尺寸的主要因素如下：

— 灵敏度与作用力范围，主要与感知薄膜的尺寸参数有关。

— 传感器之间的距离，很大程度上影响了薄膜的直径尺寸。

— 传感器之间的自由度与柔性，与柔性元件的宽度有关。

为深入了解实现这类传感器的其他约束条件与复杂度，建议通过观察相邻传感器之间的剖面来一步步探索制造工艺过程（见图 6.25）。

柔性传感器阵列中两个相邻传感器之间的制造过程如图 6.25 所示。正如图 6.23 所示的单个指甲传感器的制造过程，柔性传感器阵列在 SOI 平板上制成。SOI 层的厚度与指甲传感器感知薄膜的厚度一致。首先第一步，通过一系列局部离子的注入决定了压敏电阻应变计。然后金属互连初始层（金属层 1）沉积，使得各传感器内的应变计互连（惠斯通桥）。在确定薄膜厚度的硅胶层首先蚀刻一系列沟槽，然后用第一层聚酰

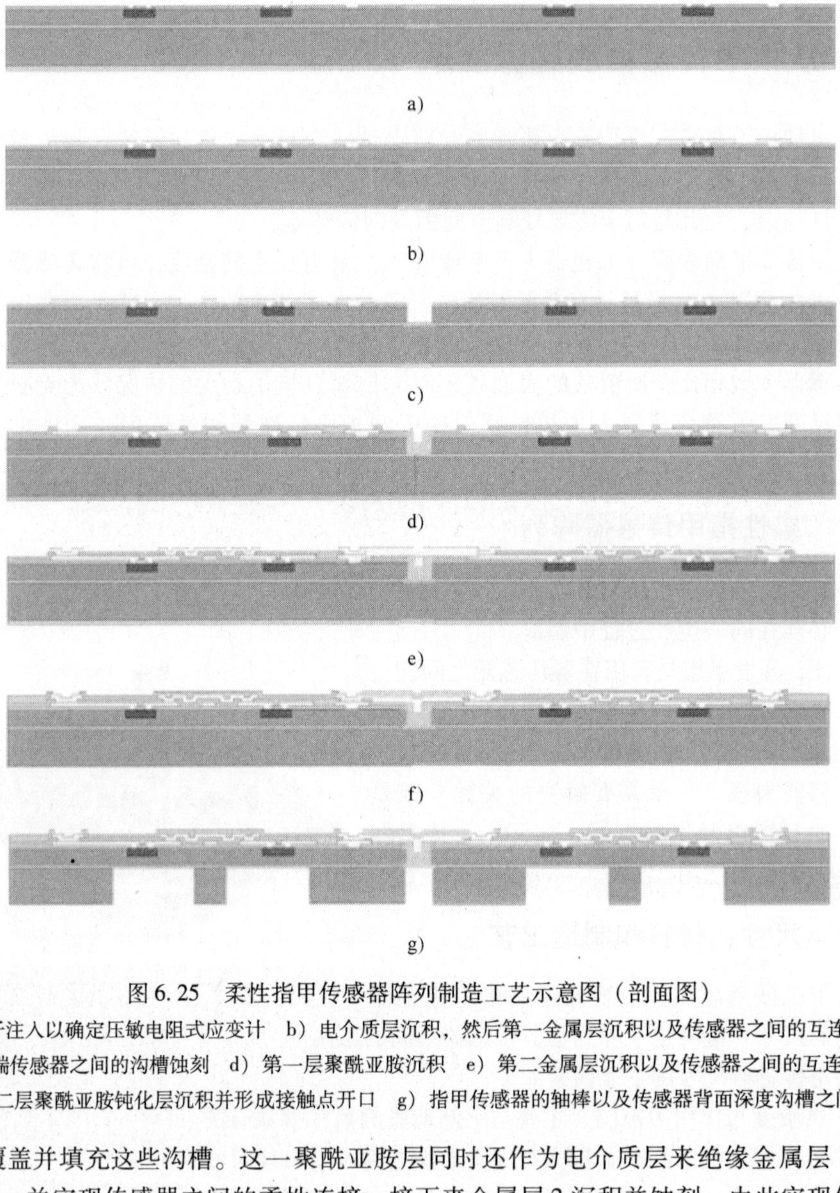

图 6.25　柔性指甲传感器阵列制造工艺示意图（剖面图）

a）离子注入以确定压敏电阻式应变计　b）电介质层沉积，然后第一金属层沉积以及传感器之间的互连线蚀刻

c）前端传感器之间的沟槽蚀刻　d）第一层聚酰亚胺沉积　e）第二金属层沉积以及传感器之间的互连线蚀刻

f）第二层聚酰亚胺钝化层沉积并形成接触点开口　g）指甲传感器的轴棒以及传感器背面深度沟槽之间蚀刻

亚胺覆盖并填充这些沟槽。这一聚酰亚胺层同时还作为电介质层来绝缘金属层 1 和金属层 2，并实现传感器之间的柔性连接。接下来金属层 2 沉积并蚀刻，由此实现传感器之间的互连。这样，金属线就穿过聚酰亚胺层上的传感器内部区域。然后第 2 层聚酰亚胺沉积来保护金属层 2 并加强柔性连接，在聚酰亚胺层中蚀刻形成开口以露出下层的电气连接板。随后从硅胶基板背面一直到 SOI 氧化层进行蚀刻来确定感知薄膜、指甲传感器的轴棒以及传感器之间的沟槽。最终所得到的通过在聚酰亚胺层中互连交叉（金属层 2）的指甲传感器阵列如图 6.26 所示。

一个制成的 10×10 阵列如图 6.27 所示。在正面，可以看到穿过传感器之间沟槽的金属连接。在背面，透过透明的聚酰亚胺层也可看到金属线。

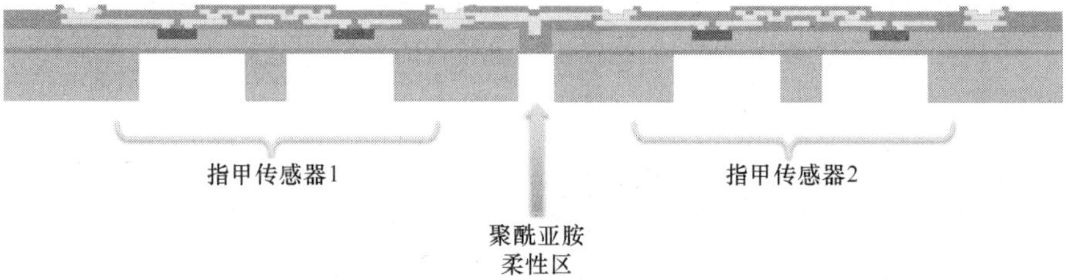

图 6.26　柔性阵列中两个指甲传感器的示意图（剖面图）

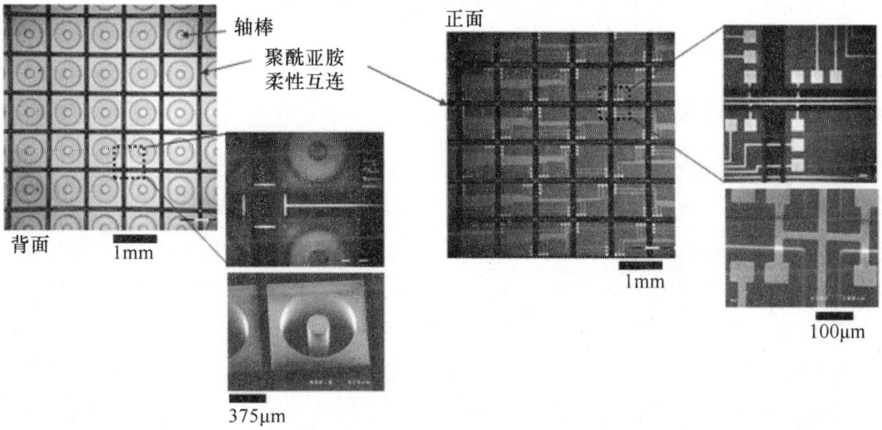

图 6.27　10×10 柔性阵列正面与背面的光学显微镜图和电子显微镜图

6.6.3　信号寻址管理：大规模阵列和系统集成的挑战

在前面介绍了柔性传感器阵列的制造过程，其中并未考虑传感器连接所需的必要接线个数，然而这是将这些传感器阵列集成到机器人系统中的一个根本性挑战。实际上，不同传感器的连接往往是这种类型组件的关键。一个指甲传感器单元需要 2 根电源线和 4 根读取桥式应变计读数的导线。简单计算表明对于一个 10×10 阵列，要读取每个传感器的桥式应变计信号，需要 400 根导线，其中包括电源线（可共用）。具体示例如图 6.28 所示。因此，研究信号寻址管理技术非常有助于减少接线数量。

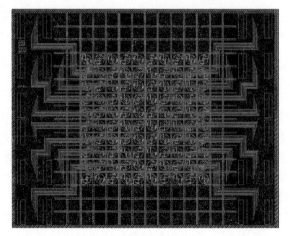

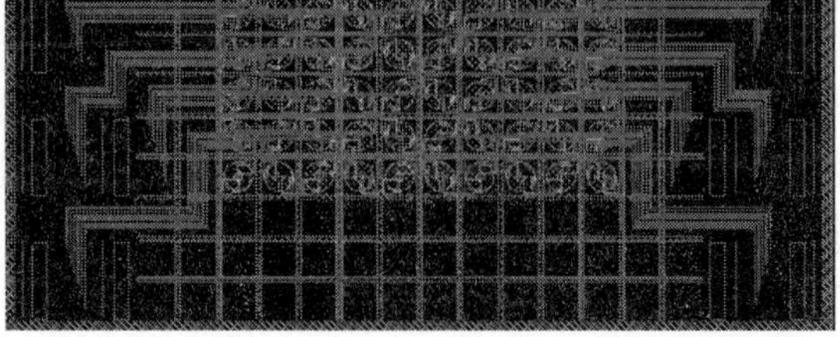

图 6.28　未进行接线个数管理的 10×10 阵列的布局图

接线数量的减少可有助于机器人系统部件的集成，并降低柔性连接的风险，这是由于只有少数导线穿过传感器的柔性区。一种可行方法是，智能接近传感器以实现信号寻址管理。

6.7　从传感器到人工触摸系统

deBoissieu 等人［DEB 09］提出了一种通过利用指甲传感器测量摩擦力来分析物体表面特性的完整触觉系统。在引用类似工作的下面小节中描述了该系统。该系统是由包含电子和采集系统的传感器、用于作用力传输并保护内部传感器的人造皮肤和物体表面位移自动检测系统组成。

6.7.1　传感器保护和作用力传输

图 6.29 给出了一个利用指甲传感器通过摩擦分析物体表面的人工手指系统。除了传感器之外，人工手指还包括一个与手指骨骼相连的硬抓取装置设备和作为人造皮肤的软涂层。要实现适用于表面分析的涂层需要保证作用力良好传输和无涂层下和/或不损坏表面情况下表面摩擦分析之间达到一种复杂的平衡关系。文献［VAS 06b］中提出的大多数涂层材料都是只用一种类型的柔性弹性体构成，但是用于改善表面粗糙度或传输作用力的柔性弹性体并不能兼顾防止磨损，因此需要使用两种不同材质组成的涂层［DEB b］。首先柔性涂层与传感器接触而另一较硬的涂层与表面接触。除此之外，第二涂层的直径要小于第一涂层的直径，从而可放大小信号并限制接触表面的磨损。最近研究成果表明，数字指纹在触觉感知系统中具有有利作用［SCH 09，ODD 11］，因此采用包含类似数字指纹模型的人造皮肤更有利于人工手指的设计。

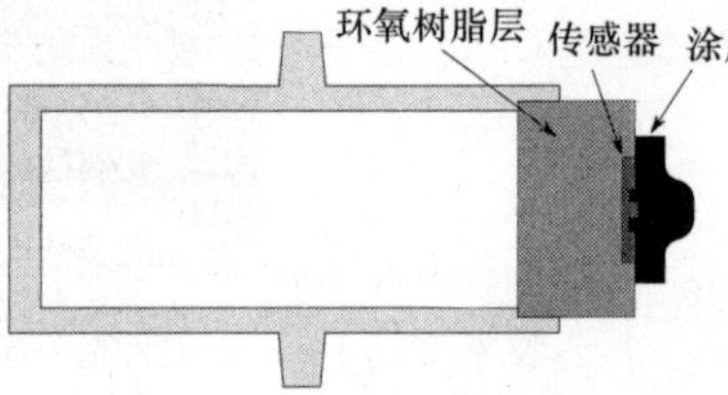

图 6.29　人工手指结构的剖视图

6.7.2　基于指甲传感器的纹理分析装置

为实现人工手指表面的自动分析，需要增加一个能够测量表面位移并同时保存传感器测量信号的装置。如果希望简化测量信号的分析，则必须能够控制和测量所施加的法向力和移动速度。图 6.30 给出了在文献［SCH 07］中所提装置启发下能够完成上述功能的装置。该系统采用电动机来实现对移动速度的精确控制并同时实现振动限幅。此外，双金属悬臂梁系统（两个平行板的一端固定，则另一端的位移与所施加作用力成正比）能够测量表征人工手指特征的法向力和切向力。最终，整个系统由传感器信号调理电路以及能够保存三维作用力测量值的采集系统组成。

如图 6.31 所示的系统静态特性（以恒定法向力施加在手指）结果表明传感器输出电压 U_Z 和的所施加作用力 f_Z 之间呈线性关系，并可由双金属系统进行测量。

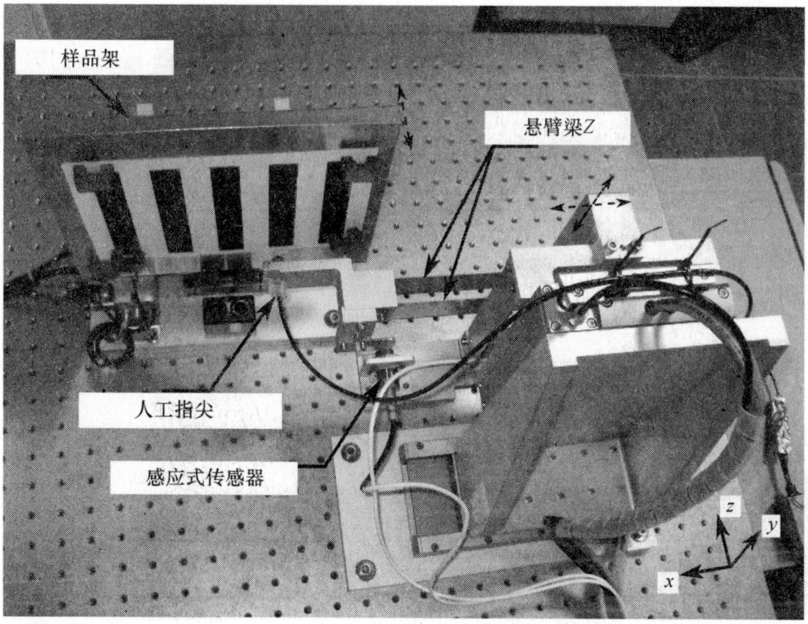

图 6.30　表面检测装置

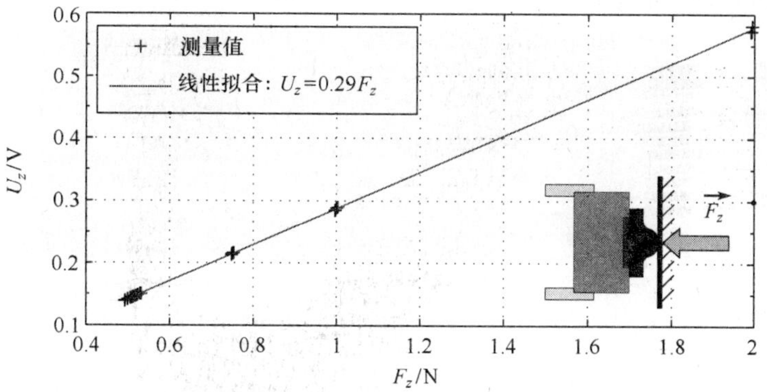

图 6.31　手指的静态特性

6.8　应用与信号分析

一些研究工作已采用上述的作用力传感器类型——指甲传感器［SCH 09，BEC 05，VAS 06a］，然而在机器人中利用该传感器还只是在初级阶段，因此尚未研究与其相关的信号处理问题，如用于表面周期性粗糙度估计［ODD 09b］、滑动检测［BEC 08］和区分不同表面［VAS 08］。尽管其在机器人操作任务中具有很大潜力，但目前尚未应用于该类型的任务。

在人工触觉应用中，表面识别或许是最自然且实现最简单的。指甲传感器可通过手指在表面上的简单摩擦来辨别不同纹理。同样也可用于人工手指。这可通过在所选择的不同表面上摩擦人工手指，然后经过信号处理来进行分类。除了具有能够区分不同表面的功能之外，还可通过赋予相关触觉感知属性来利用人类触觉对其进行评估。例如，人可以描述所接触的表面光滑与否、粗糙或有黏性，都是根据自身的触觉感知而得出的。传统装置进行表面分析，可提供诸如摩擦系数或粗糙度（由表面拓扑结构定义）的物理参数，但是几乎没有与人类感知相关的传感器参数估计。估计物理参数可看做是估计感知参数的第一步。除此之外，采用已知物理特性的表面也能够更好地理解人工手指的功能。

本节主要讨论了表面识别以及对 6.7 节所述系统的物理参数和感知参数的估计。

6.8.1　表面识别

在此，给出人工触觉装置所得的结果（见 6.7 节）。该装置可用于从织物中区分出纸张。所用方法和结果分析详见文献［DEB］。

6.8.1.1　织物装甲

文献［ODD 09a］中给出了检测周期模式的可行性，其中，表面是专为进行研究而设计的。通过进一步在实际表面上的应用，利用织物装甲的周期模式可实现织物识别。图 6.32 给出了以不同速度触摸牛仔织物所得的信号光谱，由图可看到在触摸速度下各个装甲的空间频率线。

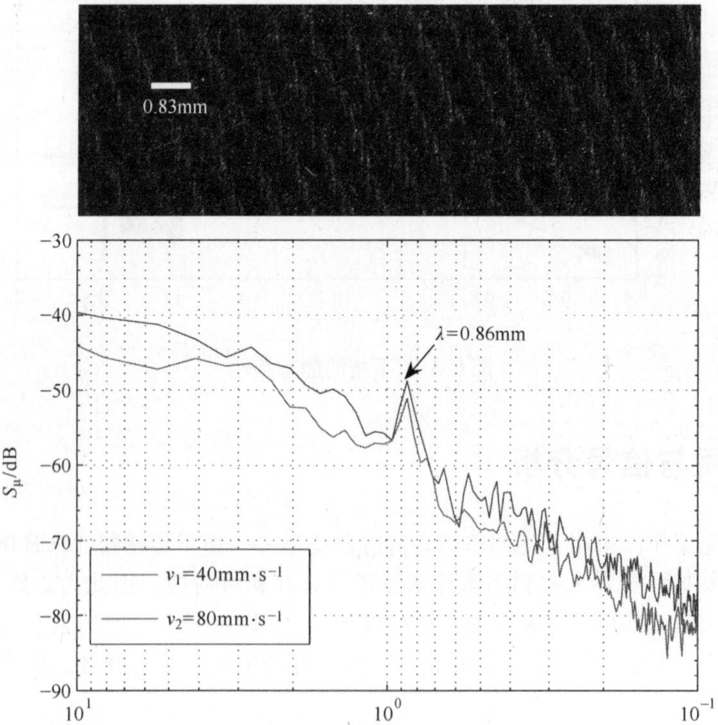

图 6.32　两种不同触摸速度下的牛仔织物的光谱图

6.8.1.2　摩擦相关系数图

除了模式频率，还可通过计算摩擦系数而得到的摩擦特性来区分不同材料。该摩擦系数可计算为所触摸表面的切线力和平行于法向力的位移之比。例如，在图 6.33 中，可以看出人工手指在触摸白纸上所印的黑墨水印迹时的二维重建图。黑墨水印迹部分要比黑色区域的摩擦系数更大。

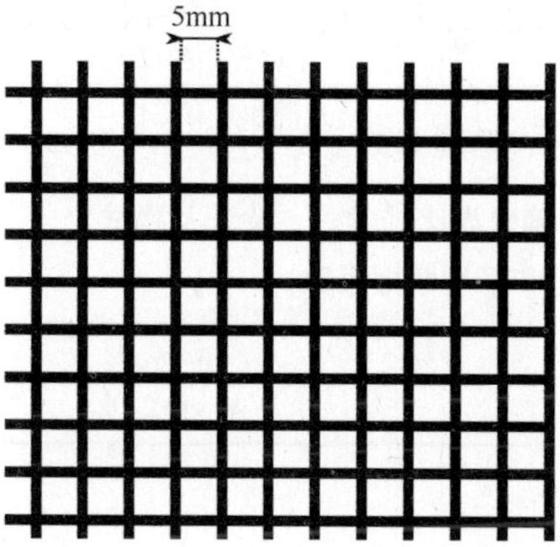

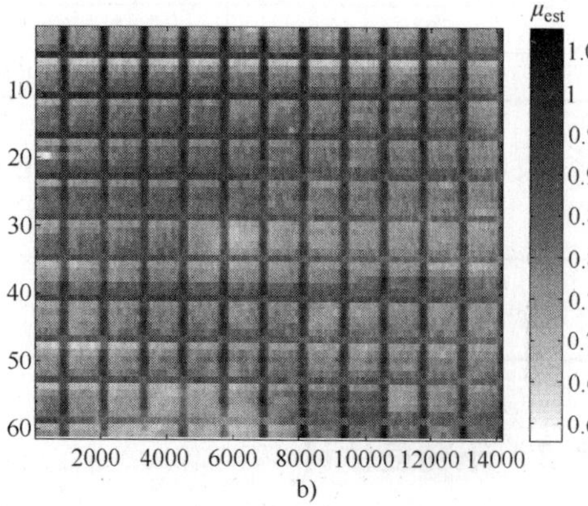

图 6.33　白纸上墨水格的实际图与摩擦系数重建图

6.8.1.3　纸张纹理识别

Vasarhelyi 等人［VAS 08］提出了与 6.8.1.1 节所得结果一致的织物识别的传感器性能，但主要是为了研究传感器性能对于更小尺寸模式（与粗糙度或材料特性相关）的表面是否相同。因此，人工手指的一个重要应用是区分精细纹理（即小于 200μm 的模式）和随机模式的不同类型纸张。这种功能相对难以实现，这是因为即使所选纸张类型可通过触摸区分，但需要通过学习过程来准确地区分不同纸张纹理。实际上，该任务已接近于人类触觉系统的极限，因此问题就在于应了解人工系统是否足够灵敏以达到相同效果。选择 10 种不同触觉的纸张，其特性见表 6.5。在此，用于数据分析的技术是传统的分类方法和形状识别技术［DUD 01］。对每张纸都进行多次触摸，以得到分类算法学习、验证和测试的基本信号。从信号中提取一些频谱和统计特征，并对所提取的特征采用特性选择和监督学习算法。最终得到的 4 种参数的结果以及贝叶斯分类算法所得的结果见表 6.6。

表 6.5　用于分类的 10 种纸张（分类号为任意选择）

分类号	纸张类型	触觉特征
1	打印纸	干燥且非常细粒度
2	特殊纸 1	纤维、黏附和柔软
3	特殊纸 2	光滑和柔软
4	描图纸	干燥、叠层和细粒度

（续）

分类号	纸张类型	触觉特征
5	绘图纸 1	干燥和粗糙
6	吸墨纸	纤维、干燥和非常粗糙
7	报纸	光滑、干燥和纤维
8	铜版纸	非常光滑和层叠
9	绘图纸 2	干燥和中粒度
10	相片纸	光滑和具有黏性

表 6.6 根据 4 种提取特征区分 10 种纸张纹理的正确分类比（学习、验证及测试）（U_x：频谱的平均值和斜率；U_x：方差和平均摩擦系数）

η_{learn}	η_{valid}	η_{test}
92.8 ±0.9%	89 ±3%	88 ±5%

6.8.2 粗糙度估计

粗糙度（与面积大小有关）是表面触觉分析中的一项重要参数［HOL 93］。除此之外，通过已知粗糙度变化来获取样本也很简单。粗糙度对于摩擦相关系数来说，不能直接通过 Nail 传感器由力的测量得来，而是需要对测得信号进行处理来反馈和粗糙度有关的信息。通过人造手指进行粗糙度评估在文献［ODD 09a］中有所介绍。这里研究了由周期性模式组成的粗糙度，然而大多数表面无法处理这样的周期性模式，而是对于任意的或是大型的模式（微米级的）有作用。因此分析高精度的任意粗糙度表面就很有必要了（小于 200μm 级的）。即使先前应用过 3D 力传感器的有很多，但是 F_y（所选样本平面上与位移正交的力）可以被忽略，因为它往往被认为是无关的。在［OLM 12］中，F_y 被用于估计表面粗糙度，可以验证 3D 力传感器的应用。实际上，当力 F_z 代表正交支持力时，F_x 反映了摩擦相关系数，F_y 是它的粗糙度，进而完全研究了传感器的三维性能。

6.8.3 材料感官分析

当使用者摸着一件产品时，他或她所体会到的感觉和多种材料有关，比如织物、纸类、化妆品或其他皮革制品。对于某仪表系统的设计应当能够客观且能够复制，对由传感器得到的感官系统进行测试，并因此作为一个新产品开发过程中的珍贵资产。除此之外，它也可以用来控制生产质量。为了制成这样的一个产品，包括高级技术在内的几个问题就出现了。第一个问题是定义一个全新的语言（一系列解码）来指定接收到的感官，这是一个精神物理学的问题，并且需要具体经历的应用。由这些案例得到的结果和文化、语言、所分析的产品目录和流程有很大的关系。另外，触觉往往受视觉的影响。第二个问题是为这些解码器选择一系列有代表性的表面，叫作触觉参考表面。这种触觉参考表面的作用是，制定一系列解码器的刻度，并且可以用来培训专家。

几乎没有现有的参考表面不是公开的。Goodman 等人［GOO 08］提出了对应于自然解码器的触觉参考（对于某种材料的感知或多或少都不是自然条件下的）。在文献［DEB 09a］中，对于触觉参数的方法论进行了分析，并且可以被应用于不同的触觉参考表面，如文献［GOO 08］中所示。

6.9　小结

本章中对最新的适用于灵敏手部操作的触觉传感技术陈述说明了现在电阻式传感技术仍然是触觉传感技术领域的首选。另外，也可找到一些关于压敏电阻、电容式和光电式传感技术的论述。例如 EIT 和惰性嵌入式线圈等新技术也已经被介绍。除此之外，一系列新材料诸如 IPMC、OFET 和新导电塑料也因其可以增加灵敏度和其他功能表现而被介绍。材料领域的技术进步将进一步刺激传感技术的发展。

除了感知技术的发展，与机器人系统其余部分的封装和集成得到了相当大的关注。在此，一个重要目标是减少布线量及其复杂性以提高鲁棒性并降低串扰度。现已提出的主要方法是将感知元件直接封装在包括传感器结构中柔性/可伸缩布线的柔性印制电路板和/或印制电路板内，并最终将处理与通信晶体管直接集成到传感器阵列中。另外还对于特定温度下集成触觉与其他感知形式以增加灵巧机械手功能产生高度兴趣。在此还发现不增加布线复杂度的集成是一种重要驱动力。

在机器人科学界有一个趋势：模仿人体皮肤对于结构的触摸感、生理特性和其他人体皮肤的功能，特别是在指尖，需要有高空间分辨率、多模态和不同的皮肤功能，这似乎是不可能的，然而人工皮肤是为特定的场合开发的。考虑到这一点，可以制作出只有一些特定功能的亚人工皮肤来制造成功的触觉传感系统，而且人工触觉系统也不要被某些人类触觉而限制，其他类型的知觉诸如动态处理、电子功能、时间分辨率和滞后处理都可以被加入。除此之外，也可制造适用于诸如有化学腐蚀、高温等恶劣环境的人工皮肤。

人们对人体皮肤已经有了极大的生理学层次上的了解。最近，在神经科学领域对抓取和触摸的研究成果也被机器人操作领域引用，但是对于灵活操作例如手部操作却并没有更加深入的研究。这可能归咎于最基本的手部操作的机理都是看似简单，但事实上却极其复杂。而且人体的这些动作除了要依靠触觉感知以外还要依靠其他工序，诸如学习、计划、预测等［LAS 51，GIB 86，OZT 02］。因此人们对类人灵巧操作的了解仍然很少，所以对智能机器人的人工皮肤的最佳设计也远没有实现。

在本章的最后一节里，介绍了一个为实现纹理识别和模仿人类触觉的高度灵敏的三维作用力测量传感器方案："指甲"传感器。阐述了该传感器的设计、实现与它的特征。除了能检测三维作用力以外，该传感器还有灵敏度高、体积小等优点。传感器灵活的排布也预示了未来机器人的多样设计可能。为实现这一未来需求，传感器排列的对外信号输出需要减少。另外，传感器还需能识别接触的表面，例如识别出表面粗糙度和摩擦系数。下一步的工作是将柔性传感器阵列作为复杂操作系统的一部分集成在机器人的手指上。

参考文献

[ALI 07] ALIREZAEI H., NAGAKUBO A., KUNIYOSHI Y., "A highly stretchable tactile distribution sensor for smooth surfaced humanoids", *7th IEEE-RAS International Conference on Humanoid Robots, 2007*, IEEE, pp. 167–173, 2007.

[ALI 09] ALIREZAEI H., NAGAKUBO A., KUNIYOSHI Y., "A tactile distribution sensor which enables stable measurement under high and dynamic stretch", *IEEE Symposium on 3D User Interfaces, 3DUI 2009*, IEEE, pp. 87–93, 2009.

[ASC 07] ASCARI L., CORRADI P., BECCAI L., *et al.*, "A miniaturized and flexible optoelectronic sensing system for tactile skin", *Journal of Micromechanics and Microengineering*, vol. 17, pp. 2288–2298, 2007.

[BEC 05] BECCAI L., ROCCELLA S., ARENA A., *et al.*, "Design and fabrication of a hybrid silicon three-axial force sensor for biomechanical applications", *Sensors and Actuators A: Physical*, vol. 120, no. 2, pp. 370–382, 2005.

[BEC 08] BECCAI L., ROCCELLA S., ASCARI L., *et al.*, "Development and experimental analysis of a soft compliant tactile microsensor for anthropomorphic artificial hand", *IEEE/ASME Transactions on Mechatronics*, vol. 13, no. 2, pp. 158–168, 2008.

[BIC 00] BICCHI A., KUMAR V., "Robotic grasping and contact: a review", *IEEE Conference on Robotics and Automation, ICRA'00*, IEEE, vol. 1, pp. 348–353, 2000.

[CAN 08] CANNATA G., MAGGIALI M., METTA G., *et al.*, "An embedded artificial skin for humanoid robots", *IEEE International Conference on Multisensor Fusion and Integration for Intelligent Systems, MFI 2008*, IEEE, pp. 434–438, 2008.

[CHE 11] CHENG M., TSAO C., LAI Y., *et al.*, "The development of a highly twistable tactile sensing array with stretchable helical electrodes", *Sensors and Actuators A: Physical*, vol. 166, no. 2, pp. 226–233, 2011.

[CHO 08] CHOI C., SHIN M., KWON S., *et al.*, "Understanding of hands and task characteristics for development of biomimetic robot hands", *8th IEEE-RAS International Conference on Humanoid Robots, 2008*, IEEE, pp. 413–417, 2008.

[CHO 09] CHORLEY C., MELHUISH C., PIPE T., *et al.*, "Development of a tactile sensor based on biologically inspired edge encoding", *International Conference on Advanced Robotics, ICAR 2009*, IEEE, pp. 1–6, 2009.

[CHO 10] CHOI W., "Polymer micromachined flexible tactile sensor for three-axial loads detection", *Transactions on Electrical and Electronic Materials*, vol. 11, no. 3, pp. 130–133, 2010.

[CIO 09] CIOCARLIE M., ALLEN P., "Hand posture subspaces for dexterous robotic grasping", *The International Journal of Robotics Research*, vol. 28, no. 7, pp. 851–867, 2009.

[COB 10] COBOS S., FERRE M., SÁNCHEZ-URÁN M., *et al.*, "Human hand descriptions and gesture recognition for object manipulation", *Computer Methods in Biomechanics and Biomedical Engineering*, vol. 13, no. 3, pp. 305–317, 2010.

[CUT 89] CUTKOSKY M., "On grasp choice, grasp models, and the design of hands for manufacturing tasks", *IEEE Transactions on Robotics and Automation*, vol. 5, no. 3, pp. 269–279, 1989.

[DAH 07] DAHIYA R., VALLE M., METTA G., *et al.*, Tactile sensing arrays for humanoid robots, *PhD Research in Microelectronics and Electronics Conference. PRIME 2007*, IEEE, pp. 201–204, 2007.

[DAH 09] DAHIYA R., VALLE M., METTA G., *et al.*, "Bio inspired tactile sensing arrays", *Proceedings of SPIE*, vol. 7365, p. 73650D, 2009.

[DAH 10] DAHIYA R., METTA G., VALLE M., *et al.*, "Tactile sensing-from humans to humanoids", *IEEE Transactions on Robotics*, vol. 26, no. 1, pp. 1–20, 2010.

[DAR 04] DARGAHI J., NAJARIAN S., "Human tactile perception as a standard for artificial tactile sensing-a review", *The International Journal of Medical Robotics and Computer Assisted Surgery*, vol. 1, no. 1, pp. 23–35, 2004.

[DAR 05] DARLINSKI G., BOTTGER U., WASER R., *et al.*, "Mechanical force sensors using organic thin-film transistors", *Journal of Applied Physics*, vol. 97, no. 9, pp. 093708–093714, 2005.

[DEB 08] DE BOISSIEU F., GODIN C., SERVIERE C., *et al.*, "Texture exploration with an artificial finger", Materials and Sensations, Pau, France, October 2008.

[DEB 09a] DE BOISSIEU F., GODIN C., "Tactile surface texture characterization method", CEA patent, FR2945340, WO2010130631, 2009.

[DEB 09b] DE BOISSIEU F., GUILHAMAT B., "Device for the touch sensitive characterisation of a surface texture", CEA patent, FR2945340, WO2010103102, FR2943129, 2009.

[DEB 09c] DE BOISSIEU, GODIN C., GUILHAMAT B., *et al.*, "Tactile texture recognition with a 3-axial force MEMs integrated artificial finger", Robotics: systems and Science V, 2009.

[DEL 01] DEL PRETE Z., MONTELEONE L., STEINDLER R., "A novel pressure array sensor based on contact resistance variation: metrological properties", *Review of Scientific Instruments*, vol. 72, no. 2, pp. 1548–1553, 2001.

[DEU 05] DEUTSCH K., NEWELL K., "Noise, variability, and the development of children's perceptual-motor skills", *Developmental Review*, vol. 25, no. 2, pp. 155–180, 2005.

[DUD 01] DUDA R., HART P., STORK D., *Pattern Classification*, 2nd ed., Wiley, New York, 2001.

[EDU 08] EDUSSOORIYA C., HAPUACHCHI H., RAJIV D., *et al.*, "Analysis of grasping and slip detection of the human hand", *4th International Conference on Information and Automation for Sustainability, ICIAFS 2008*, IEEE, pp. 261–266, 2008.

[ELL 84] ELLIOTT J., CONNOLLY K., "A classification of manipulative hand movements", *Developmental Medicine & Child Neurology*, vol. 26, no. 3, pp. 283–296, 1984.

[ENG 03] ENGEL J., CHEN J., LIU C., "Development of polyimide flexible tactile sensor skin", *Journal of Micromechanics and Microengineering*, vol. 13, pp. 359–366, 2003.

[EXN 92] EXNER C., "In-hand manipulation skills", *Development of Hand Skills in the Child*, AOTA Rockville, MD, pp. 35–45, 1992.

[FLA 97] FLANAGAN J., WING A., "The role of internal models in motion planning and control: evidence from grip force adjustments during movements of hand-held loads", *The*

Journal of Neuroscience, vol. 17, no. 4, pp. 1519–1528, 1997.

[GIB 86] GIBSON J.J., *The Ecological Approach to Visual Perception*, Lawrence Erlbaum, 1986.

[GOO 08] GOODMAN T., MONTGOMERY R., BIALEK A., *et al.*, "The measurment of naturalness (MONAT)", *12th IMEKO TC1 and TC7 Joint Symposium on Man Science and Measurement*, Annecy, France, April 2008.

[HAN 12] HANDLE, "HANDLE project", 2012, available at http://www.handle-project.eu/.

[HAS 08] HASEGAWA Y., SHIKIDA M., OGURA D., *et al.*, "Fabrication of a wearable fabric tactile sensor produced by artificial hollow fiber", *Journal of Micromechanics and Microengineering*, vol. 18, p. 085014, 2008.

[HEO 08] HEO J., KIM J., LEE J., "Tactile sensors using the distributed optical fiber sensors", *3rd International Conference on Sensing Technology, ICST 2008*, IEEE, pp. 486–490, 2008.

[HO 09] HO V., DAO D., SUGIYAMA S., *et al.*, "Analysis of sliding of a soft fingertip embedded with a novel micro force/moment sensor: simulation, experiment, and application", *IEEE International Conference on Robotics and Automation*, ICRA'09, IEEE, pp. 889–894, 2009.

[HOL 93] HOLLINS M., FALDOWSKI R., RAO R., *et al.*, "Perceptual dimensions of tactile surface texture: a multidimentional scaling analysis", *Perception Psychophysics*, vol. 54, pp. 697–705, 1993.

[HOS 06a] HOSHI T., SHINODA H., "A large area robot skin based on cell-bridge system", *5th IEEE Conference on Sensors*, IEEE, pp. 827–830, 2006.

[HOS 06b] HOSODA K., TADA Y., ASADA M., "Anthropomorphic robotic soft fingertip with randomly distributed receptors", *Robotics and Autonomous Systems*, vol. 54, no. 2, pp. 104–109, 2006.

[HOS 08] HOSHINO K., MORI D., "Three-dimensional tactile sensor with thin and soft elastic body", *IEEE Workshop on Advanced robotics and Its Social Impacts*, ARSO 2008, IEEE, pp. 1–6, 2008.

[HUA 08] HUANG Y., SOHGAWA M., YAMASHITA K., *et al.*, "Fabrication and normal/shear stress responses of tactile sensors of polymer/Si cantilevers embedded in PDMS and urethane gel elastomers", *IEEJ Transactions on Sensors and Micromachines*, vol. 128, no. 5, pp. 193–197, 2008.

[HWA 07] HWANG E., SEO J., KIM Y., "A polymer-based flexible tactile sensor for both normal and shear load detections and its application for robotics", *Journal of Microelectromechanical Systems*, vol. 16, no. 3, pp. 556–563, 2007.

[JOH 84] JOHANSSON R., WESTLING G., "Roles of glabrous skin receptors and sensorimotor memory in automatic control of precision grip when lifting rougher or more slippery objects", *Experimental Brain Research*, vol. 56, no. 3, pp. 550–564, 1984.

[JOH 08] JOHANSSON R., FLANAGAN J., "Tactile sensory control of object manipulation in humans", *Somatosensation*, vol. 6, pp. 67–86, 2008.

[JOH 09] JOHANSSON R., FLANAGAN J., "Coding and use of tactile signals from the fingertips in object manipulation tasks", *Nature Reviews Neuroscience*, vol. 10, no. 5, pp. 345–359, 2009.

[KAT 08] KATRAGADDA R., XU Y., "A novel intelligent textile technology based on silicon flexible skins", *Sensors and Actuators A: Physical*, vol. 143, no. 1, pp. 169–174, 2008.

[KAW 05] KAWAGUCHI H., SOMEYA T., SEKITANI T., *et al.*, "Cut-and-paste customization of organic FET integrated circuit and its application to electronic artificial skin", *IEEE Journal of Solid-State Circuits*, IEEE, vol. 40, no. 1, pp. 177–185, 2005.

[KIM 03] KIMMERLE M., MAINWARING L., BORENSTEIN M., "The functional repertoire of the hand and its application to assessment", *The American Journal of Occupational Therapy*, vol. 57, no. 5, pp. 489–498, 2003.

[KIM 06] KIM K., LEE K., LEE D., *et al.*, "A silicon-based flexible tactile sensor for ubiquitous robot companion applications", *Journal of Physics: Conference Series*, vol. 34, pp. 399–403, 2006.

[KIM 09] KIM K., LEE K., KIM W., *et al.*, "Polymer-based flexible tactile sensor up to 32 × 32 arrays integrated with interconnection terminals", *Sensors and Actuators A: Physical*, vol. 156, no. 2, pp. 284–291, 2009.

[KNI 70] KNIBESTÖL M., VALLBO Å., "Single unit analysis of mechanoreceptor activity from the human glabrous skin", *Acta Physiologica Scandinavica*, vol. 80, no. 2, pp. 178–195, 1970.

[LAN 06] LANG S., MUENSIT S., "Review of some lesser-known applications of piezoelectric and pyroelectric polymers", *Applied Physics A: Materials Science & Processing*, vol. 85, no. 2, pp. 125–134, 2006.

[LAS 51] LASHLEY K.S., *The Problem of Serial Order in Behavior*, California Institute of Technology, pp. 112–135, 1951.

[LEE 99] LEE M., NICHOLLS H., "Review article tactile sensing for mechatronics-a state of the art survey", *Mechatronics*, vol. 9, no. 1, pp. 1–31, 1999.

[LEE 08] LEE H., CHUNG J., CHANG S., *et al.*, "Normal and shear force measurement using a flexible polymer tactile sensor with embedded multiple capacitors", *Journal of Microelectromechanical Systems*, vol. 17, no. 4, pp. 934–942, 2008.

[LEE 09] LEE H., CHANG S., YOON E., "Dual-mode capacitive proximity sensor for robot application: implementation of tactile and proximity sensing capability on a single polymer platform using shared electrodes", *IEEE Sensors Journal*, vol. 9, no. 12, pp. 1748–1755, 2009.

[LIN 09] LIN C., ERICKSON T., FISHEL J., *et al.*, "Signal processing and fabrication of a biomimetic tactile sensor array with thermal, force and microvibration modalities", *IEEE International Conference on Robotics and Biomimetics, ROBIO, 2009*, IEEE, pp. 129–134, 2009.

[LIU 07] LIU C., "Recent developments in polymer MEMS", *Advanced Materials*, vol. 19, no. 22, pp. 3783–3790, 2007.

[MAN 06] MANUNZA I., SULIS A., BONFIGLIO A., "Pressure sensing by flexible, organic, field effect transistors", *Applied Physics Letters*, vol. 89, no. 14, pp. 143502–143502, 2006.

[MAN 07] MANUNZA I., BONFIGLIO A., "Pressure sensing using a completely flexible organic transistor", *Biosensors and Bioelectronics*, vol. 22, no. 12, pp. 2775–2779, 2007.

[MAN 10] MANNSFELD S., TEE B., STOLTENBERG R., *et al.*, "Highly sensitive flexible pressure sensors with microstructured rubber dielectric layers", *Nature Materials*, vol. 9, no. 10, pp. 859–864, 2010.

[NOD 06] NODA K., HOSHINO K., MATSUMOTO K., *et al.*, "A shear stress sensor for tactile sensing with the piezoresistive cantilever standing in elastic material", *Sensors and*

Actuators A: Physical, vol. 127, no. 2, pp. 295–301, 2006.

[NOD 09] NODA K., MATSUMOTO K., SHIMOYAMA I., “Flexible tactile sensor sheet with liquid filter for shear force detection”, *IEEE 22nd International Conference on Micro Electro Mechanical Systems, MEMS 2009*, IEEE, pp. 785–788, 2009.

[ODD 09a] ODDO C.M., BECCAI L., FELDER M., *et al.*, “Artificial roughness encoding with a bio-inspired MEMS-based tactile sensor array”, *Sensors*, vol. 9, no. 5, pp. 3161–3183, 2009.

[ODD 09b] ODDO C.M., BECCAI L., MUSCOLO G., *et al.*, “A biomimetic MEMS-based tactile sensor array with fingerprints integrated in a robotic fingertip for artificial roughness encoding”, *2009 IEEE International Conference on Robotics and Biomimetics, ROBIO, 2009*, pp. 894–900, December 2009.

[ODD 11] ODDO C.M., BECCAI L., WESSBERG J., *et al.*, “Roughness encoding in human and biomimetic artificial touch: spatiotemporal frequency modulation and structural anisotropy of fingerprints”, *Sensors*, vol. 11, no. 6, pp. 5596–5615, 2011.

[OLM 12] OLMOS L., GODIN C., “Characterization method tactile surface texture fusion of the 3 components of the force”, CEA PATENT, 2012.

[OZT 02] OZTOP E., ARBIB M.A., “Schema design and implementation of the grasp-related mirror neuron system”, *Biological Cybernetics*, Springer, vol. 87, no. 2, pp. 116–140, 2002.

[PEN 86] PENNYWITT K., “Robotic tactile sensing”, *Byte*, vol. 11, no. 1, pp. 177–200, 1986.

[PIE 06] PIEK J., BAYNAM G., BARRETT N., “The relationship between fine and gross motor ability, self-perceptions and self-worth in children and adolescents”, *Human Movement Science*, vol. 25, no. 1, pp. 65–75, 2006.

[PIE 08] PIEK J., DAWSON L., SMITH L., *et al.*, “The role of early fine and gross motor development on later motor and cognitive ability”, *Human Movement Science*, vol. 27, no. 5, pp. 668–681, 2008.

[PON 08] PONT K., WALLEN M., BUNDY A., *et al.*, “Reliability and validity of the test of in-hand manipulation in children ages 5 to 6 years”, *The American Journal of Occupational Therapy*, vol. 62, no. 4, pp. 384–392, 2008.

[PON 09] PONT K., WALLEN M., BUNDY A., “Conceptualising a modified system for classification of in-hand manipulation”, *Australian Occupational Therapy Journal*, vol. 56, no. 1, pp. 2–15, 2009.

[PRI 08] PRITCHARD E., MAHFOUZ M., EVANS B., *et al.*, “Flexible capacitive sensors for high resolution pressure measurement”, *IEEE Sensors, 2008*, IEEE, pp. 1484–1487, 2008.

[ROS 05] ROSSITER J., MUKAI T., “A novel tactile sensor using a matrix of LEDs operating in both photoemitter and photodetector modes”, *IEEE Sensors, 2005*, IEEE, p. 4, 2005.

[ROS 06] ROSSITER J., MUKAI T., “An led-based tactile sensor for multi-sensing over large areas”, *5th IEEE Conference on Sensors, 2006*, IEEE, pp. 835–838, 2006.

[SAT 08] SATO K., KAMIYAMA K., NII H., *et al.*, “Measurement of force vector field of robotic finger using vision-based haptic sensor”, *IEEE/RSJ International Conference on Intelligent Robots and Systems, IROS 2008*, IEEE, pp. 488–493, 2008.

[SCH 07] SCHEIBERT J., Contact mechanics at microscopic scales, PhD Thesis, University Pierre and Marie Curie - Paris 6, 28 June 2007.

[SCH 08] SCHMITZ A., MAGGIALI M., RANDAZZO M., *et al.*, “A prototype fingertip with high spatial resolution pressure sensing for the robot iCub”, *8th IEEE-RAS International*

Conference on Humanoid Robots, Humanoids 2008, IEEE, pp. 423–428, 2008.

[SCH 09] SCHEIBERT J., LEURENT S., PREVOST A., *et al.*, "The role of fingerprints in the coding of tactile information probed with a biomimetic sensor", *Science*, vol. 323, no. 5920, pp. 1503–1506, 2009.

[SCH 11] SCHMITZ A., MAIOLINO P., MAGGIALI M., *et al.*, "Methods and technologies for the implementation of large-scale robot tactile sensors", *IEEE Transactions on Robotics*, vol. 27, no. 3, pp. 389–400, June 2011.

[SHI 00] SHINODA H., OASA H., "Wireless tactile sensing element using stress-sensitive resonator", *IEEE/ASME Transactions on Mechatronics*, vol. 5, no. 3, pp. 258–265, 2000.

[SHI 04] SHIMOJO M., NAMIKI A., ISHIKAWA M., *et al.*, "A tactile sensor sheet using pressure conductive rubber with electrical-wires stitched method", *IEEE Sensors Journal*, vol. 4, no. 5, pp. 589–596, 2004.

[SOH 07] SOHGAWA M., HUANG Y., YAMASHITA K., *et al.*, "Fabrication and characterization of silicon-polymer beam structures for cantilever-type tactile sensors", *Solid-State Sensors, Actuators and Microsystems Conference, TRANSDUCERS 2007. International*, IEEE, pp. 1461–1464, 2007.

[SOH 09] SOHGAWA M., MIMA T., ONISHI H., *et al.*, "Tactile array sensor with inclined chromium/silicon piezoresistive cantilevers embedded in elastomer", *Solid-State Sensors, Actuators and Microsystems Conference, TRANSDUCERS 2009, International*, IEEE, pp. 284–287, 2009.

[SOM 04] SOMEYA T., SEKITANI T., IBA S., *et al.*, "A large-area, flexible pressure sensor matrix with organic field-effect transistors for artificial skin applications", *Proceedings of the National Academy of Sciences of the United States of America*, National Acad Sciences, vol. 101, no. 27, p. 1966, 2004.

[SOM 05] SOMEYA T., KATO Y., SEKITANI T., *et al.*, "Conformable, flexible, large-area networks of pressure and thermal sensors with organic transistor active matrixes", *Proceedings of the National Academy of Sciences of the United States of America*, National Acad Sciences vol. 102, no. 35, p. 12321, 2005.

[SUM 08] SUMMERS J., LARKIN D., DEWEY D., "Activities of daily living in children with developmental coordination disorder: dressing, personal hygiene, and eating skills", *Human Movement Science*, vol. 27, no. 2, pp. 215–229, 2008.

[TAK 07] TAKAMUKU S., GOMEZ G., HOSODA K., *et al.*, "Haptic discrimination of material properties by a robotic hand", *IEEE 6th International Conference on Development and Learning, ICDL 2007*, IEEE, pp. 1–6, 2007.

[TEG 05] TEGIN J., WIKANDER J., "Tactile sensing in intelligent robotic manipulation-a review", *Industrial Robot: An International Journal*, vol. 32, no. 1, pp. 64–70, 2005.

[TSA 08] TSAO L., CHANG D., SHIH W., *et al.*, "Fabrication and characterization of electro-active polymer for flexible tactile sensing array", *Key Engineering Materials*, vol. 381, pp. 391–394, 2008.

[UEB 01] UEBERSCHLAG P., "PVDF piezoelectric polymer", *Sensor Review*, vol. 21, no. 2, pp. 118–126, 2001.

[VAS 06a] VASARHELYI G., ADAM M., VAZSONYI E., *et al.*, "Characterization of an integrable single-crystalline 3-D tactile sensor", *Sensors Journal, IEEE*, vol. 6, no. 4, pp. 928–934, 2006.

[VAS 06b] VASARHELYI G., ADAM M., VAZSONYI E., *et al.*, "Effects of the elastic cover on tactile sensor arrays", *Sensors and Actuators A: Physical*, vol. 132, no. 1, pp. 245–251, 2006.

[VAS 08] VASARHELYI G., ADAM M., DUCSO C., *et al.*, "Integrated tactile system for dynamic 3D contact force mapping", *Sensors, 2008 IEEE*, pp. 791–794, 2008.

[VER 06] VERNICK A., "Science fiction into scientific reality. Cynthia breazeal talks about women and technology," available at http://www2.scholastic.com/browse/article.jsp?id=7739/, 2006.

[WAN 09] WANG J., SATO H., XU C., *et al.*, "Bioinspired design of tactile sensors based on Flemion", *Journal of Applied Physics*, vol. 105, no. 8, pp. 083515–083515, 2009.

[WEI 05] WEISS K., WORN H., "The working principle of resistive tactile sensor cells", *IEEE International Conference on Mechatronics and Automation, 2005*, IEEE, vol. 1, pp. 471–476, 2005.

[WEN 08] WEN C., FANG W., "Tuning the sensing range and sensitivity of three axes tactile sensors using the polymer composite membrane", *Sensors and Actuators A: Physical*, vol. 145, pp. 14–22, 2008.

[WET 08] WETTELS N., SANTOS V., JOHANSSON R., *et al.*, "Biomimetic tactile sensor array", *Advanced Robotics*, vol. 22, no. 8, pp. 829–849, 2008.

[XU 03a] XU Y., JIANG F., NEWBERN S., *et al.*, "Flexible shear-stress sensor skin and its application to unmanned aerial vehicles", *Sensors and Actuators A: Physical*, vol. 105, no. 3, pp. 321–329, 2003.

[XU 03b] XU Y., TAI Y., HUANG A., *et al.*, "IC-integrated flexible shear-stress sensor skin", *Journal of Microelectromechanical Systems*, vol. 12, no. 5, pp. 740–747, 2003.

[YAM 05] YAMADA Y., MORIZONO M., UMETANI U., *et al.*, "Highly soft viscoelastic robot skin with a contact object-location-sensing capability", *IEEE Transactions on Industrial Electronics*, vol. 52, no. 4, pp. 960–968, 2005.

[YAN 08] YANG Y., CHENG M., CHANG W., *et al.*, "An integrated flexible temperature and tactile sensing array using PI-copper films", *Sensors and Actuators A: Physical*, vol. 143, no. 1, pp. 143–153, 2008.

[YAN 10] YANG Y., CHENG M., SHIH S., *et al.*, "A 32 × 32 temperature and tactile sensing array using PI-copper films", *The International Journal of Advanced Manufacturing Technology*, vol. 46, no. 9, pp. 945–956, 2010.

[YOU 11a] YOUSEF H., BOUKALLEL M., ALTHOEFER K., "Tactile sensing for dexterous in-hand manipulation in robotics-A review", *Sensors and Actuators A: Physical*, vol. 167, no. 2, pp. 171–187, 2011.

[YOU 11b] YOUSEF H., NIKOLOVSKI J., MARTINCIC E., "Flexible 3D force tactile sensor for artificial skin for anthropomorphic robotic hand", *Procedia Engineering*, vol. 25, pp. 128–131, 2011.

[YU 08] YU S., CHANG D., TSAO L., *et al.*, "Porous nylon with electro-active dopants as flexible sensors and actuators", *IEEE 21st International Conference on Micro Electro Mechanical Systems, MEMS 2008*, IEEE, pp. 908–911, 2008.

[ZHA 10] ZHANG Y., "Sensitivity enhancement of a micro-scale biomimetic tactile sensor with epidermal ridges", *Journal of Micromechanics and Microengineering*, vol. 20, p. 085012, 2010.

第 7 章　高精度机器手的柔性弯曲

Reymond Clavel、Simon Henein 和 Murielle Richard

7.1　高精度工业机器人应用背景

本章涵盖了高精度机器人机械设计中的各种重要方面。首先给出了几个有关机器人及其应用的示例，以重点强调所期望的亚微米级精度的限制。然后介绍了一种柔性运动关节的分析方法，这是机器人和高精度机构的关键要素，可快速地预知自由度和简单柔性特性。在本章最后部分介绍了一种新型并行超高精度机器人模块化设计方法来克服基于柔性的机械设计与三维机器人之间的差距，从而可显著减少这些机械装置的复杂度和开发时间。

7.1.1　应用

产品的不断小型化要求其生产、装配、检验和包装都需要极高的精度，下面的示例阐明了需要高精度的情况：

—利用多个层次上相关联的纳米技术和功能的微电子元件制造；

—经过电火花成型加工（EDM）[BEL 04，JOS 05]、激光、电子束或切割等多道工序进行微型零件的制造、修正和调整；

—听觉或视觉微型假体的装配，这些操作同样要求苛刻的可靠性和清洁度；

—需要高精度校准的光学电路组装（几十到几百纳米），利用主动对准光线基准线的技术可大大限制零部件的公差，然而这些技术需要装配机器人具有高度重复性和刚性以限制装配过程中由于黏合、焊接所产生的寄生位移 [AND 96，SCU 00，STA 05]，如图 7.1 所示；

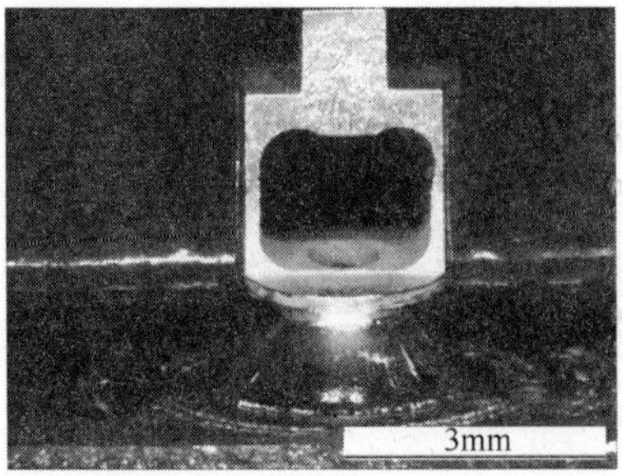

a)

b)

图 7.1　表面安装光学元件的组装技术 [STA 05]。利用高精度机器人来定位通用载体上的光学元件；将其焊接在底板上，并提供固定连接

a）通用载体　b）工业制造的光学电路，实现微米级的对准精度

—钟表部件（石英、红宝石、蓝宝石等）的组装和调节；

—计量：超灵敏探针（见图 7.4），测量单元的超精密定位（力、位移等），适应特定环境的系统，如真空（空间应用等）；

值得注意的是，人类虽然是非常全能且灵活的生物，但不适合完成高精度工作。然而，人类感知可通过光学手段进行扩展。通过手和其他肢体之间机械或数字式连接（有/无力反馈）也可提高其灵巧度。如果这些辅助手段只是对于原型设计和非常小的系列很有价值，那么在工业生产上既不经济也不可靠。

7.1.2 高精度与建议解决方案原则之间的约束连接

高精度（几十纳米的重复性且精度高于微米）意味着在设计机器人系统时注意力要时刻保持高度集中。首先，应完全禁止间隙反冲，同时消除或尽量减少摩擦力。为在合理预算成本下满足上述两点要求，可能需要设计由柔性薄片制成的关节的动力学模型（见图 7.2）。利用这些由单个金属块通过 EDM 的铰链可得到非常好的结果[BAC02，BOT02，HEN01]。也可实现实体组件和柔性板的组装，且具有便于更换或修改机械部件的优势。

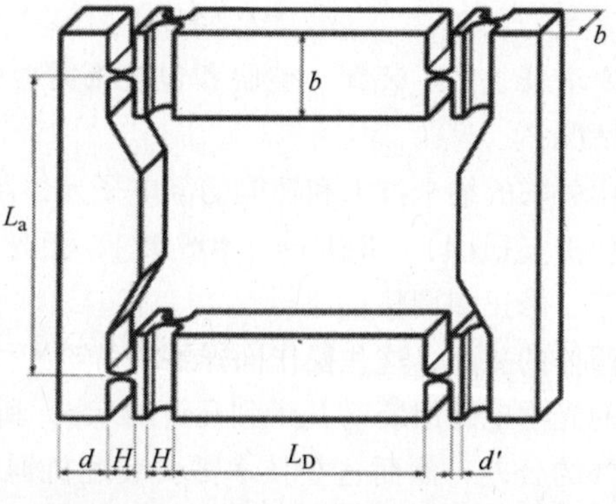

图 7.2 8 个柔性关节的平行四边形构成 4 个万向联轴器。这些关节是在高疲劳强度的钢板上通过 EDM 完成；该组件是图 7.4 所示 Delta3 型机器人的关键部件

接下来，众所周知的热膨胀现象在高精度机械设计中具有重要作用：需要注意的是，温度升高 1K，可使得 100mm 长的钢轴延长 1.2μm（或 1200nm）。为避免发生这种膨胀问题，需保证机器人及其所处环境的温度均非常稳定［NIA06］，或可将机器人作为整体或移动部件处于不同位置时所测量瞬时温度的函数来进行校正。这也可用于保护移动结构中的灵敏部件避免由于形变［这可能是由于对流、热源辐射（如电动机）或传导而形成的］而产生的热扰动。引自文献［NIA 06］中的图 7.3 给出了一种 Delta3 型机器人平行杆的保护方法（见图 7.4）。

另一种干扰现象是机器人机械部件在重力和/或机器人行为所引起的其他力的作用下的形变。在数量级上，假设考虑一个直径 10mm、长 100mm 的圆柱形钢轴：当其固定夹持在非变形墙内时，由于仅承受重力而产生的偏差为 730nm，若同一轴放置在两

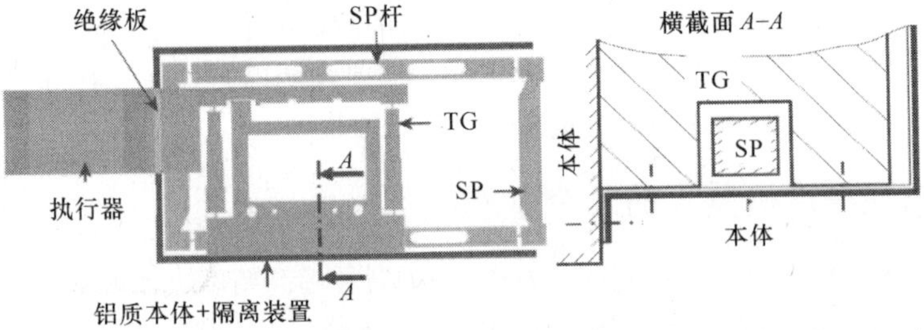

图 7.3　减少热效应的不同解决方案的 Delta3 型机器人设计（TG：平移引导；SP：空间平行四边形，见图 7.2）。封装 SP 杆以避免热传导和热辐射的影响。这些杆还需要轻质以减少重力影响，同时增大机器人的机械固有频率［NIA06］

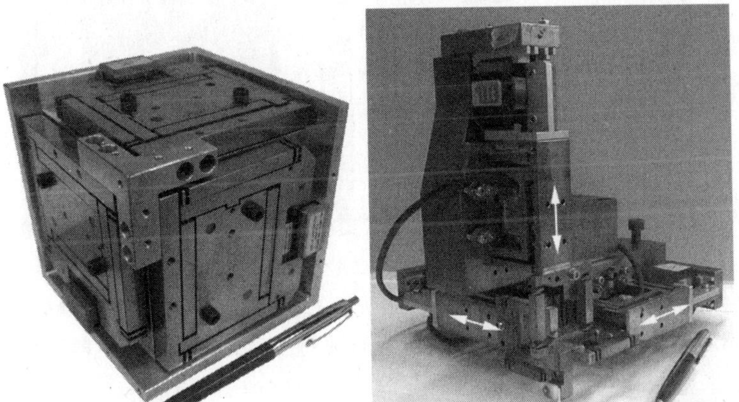

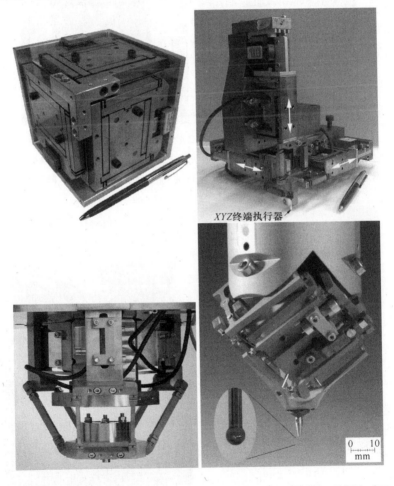

图 7.4　超高精度 Delta3 型机器人的 3 种变型和 1 种相同几何结构的 3D 探头［FRA 04］。机器人的工作空间分别为 $8mm^3$、$64mm^3$ 和 $700mm^3$，其重复性可达到 20nm，精度约为 100nm［NIA 06］。METAS（瑞士联邦计量局）利用该探头测量一个球体的直径，精度可达 20nm

个支架上时，其最大偏差为76nm，或比固定夹持情况下小9.6倍。垂直悬挂的同一钢轴在重力作用下，其底端位移约为2nm。最后需要强调的是，在一种高精度机器人结构的初步设计中，无需考虑轴的重量来估算其延伸程度。

7.1.3 超高精度机器人的几个示例

本节介绍了EPFL机器人系统实验室开发的几种超高精度机器人示例，如图7.5和图7.6所示。对于机械设计具有极大影响的柔性运动分析方法将在7.2节中介绍。

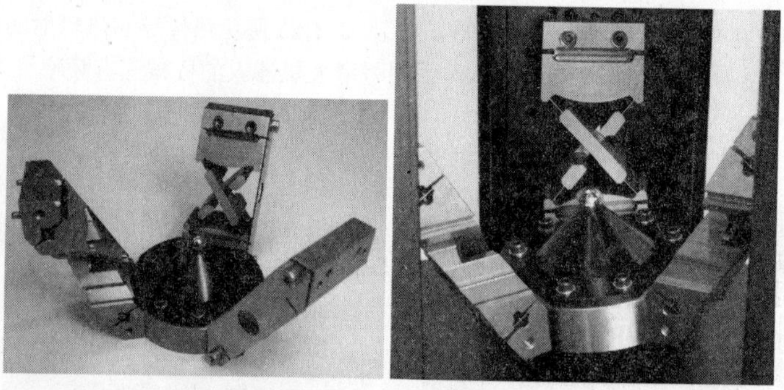

图7.5 由EDM加工的3个相同柔性关节链的3个自由度（z、θ_x 和 θ_y）运动。由于每个链上的X形臂特殊结构，其能够达到的角度最大为15°；这种结构还可保证球体上旋转中心的寄生平移运动小于1mm。右图，安装在3个垂直轴上的关节结构可保证机器人具有3个自由度

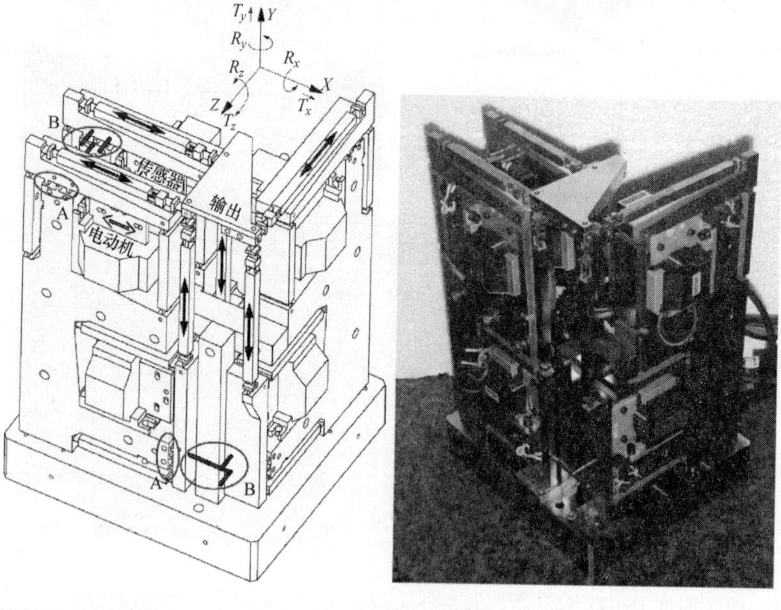

图7.6 SIGMA 6型机器人：6个自由度的超高精度并联机器人。可执行±4mm的位移和±4°的旋转角度，平移重复性为20nm，精度可达100nm［FAZ 07］。所有关节均是柔性的，并由EDM加工；该机器人由3个相同的钢板组成，其中每个板上都有两个轴［HEL 06］

7.2　简单柔性的运动学分析

7.2.1　柔性设计

尽管已了解柔性很长时间，但其设计方法仍不够完整。直到最近，才在进一步深入研究的技术系统中凸显出其重要性。本节简要讨论了如何通过引入柔性关节和理想运动关节之间的各种等效概念来精确分析柔性运动。之后，介绍了几种利用特定柔性运动特性机制的原始示例，这些柔性模型是如 7.3 节中所述的更加复杂的关节结构设计中的构件。

7.2.2　基本关节的自由度

最简单柔性运动特性的基本分析方法是将基本柔性关节看作具有一定自由度的运动环节。只有当关节的刚度系数相对于其自由度非常高时（通常系数高于 100 或 1000），这种简化的类比才有效。例如，一个厚度 h 小于宽度 b 10 倍的柔性叶片弹簧，绕其轴线的角刚度要小于绕 z 轴角刚度的 1/1000（见图 7.7）。因此，在运动分析中，绕 y 轴的旋转定义为一个“无约束自由度”，而绕 z 轴的旋转称为“阻塞自由度”。

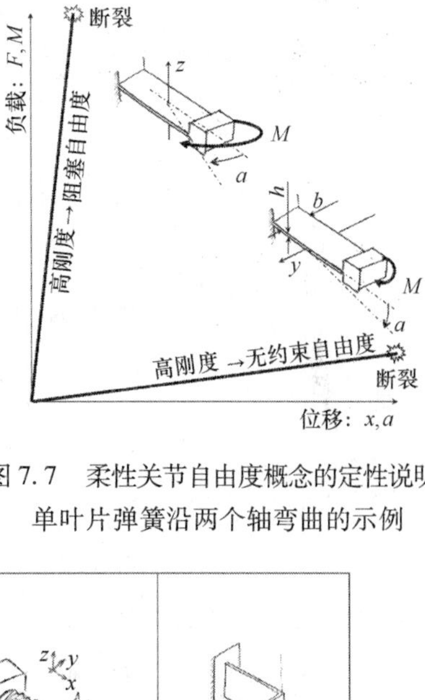

图 7.7　柔性关节自由度概念的定性说明：单叶片弹簧沿两个轴弯曲的示例

根据可能是 6 个自由度的推理，在此可考虑叶片弹簧为一个 3 个自由度的关节，杆、波纹管和一个 L 形叶片弹簧均为 5 个自由度的连杆（见图 7.8）。

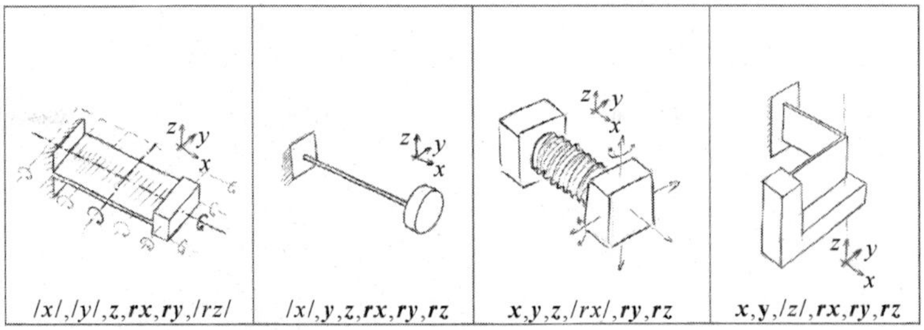

a)　b)　c)　d)

图 7.8　基本关节及其各自自由度的示例：黑体字母表示无约束自由度，斜杠字母表示阻塞自由度

a）单叶片弹簧　b）单杆　c）波纹管　d）L 形叶片弹簧

7.2.3 寄生运动

这些关节产生的运动轨迹实际上与相关理想关节的运动轨迹不同。为考虑这些潜在的差异，在此引入寄生运动的概念。因此，认为基本柔性关节所执行的运动与增加寄生运动后的等效理想关节的运动相同。例如，在单叶片弹簧情况下，认为运动块沿 x 轴的平移是一种沿 y 轴方向上增加幅值为 λ 的寄生平移的线性平移（即与理想滑动块的平移一致，见图 7.9）。对于叶片弹簧，为一个抛物线轨迹：

$$\lambda \simeq \frac{3x^2}{5L} \quad [7.1]$$

设安装在理想支点（圆形轨迹）上长度为 L_{eq} 的刚性梁末端沿 y 轴的位移可近似为

$$\lambda_{eq} \simeq \frac{x^2}{2L_{eq}} \quad [7.2]$$

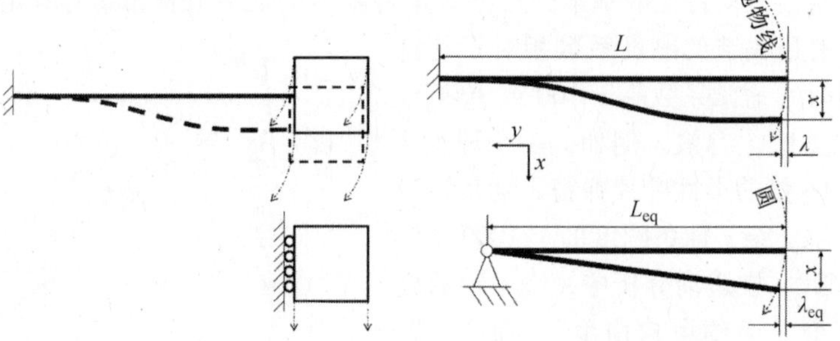

图 7.9 寄生运动概念的说明：一个简单叶片弹簧的平移运动

由此，对于

$$L_{eq} = \frac{5L}{6} \quad [7.3]$$

可得

$$\lambda_{eq} \simeq \lambda \quad [7.4]$$

对于某些运动分析，因此可通过一个较短支点上的梁来对叶片弹簧的平移运动进行建模。

同理，对于旋转运动亦是如此，引入一个等效理想支点上的纯旋转运动的寄生平移即可。例如，纯弯曲叶片弹簧上运动块的旋转运动可描述为一个绕位于板中间的轴的纯旋转运动以及相应的寄生平移运动（矢量 ***PP'***，见图 7.10）。

7.2.3.1 方法适用范围

在此提出的柔性运动分析简单方法可直接适用于一个固定基座和一个移动部件组成的柔性关节，其中所有关节都是并联安装，且相互之间专门平行或正交（见图 7.11）。然而，这是一种用于分析各种常见情况的基本方法。

最简单柔性（十字叶片弹簧支点、平行叶片弹簧台等）是由几个基本关节组成，其中每个关节均由两个相邻元件连接。在这种结构中，移动部件的自由度若被其中某

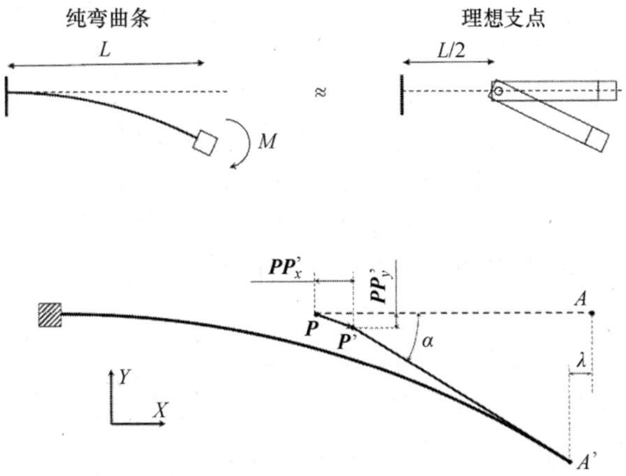

图 7.10　寄生运动概念的说明：一个简单叶片弹簧的旋转运动［HEN 01］

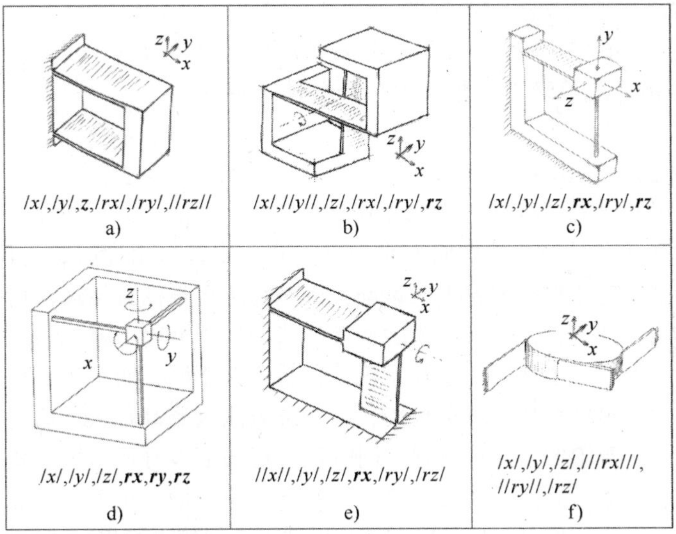

图 7.11　简单柔性及其各自自由度的一些示例：黑体字母表示无约束自由度，斜杠字母表示阻塞自由度（静不定）。“均衡安装”（c）有时候用于光学元件安装：在二维分析中确实均衡，但在三维空间分析中，会产生 3 种静不定运动

a）平行叶片弹簧台　b）十字叶片弹簧支点　c）万向杆叶片弹簧关节

d）杆球形关节　e）弯曲扭转支点　f）均衡安装

个关节阻塞，则将其看作阻塞自由度，而没有被任何关节阻塞的运动看作无约束自由度。一个同时被多个关节阻塞的运动也看作阻塞自由度，但在某种程度上具有静不定。

7.2.3.2　静不定自由度

利用 Gruebler（格鲁布勒）方法可计算静不定运动［GRU 27］。举例说明，两个平行叶片弹簧以及两个十字叶片弹簧支点（见图 7.11a 和 b）的柔性包括一个单一的拓扑环和两个具有3个自由度的基本关节。在此情况下，利用Gruebler方法可预测零迁移率（迁移率定义为所有关节的总自由度数，从中减去6倍的结构中的拓扑环个数）：$M = 2\times3-6\times1=0$。然而，经验表明每一种柔性都具有一个自由度，该问题可通过存在一个过约束来解释说明：在一个双平行叶片弹簧台的情况下，移动平台的旋转轴 rz（横滚）被阻塞两次（每个叶片弹簧就足以阻塞该自由度）。在十字支点的情况下，移动部件的平面外平移 y 受阻两次。静不定情况的存在可能会产生以下问题：

—如果可能，由于制造公差（这适用于采用组合叶片弹簧的情况下）会使得结构安装较为困难。

—由于两个平台的热形变不平衡或加工缺陷等原因造成在结构中可能存在一些内在约束。这些约束难以利用数学模型（有限单元法或分析计算）进行量化。会由于结构中存储的弹性能量而产生疲劳失效或意外刚度修正。

在单片柔性加工情况下，普遍能承受静不定状况，尤其在平面外发生缺陷时更是如此。在特殊情况下，可以通过修改结构来消除静不定情况。一个具体示例如图7.12所示。

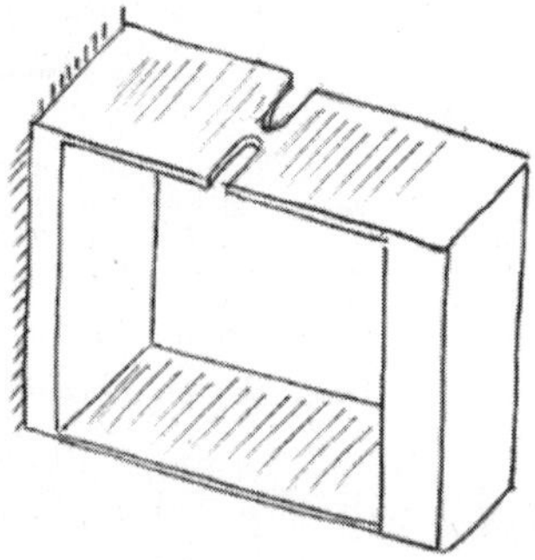

图7.12　消除叶片弹簧台上静不定状态的解决方案示例

7.2.3.3　“局部”自由度

在分析柔性运动时，必须考虑寄生运动的影响（见图7.13和图7.14）。事实上，如果关节寄生运动与另一关节的阻塞自由度一致，则该自由度可认为仅是局部自由，反之亦然。因此，对于振幅无穷小的运动，机械刚度会很低且该运动可认为是自由运动。特别是，设与这些自由度相关联的振动模式频率很低时，就如同该关节具有一个无约束自由度。对于有限振幅的运动，机械特性完全不同：两个关节作用产生的轨迹之间的冲突会对机械结构产生显著应力，这会导致刚度提高很大。这类现象一般不利于机制的运行：严重限制了允许行程，同时也会对关节本身或与关节相连的刚性段造成损坏。因此，在设计阶段，建议避免在机制中出现局部自由度。在已出现局部自由度的情况下，这种类型的自由度只能在结构尺寸上产生较小行程。

然而，如果一个关节的寄生运动与另一关节的某个无约束自由度一致，则认为该自由度在整个运行轨迹中是无约束的，反之亦然。

7.2.3.4　刚度补偿和双稳态

理想机制具有零刚度（可在无穷小的力或力矩驱动的运动中设置），而传统柔性机制具有非零刚度（会抵制使之偏离中性位置的运动）。然而可在某些柔性机制中增加一个预紧弹簧，从而使之在偏离中性位置时失去弹性势能：在这种情况下，可减少导轨的整体刚度［HEN 12］。利用一些特定布局可减少几个数量级的整体刚度：在此称为刚度补偿机制。如果采用较高的预载，则该机制会具有双稳态特性。

图7.15给出了一个平移机制的补偿示例：固定结构（a）和主柔性结构（b）限定了移动部件（c）的轨迹。二级柔性(d）与（c）相连，两层都在压缩预紧弹簧（e）

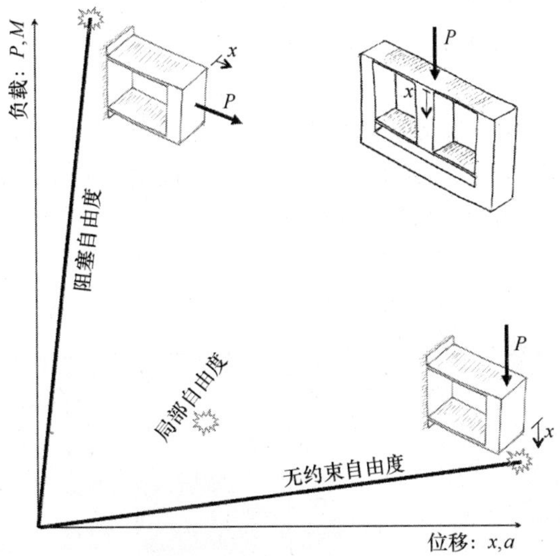

图 7.13　通过 4 个平行叶片弹簧组成的过约束台结构示例来定性描述柔性局部自由度的概念［HEN 01］。中心曲线表明一对叶片弹簧产生的轨迹之间的冲突导致了强渐进的力-形变关系以及在叶片弹簧和刚性段之间的显著应力：在位移很小的情况下，刚度类似于双平行叶片弹簧台的无约束自由度中的刚度。然而，在位移较大的情况下，刚度增大并最终接近某个阻塞自由度

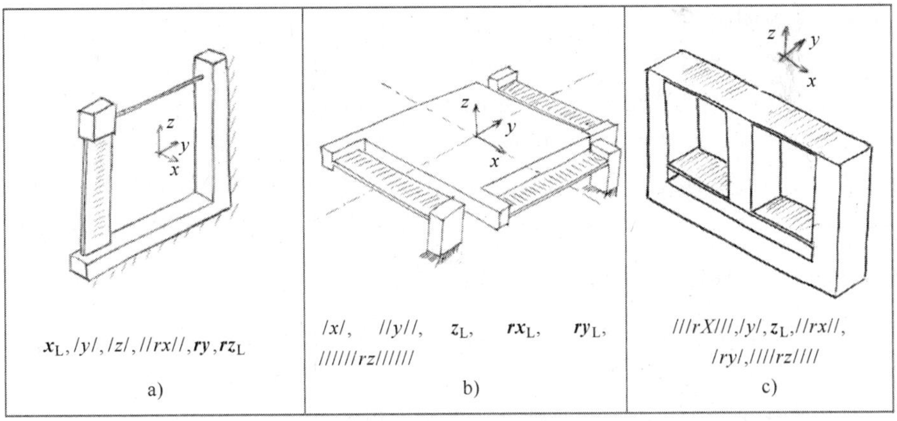

图 7.14　具有局部自由度（由下角 L，即 x_L 表示）和静不定情况的简单柔性示例
a）横向增强叶片弹簧　b）膜　c）过约束直线台

中加载。第 5 个叶片弹簧（或杆）用于确定第 2 层的位置。当（c）偏离其中性位置时，其余 4 个叶片弹簧（b 和 d）弯曲并从而产生弹性势能。同时，由于 4 个叶片弹簧（b 和 d）的寄生位移缩短，预紧弹簧的延伸量也相应减小，从而使得其存储的弹性势能减少。从机制角度来看，叶片弹簧能量增长率与确定观测弹性性能的预紧弹簧能量

减少率之间达到整体平衡。

为简化设计，预紧弹簧（e）可与导向元件（f）相结合。这样可产生一种可整体制造的规划机制。在所提出的架构中（见图7.15），叶片弹簧的中心点（e+f）位于对称的机械轴上。因此，插入两个预紧楔（h）可使得4个叶片弹簧（b和d）平等压缩。选择合适的垫片厚度可补偿大部分的刚度，从而使得整体刚度接近于零。同样，也可通过施加更高的预紧量来产生双稳态特性。

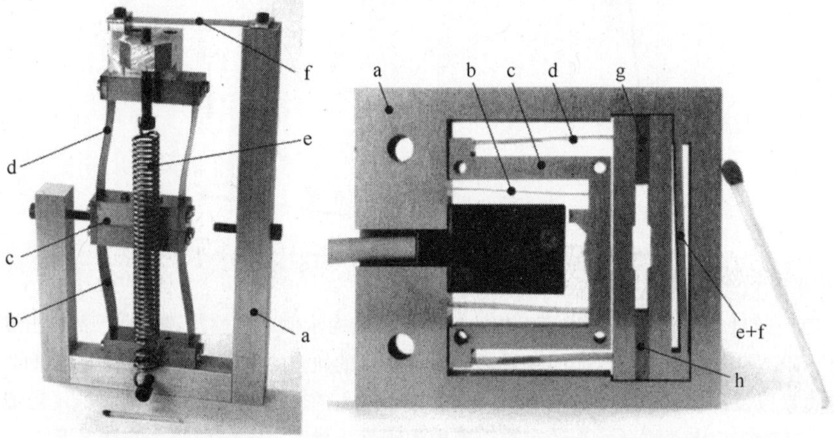

图7.15　包含双平行叶片弹簧和刚度补偿系统的导向机构。上述模型（左图）展示了该原理。利用电火花EDM加工的整体结构（除了两个预紧楔之外）展示了如何实现该原理

7.2.3.5　大减速比

为实现亚微米级精度的运动控制，通常需要采用减速机构。“纳米转换器”（见图7.16）可在整个行程中提供一个恒定减速比，同时能够获得很高的减速比（通常高达1∶1000），这一减速比可通过垫片或调节螺钉来进行调节［HEN 06］。该机构是平面且可整体加工的，具体工作原理如下：采用具有微米级精度的商用执行器来产生驱动沿直线平移（从A到A'的位移）的输入，然后该运动传递到由平行叶片弹簧台（叶片弹簧长度为L）悬挂的中间层：在$x_1\sim x$过程中沿抛物线$y_1=\frac{-3x_1^2}{5l}$从B点平移到B'点。具有相同长度L第3个叶片弹簧（称为转换叶片弹簧）将中间层与输出层相连。相对于前两个叶片弹簧，预形变距离为x_0。因此，位移x_1会导致转换叶片弹簧的寄生运动，其幅值大于其中一个主叶片弹簧。最终，传递到输出层的运动y是主叶片弹簧与转换叶片弹簧的缩短量之差（差动效应）：

$$y=\frac{3(x+x_0)^2}{5L}-\frac{3x^2}{5L}=\frac{6x_0}{5L}x+\frac{3x_0^2}{5L} \qquad [7.5]$$

因此，如果选择合适的y轴原点，则输出位移y与具有以下减速比的执行器位移x成正比：

$$i=\frac{x}{y}=\frac{5L}{6x_0} \qquad [7.6]$$

选择与 3 个叶片弹簧长度 L 相比非常小的预形变量 x_0 会产生较高的减速比。由此易于通过垫片或在预形变位置处加工转换叶片弹簧来机械实现，如图 7.16 所示。

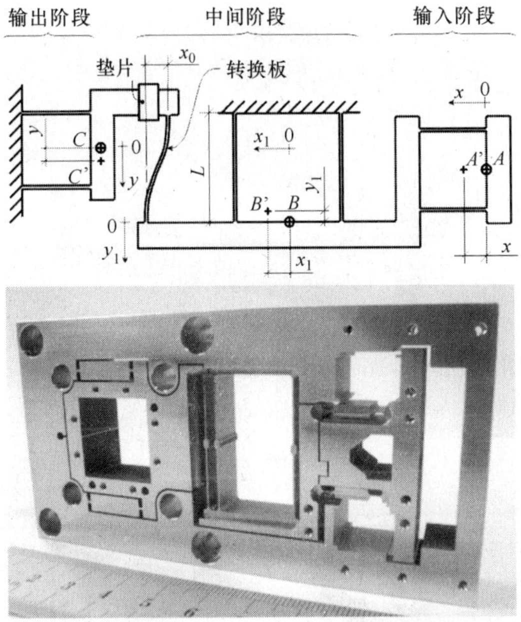

图 7.16　“纳米转换器”的工作原理和实际图

7.2.4　直线挠性和圆形挠性

通过传统补偿的平行叶片弹簧台可实现直线平移运动［SMI 00］，但是对于包括 5、6 个 L 形叶片弹簧的挠性结构信息尚不了解［SCH 98］。例如，这一概念由瑞士电子与微技术中心（CSEM SA）和空间探索研究所（SPACE X）在所设计的用于 EXOMARS 任务的“近距离成像仪”（见图 7.17）中应用。3 个完全相同的叶片弹簧与包括光学镜头（g）的本体外部固定框架（f）相连。每一个叶片弹簧都是由固定杆（a）、初始叶片弹簧关节（b）、二级刚度杆（c）、二级叶片弹簧关节（d）和输出杆（e）组成的平面结构。每一个叶片弹簧都会阻碍（f）的旋转和平移。实际上，这些叶片弹簧都相对较薄，从而可承受该结构所存在的静不定情况（1°）。

通过“蝶形”等结构可实现执行准圆形旋转的柔性动作（见图 7.18）［HEN 03］。这种单片平面结构最初是设计用于空间应用。该结构由固定基座（a）、形成含有运动远程中心（RCM）初始支点的两个叶片弹簧（b）、中间件（c）、补偿大多数一级寄生平移（b）的二级支点（d）和二级中间件（e）以及最终使得角位移在输出模块（f）之前翻倍的对称结构组成。如果必要，一个可选的耦合机构（g）可集成到该结构中来消除（e）的内部自由度：这一运动链可驱动（e）旋转输出（f）一半的角度。

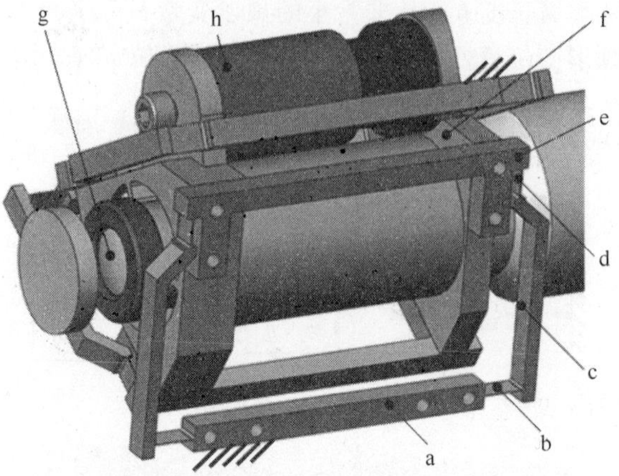

图 7.17　6 个 L 形叶片弹簧的直线挠性［BAR 12］

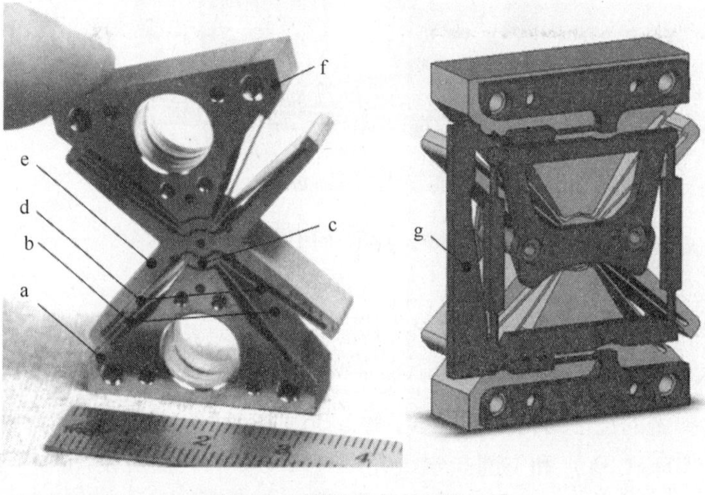

图 7.18　蝶形支点［HEN 03］

7.3　柔性并行化运动设计方法

7.3.1　目的

尽管越来越需要集成机器人使之能够在生产线上以亚微米级精度执行操作与微装配任务以满足产品小型化，但研发这种机器在时间和成本上都很昂贵。其开发过程中的双重复杂性是造成这种情况的主要原因：首先，从运动学观点来看，采用平行结构是设计高精度机器人的一种非常独特的方法，然而对于 3 个自由度以上的机械，这种运动合成尤为困难。尽管开发了大量设计方法，如文献［GOG 08］和［HEL 06］中的方法，但都具有同样的缺陷：这些方法都缺乏机械柔性。事实上，如果规格发生变化，意味着会增大自由度或旋转中心的位移，从而必须全部重新开始设计过程。其次，第二个困难是柔性机制的设计和实现：尽管平面结构的合成现已得到广泛研究［CAN 04，HEN 01，HOW 11，KOS 00，SMI00］，但完全柔性构成的三维机器人还非常少见，尤其是在工业领域。

因此，本节提出一种模块化设计方法，可以显著减少超高精度机器人的开发时间（上市时间）。这种过程可类似于乐高机器人，其中有限数量的概念结构件可轻松地构建和调整并行机器人。

7.3.2　模块化设计方法

模块化并联机器人方法的目的是设计一个正交排列 1～3 个运动链，将其表示为一个立方体：每个链都分布在不同面上，而输出位于其中的一个角（见图 7.19a）。这种机器人的合成利用了有限数量的概念构件（见图 7.19b）：包括两个状态，即主动和被动。模块化机器人的每个运动链均由一个主动构件和一个被动构件串联组成。

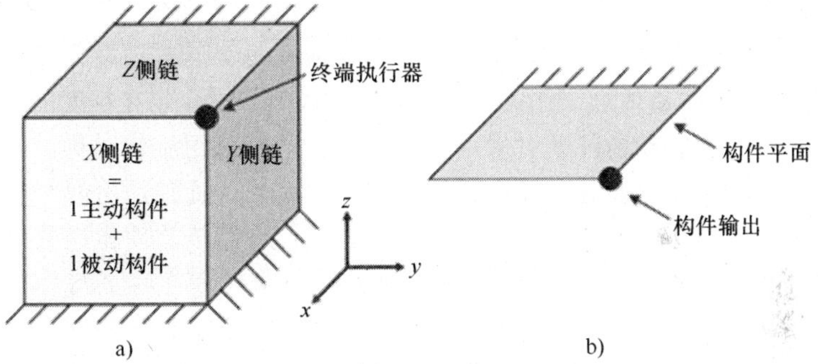

图 7.19　通过方法（a）和概念构件（b）的模块化并联机器人设计表示

主动构件的作用是提供一个 3 个自由度的动力，而阻碍其余运动。对于被动构件，总共包括 5 个自由度，可以自由移动但不能获得动力。因此，其功能是将主动构件的运动信息发送到机器人的输出端。可通过通用符号来统一描述每个构件的自由度：首先，主要符号（T，R，t，r）表示运动性质（平移或旋转）。大写字母表示主动自由度，而小写字母表示被动运动。符号（//，⊥）表示相对于构件平面的相对位移方向：⊥表示正交于构件平面的运动，而//表示沿构件平面中某一轴的自由度。图 7.20a 给出了主动构件的 6 个可能自由度的符号。最后，补充符号（1，2）用于区分沿构件轴的多个运动的方向：图 7.20b 给出了两个主动构件的示例，并说明了其使用情况。在这些假设的基础上，模块化概念包括 25 个主动构件和 38 个被动构件。

然后，模块化设计方法的原则是将表示是否存在平移或旋转（T_x，T_y，T_z，R_x，R_y，R_z）自由度的机器人期望移动性转换为通过详尽的概念策略目录而满足这些规范的被动构件与主动构件组合的完整列表。随后，根据机器人的规格和机械设计要素来选择运动学方法。因此，该方法的核心是生成文献［RIC 12］中详细介绍的依赖于组

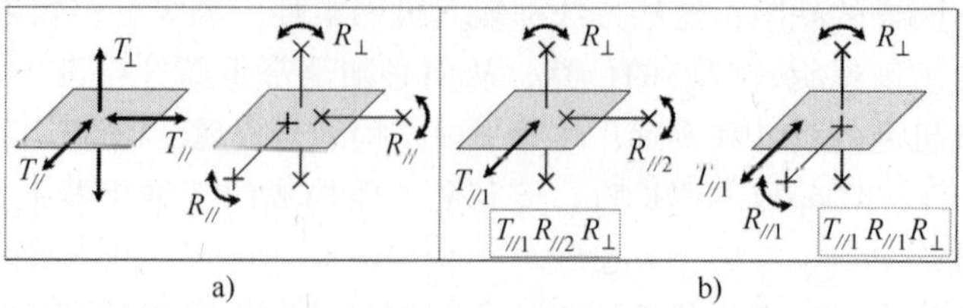

图 7.20 构件符号系统图解，表明一个主动构件（a）的 6 个可能自由度以及构件（b）的移动性与符号之间的对应示例

合算法的解决方案目录。最后，详尽的概念解决方案目录包含 3175 种运动可能性。在该方法中，与机械设计完全无关的目录可用于产生各种各样的机器人，从机床到微米级的机器人。此外，可通过减少相当数量的解决方案来提高这一概念的实际应用，这得益于与机器人应用相关的标准：在后面将详细解释本研究背景的选择标准，尤其是针对超高精度的机器人设计，以及基于柔性的构件机械设计示例。

7.3.3 超高精度概念的应用

减少所考虑因素中概率解决方案目录的选择标准与柔性机构设计及其电火花线切割加工（W-EDM）的整体加工相关。由此可产生以下假设：超高精度的主动构件可在平面结构下设计，而被动构件既可采用平面几何，也可采用旋转对称的几何结构。此外，主动自由度的驱动只能选择线性执行器完成。因此，旋转是由两个执行器或相对于固定部件的一个执行器的差分运动来驱动。在此假设，该差动驱动只可能在主动构件中产生：在机器人的两个运动链之间不存在差动运动。

由于这些高精度的标准，可通过消除至少包括一个不满足这些假设的构件的所有运动解来获得概念解决方案目录。例如，失效的主动构件是驱动多个旋转运动，包括滑动支点以及驱动 3 种平移的主动构件［RIC 12］。最后，只保留了 11 个主动构件和 34 个被动构件：由此所减少的超高精度概念解决方案目录只包括 1429 个运动可能性，与所有目录相比，目录数量减少了 55% 以上。

7.3.4 基于柔性的构件机械设计

该方法的下一步是基于柔性来进行构件的机械设计。主要难点在于平移和旋转运动行程的增加。值得注意的是，在文献［RIC 12］中已详细介绍了每个构件的机械解决方案；在本节中，只是将驱动旋转的主动构件设计作为一个示例。需要再次强调的是，采用线性执行器的假设条件只是为了通过在所有主动构件内包含标准化的驱动子构件来增加该方法中额外的模块化程度。

作为一个主动构件机械设计的示例，针对 $R_\perp$ 构件所提出的解决方案如图 7.22 所示。该机制的一个关键优势是包括一个在不增加机械组件的系统输出处定位旋转中心的 RCM。因此，无需平移补偿来保持旋转过程中的系统输出位置不变。基于柔性的设计原则如下（见图 7.21）：左侧线性执行器产生的作用力可通过一个垂直的叶片弹簧转换为力矩，从而使得输出旋转。此外，在此情况下，应用杠杆定律 $M = F \times d$，其中 M 为力矩，F 为作用力，d 为作用力与旋转中心之间的垂直距离。因此随着 d 的增大，达到某一给定角度所需的执行力减小，而角分辨率会相应提高。然而达到相同角度时执行器所需的线性行程也会增加，因此参数 d 的选择是一种折中考虑，必须根据机器人规格和执行器性能进行优化。值得注意的是根据假设，对于具有相同移动性的任意构建可采用同样的机械设计。例如，图 7.21 中给出的 $R_{\perp}$ 构件的解决方案同样也可用于 $R_{/\!/}$ 构件的设计，这可通过对相对于概念立方体的构件物理表面进行简单再定位来实现（见图 7.20）。

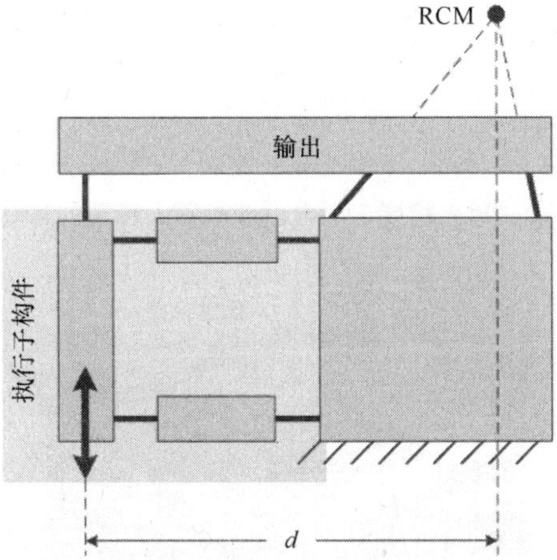

图 7.21　包括执行子构件和远程运动中心的 $R_{\perp}$ 主动构件的设计原理示意图。所提的解决方案驱动一个与构件平面正交的旋转，通过相对于概念立方体简单重定位该平面可进行 $R_{/\!/}$ 构件的设计

7.4 Legolas 5 型机器人设计示例

本节通过对 5 个自由度的超高精度机器人的开发进行全面分析来描述模块化设计方法的实际应用。通过超高精度机器人需要完成的如零件的微操作和微装配等典型任务来驱动移动性的选择。5 个自由度的模块化机器人包含 3 种平移（T_x、T_y、T_z）和两种旋转（R_x、R_y）。此外，±5mm 和 ±10°的行程是为了同时实现最大旋转角和最大平移。分辨率需要达到 50nm 和 2μrad。最后，要求机器人运动必须能够很容易地转换为 4 个或 6 个自由度的系统，同时包括最小个数的不同构件。

模块化设计方法的第一步是机器人运动的合成：根据设备的具体规格，从高精度概念解决方案目录中选择一种解决方案。在文献［RIC 12］中详细介绍的这一阶段会产生如图 7.22 所示的运动选择。这种结构中仅包括 3 个不同的构件，可用于简单地增加或移除一个自由度：事实上，通过替换 $T_{/\!/}$ 或 $R_{\perp}$ 构件中某个 $T_{/\!/}R_{\perp}$ 主动构件可改变这些运动的移动性，从 5 种运动到 4 种运动，同时通过用第 3 个 $T_{/\!/}R_{\perp}$ 构件替代 $T_{/\!/}$ 可增加第6个自由度。图7.23给出了5个自由度模块化机器人（称为 Legolas 5）的运动。同时还表明针对基于柔性机械设计的所选方案的原则。

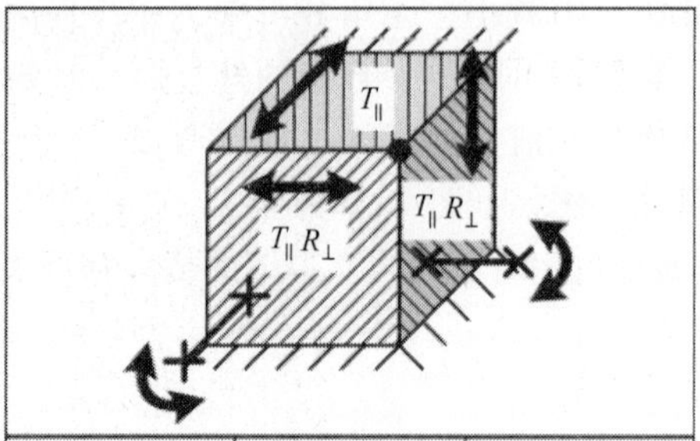

X链	Y链	Z链
$t_{//1}\ t_{\perp}\ r_{//1}\ r_{//2}$	$t_{//1}\ t_{\perp}\ r_{//1}\ r_{//2}$	$t_{//1}\ t_{\perp}\ r_{//1}\ r_{//2}$

图7.22　超高精度5个自由度机器人所选的运动方案

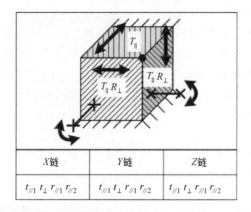

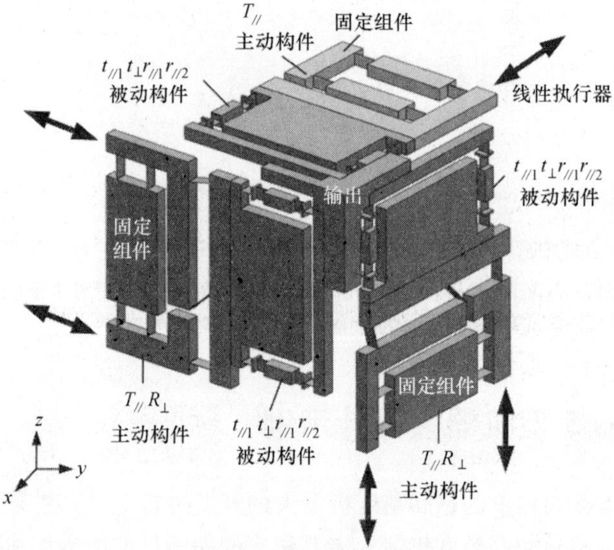

图7.23　Legolas 5 型机器人的运动，包括基于柔性的构件机械设计原理方案

7.4.1　基于柔性的机械设计

对于机器人原型的机械设计，所选用的方案包括柔性叶片钢弹簧和硬质铝合金部件的组装。首先，该方法可减少机器人的移动质量，从而提高其动态性能；第二，由于简化了机构中零件的可能修改，这对原型机也同样有用。不过，该模块化机器人所有采用的机械方案同样适用于电火花线切割（W-EDM）加工的板材组装。

7.4.1.1　$T_{/\!/}$主动构件

这种构件的机械设计包括一个含有音圈线性执行器的执行子构件、一个由四棱柱铰链台构成的线性导向系统［HEN 01］和增量式光学位置传感器。图 7.24 阐明了该机构并着重强调了一个重要特性：柔性铰链的宽度不恒定，从而可增加系统的横向刚度［BAC 03］。

图 7.24　$T_{/\!/}$主动构件

7.4.1.2　$T_{/\!/}R_{\perp}$主动构件

如图 7.25 所示，可推广到包含一个 RCM 的 $R_{\perp}$构件（参见 7.3.4 节），该主动构件的机械设计原理可应用于一个 2 个自由度的机构中。执行器的同步运动可驱动平移运动，而差动运动则会产生旋转：更确切地说，左侧执行器的位置在旋转过程中保持恒定。固定在相应 L 形部件上的两个叶片弹簧确定了旋转中心的位置。右侧线性执行器的平移可通过垂直叶片弹簧转换为造成输出旋转的力矩。这种解决方案的主要优势在于可任意选择旋转中心的位置，定义为构件平面上的任何一点。一旦集成到机器人中，该点必须与机器人的输出保持一致。此外，在构件驱动平移的过程中，旋转中心和机器人输出的相对位置保持恒定。这可保证旋转中心总是和工具尖端一致，且与机器人执行的动作无关。

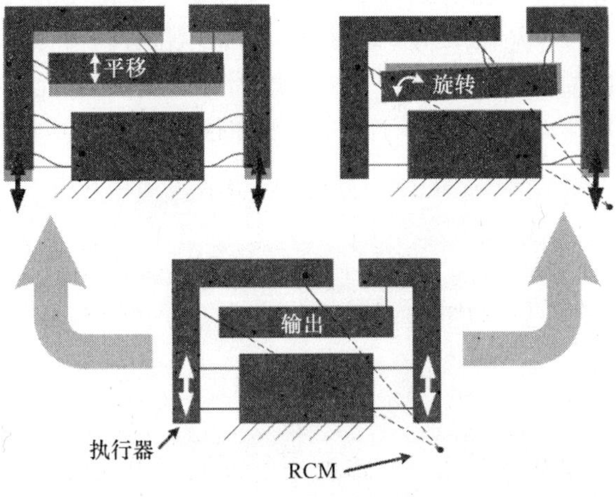

图 7.25　$T_{/\!/}R_{\perp}$主动构件的机械设计原理

最后，图 7.26 给出了该主动构件的详细设计：值得注意的是，这并不是严格意义上的平面，而是由 3 个平行排列的平面组成。其中的两个平面中包含执行子构件，而第三个平面中包含 RCM 机构的所有部件。这种配置结构可产生更紧凑的设计，同时也可将旋转机构与输出对准。因此，在作用于机器人输出的作用力和力矩的影响下，构件的寄生位移受限。

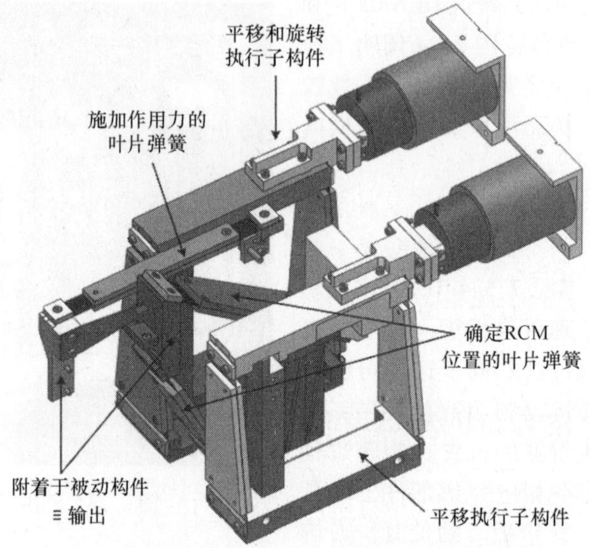

图 7.26　$T_{/\!/}R_{\perp}$ 构件的机械设计细节

7.4.1.3　$t_{/\!/1}t_{\perp}r_{/\!/1}r_{/\!/2}$ 被动构件

该 4 个自由度的被动构件具有与 Delta 正交运动中传动机构相同的移动性［BAC 02，BOT 02］，然而在传统的空间四边形设计中更倾向于采用一种由 4 个铰链台和叶片弹簧串联排列所构成的方案（见图 7.27）。这种机构的确可使得铰链台和叶片弹簧的作用力与机器人的输出对准，从而限制了机械结构的寄生位移。值得注意的是，叶片弹簧的扭力轴必须与实际的机器人旋转轴一致，而其形状必须能够允许弯曲和扭转的组合运动。因此，所采用的方案中包括一个中心带孔的宽叶片弹簧（见图 7.27）。

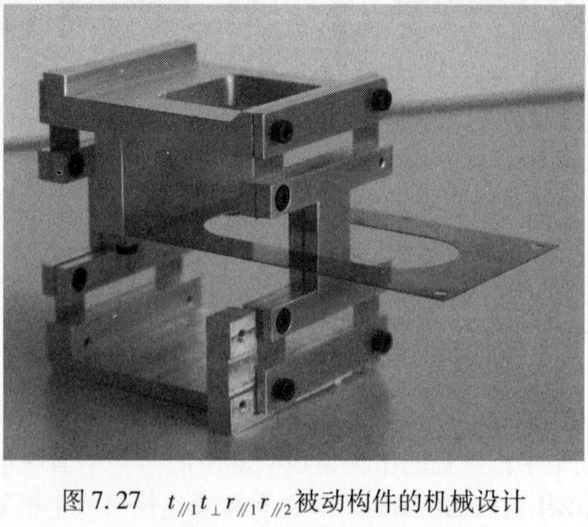

图 7.27　$t_{/\!/1}t_{\perp}r_{/\!/1}r_{/\!/2}$ 被动构件的机械设计

7.4.2 Legolas 5 型机器人原型

图 7.28 给出了 Legolas 5 型机器人的原型，其机械部件能够包含在一个 339mm × 397mm × 269mm 的虚拟棱柱中。值得注意的是，在多个牵引弹簧的作用下系统能够达到局部静态平衡（重力补偿）。

图 7.28　Legolas 5 型机器人原型

由于 Legolas 5 型机器人包含 3 个理论上解耦且在其工作空间中不存在任何奇异点的运动链，因此对于每个运动链，所能达到的行程特性均能独立实现。这种测量能够证明可满足该规格，且最大行程范围为 ±5mm 和 ±10°，并能同时达到最大位移和最大旋转角。此外，对该机器人的分辨率和重复性进行了测量，结果表明这些值仅受本体传感器的精度限制，其为 50nm。在旋转方面，R_x 旋转方向上的分辨率和重复性达到 1.7μrad，而 R_y 旋转方向上为 1.9μrad。图 7.29 给出了通过测量 T_x 的平移而得到的分辨率曲线，表明在机器人输出中可清晰观测到施加在执行器上的 50nm 步长。

7.4.3 超高精度模块化并联机器人系列

在具有与本研究示例中类似规格而输出移动性不同的机器人合成中应用该模块化设计方法可产生一个新的超高精度机器人系列，称为 Legolas 系列。仅通过 6 个不同构件即可得到 19 种可能输出移动性的运动解和机械设计：

—主动构件：$T_{/\!/}$，$R_{\perp}$，$T_{/\!/}R_{\perp}$；

—被动构件：$t_{/\!/}r_{\perp}$，$t_{\perp}r_{/\!/}$，$t_{/\!/1}t_{\perp}r_{/\!/1}r_{/\!/2}$

例如，如图 7.30 所示的具有 3 种平移的 Legolas 机器人：能够区别 Delta 正交运动 [BAC 02，BOT 02]。此外，还包括 7.4.1.3 节中介绍的空间平行四边形的原始机械设计。对于图 7.31 中所示的 4 个自由度机器人（T_x，T_y，T_z，R_x），由 Legolas 5 型机器人的运动可直接得到两个 $T_{/\!/}R_{\perp}$ 构件中的一个可由一个简单的 $T_{/\!/}$ 构件替换。值得注意的是，与 Legolas 5 型相比，为使得整个设备的总体积最小，对两个运动链进行交换。

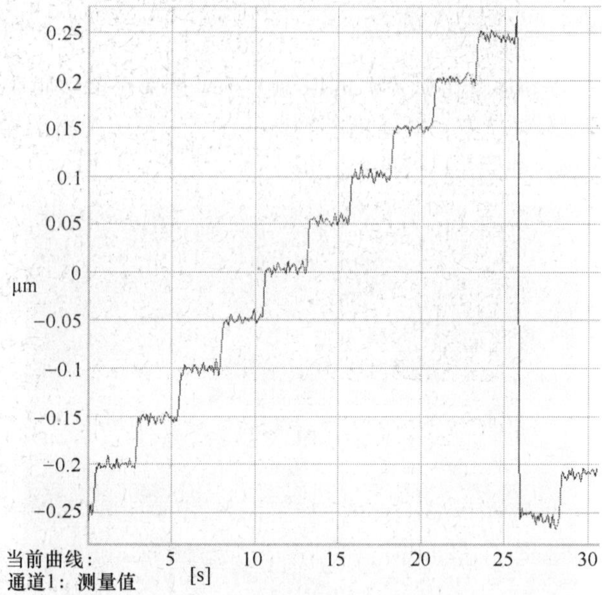

图 7.29 T_x 平移分辨率的测量

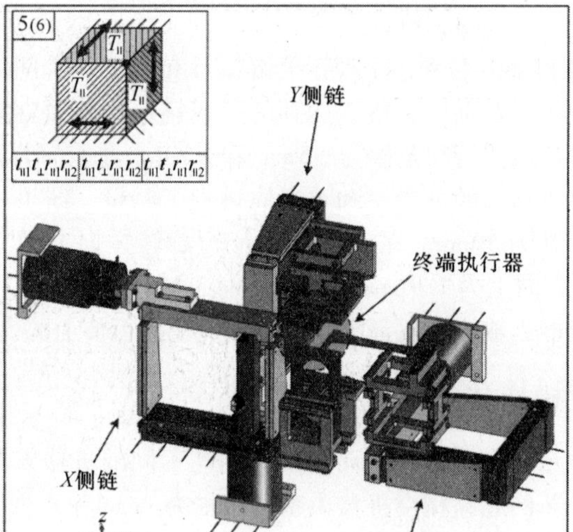

图 7.30 含有 3 个方向平移的 Legolas 机器人的机械设计原理

由此，由于在运动和机械结构上与 Legolas 5 型机器人的考虑完全相同的每个 Legolas 机器人的发展，这一系列中的每个机器人的性能都期望获得与 Legolas 5 型机器人特性相同的显著结果。最终，该案例研究不仅产生了一个超高精度的 5 个自由度机器人，还产生了整个高性能机器人系列。

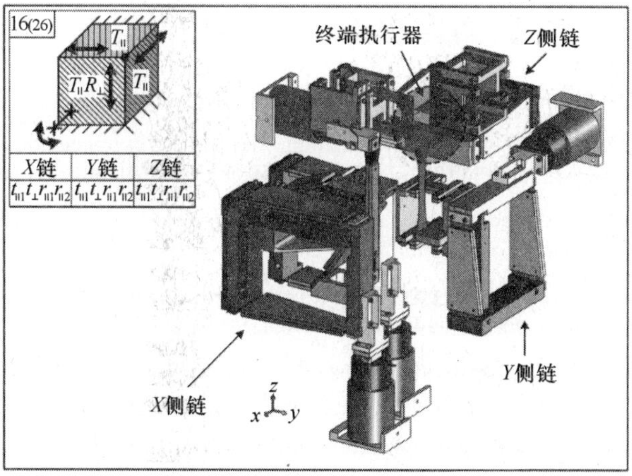

图 7.31 含有 3 种平移和 1 种旋转（T_x，T_y，T_z，R_x）的 Legolas 机器人的机械设计原理

参考文献

[AND 96] ANDREASCH W., Konzeption und Entwicklung einer Technologie zur automatisierten Oberflachenmontage optischer Elemente (Optical SMD), PhD Thesis, Ecole Polytechnique Fédérale de Lausanne, 1996.

[BAC 02] BACHER J.P., "A new ultra-high precision micro-robot: design and control of a flexure mechanism delta3", *Journal Européen des Systèmes Automatisés*, vol. 36, no. 9, pp. 1263–1275, 2002.

[BAC 03] BACHER J.P., "Conception de robots de très haute précision à articulations flexibles: interaction dynamique-commande", PhD Thesis, Ecole Polytechnique Fédérale de Lausanne, 2003.

[BAR 12] BARROT F., "Focusing system flexure mechanism for the the close-up imager instrument of the ExoMars rover", *Proceedings of the 12th EUSPEN Conference*, Stockholm, 2012.

[BEL 04] BELTRAMI I., "Micro and nano electric-discharge machining", *Journal of Materials Processing Technology*, vol. 149, pp. 263–265, 2004.

[BOT 02] BOTTINELLI S., "Movement transmission unit and movement transmission apparatus employing the same", US Patent US006453566B1, 2002.

[CAN 04] CANNON J.R., Compliant mechanisms to perform bearing and spring functions in high precision applications, PhD Thesis, Department of Mechanical Engineering, Brigham Young University, 2004.

[FAZ 07] FAZENDA N., Calibration of high-precision flexure parallel robots, PhD Thesis, Ecole Polytechnique Fédérale de Lausanne, 2007.

[FRA 04] FRACHEBOUD M., "Touch probing device", European Patent Application EP 1 400 776 A1, 2004.

[GOG 08] GOGU G., *Structural Synthesis of Parallel Robots, Part I – Methodology*, Springer-Verlag, 2008.

[GRU 27] GRUBLER M., *Getriebelehre: Ein Theorie des Zwanglaufes und ebenen Mechanismen*, Springer-Verlag, 1927.

[HEL 06] HELMER P., Conception systématique des structures cinématiques orthogonales pour la micro-robotique, PhD Thesis, Ecole Polytechnique Fédérale de Lausanne, 2006.

[HEN 01] HENEIN S., *Conception des guidages flexibles*, Presses polytechniques et universitaires romandes, Collection Meta, 2001.

[HEN 03] HENEIN S., "Flexure pivot for aerospace mechanisms", *Proceedings of the 10th ESMATS Symposium, EA SP-524*, San Sebastian, Spain, 2003.

[HEN 06] HENEIN S., Device for converting a first motion into a second motion responsive to said first motion under a demagnification scale, Patent EP06021785, 2006.

[HEN 12] HENEIN S., Short Communication: Flexure delicacies, Mech. Sci., vol. 3, pp. 1–4, 2012.

[HOW 11] HOWELL L.L., *Compliant Mechanisms*, Wiley-Interscience, 2011.

[JOS 05] JOSEPH C., Contribution à l'accroissement des performances du processus de microEDM par l'utilisation d'un robot dynamique élevée et de haute précision, PhD Thesis, Ecole Polytechnique Fédérale de Lausanne, 2005.

[KOS 00] KOSTER M.P., *Constructie principes voor het nauwkeurig bewegen en positioneren*, Twente University Press, 2000.

[LUB 11] LUBRANO E., Calibration of ultra-high-precision robots operating in an unsteady environment, PhD Thesis, Ecole Polytechnique Fédérale de Lausanne, 2011.

[NIA 06] NIARITSIRY T., Optimisation de la conception du robot parallèle Delta cube de très haute précision, PhD Thesis, Ecole Polytechnique Fédérale de Lausanne, 2006.

[RIC 12] RICHARD M., Concept of modular kinematics to design ultra-high precision parallel robots, PhD Thesis, Ecole Polytechnique Fédérale de Lausanne, 2012.

[SCH 98] SCHELLENKEN S., "Design for precision: current status and trends", *Annals of the CIRP*, vol. 47, no. 2, pp. 557–586, 1998.

[SCU 00] SCUSSAT M., Assemblage bidimensionnel de composants optiques miniatures, PhD Thesis, Ecole Polytechnique Fédérale de Lausanne, 2000.

[SMI 00] SMITH S.T., *Flexures: Elements of Elastic Mechanisms*, CRC Press, 2000.

[STA 05] STAUFER L., "A surface-mounted device assembly technique for small optics based on laser reflow soldering", *Optics and Laser in Engineering*, vol. 43, pp. 365–372, 2005.

第 8 章　柔性关节串联机器人的建模与运动控制

Maria Makarov 和 Mathieu Grossard

8.1　简介

本章的目的是对具有刚性和柔性关节的串联机器人进行建模、辨识和运动控制。作为制造机器人的研究基础，在许多情况下，完全刚性连接的假设远远不够。为对该机器人的刚性进行优化以保证良好的精度，在特定操作条件下，特别是搬运重物时，需要重点强调柔性。此外，目前具有低惯性、高柔性机械结构特性的轻量级机器人已得到快速发展。所产生的柔性不仅集中在此处所讨论的柔性连接（本章主题）情况下的传输层面，还体现在建模为形变体的分段层面。

柔性关节机器人提出了特殊的控制问题，无论是静态（形变量）性能还是动态（振动）性能。在此，提出重点强调与完全刚性结构下的主要区别，以及与柔性相关的控制律建模、辨识和设计方面的特点。

简化柔性关节机器人的动态模型首先需熟悉其显著特性。接下来提出该模型的几种辨识方法，并分析实现复杂性以及实验方案所需的仪器装置。最后，介绍了主要的理论概念以及在几种实践控制策略中的应用。

8.2　建模

8.2.1　柔性源

柔性关节模型的目的是表征假设集中在电动机与看作刚体的机器人执行机构之间机械传动链的弹性（见图 8.1 和图 8.2）。这些弹性主要源于所使用的传动元件，包含在一些情况下不可忽视的刚性有限的机械元件：

—为提高精度，通常需优化工业机器人的刚性，然而在一些特定操作条件下柔性不可忽视，例如在重载或高动态运动过程中。这种操作条件的影响对于目前开发的轻型机械结构尤为重要。例如，自 1980 年以来，工业机器人的有效载荷比减少了 2/3 [MOB 10]。

—在机器人与操作人员共用同一工作空间的交互式机器人操作环境下，降低机器人的惯性也是一个实现目标。在此情况下，内在的安全特性是尽量减少操作人员与机器人发生碰撞而受伤的风险。这些选择和约束往往导致由内在特性或主动且控制可调特性所表征的柔性机械传动设计。表 8.1 中给出了几种轻型机器人的示例。

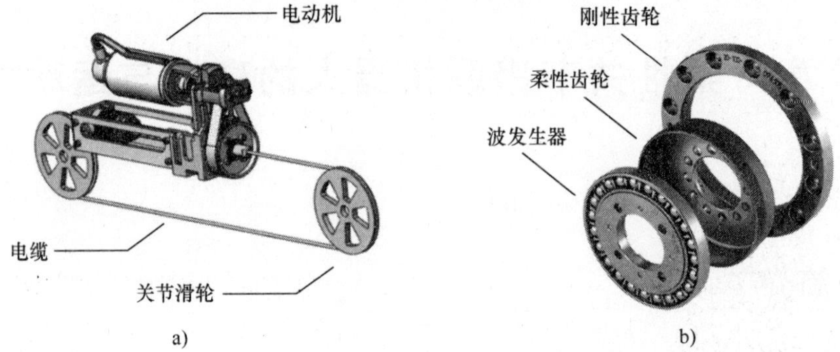

图 8.1　柔性传动元件

a）传动带传动执行器（CEA）　b）谐波传动齿轮

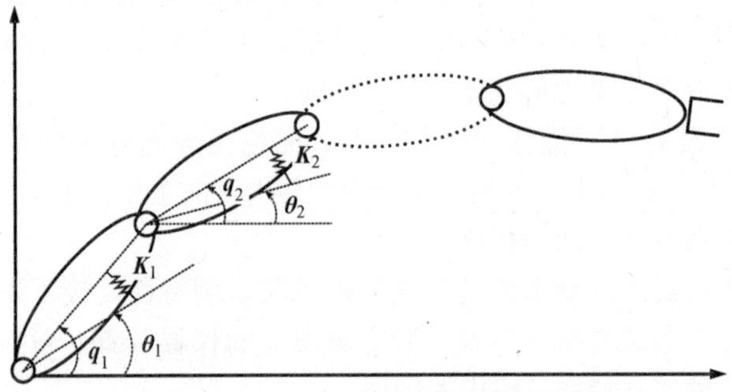

图 8.2　具有刚性连杆和柔性关节的串联机器人的结构表征

在这种环境下，弹性的主要来源是可变形的传动元件，如传动带、电缆（见图 8.1a）或齿轮。对于后者，由于具有较低间隙而可获得较高的减速比，因此在机器人中通常采用谐波传动齿轮（见图 8.1b）。可变形部件（柔性齿轮）是其工作原理的基础。同时还应注意到，采用电缆传动对于机器人本体的驱逐执行器具有重要作用，可允许尽量减小运动连杆的质量，提供较高的电缆长度以引入更高柔性。

8.2.2　动态模型

考虑一个以下列符号标记的 n 个自由度（dof）的机器人：$\theta_{\mathrm{m}} \in \mathbb{R}^n$ 表示电动机角位置，$\tau_{\mathrm{m}} \in \mathbb{R}^n$ 表示电动机转矩，$q \in \mathbb{R}^n$ 表示关节角位置。在减速阶段之后，电动机位置和转矩分别记为 $\theta \in \mathbb{R}^n$ 和 $\tau \in \mathbb{R}^n$，从而 $\theta_{\mathrm{m}} = \boldsymbol{R}_{\mathrm{red}}\theta$、$\tau = \boldsymbol{R}_{\mathrm{red}}\tau_{\mathrm{m}}$，且传动矩阵 $\boldsymbol{R}_{\mathrm{red}} \in \mathbb{R}^{n\times n}$均与纯代数减速比有关。下面为了不出现超载方程，采用表示负载侧的电动机变量 θ 和 τ。在直流电动机下，电动机产生的转矩定义为 $\tau_{\mathrm{m}} = K_{\mathrm{em}} i_{\mathrm{m}}$，其中，$K_{\mathrm{em}}$为机电常数，$i_{\mathrm{m}}$ 为电动机电流。

几种多自由度轻型机器人示例见表 8.1。

表 8.1　几种多自由度轻型机器人示例 [BAR 13，BON 10，HIG 03，KUK 13]

机　器　人	规　　格*	驱动技术与装置
 KUKA-DLR LWR	$m_r=16\text{kg}$ $m_c=7\text{kg}$ $l^p=0.936\text{m}$	- 谐波传动®齿轮 - 集成应变计、电动机和关机位置传感器
 Barrett WAM	$m_r^{arm}=5.8\text{kg}$ $m_r^{total}=27\text{kg}$ $m_c=3\text{kg}$ $l^p=1\text{m}$	- 无齿轮电缆传动 - 电动机（关节）位置传感器
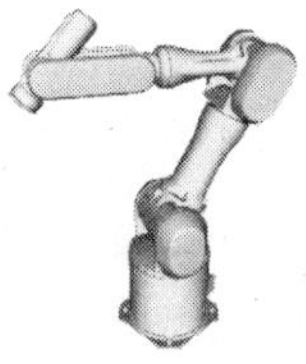 Mitsubishi PA10-7CE	$m_r=38\text{kg}$ $m_c=10\text{kg}$ $l^a=0.93\text{m}$	- 交流伺服电动机，谐波传动®齿轮 - 电动机位置传感器
 ASSIST arm (CEA-LIST)	$m_r=9.3\text{kg}$ $m_c=3\text{kg}$ $l^a=0.8\text{m}$	- 电缆传动齿轮电动机 - 电动机位置传感器

* m_r：机器人质量；m_c：有效载荷；l：特性尺寸（关节 l^a 与可达位置 l^p 之间的最大距离）

传动柔性由包含刚度为 K_i 的扭转弹簧的二质量模型表征（见图 8.3）。改进的 Denavit-Hartenberg（MDH）形式体系可用于构建组成机器人结构的刚性连接连杆的几何模型，并定义相关联的坐标系 [KHA04]。坐标系中定义了刚性连杆的惯性参数。根据拉格朗日方程所得的动态模型明确考虑了柔性传

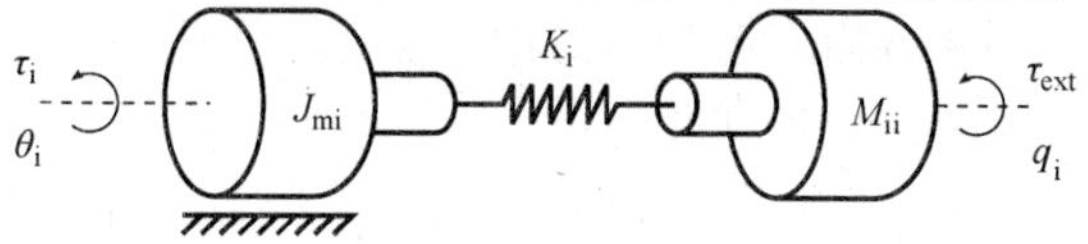

图 8.3　柔性关节示意图

动的势能，对于一个 n 个自由度的机器人，包括 $2n$ 个耦合非线性微分方程。尤其是，n 个自由度柔性关节机器人的简化动态模型可表示为［SPO87b，SPO06］

$$\boldsymbol{M}(q)\ddot{q} + \boldsymbol{C}(q,\dot{q})\dot{q} + \boldsymbol{G}(q) + \boldsymbol{\tau}_{\text{fa}} + \boldsymbol{K}(q-\theta) = \boldsymbol{\tau}_{\text{ext}} \quad [8.1]$$

$$\boldsymbol{J}_{\text{m}}\ddot{\theta} + \boldsymbol{\tau}_{\text{fm}} - \boldsymbol{K}(q-\theta) = \boldsymbol{\tau} \quad [8.2]$$

式中，$\boldsymbol{M}(q) \in \mathbb{R}^{n\times n}$ 为机器人刚体链的惯性矩阵；$\boldsymbol{J}_{\text{m}} \in \mathbb{R}^{n\times n}$ 为负载侧执行机构惯性对角矩阵，$\boldsymbol{J}_{\text{m}} = \boldsymbol{R}_{\text{red}}^2\boldsymbol{J}_{\text{mot}} + \boldsymbol{J}_{\text{red}}$，其中，$\boldsymbol{J}_{\text{mot}}$ 和 $\boldsymbol{J}_{\text{red}}$ 分别表示转子和齿轮的惯量；$\boldsymbol{C}(q,\ \dot{q})\dot{q} \in \mathbb{R}^n$、$\boldsymbol{G}(q) \in \mathbb{R}^n$ 为科氏力、离心力、重力力矩；$\boldsymbol{\tau}_{\text{fa}} \in \mathbb{R}^n$、$\boldsymbol{\tau}_{\text{fm}} \in \mathbb{R}^n$ 为关节和电动机的摩擦力矩；$\boldsymbol{K} \in \mathbb{R}^{n\times n}$：关节刚度 K_{i} 的对角矩阵；$\boldsymbol{\tau}_{\text{ext}} \in \mathbb{R}^n$：关节处的外部转矩，对于施加于机器人末端执行器的外力 $\boldsymbol{F}_{\text{ext}}$，则 $\boldsymbol{\tau}_{\text{ext}} = \boldsymbol{J}(q)^{\text{T}}\boldsymbol{F}_{\text{ext}}$，其中，$\boldsymbol{J}(q) \in \mathbb{R}^{n\times n}$ 为机器人雅可比矩阵。

第 1 个 n 方程［8.1］描述了关节动力学特性，接下来的 n 方程［8.2］描述了电动机动力学特性。两组方程通过弹性力矩 $\boldsymbol{K}(\theta - q)$ 耦合。在下列假设条件下，简化动态模型［8.1 和 8.2］有效。

假设条件 8.1——弹性变形主要集中在关节处，且机器人是由刚度恒定的线性转矩弹簧相互连接的刚性连杆组成（低幅度形变的一个实际假设）。

假设条件 8.2——电动机转子除绕旋转轴转动之外，不存在任何其他运动，也不存在任何偏心率，即可建模为质量中心位于其旋转轴的均匀本体。这意味着系统的惯性矩阵和重力项与电动机的角位置无关。

假设条件 8.3——转子的动能完全产生于其自身旋转，这相当于忽略了机器人中电动机和连杆间的惯性耦合。

若无法验证假设条件 8.3，则必须采用一个考虑方程组［8.1］和［8.2］之间惯性耦合的更一般模型。需要注意的是，简化模型［8.1 和 8.2］和一般模型表现出一些控制问题上本质不同的特性。例如，简化模型总是通过静态状态反馈而呈现线性反馈［SPO06］，而在完整模型下，并非如此［DE08］。

8.2.3　动态简化模型特性

在关节刚度极高（$K_{\text{i}} \to \infty$）时，机器人可认为是完全刚性且 $\theta = q$，这对应于刚性动态模型的情况［SPO06］：

$$(\boldsymbol{M}(q) + \boldsymbol{J}_{\text{m}})\ddot{q} + \underbrace{\boldsymbol{C}(q,\dot{q})\dot{q} + \boldsymbol{G}(q) + \boldsymbol{\tau}_{\text{f}}}_{\boldsymbol{H}(q,\dot{q})} = \boldsymbol{\tau} + \boldsymbol{\tau}_{\text{ext}} \quad [8.3]$$

柔性关节简化模型和刚性模型共同具有一些有助于控制设计的特性：

—两个模型的动力学方程组均可表示为物理参数的线性形式（见 8.3.1.1 节）。该特性是辨识和自适应控制的基础。

—惯性矩阵 $\boldsymbol{M}(q)$ 对称且正定。对于大多数机器人，$\boldsymbol{M}(q)$ 及其逆矩阵在 q 的函数下有界［GHO 93］。

—在适当定义描述科氏力和离心力 $\boldsymbol{C}(q,\ \dot{q})\dot{q}$ 的矩阵 $\boldsymbol{C}(q,\ \dot{q})$ 下，矩阵 $\dot{\boldsymbol{M}}(q) - 2\boldsymbol{C}(q,\ \dot{q})$ 为一个斜对称矩阵［ORT 89］。

在完全刚性机器人中，系统控制项的个数与机器人的自由度个数相匹配，且电动机变量的测量值足以观测系统状态［8.3］。而对于由于弹性形变而额外增加自由度的柔性关节机器人并非如此。此时系统状态包含了电动机变量和关节变量，必须采用一种更全面的装置来进行测量。选择或缺少附加传感器（关节位置传感器、应变计或力传感器、加速度计）都会对辨识和控制策略产生显著影响。

8.2.4　简化示例分析

为着重强调柔性关节简化模型的频率特性，接下来进行一种简化分析。首先考虑无重力下的单关节情况，然后是无重力下工作点周围线性化的多变量情况。

8.2.4.1　无重力单关节模型

当减速比重要且机器人各轴间耦合减小时，机器人沿各轴运动之间彼此无太大影响。在此情况下，可考虑逐个关节分析。在方程组［8.1 和 8.2］中可忽略 $\boldsymbol{M}(q)$ 的额外对角项以及科氏力和离心力项。在所分析轴 i 相关联的惯量 M_{ii} 近似恒定的情况下，无重力的简化单关节模型可表示为线性时不变形式：

$$M_{ii}\ddot{q}_i + F_{vi}\dot{q}_i + K_i(q_i - \theta_i) = 0 \qquad [8.4]$$

$$J_i\ddot{\theta}_i + F_{vm_i}\dot{\theta}_i + K_i(q_i - \theta_i) = \tau_i \qquad [8.5]$$

式中，$\tau_{fa} = F_v\dot{q}$ 和 $\tau_{fm} = F_{vm}\dot{\theta}$ 分别表示电动机和关节的黏滞摩擦力，为避免重复，下面省略表示该模型单变量特性的指数 i。

通过电动机转矩和电动机位置之间的传递函数 $T_{\tau\to\theta}(s)$ 以及电动机转矩和关节位置之间的传递函数 $T_{\tau\to q}(s)$，可描述简化单关节模型［8.4 和 8.5］（s 为拉普拉斯算子）为

$$T_{\tau\to\theta}(s) = \frac{Ms^2 + F_v s + K}{JMs^4 + [F_v J + F_{vm}M]s^3 + [K(J+M) + F_{vm}F_v]s^2 + K[F_v + F_{vm}]s} \qquad [8.6]$$

$$T_{\tau\to q}(s) = \frac{K}{JMs^4 + [F_v J + F_{vm}M]s^3 + [K(J+M) + F_{vm}F_v]s^2 + K[F_v + F_{vm}]s} \qquad [8.7]$$

在无黏滞摩擦力（$F_v = 0$，$F_{vm} = 0$）情况下，传递函数为

$$T_{\tau\to\theta}(s) = \frac{Ms^2 + K}{s^2(JMs^2 + K(J+M))} \qquad [8.8]$$

$$T_{\tau\to q}(s) = \frac{K}{s^2(JMs^2 + K(J+M))} \qquad [8.9]$$

对于后者，谐振角频率 ω_r 可由方程组［8.8 和 8.9］中的 $\omega_r^2 = K(1/M + 1/J)$ 定义，反谐振角频率 ω_a 可由 $\omega_a^2 = K/M$ 定义。系统谐振角频率可直接与关节刚度值 K 以及惯量值 M 关联。随着 K 值增大（更刚性的关节），振动的固有频率会对机器人产生影响，而对于 K 值较低的（更柔性的关节）情况，这些振动会表现为低频，从而限制了控制带宽。同时还应注意到，搬运重载会导致惯量 M 增大，从而角频率值 ω_r 和 ω_a 降低。在实际应用以及多自由度机器人情况下，惯量 M 取决于角位置 q。谐振频率也随着机器人的结构变化而变化。

这种谐振现象如图 8.4 所示，黏滞摩擦力对系统频率响应的影响突出［8.6 ~ 8.9］。

在具有摩擦情况下谐振幅度有限，且在低频下系统呈现出一个简单积分器特性。在该案例分析中，反谐振总是超前于谐振（$\omega_a < \omega_r$）。

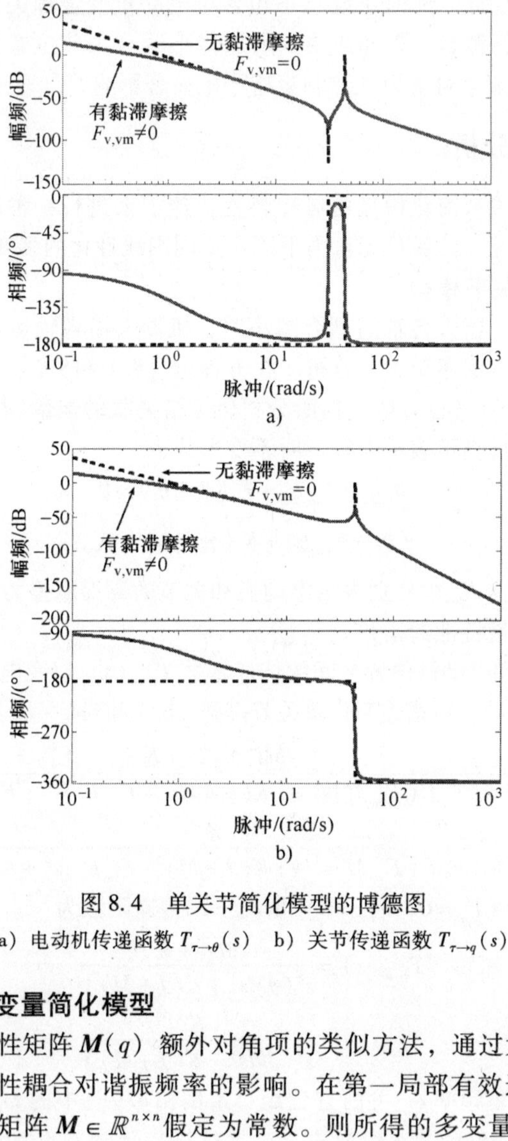

图 8.4 单关节简化模型的博德图

a）电动机传递函数 $T_{\tau\to\theta}(s)$ b）关节传递函数 $T_{\tau\to q}(s)$

8.2.4.2 无重力多变量简化模型

采用并未忽略惯性矩阵 $\boldsymbol{M}(q)$ 额外对角项的类似方法，通过无重力多变量简化模型的分析，可检验惯性耦合对谐振频率的影响。在第一局部有效近似中，忽略科氏力和离心力矩，且惯性矩阵 $\boldsymbol{M}\in\mathbb{R}^{n\times n}$ 假定为常数。则所得的多变量模型为线性时不变，且可表示为

$$\boldsymbol{M}\ddot{q}+\boldsymbol{F}_{v}\dot{q}+\boldsymbol{K}(q-\theta)=0 \qquad [8.10]$$

$$\boldsymbol{J}\ddot{\theta}+\boldsymbol{F}_{vm}\dot{\theta}-\boldsymbol{K}(q-\theta)=\boldsymbol{\tau} \qquad [8.11]$$

考虑系统状态 $\boldsymbol{x}=[q^{T}\dot{q}^{T}\theta^{T}\dot{\theta}^{T}]^{T}\in\mathbb{R}^{4n}$，并定义 $\boldsymbol{I}_n$ 为 $n\times n$ 的单位矩阵，则方程组 [8.10 和 8.11] 的状态空间表示为

$$\begin{bmatrix} \dot{q} \\ \dot{\theta} \\ \ddot{q} \\ \ddot{\theta} \end{bmatrix} = \begin{bmatrix} 0 & 0 & \boldsymbol{I}_n & 0 \\ 0 & 0 & 0 & \boldsymbol{I}_n \\ -\boldsymbol{M}^{-1}\boldsymbol{K} & \boldsymbol{M}^{-1}\boldsymbol{K} & -\boldsymbol{M}^{-1}\boldsymbol{F}_{\mathrm{v}} & 0 \\ \boldsymbol{J}^{-1}\boldsymbol{K} & -\boldsymbol{J}^{-1}K & 0 & -\boldsymbol{J}^{-1}\boldsymbol{F}_{\mathrm{vm}} \end{bmatrix} \begin{bmatrix} q \\ \theta \\ \dot{q} \\ \dot{\theta} \end{bmatrix} + \begin{bmatrix} 0 \\ 0 \\ 0 \\ \boldsymbol{J}^{-1} \end{bmatrix} \boldsymbol{\tau} \qquad [8.12]$$

由 2 个自由度示例机器人方程组［8.12］所得传递函数 $T_{\tau\to\theta}(s)$ 和 $T_{\tau\to q}(s)$ 的多变量频率响应表明单关节模型的限制范围（见图 8.5）。由于每个轴的柔性，两种谐振模式耦合并对这两种变换产生影响。对于变换 $T_{\tau\to\theta}(s)$，反谐振和谐振相互交替，这构成传感器和执行器在机械结构中同一位置处的共定位系统的特性［PRE 02］。额外对角项非零表明由于机器人各轴间存在惯性耦合所造成的对传递的影响，而这在单关节情况下并未考虑（见 8.2.4.1 节）。注意到，这一简化多变量模型表示无重力且在平衡点附近线性化的简化动态模型［8.1 和 8.2］。

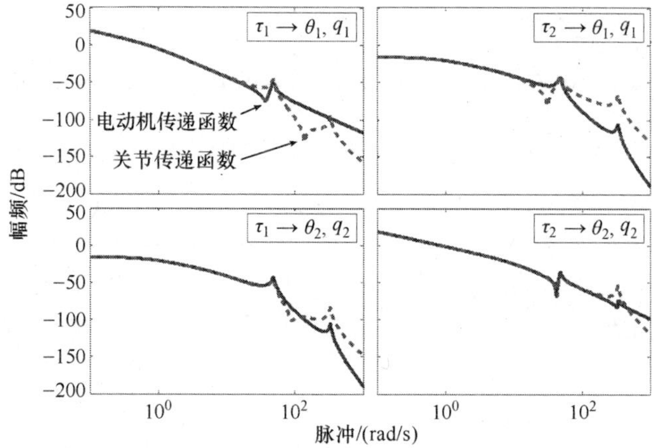

图 8.5　2 个自由度机器人示例简化模型的频率响应

8.3　辨识

简化柔性关节模型［8.1 和 8.2］的物理参数可分为两组：一组是构成机器人结构的刚体连杆链和执行器的动力学参数；另一组是刚度和摩擦系数。对应刚体模型［8.3］动力学参数的第一组现可通过计算机辅助设计（CAD）工具或与串联机器人成熟方法相对应的实验方案来精确估计［GAU 97，SWE 07］。而估计反映关节柔性特性的其余参数则更为复杂，需要具体的实验辨识方法。

首先采用静态方法来表征每一个轴的关节刚度，这可通过测量逐轴形变量并根据所用装置分别阻断电动机或关节来实现。

—根据方程组［8.2］，通过阻断关节 i 以确定 q_i，并施加恒定的电动机转矩，由此可从电动机侧的两次测量 $\{\tau_1,\theta_1\}$，$\{\tau_2,\theta_2\}=\{\tau_1+\Delta\tau,\theta_1+\Delta\theta\}$ 中得到 $\Delta\tau=K\Delta\theta$。

—根据方程组［8.1］，通过阻断电动机 i 来确定 θ_i，并施加外部负载，以相同方式从关节侧的两次测量 $\{\tau_{ext1}, q_1\}$，$\{\tau_{ext2}, q_2\} = \{\tau_{ext1} + \Delta\tau_{ext}, q_1 + \Delta q\}$ 中得到 $\Delta\tau_{ext} = K\Delta q$。

在最初阶段，该特性可用于检验假设条件 8.1 的弹簧线性度。注意，存在笛卡尔空间中柔性表征的完全静态方法，但在本章中并未提及［ABE 07，ALI 05］。

除了完全静态分析之外，控制设计的目标是辨识表征系统瞬态振荡特性的动态特性。接下来，回顾几种文献中已在实际柔性关节机器人中得以实现的实验辨识方法。这些方法可根据实验所用装置进行分类。实际上，传统工业机器人通常仅配置电动机角位置传感器，而无法测量机器人柔性所产生的所有自由度。因此，第一类方法是利用附加传感器来测量弹性形变，而另一类方法是仅利用电动机传感器来进行局部或全局有效性模型的辨识。

8.3.1 基于附加传感器的辨识

8.3.1.1 关节位置传感器

8.3.1.1.1 理论基础

鉴于其参数仅涉及电动机变量，则刚体模型［8.3］可表示为线性形式，对于关节变量，同样如此：

$$\boldsymbol{\tau} = (\boldsymbol{M}(q) + \boldsymbol{J}_m)\ddot{q} + \boldsymbol{H}(q, \dot{q}) = \boldsymbol{D}_{rig}(q, \dot{q}, \ddot{q})\boldsymbol{\chi}_{rig} \qquad [8.13]$$

式中，$\boldsymbol{D}_{rig}$ 为由已知函数 q、$\dot{q}$ 和 $\ddot{q}$ 构建的观测矩阵；$\boldsymbol{\chi}_{rig}$ 为待辨识参数矢量。

沿一条适当的辨识轨迹进行模型［8.13］估计可得一个 $\boldsymbol{\chi}_{rig}$ 作为线性最小二乘解的超定系统。在实验设计阶段必须选择充分激发轨迹以正确辨识所有参数。辨识轨迹的选择可来自于优化过程或一种包括不同参数组顺序激发的更为实用的方法［KHA 04，SWE 97］。

在柔性关节情况下，简化模型［8.1 和 8.2］也可表示成线性形式，此时其参数包括电动机变量和关节变量。在下面，研究分析电动机摩擦由黏滞摩擦系数 $\boldsymbol{F}_{vm}$ 和干摩擦系数 $\boldsymbol{F}_{sm}$ 的库伦模型 $\boldsymbol{\tau}_{fm} = \boldsymbol{F}_{vm}\dot{\theta} + \boldsymbol{F}_{sm}\mathrm{sign}(\dot{\theta})$ 进行建模的情况，同时也可考虑其他非线性摩擦模型［ARM94，OLS 98］。通过利用类似于［8.13］但仅考虑关节作用的 $\boldsymbol{M}(q)\ddot{q} + \boldsymbol{H}(q, \dot{q}) = \tilde{\boldsymbol{D}}_{rig}(q, \dot{q}, \ddot{q})\tilde{\boldsymbol{X}}_{rig}$ 表示，简化模型［8.1 和 8.2］参数的线性形式可记为

$$\underbrace{\begin{pmatrix} 0 \\ \boldsymbol{\tau} \end{pmatrix}}_{y} = \underbrace{\begin{pmatrix} \tilde{\boldsymbol{D}}_{rig}(q, \dot{q}, \ddot{q}) & \boldsymbol{D}_{q-\theta} & 0 & 0 & 0^* \\ 0 & -\boldsymbol{D}_{q-\theta} & \boldsymbol{D}_{\ddot{\theta}} & \boldsymbol{D}_{\dot{\theta}} & \boldsymbol{D}_{sign}(\dot{\theta}) \end{pmatrix}}_{\boldsymbol{D}_{flex}(q, \dot{q}, \ddot{q}, \theta, \dot{\theta}, \ddot{\theta})} \underbrace{\begin{pmatrix} \tilde{\boldsymbol{\chi}}_{rig} \\ \boldsymbol{\chi K} \\ \boldsymbol{\chi J}_m \\ \boldsymbol{\chi F}_{vm} \\ \boldsymbol{\chi F}_{sm} \end{pmatrix}}_{\boldsymbol{\chi}_{flex}} \qquad [8.14]$$

整个观测矩阵可表示为 $\boldsymbol{D}_{flex}(q, \dot{q}, \ddot{q}, \theta, \dot{\theta}, \ddot{\theta})$，这与参数矢量 $\boldsymbol{\chi}_{flex}$ 和测量矢量 $\boldsymbol{y}$ 有关。$\boldsymbol{D}_{flex}$ 由观测对角矩阵 $\boldsymbol{D}_{var}$ 组成，其中每个矩阵都取决于记为 $var \in \mathbb{R}^n$ 的关节变量

和电动机变量的组合，由此可得 $\boldsymbol{D}_{\text{var}} = \text{diag}(\text{var}_1, \cdots, \text{var}_n) \in \mathbb{R}^{n\times n}$，且每个矩阵均与由 $\chi_{\text{par}} = [\text{par}_1 \cdots \text{par}_n]^{\text{T}} \in \mathbb{R}^n$ 定义的参数矢量 par 关联。

8.3.1.1.2　单关节案例分析

在仅考虑一个自由度 i 的特殊案例分析中，多轴机器人的其余自由度可能固定，由此，模型［8.14］中的 $\boldsymbol{D}_{\text{flex}} \in \mathbb{R}^{2\times 9}$ 和 $\boldsymbol{\chi}_{\text{flex}} \in \mathbb{R}^9$ 可表示为以下形式：

$$\boldsymbol{D}_{\text{flex}} = \begin{pmatrix} \ddot{q}_{\text{i}} & g\cos(q_{\text{i}}) & g\sin(q_{\text{i}}) & \dot{q}_{\text{i}} & \text{sign}(\dot{q}_{\text{i}}) & q_{\text{i}} - \theta_{\text{i}} & 0 & 0 & 0 \\ 0 & 0 & 0 & 0 & 0 & -(q_{\text{i}} - \theta_{\text{i}}) & \ddot{\theta}_{\text{i}} & \dot{\theta}_{\text{i}} & \text{sign}(\dot{\theta}_{\text{i}}) \end{pmatrix} \tag{8.15}$$

$$\boldsymbol{\chi}_{\text{flex}} = (M_{\text{ii}} MX_{\text{i}} MY_{\text{i}} F_{\text{v}_{\text{i}}} F_{\text{s}_{\text{i}}} K_{\text{i}} J_{\text{m}_{\text{i}}} F_{\text{vm}_{\text{i}}} F_{\text{sm}_{\text{i}}})^{\text{T}} \tag{8.16}$$

式中，g 为重力加速度；MX_{i} 和 MY_{i} 为绕相关坐标系原点 O_{i} 的刚体 i 的首个转动惯量分量［KHA 04］。

由此可知，简化模型的参数可根据电动机和关节的位置测量及其导数来辨识。在实际中，通常并不直接测量速度和加速度。这些可通过对位置测量进行滤波来获得。对于单自由度情况，在文献［PHA 01］中对该方法进行了实验说明。

8.3.1.2　动作捕捉

动作捕捉可用于外部感知性测量关节位置的重建。在文献［LIG 07］中提出该方法用于 6 个自由度的机器人 Mitsubishi PA10-06CE 的动态辨识。重建关节测量用于 8.3.1.1 节中介绍的逐轴线性最小二乘法辨识过程。值得注意的是，在弹性形变较小的情况下，由于 q、θ 和 $q-\theta$ 之间在数量级上的差别，可能产生病态问题，这需要对问题进行数学重构。在文献［LIG 10］中，动作捕获用于在自适应控制方案中在线估计系统状态和惯性参数。

8.3.1.3　加速度计

当关节传感器施加集成约束但对于工业机器人并不总是有效时，可在实验辨识阶段，通过临时放置在机器人连杆上的加速度计来完成电动机测量。

文献［PHA 02］中提出了一种类似于 8.3.1.1 节中介绍的关节位置测量方法。作者利用参数及其二次导数线性化模型来明确考虑由加速度计测量值重构的关节加速。为克服干摩擦等不可微且非线性问题，作者提出一种沿不激化柔性轨迹的不可微附加估计模型。该方法在单自由度情况下进行了实验阐明。

在文献［OAK 12］中，针对 2 个自由度的平面机器人案例，采用了一种三步法。首先辨识刚性参数，并推导了非线性库伦摩擦力矩的作用。通过将两轴间非线性的相互作用力矩作为附加输入，可将非线性多变量问题转化为两个线性单变量问题。后者可由已知刚性参数、电动机位置和由加速度计重构的关节加速度测量值来确定。由此，可通过从开环响应到伪随机二值信号的误差预测方法在状态空间中辨识以上述方式构成的线性系统，然后通过比较所得模型和物理参数模型来估计柔性参数。最终，通过非线性优化过程，可同时调节刚性、柔性和摩擦物理参数。

8.3.1.4　力矩传感器

利用电动机和关节位置传感器以及用于估计关节力矩的应变计来对文献［ALB 01b］中介绍的7个自由度轻型DLR LWR Ⅲ机器人进行实验辨识。在此，考虑一个具有阻尼的柔性关节模型：

$$\boldsymbol{M}(q)\ddot{q}+\boldsymbol{C}(q,\dot{q})\dot{q}+\boldsymbol{G}(q)=\boldsymbol{\tau}_{\text{elast}}+\boldsymbol{DK}^{-1}\boldsymbol{i}_{\text{elast}} \tag{8.17}$$

$$\boldsymbol{J}\ddot{\theta}+\boldsymbol{\tau}_{\text{elast}}+\boldsymbol{DK}^{-1}\boldsymbol{i}_{\text{elast}}+\boldsymbol{\tau}_{\text{fm}}=\boldsymbol{\tau} \tag{8.18}$$

$$\boldsymbol{\tau}_{\text{elast}}=\boldsymbol{K}(\theta-q) \tag{8.19}$$

式中，$\boldsymbol{D}$为弹性阻尼系数矩阵；$\boldsymbol{\tau}_{\text{fm}}$为非线性电动机摩擦力矩，其中认为干摩擦系数取决于关节力矩。

假设刚性参数已知，且作者考虑在独立实验中每一个其余参数组（一方面是电动机摩擦系数，另一方面是阻尼弹簧参数）的连续辨识。电动机摩擦系数是沿不同频率的三角轨迹从电动机位置和关节转矩测量逐轴进行辨识的。弹性参数是在机器人完成装配之前从固定电动机的振荡关节时间响应中对两个连续环节进行辨识。

8.3.2　仅根据电动机测量值进行辨识

由于在工业环境中，并不总是可能会集成附加传感器，因此提出仅用电动机位置和转矩的辨识方法。这些方法很大程度上都依赖于所追求的建模目标。通过线性模型逼近给定结构下机器人特性的局部方法，其目的在于辨识质量-弹簧系统的参数。这些方法往往依赖于模态分析，例如目的是作为在与增益调度控制策略相关联的几个工作点周围辨识过程的一部分。采用基于物理参数的局部“黑箱”或“灰箱”模型。另一方面，全局方法的目的是辨识在整个机器人工作空间中有效的非线性模型。为此，通常假设已基本已知刚性模型参数，并将辨识问题简化为从多个局部模型中所得的柔性参数问题。

8.3.2.1　局部线性逼近

8.3.2.1.1　方法1

8.3.1.1节中讨论的线性最小二乘法在文献［PHA 01］中用于对仅利用电动机信息的单自由度系统进行辨识。为此，仅由电动机变量来表示单关节模型，而通过对运动方程的两次时间微分来消除关节变量。从而简化模型且使得本身为模型［8.20和8.21］物理参数非线性函数的可辨识参数$X_{i,i=1\cdots7}$线性化。选择辨识轨迹以使得保持可忽略项，即重力和关节干摩擦项$\boldsymbol{\tau}_{\text{fa}}$：

$$\tau_{\text{i}}=\frac{M_{\text{ii}}J_{\text{m}_\text{i}}}{K_{\text{i}}}\theta_{\text{i}}^{(4)}+\frac{M_{\text{ii}}F_{\text{vm}_\text{i}}+J_{\text{m}_\text{i}}F_{\text{v}_\text{i}}}{K_{\text{i}}}\theta_{\text{i}}^{(3)}+\left(M_{\text{ii}}+J_{\text{m}_\text{i}}+\frac{F_{\text{v}_\text{i}}F_{\text{vm}_\text{i}}}{K_{\text{i}}}\right)\ddot{\theta}_{\text{i}}+\cdots$$

$$(F_{\text{v}_\text{i}}+F_{\text{vm}_\text{i}})\dot{\theta}_{\text{i}}+F_{\text{sm}_\text{i}}\text{sign}(\dot{\theta}_{\text{i}})-\frac{M_{\text{ii}}}{K_{\text{i}}}\ddot{\tau}_{\text{i}}-\frac{F_{\text{v}_\text{i}}}{K_{\text{i}}}\dot{\tau}_{\text{i}} \tag{8.20}$$

$$\Leftrightarrow\tau_{\text{i}}=(\theta_{\text{i}}^{(4)}\ \theta_{\text{i}}^{(3)}\ \ddot{\theta}_{\text{i}}\dot{\theta}_{\text{i}}\text{sign}(\dot{\theta}_{\text{i}})-\ddot{\tau}_{\text{i}}-\dot{\tau}_{\text{i}})\begin{pmatrix}X_1\\ \vdots\\ X_7\end{pmatrix} \tag{8.21}$$

8.3.2.1.2　方法 2

在一定条件下，双质量柔性模型（见图 8.3）不足以描述实际机器人的特性。为此，在文献［OST 03］中提出一种三质量柔性模型来对一个单轴 ABB IRB1400 机器人（见图 8.6）进行辨识，并比较了“黑箱”和“灰箱”辨识方法。在文献［BER 00］中，考虑了一种由分布式质量组成的任意阶柔性系统的辨识问题。在所提方法中，分别辨识摩擦系数和弹性系数。刚度则是通过求解逆特征值问题由模态分析得到的谐振和反谐振频率进行辨识。该方法用于单轴 ABB 工业机器人。在文献［HOV 01］中将其推广到多变量情况下。

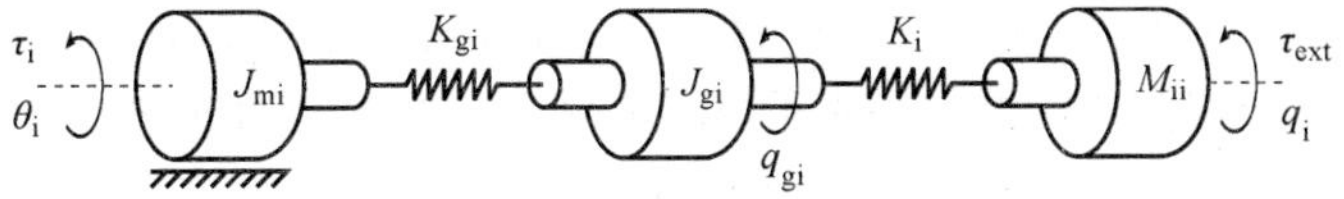

图 8.6　三体柔性关节模型

8.3.2.1.3　方法 3

文献［JOH 00］中提出了一种“黑箱”辨识方法。通过牛顿或拉格朗日形式的物理参数可得到机器人系统的动力学方程，而所提方案可实现在操作条件变化（负载变化或与环境交互）情况下系统的快速辨识，以满足基于模型调节控制律的目标。作者主要关注于对 ABB 机器人 Irb-2000 上轴 1 和 4 的实验辨识，并表明在状态空间形式下通过子空间方法辨识以及通过非线性摩擦模型增广的局部降阶模型能够有效表征机器人系统的动态特性。

8.3.2.2　全局方法

目的是在整个机器人工作空间内对模型进行有效辨识，以下介绍的全局方法是基于机器人刚性参数的先验知识，特别是能够描述随机器人结构变化而变化的惯性矩阵 $\boldsymbol{M}(q)$，然后通过几种局部辨识方法来估计其余待辨识的柔性参数。在文献［HOV 00］中，利用频域线性最小二乘法来辨识阻尼系数和刚度参数。该方法考虑了轴间的惯性耦合，已在实验中用于两轴 ABB 工业机器人。

文献［WER 11］中介绍了采用中间局部线性模型来辨识机器人非线性模型的“灰箱”方法。所考虑的模型是一种柔性关节模型的推广。在优化过程中选择多个工作点旨在最大化未知参数的辨识率。由此可在所选择的配置结构中估计非参数多变量实验频率响应。最终，可通过使得非参数频率响应和参数频率响应之间的距离最小来辨识柔性参数（弹性和阻尼）。通过线性化所考虑工作点处的非线性模型可得后者。该方法已在 ABB 工业机器人 Irb-6640 中得到实验验证。

8.3.2.3　案例分析——ASSIST 机器臂

在本节，介绍一种用于对应于 CEA LIST 研发的 ASSIST 机器臂中肩和肘两轴的实验辨识方法（见表 8.1，［MAK11］）。从仅可访问电动机位置测量值的观测开始，且机器人的刚性模型可通过 CAD 工具和成熟的实验方法获得，首次采用基于刚性模型的内部补偿回路来减少机器人刚性结构而产生的非线性的影响（见图 8.7a）。

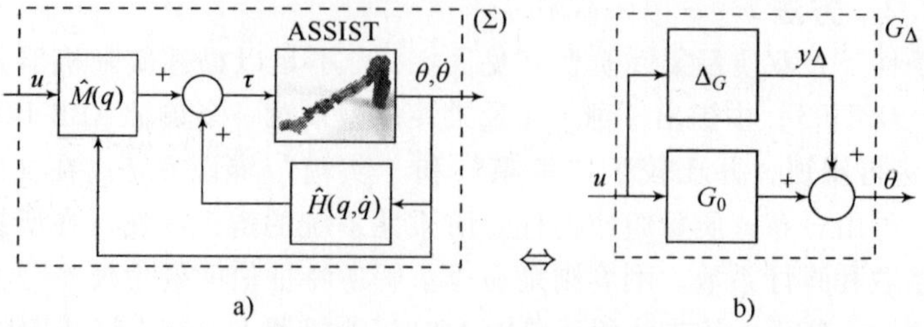

图 8.7 a）应用于 ASSIST 机器人的内部补偿回路 b）等效控制表征

这种补偿对应于模型［8.3］建模的 n 个自由度机器人的反馈线性化，且对不同轴的动力学具有完全解耦的效果，使得所得系统（Σ）是由 n 个独立的二重积分器组成。在拉普拉斯域中：

$$\Theta(s)=\mathrm{diag}\left(\frac{1}{s^2},\cdots,\frac{1}{s^2}\right)U(s) \qquad [8.22]$$

由于所考虑的系统包括柔性关节，因此实际所得系统（Σ）仍是非线性且耦合的。图 8.8 表明了工作点附近线性化的系统（Σ）的多变量特性，以及与在纯刚性情况下所得的二重独立积分器相比，在 ASSIT 机器人两轴情况下共振频率的耦合情况。

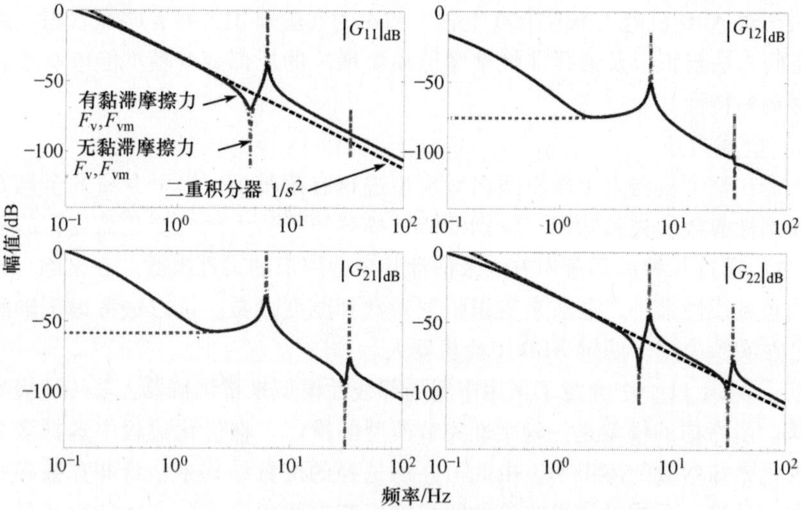

图 8.8 一个完全解耦柔性系统的局部理论频率响应

由此产生的系统（Σ）可通过几种机器人配置结构附近线性化来进行实验分析（见图 8.9）。通过与在工作点处线性化的参数模型所得到的理论频率响应进行比较可辨识柔性参数：在 ASSIST 机器人情况下，可辨识关节刚度值 $K_1=669.7$，$K_2=645.0\mathrm{Nm/rad}$。此外，频率响应的小偏差可使得通过一个与附加非结构不确定性相关联的线性多变量系统来建模（Σ）（见图 8.7b）。这种模型适合于鲁棒控制设计。

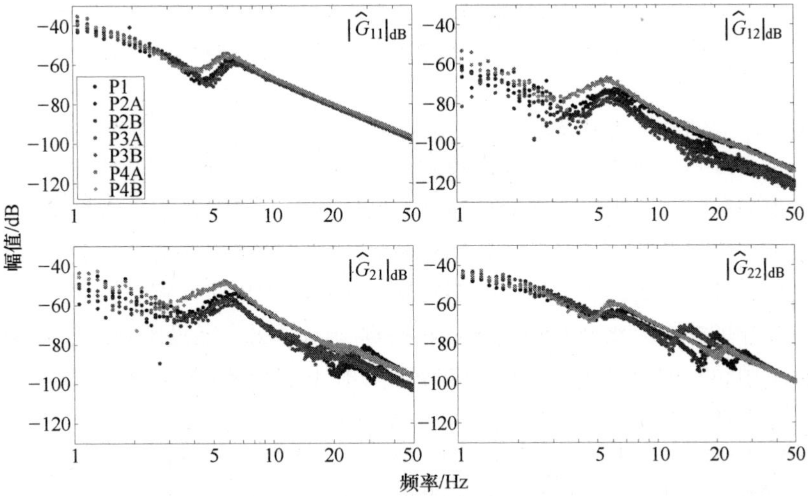

图 8.9　具有内部补偿回路的 ASSIST 机器人在 7 种不同结构下的实验频率响应

8.3.3　讨论与开放问题

之前的示例突出表明了实验辨识方法对实现过程的高度依赖性。模型细节的程度（支持所有或部分参数辨识的考虑轴间耦合的单变量或多变量模型、线性或非线性模型、“黑箱”模型或物理参数“灰箱”模型）可通过所考虑对象（标称综合模型或增益调度控制或覆盖所有工作空间的全局模型的局部研究）、可能工作模式（机器人开环或闭环工作的设备选择）和机器人的物理特性（高阶双质量柔性关节模型的推广、各种非线性摩擦模型）来确定。辨识方法可采用时域或频域、线性或非线性优化方法。不同的分组选择见表 8.2。

表 8.2　关节机器人的辨识方法

选择要素	可能性
工作模式	静态/动态、开环/闭环、传感器选择
模型	单输入单输出（SISO）/多输入多输出（MIMO）、局部/全局、黑箱/灰箱
辨识方法	时域/频域、线性/非线性

对于可丰富本节所介绍模型的机械构件在建模时所固有的非线性效应的详细讨论，读者可参见下列文献：[KEN 05，KIR 97，TUT 96]（谐波传动齿轮建模中的非线性刚度）、[KIM 95]（取决于机器人结构的非线性刚度）、[FLA 11]（可变刚度执行器中柔性的建模和在线评估）、[RUD 09]（迟滞非线性和齿隙型非线性）。

8.4　运动控制

文献 [SWE 84] 中提出了考虑机器手柔性的运动控制问题。在继承刚性模型若干特性的柔性关节模型下，运动控制问题是一种非线性和多变量系统的控制。来自于弹性形变系统状态扩展的附加复杂度不能直接测量且可能会降低系统性能。在轨迹跟踪应用中，为精确跟踪而选择的较大带宽可能与低频谐振模式相冲突。更一般情况下，可产生振动阻尼问题（在轨迹跟踪或扰动抑制中）以及由于重力而产生的偏差。

本节目的是对柔性关节机器人控制所用到的主要概念进行总结归纳，并着重强调为解决所遇到的特定问题而实现的进展。在高刚度的假设条件下，奇异摄动方法可通过将机器人的慢动力学与快动力学独立控制而实现与刚性方法的相互联系。反馈线性化是将初始非线性模型转换为线性解耦系统，从而可采用线性控制技术。鉴于柔性关节情况下实际反馈线性化的实现复杂性，根据一种预测方案可实现基于模型的补偿。最后，针对振动阻尼、参数鲁棒性、非建模动态不确定性以及减少测量等特殊问题，讨论了一些更具体的方法。

最初用于刚性机器人控制的多种方法可扩展到柔性关节机器人的控制。有关刚性机器人控制方法的更详细介绍可参见文献［CHU 08，KHA 04］。在文献［ABD 91］和［SAG 99］中已对刚性环境下鲁棒控制的主要方法进行了总结，其中文献［SAG 99］还介绍了一些柔性关节机器人相关的方法。读者还可参见文献［BEN 02］和［OZG 06］，其中给出了大量有关控制方法的参考文献，文献［DE 08］中详细介绍了柔性关节机器人的建模问题并解释了在调节和轨迹跟踪控制中所采用的主要概念。

8.4.1　奇异摄动法

奇异摄动法依赖于所考虑系统中动力学快、慢时间尺度的分离［KOK 87］。在柔性关节机器人研究中，这种方法主要用于高刚度关节的情况，可推导出从机器人慢动力学中分离出的足够快的柔性动力学，并在其第一近似刚性模型中表示。该方法允许分别处理这两种动力学的复合控制设计。

8.4.1.1　理论基础

在此考虑以下慢-快系统的微分方程：

$$\frac{\mathrm{d}x_1}{\mathrm{d}t}=f(x_1,x_2,\epsilon,t) \qquad [8.23]$$

$$\epsilon\frac{\mathrm{d}x_2}{\mathrm{d}t}=g(x_1,x_2,\epsilon,t) \qquad [8.24]$$

式中，$x_1\in\mathbb{R}^m$、$x_2\in\mathbb{R}^p$、$t\in\mathbb{R}$、$0<\epsilon<<1$ 为标量参数，x_1 为慢动力学状态变量，x_2 为快动力学状态变量。

定义快时间尺度变量 $v=t/\epsilon$，且 $\mathrm{d}t=\epsilon\mathrm{d}v$。奇异摄动方法的目标是通过 $\epsilon\to0$ 来简化问题，并得到系统模型［8.23 和 8.24］的近似解：

$$\frac{\mathrm{d}\bar{x}_1}{\mathrm{d}t}=f(\bar{x}_1,\bar{x}_2,0,t) \qquad [8.25]$$

$$0=g(\bar{x}_1,\bar{x}_2,0,t) \qquad [8.26]$$

这种情况对应于系统的准静态近似，且描述了其在 x_2 到平衡点收敛假设条件下慢

时间尺度 t 的特性。记状态 $\bar{x}_1$ 和 $\bar{x}_2$ 对应于该极限情况，并在下面假设代数方程［8.26］中具有一个特解 $\bar{x}_2$。在快时间尺度中，记为 $y=x_2-\bar{x}_2$，在 $\bar{x}_2$ 附近的 x_2 变化可由下列方程描述：

$$\frac{\mathrm{d}y}{\mathrm{d}v}=g(x_1,y+\bar{x}_2,0,t) \qquad [8.27]$$

式中，x_1 和 t 看作固定参数，于是问题［8.25～8.27］的简化可在 ϵ 范围内对初始系统进行分析。

根据 Tikhonov 奇异摄动理论［KHA 02］，在快子系统渐进稳定性假设条件下［8.27］，其在动力学的慢时间尺度 t 上的影响可忽略不计［8.25］。在有限时间间隔内有效的 Tikhonov 奇异摄动理论可扩展到指数稳定条件的无限情况。

8.4.1.2　在柔性关节机器人中的应用

在机器人方面，简化的柔性关节模型［8.1 和 8.2］可通过引入参数 $\boldsymbol{\epsilon}$ 以奇异摄动形式表示，由此，刚度可记为 $\boldsymbol{K}=\boldsymbol{K}_{\varepsilon}/\boldsymbol{\epsilon}^2$。将 $\boldsymbol{z}=\boldsymbol{K}(\theta-q)$ 记为弹性转矩，可得无摩擦情况下：

$$\boldsymbol{M}(q)\ddot{q}+\boldsymbol{C}(q,\dot{q})\dot{q}+\boldsymbol{G}(q)=\boldsymbol{z} \qquad [8.28]$$

$$\boldsymbol{\epsilon}^2\ddot{z}+\boldsymbol{K}_{\epsilon}(\boldsymbol{J}^{-1}+\boldsymbol{M}(q)^{-1})\boldsymbol{z}=\boldsymbol{K}_{\epsilon}\boldsymbol{J}^{-1}\boldsymbol{\tau}+\boldsymbol{K}_{\epsilon}\boldsymbol{M}(q)^{-1}(\boldsymbol{C}(q,\dot{q})\dot{q}+\boldsymbol{G}(q)) \qquad [8.29]$$

记 $\boldsymbol{x}_1=(\boldsymbol{q}^{\mathrm{T}},\ \dot{\boldsymbol{q}}^{\mathrm{T}})^{\mathrm{T}}$，$\boldsymbol{x}_2=(\boldsymbol{z}^{\mathrm{T}},\ \dot{\boldsymbol{z}}^{\mathrm{T}})^{\mathrm{T}}$，由下列方程可得式［8.23 和 8.24］的状态表示：

$$\frac{\mathrm{d}\boldsymbol{x}_1}{\mathrm{d}t}=\begin{bmatrix}\dot{\boldsymbol{q}}\\ \boldsymbol{M}(q)^{-1}[\boldsymbol{z}-\boldsymbol{C}(q,\dot{q})\dot{\boldsymbol{q}}-\boldsymbol{G}(q)]\end{bmatrix} \qquad [8.30]$$

$$\boldsymbol{\epsilon}^2\frac{\mathrm{d}\boldsymbol{x}_2}{\mathrm{d}t}=\begin{bmatrix}\dot{\boldsymbol{z}}\\ \boldsymbol{K}_{\varepsilon}\boldsymbol{J}^{-1}\boldsymbol{\tau}+\boldsymbol{K}_{\varepsilon}\boldsymbol{M}(q)^{-1}(\boldsymbol{C}(q,\dot{q})\dot{\boldsymbol{q}}-\boldsymbol{G}(q))-\boldsymbol{K}_{\epsilon}(\boldsymbol{J}^{-1}+\boldsymbol{M}(q)^{-1})\boldsymbol{z}\end{bmatrix} \qquad [8.31]$$

若 $\boldsymbol{\epsilon}\rightarrow 0$，设 $\dot{z}=0$，则 $\bar{\boldsymbol{x}}_2$ 可唯一确定，且

$$(\boldsymbol{I}_n+\boldsymbol{JM}(\bar{q})^{-1})\bar{\boldsymbol{z}}=\bar{\boldsymbol{\tau}}+\boldsymbol{JM}(\bar{q})^{-1}(\boldsymbol{C}(\bar{q},\dot{\bar{q}})\dot{\bar{\boldsymbol{q}}}+\boldsymbol{G}(\bar{q})) \qquad [8.32]$$

式中，符号（$\bar{\cdot}$）表示对应于系统准静态的变量；$\boldsymbol{I}_n$ 表示 $n\times n$ 单位矩阵。

通过在方程［8.28］中的表达式中自左乘（$\boldsymbol{I}+\boldsymbol{JM}(\bar{q})^{-1}$）来代替 z，由此可得准静态表示。这种表示等效于刚性模型［8.3］：

$$(\boldsymbol{M}(\bar{q})+\boldsymbol{J})\ddot{\bar{\boldsymbol{q}}}+\boldsymbol{C}(\bar{q},\ \dot{\bar{q}})\ \dot{\bar{\boldsymbol{q}}}+\boldsymbol{G}(\bar{q})=\bar{\boldsymbol{\tau}} \qquad [8.33]$$

设 $\boldsymbol{y}=\boldsymbol{z}-\bar{\boldsymbol{z}}$，并认为 q 为固定参数，则快时间尺度动力学可通过线性微分方程描述为

$$\frac{\mathrm{d}^2\boldsymbol{y}}{\mathrm{d}v^2}+\boldsymbol{K}_{\epsilon}(\boldsymbol{J}^{-1}+\boldsymbol{M}(q)^{-1})\boldsymbol{y}=\boldsymbol{K}_{\epsilon}\boldsymbol{J}^{-1}(\boldsymbol{\tau}-\bar{\boldsymbol{\tau}}) \qquad [8.34]$$

在奇异摄动理论下，考虑一个复合控制结构（见图 8.10）。其中包括单独设计的两项 $\boldsymbol{\tau}_{\mathrm{s}}$ 和 $\boldsymbol{\tau}_{\mathrm{f}}$：

$$\boldsymbol{\tau}=\boldsymbol{\tau}_{\mathrm{s}}+\boldsymbol{\tau}_{\mathrm{f}} \qquad [8.35]$$

慢子系统中 $\boldsymbol{\tau}_{\mathrm{s}}$ 的控制设计依赖于系统［8.33］的准静态近似，且只影响慢子系

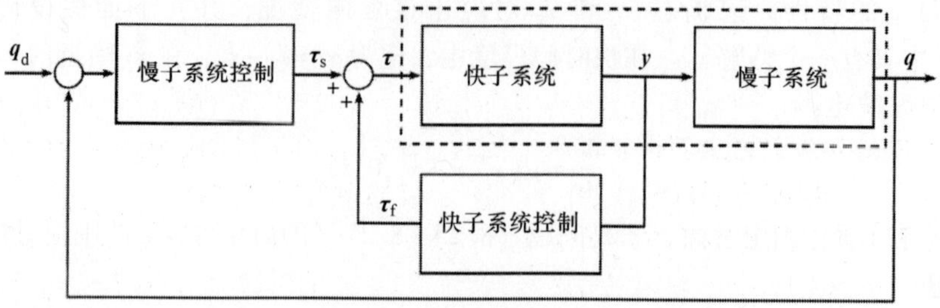

图 8.10　奇异摄动方法中的级联控制结构

统，而快子系统中 $\boldsymbol{\tau}_f$ 的控制目标是保证快子系统［8.34］稳定。通常寻找一种控制使得 $\boldsymbol{\tau}_s = \boldsymbol{\tau}\big|_{\varepsilon\to 0} = \bar{\boldsymbol{\tau}}$ 和 $\boldsymbol{\tau}_f\big|_{\varepsilon\to 0} = 0$。因此，在刚性机器人控制方法中可选择 $\boldsymbol{\tau}_s$，而通常选择快控制项 $\boldsymbol{\tau}_f$ 来阻尼具有正矩阵 $\boldsymbol{K}_D$ 的快子系统：

$$\boldsymbol{\tau} = \boldsymbol{\tau}_s(q, \dot{q}) - \boldsymbol{\epsilon}\boldsymbol{K}_D\dot{\boldsymbol{y}} \qquad [8.36]$$

根据上述推理，可得 $\boldsymbol{\epsilon} = 0$ 时的慢动力学简化描述。为提高慢控制 $\boldsymbol{\tau}_s$ 的性能，可通过考虑根据奇异摄动理论中几何方法的积分流形概念的 $\boldsymbol{\epsilon} = 0$ 附近的渐进变化来得到慢子系统的更高阶表示［GHO 00，KHO 85，SPO 87a］。从而可通过上述方法中的高阶修正项 $\boldsymbol{\tau}_s = \boldsymbol{\tau}_0 + \boldsymbol{\epsilon}\boldsymbol{\tau}_1 + \boldsymbol{\epsilon}^2\boldsymbol{\tau}_2 + \cdots$ 以及 $\boldsymbol{\tau}_s = \boldsymbol{\tau}_0$ 来增强慢子系统控制。值得注意的是，现已提出另一种具有由电动机误差构成的快变量的奇异摄动模型［GE 96］。

8.4.2　线性化与补偿

利用柔性关节模型结构的另一种方法通常是用于简化非线性控制问题。基本属性是所考虑系统的平整度，这可用于系统轨迹和补偿的计算，以及反馈线性化控制。文献［SPO 89b］中给出了奇异摄动方法和反馈线性化的对比。

8.4.2.1　反馈线性化

8.4.2.1.1　理论基础

当柔性非常重要而不能再与刚性动力学分别处理时，可采用一种反馈线性化的理论方法，特别适用于轨迹跟踪问题。这种方法可看作更通用的差异平面系统控制框架的一部分［FLI 95］。若系统状态和输入参数可由称为平输出及其有限个时间导数的变量代数表示，则该系统就称为差异平面。通过坐标变换、静态反馈或动态反馈，可将一个平系统转换为一个线性系统。

在此考虑下列状态为 $\boldsymbol{x} \in \mathbb{R}^p$，输入为 $\boldsymbol{u} \in \mathbb{R}^m$ 的非线性系统：

$$\dot{\boldsymbol{x}} = \boldsymbol{f}(x, u) \qquad [8.37]$$

作为式［8.37］一个解的轨迹 $\boldsymbol{t} \mapsto (x(t), u(t))$ 通常难以直接得到。当且仅当存在 m 个输出 y，系统［8.37］为平系统：

$$\boldsymbol{y} = h(x, u, \dot{u}, \cdots, u^{(r)}) \qquad [8.38]$$

由此，对于给定的 $\boldsymbol{t} \mapsto y(t)$，轨迹 $(x(t), u(t))$ 可由 y 及其导数代数表示：

$$\boldsymbol{u}=\psi(y,\dot{y},\cdots,y^{(\beta)}) \qquad [8.39]$$

$$\boldsymbol{x}=\varphi(y,\dot{y},\cdots,y^{(\alpha)}) \qquad [8.40]$$

且f、h、φ和ψ为正则函数，r、α和β为整数。在此，输出$\boldsymbol{y}$称为平输出，而状态矢量和控制可由其知识完全表征。如果y是式［8.37］的平输出，则有可能得到一个线性化反馈和一个将闭环系统转换为y的纯积分链的微分同胚映射。

8.4.2.1.2　在柔性关节机器人中的应用

本节，通过静态反馈和平输出关节变量$y=q$来表明简化柔性关节模型［8.1 和 8.2］可线性化。通过分离式［8.1］中的θ，并对其进行关于时间的二次微分，可将$\ddot{\theta}$表示为q及其导数的函数：

$$\ddot{\boldsymbol{\theta}}=\ddot{\boldsymbol{q}}+\boldsymbol{K}^{-1}[\boldsymbol{M}(q)\boldsymbol{q}^{(4)}+2\dot{\boldsymbol{M}}(q,\dot{q})\boldsymbol{q}^{(3)}+\ddot{\boldsymbol{M}}(q,\dot{q},\ddot{q})\ddot{\boldsymbol{q}}+\ddot{\boldsymbol{H}}(q,\dot{q},\ddot{q},q^{(3)})] \qquad [8.41]$$

联立式［8.1 和8.2］，并由式［8.41］替代$\ddot{\boldsymbol{\theta}}$，可得$\boldsymbol{q}$及其最大4 阶导数的电动机转矩表达式：

$$\boldsymbol{\tau}=\boldsymbol{J}\ddot{\boldsymbol{\theta}}+\boldsymbol{M}(q)\ddot{\boldsymbol{q}}+\boldsymbol{H}(q,\dot{q})\Rightarrow\boldsymbol{\tau}=\boldsymbol{\psi}(q,\dot{q},\ddot{q},q^{(3)},q^{(4)}) \qquad [8.42]$$

可知在运动控制下，关节参考q必须至少 4 次微分才能保证存在相应的连续额定转矩。通过选择下列状态$\boldsymbol{x}=[x_1\ \ x_2\ \ x_3\ \ x_4]^{\mathrm{T}}=[q\ \ \dot{q}\ \ \ddot{q}\ \ q^{(3)}]^{\mathrm{T}}$和$\boldsymbol{y}=\boldsymbol{x}_1=\boldsymbol{q}$，则系统的状态空间表示为

$$\dot{\boldsymbol{x}}_1=\boldsymbol{x}_2 \qquad [8.43]$$

$$\dot{\boldsymbol{x}}_2=\boldsymbol{x}_3 \qquad [8.44]$$

$$\dot{\boldsymbol{x}}_3=\boldsymbol{x}_4 \qquad [8.45]$$

$$\dot{\boldsymbol{x}}_4=\boldsymbol{f}_4(x)+\boldsymbol{g}_4(x)\boldsymbol{\tau} \qquad [8.46]$$

以及

$$\begin{aligned}\boldsymbol{f}_4(x)=&-\boldsymbol{M}(x_1)^{-1}\boldsymbol{K}\boldsymbol{J}^{-1}[\boldsymbol{M}(x_1)\boldsymbol{x}_3+\boldsymbol{H}(x_1,x_2)]-\boldsymbol{M}(x_1)^{-1}\\&[\boldsymbol{K}+\ddot{\boldsymbol{M}}(x_1,x_2,x_3)]\boldsymbol{x}_3-2\boldsymbol{M}(x_1)^{-1}\dot{\boldsymbol{M}}(x_1,x_2)\boldsymbol{x}_4\\&-\boldsymbol{M}(x_1)^{-1}\ddot{\boldsymbol{H}}(x_1,x_2,x_3,x_4)\end{aligned} \qquad [8.47]$$

$$\boldsymbol{g}_4(x)=\boldsymbol{M}(x_1)^{-1}\boldsymbol{K}\boldsymbol{J}^{-1} \qquad [8.48]$$

该系统的静态线性化反馈为

$$\boldsymbol{\tau}=\boldsymbol{g}_4(x)^{-1}(\boldsymbol{v}-\boldsymbol{f}_4(x)) \qquad [8.49]$$

式中，$\boldsymbol{v}$为线性化解耦系统的新控制变量，由n个四重独立积分器组成（见图8.11）：

$$\boldsymbol{q}^{(4)}=\boldsymbol{v} \qquad [8.50]$$

实现线性化的条件是存在式［8.49］中$\boldsymbol{g}_4(x)$的逆且在多变量系统中无内部动力。由于矩阵$\boldsymbol{M}(q)^{-1}\boldsymbol{K}\boldsymbol{J}^{-1}$非奇异（$\boldsymbol{M}$为正定矩阵），因此满足第一个条件。另外，由于$\boldsymbol{q}$的每一个元素$q_i$相对阶次为$d_i=4$（必须对$q_i$进行4 次微分来代数表示输入项$\boldsymbol{\tau}$），且对于$n$个自由度的机器人，$\sum d_i=4n$也等于状态维数，因此可验证满足第二个条件。

在柔性关节机器人的未简化模型中，含有电动机动力学与关节动力学之间的内在耦合，由此可表明系统可通过动态反馈实现线性化。

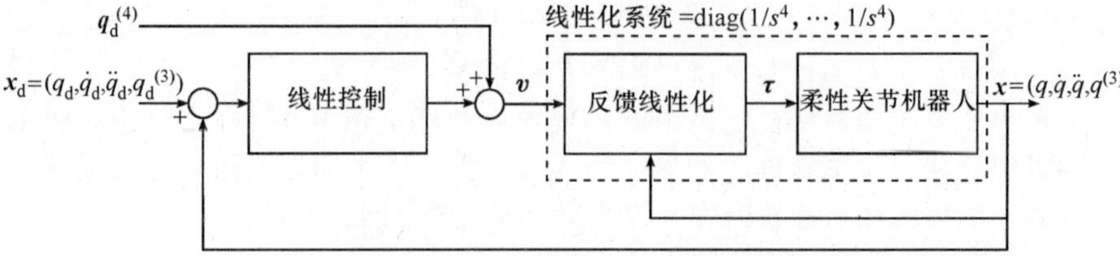

图 8.11 轨迹跟踪的反馈线性化

对于由对应于状态轨迹 $\boldsymbol{x}_d$ 的 $\boldsymbol{q}_d$ 及其导数定义的轨迹跟踪，控制量 $\boldsymbol{v}$ 可选为

$$\boldsymbol{v}=\boldsymbol{q}_d^{(4)}+\boldsymbol{L}(x_d-x) \tag{8.51}$$

且增益矩阵 $\boldsymbol{L}=[L_1\ L_2\ L_3\ L_4]$，$\boldsymbol{L}\in\mathbb{R}^{n\times 4n}$是由对角矩阵 $\boldsymbol{L}_i\in\mathbb{R}^{n\times n}$构成。通过将跟踪误差记为 $\boldsymbol{e}=\boldsymbol{q}_d-\boldsymbol{q}$，可对系统解耦，由此，$i$ 轴的误差动力学可表示为

$$e_i^{(4)}+L_1(i,i)e_i^{(3)}+L_2(i,i)\ddot{e}_i+L_3(i,i)\dot{e}_i+L_4(i,i)e_i=0 \tag{8.52}$$

同时，可通过对每个轴进行极点配置来选择增益值以保证全局指数稳定性。

从这种反馈线性化控制的具体实现角度来看，表明状态 $[q\ \dot{q}\ \ddot{q}\ q^{(3)}]^T$、$[q\ \theta\ \dot{q}\ \dot{\theta}]^T$ 和 $[q\ \boldsymbol{\tau}_{elast}\ \dot{q}\ \dot{\boldsymbol{\tau}}_{elast}]^T$ 以及 $\boldsymbol{\tau}_{elast}=\boldsymbol{K}(\theta-q)$ 可等效地用于构建线性反馈 [DE 08]。另外，还注意到需要计算惯性矩阵 $\boldsymbol{M}(q)$ 的逆及其时间导数，这与给定的刚性模型 [8.53] 的反馈线性控制不同：

$$\boldsymbol{\tau}=\boldsymbol{M}(q)\boldsymbol{v}+\boldsymbol{H}(q,\dot{q}) \tag{8.53}$$

8.4.2.2 标称轨迹控制

按照前面介绍的电动机转矩 $\boldsymbol{\tau}$ 可表示为平输出 $\boldsymbol{q}$ 及其导数的函数 [8.24]。由此可计算对应于由 $\boldsymbol{q}_d$ 及其导数定义的期望输出轨迹的系统额定转矩 $\boldsymbol{\tau}_d$ 和状态轨迹：

$$\boldsymbol{x}_d=\varphi(q_d,\dot{q}_d,\ddot{q}_d,q_d^{(3)},q_d^{(4)}) \tag{8.54}$$

$$\boldsymbol{\tau}_d=\psi(q_d,\dot{q}_d,\ddot{q}_d,q_d^{(3)},q_d^{(4)}) \tag{8.55}$$

若事先已知参考轨迹，则可离线计算额定转矩。一种比反馈线性化更简单的控制方法是由作用是使得系统在其参考状态轨迹附近局部稳定的线性项和保证机器人位于其轨迹的额定转矩组成（见图 8.12）：

$$\boldsymbol{\tau}=\boldsymbol{\tau}_d+\widetilde{\boldsymbol{L}}(x_d-x) \tag{8.56}$$

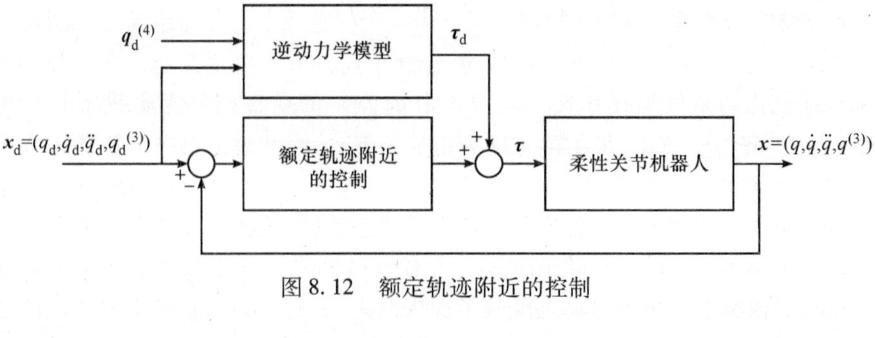

图 8.12 额定轨迹附近的控制

值得注意的是，与应用于静态反馈线性化的恒定增益矩阵 $\boldsymbol{L}$ 不同，$\tilde{\boldsymbol{L}}$ 值必须在机器人各个工作点附近局部设定，例如在增益调度控制方案中。

这种用来补偿模型计算的控制方法已在文献［ALB 01a，DE 00，LOR 95］中进行了深入研究。当整个柔性系统状态均不可测时，应在合适位置处设置观测值。对于仅具有电动机测量值的机器人特定情况，这种控制的简化输出反馈形式为

$$\boldsymbol{\tau} = \boldsymbol{\tau}_{\mathbf{d}} + \tilde{\boldsymbol{L}}_{\mathrm{p}}(\theta_{\mathrm{d}} - \theta) + \tilde{\boldsymbol{L}}_{\mathrm{D}}(\dot{\theta}_{\mathrm{d}} - \dot{\theta}) \tag{8.57}$$

其中，由下式可从平输出 $\boldsymbol{q}_{\mathrm{d}}$ 中获得理想电动机轨迹：

$$\boldsymbol{\theta}_{\mathrm{d}} = \boldsymbol{q}_{\mathrm{d}} + \boldsymbol{K}^{-1}(\boldsymbol{M}(q_{\mathrm{d}})\ddot{\boldsymbol{q}}_{\mathrm{d}} + \boldsymbol{H}(q_{\mathrm{d}}, \dot{q}_{\mathrm{d}})) \tag{8.58}$$

8.4.2.3　重力补偿

在仅考虑可达到的最终固定位置 $\boldsymbol{q}_{\mathrm{d}}$ 的常规问题中，表明与恒定重力补偿相关的比例微分控制可保证假设条件 8.4 下的全局渐进稳定性［TOM 91］：

$$\boldsymbol{\tau} = \boldsymbol{K}_{\mathrm{p}}(\theta_{\mathrm{d}} - \theta) + \boldsymbol{K}_{\mathrm{D}}(\dot{\theta}_{\mathrm{d}} - \dot{\theta}) + \hat{\boldsymbol{G}}(q_{\mathrm{d}}) \tag{8.59}$$

$$\boldsymbol{\theta}_{\mathrm{d}} = \boldsymbol{q}_{\mathrm{d}} + \hat{\boldsymbol{K}}^{-1}\hat{\boldsymbol{G}}(q_{\mathrm{d}}) \tag{8.60}$$

假设条件 8.4　在机器人自重下，关节刚度足够高以使得存在对应于固定电动机位置 $\boldsymbol{\theta}_{\mathrm{e}}$ 的唯一关节平衡位置 $\boldsymbol{q}_{\mathrm{e}}$。从规范形式上，该条件可记为 $K_{\mathrm{i}} > \alpha$，其中，α 为由 $\left\|\frac{\partial \boldsymbol{G}(q)}{\partial \boldsymbol{q}}\right\| \leqslant \alpha, \forall \boldsymbol{q} \in \mathbb{R}^n$ 定义的一个正常数。

现已提出各种不同策略来改善这种控制方法的瞬态特性，如重力补偿并非恒定，而是在线递归估计［DE 08］。

8.4.3　特殊控制方法

当柔性关节机器手的控制策略中大部分都取决于奇异摄动、反馈线性化和逆动力学模型等概念时，已针对各种特定问题，诸如柔性引起的振动、参数测量不确定性、与机器人结构相关的动态模型以及装置有限性等，进行了各种尝试。

8.4.3.1　振动控制

残余振动可能会限制需精确而快速定位时的性能。由于谐振频率随机器人结构和负载的不同而变化，使得振动控制问题非常复杂。针对这一问题，产生两种控制方法：①通过特定形状的系统输入来使得所产生的振动最小化；②开发一种鲁棒阻尼反馈方法。通过文献中的实验示例，在下面阐述这些方法。

当目标是阻尼由高动态运动所产生的瞬态振动时，如机器人的快速定位，第一种方法更为适合。在输入形状方法中［SIN 09］，两个或多个连续脉冲施加在一个振动系统中，以使得所产生的脉冲响应在首个瞬态相之后相互抵消，而产生一个无残余振动的全局响应。在实际中，传统轨迹发生器产生的连续参考轨迹中相关的脉冲是错综复杂的。在线性时不变系统的初始设计中，这种技术对于振荡周期和阻尼系数的变化非常敏感。利用来自于查找表中存储的值或取决于工作条件的调度方程的这些参数的在线更新方法，现已应用于机器人场合［CHA 05a］。另外，还考虑了谐振频率的在线估

计和重复任务的学习算法［PAR 06］。此外，在文献［THU 01］中实验证明了由预期方案中非线性逆模型计算的补偿效率。

振动控制的反馈策略可实现一定的鲁棒性，但仍依赖于动态模型来抑制或消除谐振模式。提出一种对于负载变化具有鲁棒性的 2 个自由度控制结构，来考虑机器人的参数不确定性［KAN 97］。同时，观测者也可实现阻尼反馈［HOR 94，ITO 03，PET 11，TUN 04］。

8.4.3.2 自适应控制

自适应控制是通过在线调整控制律参数来研究机器人物理模型的参数不确定性。以自适应为目标的基本特性有可能重构相对于参数的线性动态模型，从而允许在线估计。在这个意义上，机器人文献中所用的大多数自适应控制策略都是间接自适应方法。该方法允许开发在参数完全已知的假设下最初设计的自适应控制律。在刚性机器人环境中，已描述了利用逆动力学模型或被动模型的特性而开发的自适应控制［ORT 89］，同时也研究了自适应控制的稳定性和鲁棒性［SAD 90］，并对几种方法进行了实验比较［WHI 93］。

柔性关节机器人环境中提出的自适应方法首先可看作刚性环境下开发的一种通用自适应策略。其中，一方面可基于 Slotine 和 Li 提出的自适应算法［SLO 87］，另一方面可基于逆动力学模型来区分这些方法。这些来自于刚性机器人研究领域的策略已推广到奇异摄动理论的柔性关节机器人情况中，并产生复合控制结构。在文献［BEN 95］中提出了一种两级控制器相关的相似重构模型。

—在文献［GHO 89，SPO 89a，SPO 95］中，将 Slotine 和 Li 提出的自适应算法［SLO 87］应用于柔性关节机器人中，并在文献［OTT 02］中实验比较了这些方法。奇异摄动方法通过推广积分流形概念（见 8.4.1 节）以使得建立高阶慢动态模型。对应于慢动力学的控制项可由校正项增广。在文献［GHO 92a］中提出了一种与 Slotine 和 Li 算法相关联的自适应控制方法。

—逆动力学模型主要应用在柔性关节机器人自适应控制的两个层面：一方面，在文献［ALA 93，GE 96，KHO 92］中应用在类似于反馈线性化的策略中；另一方面，应用在包含预期方案中期望轨迹计算补偿的方法中，由此可离线计算回归矩阵 $\boldsymbol{Y}(q_{\mathrm{d}}, \dot{q}_{\mathrm{d}}, \ddot{q}_{\mathrm{d}})$［DIX 00］。

其他方法是基于非线性控制技术，包括基于反演的设计［CHA 05b，DIX 00，HUA 04，KIM 04］。

8.4.3.3 鲁棒控制

在自适应控制允许考虑参数不确定性时，则存在有关未建模动力学或扰动的鲁棒性问题。文献［SAG 99］针对机器人应用中的这一问题，对各种实现策略进行了分类。其中，主要有 5 种类别：

—线性控制技术；

—无源控制方法；

—基于非线性 Lyapunov［BRI 95，CHA 11，KIM 06］或滑模［HER 96］的控制

方案；

—非线性 H_∞ 方法［YEO 08，YIM 01］；

—自适应鲁棒控制方法［GHO 92b］。

现已对多种非线性控制方法进行了实验对比研究［BRO 96，BRO 98］。前两种类别的线性和无源控制方法，主要是通过在以下柔性关节机器人的特殊应用中进行检验。

对于线性鲁棒控制技术在机器人中的应用，最初的非线性问题通常可通过仅考虑单关节动力学来简化［AOU 93，WAN 92］，或通过 Taylor 逼近法近似［ELM 02］，或通过局部刚性补偿转换，并将其余动力学建模为不确定性模型［KAN 97，MAK 12，MOG 97］。包括 H_2、H_∞、μ 合成和线性二次高斯（LQG）控制的各种设计技术用于所获得的系统。并在文献［MOB 09］中对其余几种线性解进行了比较。

无源方法是基于与物理系统耗散特性相关的能量考虑。从定性上讲，如果系统中存储的功率保持低于或等于提供给系统的功率，则相对于输入/输出，系统是无源的（或耗散的）。在此，能量是由输入/输出变量的标量积分来确定的。从控制角度来看，关键是要充分利用这些物理性质，因为直接与稳定性以及无源系统的补偿和互连性能相关。显然，对于柔性关节机器人，输入/输出对包括电动机转矩和电动机转速［BRO 95］。由于无源方法并不会补偿物理系统的非线性化，因此期望能够提高鲁棒性［ALB 07，BIC 99，KEL 98，ORT 95］。

8.4.3.4　减少测量与观测

现有传感器并不总是能够直接测量柔性关节机器人的完备状态，对于 n 个自由度机器人，完备状态可由矢量（θ，$\dot{\theta}$，q，$\dot{q}$）、（θ，$\dot{\theta}$，$(\theta-q)$，$(\dot{\theta}-\dot{q})$）或（q，$\dot{q}$，$\ddot{q}$，$q^{(3)}$）$\in \mathbb{R}^{4n}$ 等效表示。在此情况下，通常需要达到 3 个目标：从局部测量中观测完备状态、估算时间导数以及观测扰动下的增广状态。

柔性关节机器人的状态观测问题最先是通过非线性观测器来解决［NIC 88，TOM 90］。对于由电动机测量值重构关节变量，局部或完备状态观测器特别是在工业环境下驱动，在此通常只有电动机测量值［AIL 93，AIL 96b，JAN 95］。同时，还需考虑逆问题［NIC 95］。通过固定在机器人刚性结构上的加速计增广电动机位置测量是另一种有效策略，这已在辨识情况下涉及，并在线性离散观测器实现中［DE 07］，或在工业机器人执行器的笛卡尔位置估算中［HEM 09］进行了实验测试。

在无视距测量或测量中存在显著噪声水平时，估算位置测量的时间导数是另一种解决方法。在文献［CHA 96］中考虑了轨迹跟踪中利用电动机和节点位置的降阶速度观测器。文献［HER 96］中提出了一种在利用关节位置和弹性转矩测量的滑模控制中的关节速度和弹性转矩时间导数的非线性观测器。文献［LEC 97］中提出了具有变结构或自适应结构的两种观测器。然而在实际应用中，更易于实现的是由位置进行速度估计的数值微分和滤波方法。文献［BEL 92］中对这些解进行了分析。在文献［KEL 94］中，从理论角度研究了 $bs/(s+a)$，a，$b\in\mathbb{R}^{+}$ 形式滤波算法的近似微分，表明在文献［TOM 91］中的调节控制方案具有全局渐进稳定性。文献［LOR 95］中还研究了这种类型的滤波算法在轨迹跟踪中的应用。

最后，需要提到的是，采用扩展状态观测器可允许在估计系统状态扰动的同时，实现鲁棒性目标或不确定补偿。通常采用简化的单关节模型［8.4 和 8.5］，且将待观测的扰动转矩 τ_{pert} 重建未建模关节动力学（重力、惯性转矩、科氏力和离心转矩，见图 8.13）。文献［HOR 94］已在 n 个惯性环节的柔性系统的振动阻尼下提出该方法。文献［PAT 06］研究了一种扩展状态和扰动观测器来实现反馈线性化下模型不确定性和柔性效果的鲁棒性目标。逐轴完备状态反馈相关联的扩展状态观测器在工业机器人中进行了实验测试［PAR 07］。另外，在文献［BAN 10］中对与线性控制相关联的扩展态观测器进行了实验验证。文献［BAN 10］中描述了扩展状态观测器在三轴工业机器人鲁棒控制中的应用。

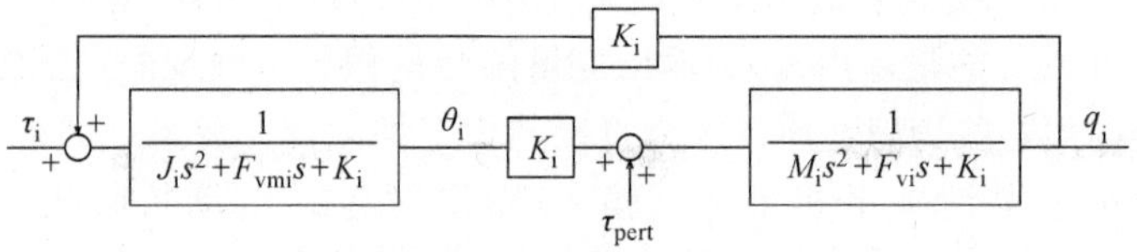

图 8.13　具有扰动的简化单变量模型［BAN10，HOR 94，PAR 07］

8.4.3.5　其他控制方法

其他先进控制方法已应用于柔性关节机器人中。最优控制技术明确考虑了约束条件、时间（最短时间控制）或机器人物理变量（如饱和度）。文献［GHA 09，UPR 04］中研究了将最优控制性质和根据滑动窗口原理的预测相结合的预测控制方法。参数线性变化（LPV）模型可用于考虑随机器人结构变化而产生的动力学变化［NAM 97，NIU 12］。在迭代学习控制中分析了任务的重复特性［AIL 96a，WAN 95］。最后，还可采用基于人工智能的技术，如神经网络建模［ABD 06，CHA 05b］或模糊控制技术［AHM10，CHA08，LIH 95，MAL 97，SUB 06］。

8.5　小结

本章介绍了具有柔性关节的串联机械手中建模、辨识和控制设计的基本步骤。着重强调了辨识和控制模型的显著特性，以及相对于完全刚性模型的特性。同时，也描述了柔性参数辨识的实用方法和这些控制系统的动力学特性，并根据实现目标和现有测量进行了分类。最终，介绍了柔性关节模型结构的应用以及控制设计特性，并详细阐述了针对振动阻尼、参数不确定性的鲁棒性和减少测量等各种问题、文献中提出的主要方法。文献中介绍的大量不同控制策略表明，这类系统是目前科学领域的研究热点。然而希望在实际案例研究中对不同方法的性能进行客观比较，以促进先进控制律在实际中的应用。

参 考 文 献

[ABD 91]　ABDALLAH C., DAWSON D., DORATO P., *et al.*, "Survey of robust control for rigid robots", *IEEE Control Systems Magazine*, vol. 11, no. 2, pp. 24–30, 1991.

[ABD 06]　ABDOLLAHI F., TALEBI H., PATEL R., "A stable neural network-based observer with application to flexible-joint manipulators", *IEEE Transactions on Neural Networks*, vol. 17, no. 1, pp. 118–129, 2006.

[ABE 07]　ABELE E., WEIGOLD M., ROTHENBÜCHER S., "Modeling and identification of an industrial robot for machining applications", *CIRP Annals-Manufacturing Technology*, vol. 56, no. 1, pp. 387–390, 2007.

[AHM 10]　AHMAD M., SUID M., RAMLI M., *et al.*, "PD fuzzy logic with non-collocated PID approach for vibration control of flexible joint manipulator", *6th International Colloquium on Signal Processing and its Applications (CSPA)*, vol. 1, pp. 1–5, Melaka, Malaysia, 2010.

[AIL 93]　AILON A., ORTEGA R., "An observer-based set-point controller for robot manipulators with flexible joints", *Systems & Control Letters*, vol. 21, no. 4, pp. 329–335, 1993.

[AIL 96a]　AILON A., "Output controllers based on iterative schemes for set-point regulation of uncertain flexible-joint robot models", *Automatica*, vol. 32, no. 10, pp. 1455–1461, 1996.

[AIL 96b]　AILON A., LOZANO R., "Controller-observers for set-point tracking of flexible-joint robots including Coriolis and centripetal effects in motor dynamics", *Automatica*, vol. 32, no. 9, pp. 1329–1331, 1996.

[ALA 93]　AL-ASHOOR R., PATEL R., KHORASANI K., "Robust adaptive controller design and stability analysis for flexible-joint manipulators", *IEEE Transactions on Systems, Man and Cybernetics*, vol. 23, no. 2, pp. 589–602, 1993.

[ALB 01a]　ALBU-SCHÄFFER A., HIRZINGER G., "A globally stable state feedback controller for flexible joint robots", *Advanced Robotics*, vol. 15, no. 8, pp. 799–814, 2001.

[ALB 01b]　ALBU-SCHÄFFER A., HIRZINGER G., "Parameter identification and passivity based joint control for a 7 DOF torque controlled light weight robot", *IEEE International Conference on Robotics and Automation*, vol. 3, Seoul, Republic of Korea, pp. 2852–2858, 2001.

[ALB 07]　ALBU-SCHÄFFER A., OTT C., HIRZINGER G., "A unified passivity-based control framework for position, torque and impedance control of flexible joint robots", *The International Journal of Robotics Research*, vol. 26, no. 1, pp. 23–39, 2007.

[ALI 05]　ALICI G., SHIRINZADEH B., "Enhanced stiffness modeling, identification and characterization for robot manipulators", *IEEE Transactions on Robotics*, vol. 21, no. 4, pp. 554–564, 2005.

[AOU 93]　AOUSTIN Y., "Robust controls for flexible joint robots: a single link case study with unknown joint stiffness parameter", *IEEE International Conference on Systems, Man and Cybernetics*, vol. 1, Le Touquet, France, pp. 45–50, 1993.

[ARM 94]　ARMSTRONG-HÉLOUVRY B., DUPONT P., DE WIT C., "A survey of models, analysis tools and compensation methods for the control of machines with friction", *Automatica*, vol. 30, no. 7, pp. 1083–1138, 1994.

[BAN 10] BANG J., SHIM H., PARK S., *et al.*, "Robust tracking and vibration suppression for a two-inertia system by combining backstepping approach with disturbance observer", *IEEE Transactions on Industrial Electronics*, vol. 57, no. 9, pp. 3197–3206, 2010.

[BAR 13] BARRETT TECHNOLOGY, WAM ARM, January 2013. Available at www.barrett.com.

[BEL 92] BELANGER P., "Estimation of angular velocity and acceleration from shaft encoder measurements", *IEEE International Conference on Robotics and Automation*, vol. 1, Nice, France, pp. 585–592, 1992.

[BEN 95] BENALLEGUE A., "Adaptive control for flexible-joint robots using a passive systems approach", *Control Engineering Practice*, vol. 3, no. 10, pp. 1393–1400, 1995.

[BEN 02] BENALLEGUE A., M'SIRDI N.K., "Commande de robots articulations flexibles", in KHALIL W. (ed.), *Commande de Robots Manipulateurs*, Hermès-Lavoisier, Paris, pp. 151–186, 2002.

[BER 00] BERGLUND E., HOVLAND G., "Automatic elasticity tuning of industrial robot manipulators", *39th IEEE Conference on Decision and Control*, vol. 5, Sydney, Australia, pp. 5091–5096, 2000.

[BIC 99] BICKEL R., TOMIZUKA M., "Passivity-based versus disturbance observer based robot control: equivalence and stability", *ASME Journal of Dynamic Systems Measurement and Control*, vol. 121, pp. 41–47, 1999.

[BON 10] BONNEMASON J., FATTAL C., FRAISSE P., *et al.*, "ASSIST, un robot manipulateur mobile d'assistance aux personnes handicapées", *6th Conference HANDICAP*, vol. 1, Paris, France, 2010.

[BRI 95] BRIDGES M., DAWSON D., ABDALLAH C., "Control of rigid-link, flexible-joint robots: a survey of backstepping approaches", *Journal of Robotic Systems*, vol. 12, no. 3, pp. 199–216, 1995.

[BRO 95] BROGLIATO B., ORTEGA R., LOZANO R., "Global tracking controllers for flexible-joint manipulators: a comparative study", *Automatica*, vol. 31, no. 7, pp. 941–956, 1995.

[BRO 96] BROGLIATO B., PASTORE A., REY D., *et al.*, "Experimental comparison of nonlinear controllers for flexible joint manipulators", *IEEE International Conference on Robotics and Automation*, vol. 2, Minneapolis, MN, pp. 1121–1126, 1996.

[BRO 98] BROGLIATO B., REY D., "Further experimental results on nonlinear control of flexible joint manipulators", *American Control Conference*, vol. 4, Philadelphia, PA, pp. 2209–2211, 1998.

[CHA 96] CHANG Y., CHEN B., TI-CHUNG L., "Tracking control of flexible joint manipulators using only position measurements", *International Journal of Control*, vol. 64, no. 4, pp. 567–593, 1996.

[CHA 05a] CHANG P., PARK H., "Time-varying input shaping technique applied to vibration reduction of an industrial robot", *Control Engineering Practice*, vol. 13, no. 1, pp. 121–130, 2005.

[CHA 05b] CHATLATANAGULCHAI W., MECKL P., "Motion control of two-link flexible-joint robot, using backstepping, neural networks, and indirect method", *IEEE Conference on Control Applications*, vol. 1, Toronto, Canada, pp. 601–605, 2005.

[CHA 08] CHAOUI H., GUEAIEB W., "Type-2 fuzzy logic control of a flexible-joint manipulator", *Journal of Intelligent & Robotic Systems*, vol. 51, no. 2, pp. 159–186, 2008.

[CHA 11] CHANG Y., YEN H., "Design of a robust position feedback tracking controller for flexible-joint robots", *Control Theory & Applications, IET*, vol. 5, no. 2, pp. 351–363, 2011.

[CHI 07] CHIEN M., HUANG A., "Adaptive control for flexible-joint electrically driven robot with time-varying uncertainties", *IEEE Transactions on Industrial Electronics*, vol. 54, no. 2, pp. 1032–1038, 2007.

[CHU 08] CHUNG W., FU L.C., HSU S.H., "Motion control", in SICILIANO B., KHATIB O. (eds.), *Springer Handbook of Robotics*, Springer, Berlin, Heidelberg, pp. 133–159, 2008.

[DE 00] DE LUCA A., "Feedforward/feedback laws for the control of flexible robots", *IEEE International Conference on Robotics and Automation*, vol. 1, San Fransisco, pp. 233–240, 2000.

[DE 07] DE LUCA A., SCHRODER D., THUMMEL M., "An acceleration-based state observer for robot manipulators with elastic joints", *IEEE International Conference on Robotics and Automation*, vol. 1, Rome, Italy, pp. 3817–3823, 2007.

[DE 08] DE LUCA A., BOOK W., "Robots with flexible elements", in SICILIANO B., KHATIB O. (eds.), *Springer Handbook of Robotics*, Springer, Berlin, Heidelberg, pp. 287–319, 2008.

[DIX 00] DIXON W., ZERGEROGLU E., DAWSON D., *et al.*, "Global adaptive partial state feedback tracking control of rigid-link flexible-joint robots", *Robotica*, vol. 18, no. 3, pp. 325–336, 2000.

[ELM 02] ELMARAGHY H., LAHDHIRI T., CIUCA F., "Robust linear control of flexible joint robot systems", *Journal of Intelligent & Robotic Systems*, vol. 34, no. 4, pp. 335–356, 2002.

[FLA 11] FLACCO F., DE LUCA A., SARDELLITTI I., *et al.*, "Robust estimation of variable stiffness in flexible joints", *IEEE/RSJ International Conference on Intelligent Robots and Systems*, vol. 1, San Francisco, CA, pp. 4026–4033, 2011.

[FLI 95] FLIESS M., LÉVINE J., MARTIN P., *et al.*, "Flatness and defect of non-linear systems: introductory theory and examples", *International Journal of Control*, vol. 61, no. 6, pp. 1327–1361, 1995.

[GAU 97] GAUTIER M., "Dynamic identification of robots with power model", *IEEE International Conference on Robotics and Automation*, vol. 3, Albuquerque, NM, pp. 1922–1927, 1997.

[GE 96] GE S., "Adaptive controller design for flexible joint manipulators", *Automatica*, vol. 32, no. 2, pp. 273–278, 1996.

[GHA 09] GHAHRAMANI N., TOWHIDKHAH F., "Constrained incremental predictive controller design for a flexible joint robot", *ISA Transactions*, vol. 48, no. 3, pp. 321–326, 2009.

[GHO 89] GHORBEL F., HUNG J., SPONG M., "Adaptive control of flexible-joint manipulators", *IEEE Control Systems Magazine*, vol. 9, no. 7, pp. 9–13, 1989.

[GHO 92a] GHORBEL F., SPONG M., "Adaptive integral manifold control of flexible joint robot manipulators", *IEEE International Conference on Robotics and Automation*, vol. 1, Nice, France, pp. 707–714, 1992.

[GHO 92b] GHORBEL F., SPONG M., "Robustness of adaptive control of robots", *Journal of Intelligent & Robotic Systems*, vol. 6, no. 1, pp. 3–15, 1992.

[GHO 93] GHORBEL F., SRINIVASAN B., SPONG M., "On the positive definiteness and uniform boundedness of the inertia matrix of robot manipulators", *32nd IEEE Conference on Decision and Control*, vol. 1, San Antonio, TX, pp. 1103–1108, 1993.

[GHO 00] GHORBEL F., SPONG M., "Integral manifolds of singularly perturbed systems with application to rigid-link flexible-joint multibody systems", *International Journal of Nonlinear Mechanics*, vol. 35, no. 1, pp. 133–155, 2000.

[HEN 09] HENRIKSSON R., NORRLOF M., MOBERG S., *et al.*, "Experimental comparison of observers for tool position estimation of industrial robots", *48th IEEE Conference on Decision and Control, held jointly with the 28th Chinese Control Conference (CDC/CCC 2009)*, vol. 1, Shanghai, China, pp. 8065–8070, 2009.

[HER 96] HERNANDEZ J., BARBOT J., "Sliding observer-based feedback control for flexible joints manipulator", *Automatica*, vol. 32, no. 9, pp. 1243–1254, 1996.

[HIG 03] HIGUCHI M., KAWAMURA T., KAIKOGI T., *et al.*, "Mitsubishi clean room robot", *Mitsubishi Heavy Industries, Technical Review*, vol. 40, no. 5, pp. 1–5, 2003.

[HOR 94] HORI Y., ISEKI H., SUGIURA K., "Basic consideration of vibration suppression and disturbance rejection control of multi-inertia system using SFLAC", *IEEE Transactions on Industry Applications*, vol. 30, no. 4, pp. 889–896, 1994.

[HOV 00] HOVLAND G., BERGLUND E., SRDALEN O., "Identification of joint elasticity of industrial robots", *Experimental Robotics VI, Lecture Notes in Control and Information Sciences*, vol. 250, Springer, Berlin, Heidelberg, pp. 455–464, 2000.

[HOV 01] HOVLAND G., BERGLUND E., HANSSEN S., *et al.*, "Identification of coupled elastic dynamics using inverse eigenvalue theory", *32nd International Symposium on Robotics*, vol. 19, Seoul, Republic of Korea, p. 21, 2001.

[HUA 04] HUANG A., CHEN Y., "Adaptive sliding control for single-link flexible-joint robot with mismatched uncertainties", *IEEE Transactions on Control Systems Technology*, vol. 12, no. 5, pp. 770–775, 2004.

[ITO 03] ITOH M., YOSHIKAWA H., "Vibration suppression control for an articulated robot: effects of model-based control applied to a waist axis", *International Journal of Control Automation and Systems*, vol. 1, pp. 263–270, 2003.

[JAN 95] JANKOVIC M., "Observer based control for elastic joint robots", *IEEE Transactions on Robotics and Automation*, vol. 11, no. 4, pp. 618–623, 1995.

[JOH 00] JOHANSSON R., ROBERTSSON A., NILSSON K., *et al.*, "State-space system identification of robot manipulator dynamics", *Mechatronics*, vol. 10, no. 3, pp. 403–418, 2000.

[KAN 97] KANG Z., CHAI T., OSHIMA K., *et al.*, "Robust vibration control for SCARA-type robot manipulators", *Control Engineering Practice*, vol. 5, no. 7, pp. 907–917, 1997.

[KEL 94] KELLY R., ORTEGA R., AILON A., *et al.*, "Global regulation of flexible joint robots using approximate differentiation", *IEEE Transactions on Automatic Control*, vol. 39, no. 6, pp. 1222–1224, 1994.

[KEL 98] KELLY R., SANTIBÁNEZ V., "Global regulation of elastic joint robots based on energy shaping", *IEEE Transactions on Automatic Control*, vol. 43, no. 10, pp. 1451–1456, 1998.

[KEN 05] KENNEDY C., DESAI J., "Modeling and control of the Mitsubishi PA-10 robot arm harmonic drive system", *IEEE/ASME Transactions on Mechatronics*, vol. 10, no. 3, pp. 263–274, 2005.

[KHA 02] KHALIL H., *Nonlinear Systems*, Prentice Hall, Upper Saddle River, NJ, 2002.

[KHA 04] KHALIL W., DOMBRE E., *Modeling, Identification & Control of Robots*, Elsevier, Butterworth-Heinemann, Oxford, 2004.

[KHO 85] KHORASANI K., SPONG M., "Invariant manifolds and their application to robot manipulators with flexible joints", *IEEE International Conference on Robotics and Automation*, vol. 2, St. Louis, MO, pp. 978–983, 1985.

[KHO 92] KHORASANI K., "Adaptive control of flexible-joint robots", *IEEE Transactions on Robotics and Automation*, vol. 8, no. 2, pp. 250–267, 1992.

[KIM 95] KIM H., STREIT D., "Configuration dependent stiffness of the Puma 560 manipulator: analytical and experimental results", *Mechanism and Machine Theory*, vol. 30, no. 8, pp. 1269–1277, 1995.

[KIM 04] KIM M., LEE J., "Adaptive tracking control of flexible-joint manipulators without overparametrization", *Journal of Robotic Systems*, vol. 21, no. 7, pp. 369–379, 2004.

[KIM 06] KIM D., OH W., "Robust control design for flexible joint manipulators: theory and experimental verification", *International Journal of Control Automation and Systems*, vol. 4, pp. 495–505, 2006.

[KIR 97] KIRCANSKI N., GOLDENBERG A., "An experimental study of nonlinear stiffness, hysteresis, and friction effects in robot joints with harmonic drives and torque sensors", *The International Journal of Robotics Research*, vol. 16, no. 2, pp. 214–239, 1997.

[KOK 87] KOKOTOVIC P., KHALI H., O'REILLY J., *Singular Perturbation Methods in Control: Analysis and Design*, vol. 25, Society for Industrial and Applied Mathematics, 1987.

[KUK 13] KUKA, LIGHTWEIGHT ROBOT (LWR), January 2013. Available at www.kuka-robotics.com/en/products/addons/lwr.

[LEC 97] LECHEVIN N., SICARD P., "Observer design for flexible joint manipulators with parameter uncertainties", *IEEE International Conference on Robotics and Automation*, vol. 3, Albuquerque, NM, pp. 2547–2552, 1997.

[LIG 07] LIGHTCAP C., BANKS S., "Dynamic identification of a mitsubishi pa10–6ce robot using motion capture", *IEEE/RSJ International Conference on Intelligent Robots and Systems*, vol. 1, San Diego, CA, pp. 3860–3865, 2007.

[LIG 10] LIGHTCAP C., BANKS S., "An extended Kalman filter for real-time estimation and control of a rigid-link flexible-joint manipulator", *IEEE Transactions on Control Systems Technology*, vol. 18, no. 1, pp. 91–103, 2010.

[LIH 95] LIH-CHANG L., CHIANG-CHUAN C., "Rigid model-based fuzzy control of flexible-joint manipulators", *Journal of Intelligent & Robotic Systems*, vol. 13, no. 2, pp. 107–126, 1995.

[LOR 95] LORIA A., ORTEGA R., "On tracking control of rigid and flexible joints robots", Applied Mathematics and Computer Science, special issue on Mathematical Methods in Robotics, vol. 5, no. 2, pp. 101–113, 1995.

[MAK 11] MAKAROV M., GROSSARD M., RODRIGUEZ-AYERBE P., *et al.*, "Generalized Predictive Control of an anthropomorphic robot arm for trajectory tracking", *IEEE/ASME International Conference on Advanced Intelligent Mechatronics*, vol. 1, Budapest, Hungary, pp. 948–953, July 2011.

[MAK 12] MAKAROV M., GROSSARD M., RODRIGUEZ-AYERBE P., *et al.*, "A frequency-domain approach for flexible-joint robot modeling and identification", *IFAC Symposium on System Identification*, vol. 16, pp. 583–588, 2012.

[MAL 97] MALKI H., MISIR D., FEIGENSPAN D., *et al.*, "Fuzzy PID control of a flexible-joint robot arm with uncertainties from time-varying loads", *IEEE Transactions on Control Systems Technology*, vol. 5, no. 3, pp. 371–378, 1997.

[MOB 09] MOBERG S., OHR J., GUNNARSSON S., "A benchmark problem for robust feedback control of a flexible manipulator", *IEEE Transactions on Control Systems Technology*, vol. 17, no. 6, pp. 1398–1405, 2009.

[MOB 10] MOBERG S., Modeling and control of flexible manipulators, PhD Thesis, Linköping University, Sweden, 2010.

[MOG 97] MOGHADDAM M., GOLDENBERG A., "Nonlinear modeling and robust H_∞-based control of flexible joint robots with harmonic drives", *IEEE International Conference on Robotics and Automation*, vol. 4, Albuquerque, NM, pp. 3130–3135, 1997.

[MRA 92] MRAD F., AHMAD S., "Adaptive control of flexible joint robots using position and velocity feedback", *International Journal of Control*, vol. 55, no. 5, pp. 1255–1277, 1992.

[NAM 97] NAMERIKAWA T., FUJITA M., MATSUMURA F., "H_∞ control of a robot manipulator using a linear parameter varying representation", *American Control Conference*, vol. 1, Albuquerque, NM, pp. 111–112, 1997.

[NIC 88] NICOSIA S., TOMEI P., TORNAMBÉ A., "A nonlinear observer for elastic robots", *IEEE Journal of Robotics and Automation*, vol. 4, no. 1, pp. 45–52, 1988.

[NIC 95] NICOSIA S., TOMEI P., "A global output feedback controller for flexible joint robots", *Automatica*, vol. 31, no. 10, pp. 1465–1469, 1995.

[NIU 12] NIU B., ZHANG H., "Linear parameter-varying modeling for gain-scheduling robust control synthesis of flexible joint industrial robot", *Procedia Engineering*, vol. 41, pp. 838–845, 2012.

[OAK 12] OAKI J., ADACHI S., "Grey-box modeling of elastic-joint robot with harmonic drive and timing belt", *IFAC Symposium on System Identification*, vol. 16, Brussels, Belgium, pp. 1401–1406, 2012.

[OLS 98] OLSSON H., ÅSTRÖM K., CANUDAS DE WIT C., *et al.*, "Friction models and friction compensation", *European Journal of Control*, vol. 4, pp. 176–195, 1998.

[ORT 89] ORTEGA R., SPONG M., "Adaptive motion control of rigid robots: a tutorial", *Automatica*, vol. 25, no. 6, pp. 877–888, 1989.

[ORT 95] ORTEGA R., LORIA A., KELLY R., *et al.*, "On passivity-based output feedback global stabilization of euler-lagrange systems", *International Journal of Robust and Nonlinear Control*, vol. 5, no. 4, pp. 313–323, 1995.

[OST 03] OSTRING M., GUNNARSSON S., NORRLÖF M., "Closed-loop identification of an industrial robot containing flexibilities", *Control Engineering Practice*, vol. 11, no. 3, pp. 291–300, 2003.

[OTT 02] OTT C., ALBU-SCHÄFFER A., HIRZINGER G., "Comparison of adaptive and nonadaptive tracking control laws for a flexible joint manipulator", *IEEE/RSJ International Conference on Intelligent Robots and Systems*, vol. 2, Lausanne, Switzerland, pp. 2018–2024, 2002.

[OZG 06] OZGOLI S., TAGHIRAD H., "A survey on the control of flexible joint robots", *Asian Journal of Control*, vol. 8, no. 4, pp. 332–346, 2006.

[PAR 06] PARK J., CHANG P., PARK H., *et al.*, "Design of learning input shaping technique for residual vibration suppression in an industrial robot", *IEEE/ASME Transactions on Mechatronics*, vol. 11, no. 1, pp. 55–65, 2006.

[PAR 07] PARK S., LEE S., "Disturbance observer based robust control for industrial robots with flexible joints", *International Conference on Control, Automation and Systems (ICCAS'07)*, vol. 1, Seoul, Republic of Korea, pp. 584–589, 2007.

[PAT 06] PATEL A., NEELGUND R., WATHORE A., *et al.*, "Robust control of flexible joint robot manipulator", *IEEE International Conference on Industrial Technology*, vol. 1, Mumbai, India, pp. 649–653, 2006.

[PET 11] PETIT F., ALBU-SCHAFFER A., "State feedback damping control for a multi dof variable stiffness robot arm", *IEEE International Conference on Robotics and Automation*, vol. 1, Shanghai, China, pp. 5561–5567, 2011.

[PHA 01] PHAM M., GAUTIER M., POIGNET P., "Identification of joint stiffness with bandpass filtering", *IEEE International Conference on Robotics and Automation*, vol. 3, Seoul, Republic of Korea, pp. 2867–2872, 2001.

[PHA 02] PHAM M., GAUTIER M., POIGNET P., "Accelerometer based identification of mechanical systems", *IEEE International Conference on Robotics and Automation*, vol. 4, Washington, pp. 4293–4298, 2002.

[PRE 02] PREUMONT A., *Vibration Control of Active Structures: An Introduction*, vol. 96, Springer, London, 2002.

[RUD 09] RUDERMAN M., HOFFMANN F., BERTRAM T., "Modeling and identification of elastic robot joints with hysteresis and backlash", *IEEE Transactions on Industrial Electronics*, vol. 56, no. 10, pp. 3840–3847, 2009.

[SAD 90] SADEGH N., HOROWITZ R., "Stability and robustness analysis of a class of adaptive controllers for robotic manipulators", *The International Journal of Robotics Research*, vol. 9, no. 3, pp. 74–92, 1990.

[SAG 99] SAGE H., DE MATHELIN M., OSTERTAG E., "Robust control of robot manipulators: a survey", *International Journal of Control*, vol. 72, no. 16, pp. 1498–1522, 1999.

[SIN 09] SINGHOSE W., "Command shaping for flexible systems: a review of the first 50 years", *International Journal of Precision Engineering and Manufacturing*, vol. 10, no. 4, pp. 153–168, 2009.

[SLO 87] SLOTINE J., LI W., "On the adaptive control of robot manipulators", *International Journal of Robotics Research*, vol. 6, no. 3, pp. 49–59, 1987.

[SPO 87a] SPONG M., KHORASANI K., KOKOTOVIC P., "An integral manifold approach to the feedback control of flexible joint robots", *IEEE Journal of Robotics and Automation*, vol. 3, no. 4, pp. 291–300, 1987.

[SPO 87b] SPONG M., "Modeling and control of elastic joint robots", *Journal of Dynamic Systems, Measurement, and Control*, vol. 109, no. 4, pp. 310–319, 1987.

[SPO 89a] SPONG M.W., "Adaptive control of flexible joint manipulators", *Systems & Control Letters*, vol. 13, no. 1, pp. 15–21, 1989.

[SPO 89b] SPONG M., HUNG J., BORTOFF S., *et al.*, "A comparison of feedback linearization and singular perturbation techniques for the control of flexible joint robots", *American Control Conference*, vol. 1, Pittsburgh, PA, pp. 25–30, 1989.

[SPO 95] SPONG M.W., "Adaptive control of flexible joint manipulators: comments on two papers", *Automatica*, vol. 31, no. 4, pp. 585–590, 1995.

[SPO 06] SPONG M., HUTCHINSON S., VIDYASAGAR M., *Robot Modeling and Control*, John Wiley & Sons, New York, 2006.

[SUB 06] SUBUDHI B., MORRIS A., "Singular perturbation based neuro-H control scheme for a manipulator with flexible links and joints", *Robotica*, vol. 24, no. 2, pp. 151–161, 2006.

[SWE 84] SWEET L., GOOD M., "Re-definition of the robot motion control problem: effects of plant dynamics, drive system constraints, and user requirements", *23rd IEEE Conference on Decision and Control*, vol. 23, Las Vegas, NV, pp. 724–732, 1984.

[SWE 97] SWEVERS J., GANSEMAN C., TUKEL D., *et al.*, "Optimal robot excitation and identification", *IEEE Transactions on Robotics and Automation*, vol. 13, no. 5, pp. 730–740, 1997.

[SWE 07] SWEVERS J., VERDONCK W., DE SCHUTTER J., "Dynamic model identification for industrial robots", *IEEE Control Systems Magazine*, vol. 27, no. 5, pp. 58–71, 2007.

[TAL 10] TALOLE S., KOLHE J., PHADKE S., "Extended-state-observer-based control of flexible-joint system with experimental validation", *IEEE Transactions on Industrial Electronics*, vol. 57, no. 4, pp. 1411–1419, 2010.

[THU 01] THUMMEL M., OTTER M., BALS J., "Control of robots with elastic joints based on automatic generation of inverse dynamics models", *IEEE/RSJ International Conference on Intelligent Robots and Systems*, vol. 2, Maui, HI, pp. 925–930, 2001.

[TOM 90] TOMEI P., "An observer for flexible joint robots", *IEEE Transactions on Automatic Control*, vol. 35, no. 6, pp. 739–743, 1990.

[TOM 91] TOMEI P., "A simple PD controller for robots with elastic joints", *IEEE Transactions on Automatic Control*, vol. 36, no. 10, pp. 1208–1213, 1991.

[TUN 04] TUNGPATARATANAWONG S., OHISHI K., MIYAZAKI T., "High performance robust motion control of industrial robot parameter identification based on resonant frequency", *30th Annual Conference of IEEE Industrial Electronics Society (IECON)*, vol. 1, Busan, Republic of Korea, pp. 111–116, 2004.

[TUT 96] TUTTLE T., SEERING W., "A nonlinear model of a harmonic drive gear transmission", *IEEE Transactions on Robotics and Automation*, vol. 12, no. 3, pp. 368–374, 1996.

[UPR 04] UPRETI V., TALOLE S., PHADKE S., "Predictive control of flexible joint robotic manipulator", *International Conference on Cognitive Systems*, vol. 1, Bled, Slovenia, 2004.

[WAN 92] WANG W., LIU C., "Controller design and implementation for industrial robots with flexible joints", *IEEE Transactions on Industrial Electronics*, vol. 39, no. 5, pp. 379–391, 1992.

[WAN 95] WANG D., "A simple iterative learning controller for manipulators with flexible joints", *Automatica*, vol. 31, no. 9, pp. 1341–1344, 1995.

[WER 11] WERNHOLT E., MOBERG S., "Nonlinear gray-box identification using local models applied to industrial robots", *Automatica*, vol. 47, no. 4, pp. 650–660, 2011.

[WHI 93] WHITCOMB L., RIZZI A., KODITSCHEK D., "Comparative experiments with a new adaptive controller for robot arms", *IEEE Transactions on Robotics and Automation*, vol. 9, no. 1, pp. 59–70, 1993.

[YEO 08] YEON J., PARK J., "Practical robust control for flexible joint robot manipulators", *IEEE International Conference on Robotics and Automation*, vol. 1, Pasadena, CA, pp. 3377–3382, 2008.

[YIM 01] YIM J., PARK J., "Robust control of robot manipulator with actuators", *Journal of Mechanical Science and Technology*, vol. 15, no. 3, pp. 320–326, 2001.

第 9 章　可形变机械臂的动力学建模

Frédéric Boyer 和 Ayman Belkhiri

9.1　简介

自 20 世纪 80 年代以来，可形变机械臂的动力学首先引起了机器人领域的极大关注［BOO 84，DEL 91］，然后是结构动力学领域［CAR 88，SIM 86］，最后发展成为一个独立的多结构体系统领域［DAM 95，HUG 89，SHA 89］。在此，将可形变机械臂看作一个由结构体组成的简单开链结构，其中形变是由不容忽略的结构体加速度产生并沿其自身分布。这些加速度可由重力或执行器本身产生，只要控制器的带宽足够实现对机械臂的第一结构模式的交互控制。在机械臂领域，两种类型的系统需要上述理论：超轻型机械臂和失重环境下的大空间结构。对于第一种情况，机械臂受到小振幅的高频振动，而在第二种情况下机械臂需承受振幅较大的低频振荡。从建模角度来看，这些系统所产生的根本性问题主要是如何在同质理论背景下对组成机械链的结构体的整体刚性运动及形变进行建模。事实上，这需要传统上相互分离的刚体力学与连续介质力学之间的协调理论。目前有两种方法可解决这一问题，区别在于针对所测量的结构体形变，而选择的刚体参考系相互不同。在第一种方法中，从有限变换的非线性结构动力学出发，针对所测量的结构段形变，通过相对于 Galilean（伽利略）参考系在固定结构中结构体所处的位置来定义参考系［SIM 86］。在第二种方法中，参考系是可移动的并由特定运动过程，如松弛［BOY 96a］或利用在每个运动瞬间定义参考结构的几何扩展结构体中的刚性（非形变）区域来定义。在第二种方法中，只能从参考结构中提取一个（移动）框架，称为"浮动框架"，这是因为该框架并不与任何物体相连，而只是在实际结构体周围浮动［CAN 77］。

无论采用何种方法，期望模型的复杂度主要在于不仅是由诸如刚体机械臂所具有的关节运动，而且是由会增大系统模型复杂性 10 倍的与上一结构相耦合的结构段形变共同所产生的无穷自由度以及存在几何非线性。此外，这种模型还需要以最大简洁性和精度来反映这些非线性。

为实现上述目标，必须对这些系统进行参数化。由此，在伽利略情况下，由形变及刚体运动所引起的位移不可分离。由于是应用于固定参考系的机械臂结构中，因此这些未知领域称为绝对位移场。在这种情况下，关节需要考虑约束条件且方程是微分代数系统。在浮动框架情况下，关节运动是在刚性机械臂及形变由浮动框架定义的相对位移场进行参数化的情况下建模的。

在伽利略情况下，由形变引起的非线性可通过表示为应变测量二次型的应变能得以体现。至于应变测量本身呈非线性以应对有限刚体运动。相反，在浮动框架情况下，随着惯性力作用在结构上，同样的非线性将以动能的形式体现。因此，在这种方法中，线性应变测量一般就足够了。

除了参考系配置选择之外，参数化问题还涉及无论是伽利略情况下（第一种方法）与否（第二种方法）未知领域的离散化（一直认为是连续的）。在第一种情况下，采用有限元法，而在第二种情况下，采用假定模态法形式的 Rayleigh-Ritz（瑞利-瑞兹）法［MEI 89］。

最后，参数化还与形变的运动学有关。如果段的形状是任意的，则三维域是唯一可能且在离散化之前不可能简化。相反，如果机械臂链杆形状足够细长，可认为是梁，则三维运动可简化为一维梁运动。

根据所采用的梁理论，在此可能有几种选择。最传统的理论认为是一阶，且将梁看作沿参考线上连续分布的刚性段。在此情况下，梁可称为 Cosserat［ANT 66］，且根据是否忽略横向剪切模型或同时忽略旋转的横截面转动惯量，可分为 Timoshenko、Rayleigh或 Bernoulli（伯努利）梁。在线性情况下（应变较小），这 3 种理论都可直接用于定义浮动框架中结构段的应变运动学。相反，伽利略方法需要将上述理论推广到刚体变换的情况。这正是几何精确法的目的以实现上述扩展［BOY 04，CAR 88，IBR 98，SIM 86］。J. C. Simo 首次提出了 Timoshenko- Reissner 梁，该方法考虑不存在小的旋转简化且除了由于有限元结构体离散化或仅在建模结束时出现的有限差分时间轴（集成方案）所产生近似之外，无需其他任何近似。近年来，该方法已扩展到 Euler-Bernoulli 梁和 Rayleigh 梁［BOY 04］。

最后，尽管几何精确法很好地适用于机械设计和分析，但浮动框架法能够极大地简化模型（具有极少的参数）以适用于控制和优化。鉴于这些问题对于机器人专家越来越重要，在此将着重介绍第二种方法。为更加严谨，正如其通常所具有的那样，从一组在几何力学中具有重要的方程［即著名的 Poincaré（庞加莱）方程组］开始，推导浮动框架法中可形变机械臂的方程［MAR 99］。从原理上，这些方程定义了在孤立系统的配置空间不是一个广义坐标的矢量空间，而是通常不可交换的有限变换的李群（Lie group）情况下 Lagrangian（拉格朗日）方程的推广。接下来，将会表明这些方程是一种建立刚体 Newton-Euler 方程推广到弹性体的自然方式。由此，将可推导机械臂中可形变结构体的 Newton-Euler 方程，从而将实现一个变换、速度及加速度的运动学模型。最终，将建立在 Newton-Euler 形式下的期望模型，这将是求解机械臂逆动力学［BOY 98］或直接动力学［DEL 92］问题的更有效算法的基础。最后，在本章小结之前，将通过几个示例来阐述该方法，并表明该方法如何能够扩展到目前为止限于适度但有限形变域中形变较小时的浮动框架下。特别强调的是，这能够允许将该方法应用于在其自身末端形变占到整个结构一半程度的大空间结构。

9.2　弹性体的 Newton-Euler 模型

本节考虑一个受到与开发机械链中孤立段同一类型的外力和力矩作用的弹性体。

本节的目的是计算该系统的 Newton-Euler 模型。在浮动框架法中，结构体运动可分为两部分分量。第一种分量，即“参考运动”或简单的“刚体运动”，定义了一个相对于形变测量的称为“参考结构体”的虚构刚体运动。随着时间变化，这些形变定义了整个运动中的第二种分量。参照结构体材料的流变性质，第二种分量称为“形变运动”或“弹性运动”。

在 Newton-Euler 形式下，所考虑的结构体参考刚体运动是由一组速度（参考结构体伽利略速度的螺旋运动）以欧拉形式描述，而弹性运动是由一组广义 Rayleigh-Ritz 坐标或以 Lagrangian 形式进行参数化。以这种“混合”形式建立一个系统的动力学方程需要进行特殊处理。此外，还有两种方法能够自然而然地产生期望方程。第一种方法是基于虚功原理的实现 [BOY 96a]，而第二种方法是基于接下来马上就要讨论的 Poincaré 方程 [BOY 05]。

9.2.1 应用于刚体的 Poincaré 方程组：Newton-Euler 模型

1901 年，Poincaré 建立了一组新的力学方程组 [POI 01]。这一方程组描述了配置空间定义一组非交换连续变换或称之为 Lie 群（后面记为 G）的系统动力学。在该论文发表时尚未得到认同，但现如今这些方程是公认的 Lagrangian 约简理论的基石，其目的是推导出 Lagrangian 力学中系统对称性的结果[⊖]。同 Lagrangian 方程一样，这一方程组能够从“Lagrangian 系统”的唯一函数中推导出系统的运动方程。然而由于 Lagrangian 的作用，Lagrangian 方程可表示为参数（或广义坐标）及其导数（或广义速度）的函数，在 Poincaré 看来，系统的 Lagrangian 函数可直接表示为其配置组 G 的变换函数。类似于 Lagrangian 系统，Poincaré 系统是定义为双视角配置空间几何，其中各种变换 φ 均定义了流形 G 上的一点，以及在物理空间 $\mathbb{R}^3$ 上的变换作用，记为

$$\boldsymbol{\varphi}: X \in \Sigma_o \longmapsto \boldsymbol{\varphi}(X) \in \Sigma \qquad [9.1]$$

式 [9.1] 中的每一个变换是将记为 Σ_o 的其余（或参考系）系统配置空间中的一点 X 作用于变换配置空间 $\boldsymbol{\varphi}(\Sigma_o)=\Sigma$ 中的对应像点 $\boldsymbol{\varphi}(X)$。因此，在变换描述中，系统的运动（配置空间为 G）定义了一条由时间参数化的 G 的运动曲线，这是在任何时刻 t 从参考配置作用于当前配置 $\Sigma(t)$ 的一组连续单向变换。此外，如果假设初始时刻 $\Sigma(t=0)=\boldsymbol{\varphi}(\Sigma_o)=\Sigma_o$，则当 $t=0$ 时可得 $\boldsymbol{\varphi}=\boldsymbol{e}$，其中 $\boldsymbol{e}$ 定义为 $\mathbb{R}^3$ 空间的单位变换。在此，Lagrangian 算子 L 可记为如下形式的变换应用：

$$L: (\boldsymbol{\varphi},\dot{\boldsymbol{\varphi}}) \in TG \rightarrow L(\boldsymbol{\varphi},\dot{\boldsymbol{\varphi}}) \in \mathbb{R} \qquad [9.2]$$

式中，$\dot{\boldsymbol{\varphi}}$ 表示变换速度（即 $\boldsymbol{\varphi}$ 中到 G 的切线矢量）。

由于，在任意时刻，$\boldsymbol{\varphi}$ 定义了 G 上的可逆作用，因此可以两种方式将瞬时矢量 $\dot{\boldsymbol{\varphi}}$ 恢复为单位变换：

⊖ 此处的 Lagrangian 视角相对于 Newton 和 Hamiltonian（汉密尔顿）视角。

$$(\mathrm{d}\boldsymbol{\varphi})^{-1}\circ\dot{\boldsymbol{\varphi}}=\boldsymbol{\eta},\ \dot{\boldsymbol{\varphi}}\circ\boldsymbol{\varphi}^{-1}=\boldsymbol{\mu} \qquad [9.3]$$

式中，$\mathrm{d}\boldsymbol{\varphi}$ 表示对 $\boldsymbol{\varphi}$ 的线性正切；式［9.3］中的第一个参考速度（$\boldsymbol{\eta}$）称为“物质速度”，这是因为其作用于配置 $\boldsymbol{\Sigma}_{\mathrm{o}}$ 本身，且在结构体物质空间中辨识；第二个参考速度（$\boldsymbol{\mu}$）称为“空间速度”，这是因为其作用于结构体的当前配置 $\boldsymbol{\Sigma}(t)$，视为空间中的一系列点。

如果在 $\boldsymbol{G}$、$\boldsymbol{\eta}$ 及 $\boldsymbol{\mu}$ 的基础上定义矢量 $\boldsymbol{T}_{\mathrm{e}}\boldsymbol{G}$，则可定义作用于 $\boldsymbol{\Sigma}_{\mathrm{o}}$ 和 $\boldsymbol{\Sigma}(t)$ 的 $\mathbb{R}^3$ 中的空间速度。为定性描述，在此考虑刚体情况。这是一个配置空间视为 $\mathbb{R}^3$ 中刚体位移 G（记为 SE(3)）的系统。该组变换可由下式简单定义：

$$\boldsymbol{\varphi}\colon X\in\Sigma_{\mathrm{o}}\longmapsto\boldsymbol{\varphi}(X)=d+R.X\in\Sigma \qquad [9.4]$$

式中，R 和 d 分别表示 $\mathbb{R}^3$ 空间中的旋转和平移。

在此，值得注意的是，该变换还作用于 $\boldsymbol{\Sigma}_{\mathrm{o}}$：$(O_{\mathrm{o}},E_1,E_2,E_3)$ 的正交框架（与参考配置相关，因此定义为“物质框架”）。在这种情况下，变换结果是产生一种称为“移动框架”的新框架，并记为 (O,t_1,t_2,t_3)，且 $O_{\mathrm{o}}O=d$ 以及 $t_{\mathrm{i}}=R.E_{\mathrm{i}}$，$i=1,2,3$。可利用机器人中通常采用的齐次变换矩阵来表示式［9.4］中的点到点变换。后者可定义如下：

$$\tilde{\boldsymbol{\varphi}}(\tilde{\boldsymbol{X}})=\boldsymbol{g}\cdot\tilde{\boldsymbol{X}},\ \text{avec}\colon \boldsymbol{g}=\begin{pmatrix}R & d\\ 0 & 1\end{pmatrix} \qquad [9.5]$$

式中，$\tilde{\boldsymbol{\varphi}}$ 表示扩展到 $\mathbb{R}^3$ 中点的齐次矢量 $\tilde{\boldsymbol{X}}=(\boldsymbol{X}^{\mathrm{T}},1)^{\mathrm{T}}$ 的 $\boldsymbol{\varphi}$。在这一矩阵表示中，$\boldsymbol{\mu}$ 和 $\boldsymbol{\eta}$ 分别确定与空间相关的固定坐标系下的螺旋运动分量和与结构体相关的移动坐标系下的螺旋运动分量。注意到这两种螺旋运动分别为空间螺旋运动学和螺旋材料运动学。对式［9.3］的一般定义进行式［9.5］的矩阵变换，则可根据下式对物质速度和空间速度进行详细解释：

$$\boldsymbol{\eta}=\boldsymbol{g}^{-1}\cdot\dot{\boldsymbol{g}}=\begin{pmatrix}\hat{\boldsymbol{\Omega}} & \boldsymbol{V}\\ 0 & 0\end{pmatrix},\ \boldsymbol{\mu}=\dot{\boldsymbol{g}}\cdot\boldsymbol{g}^{-1}=\begin{pmatrix}\hat{\boldsymbol{\omega}} & \boldsymbol{v}\\ 0 & 0\end{pmatrix} \qquad [9.6]$$

式中，$\boldsymbol{\Omega}$、$\boldsymbol{V}$、$\boldsymbol{\omega}$ 和 $\boldsymbol{V}$ 分别表示移动坐标系和固定坐标系下的角速度和线速度㊀。

此外，这两组矢量生成无穷小变换的（物质和空间）矢量空间，一旦配置矩阵变换器，则可定义 SE(3) 的李代数 SE(3)。在一般情况下，矩阵组 $\boldsymbol{G}$ 的李代数是具有变换器的无穷小变换的空间，记为 $\boldsymbol{g}$。最后，在下面，无差别地定义式［9.6］的 4×4 矩阵和 6×1 矢量：$\boldsymbol{\eta}=(\boldsymbol{\Omega}^{\mathrm{T}},\boldsymbol{V}^{\mathrm{T}})^{\mathrm{T}}$ 和 $\boldsymbol{\mu}=(\boldsymbol{\omega}^{\mathrm{T}},\boldsymbol{v}^{\mathrm{T}})^{\mathrm{T}}$。在这些定义下，可将 Lagrangian 方程［9.2］重写为如下形式：

$$L(\boldsymbol{g},\dot{\boldsymbol{g}})=L(\boldsymbol{g},\boldsymbol{g},\boldsymbol{\eta})=l(\boldsymbol{g},\boldsymbol{\eta})=L(\boldsymbol{g},\boldsymbol{\mu},\boldsymbol{g})=l^{\#}(\boldsymbol{g},\boldsymbol{\mu}) \qquad [9.7]$$

式中，l 和 $l^{\#}$ 分别称为左约简 Lagrangian 量（l）和右约简 Lagrangian 量（$l^{\#}$），并定义在空间内：

㊀ $\hat{\boldsymbol{v}}$ 表示与 $\mathbb{R}^3$ 中矢量 $\boldsymbol{v}$ 关联的 $\mathbb{R}^3\otimes\mathbb{R}^3$ 的反对称螺旋。

$$l: \boldsymbol{G} \times \boldsymbol{g} \to \mathbb{R},\ l^{\#}: \boldsymbol{G} \times \boldsymbol{g} \to \mathbb{R}$$

$$(\boldsymbol{g},\boldsymbol{\eta}) \longmapsto l(\boldsymbol{g},\boldsymbol{\eta})(\boldsymbol{g},\boldsymbol{\mu}) \longmapsto l^{\#}(\boldsymbol{g},\boldsymbol{\mu}) \qquad [9.8]$$

当左约简 Lagrangian 量（右约简 Lagrangian 量类似）不再取决于变换，即 $l = l(\boldsymbol{\eta})$ 和 $l^{\#} = l^{\#}(\boldsymbol{\mu})$ 分别称为 Lagrangian 量左不变和右不变。这一性质可相对于空间（或物质）对各向同性的惯性力进行转换。尽管流体力学本质上是右不变，而固态力学本质上为左不变，但这两种情况都会产生速度的约简 Euler 方程组（参见对于固体的旋转顶部和对于流体的完美流体的示例）。特别强调的是，固体的惯性力是在左不变动能中产生。另外，后面将采用左侧观点。在这种情况下，应用于左约简 Lagrangian 量的 Poincaré 方程组记为［BOY 05］：

$$\frac{\mathrm{d}}{\mathrm{d}t}\left(\frac{\partial l}{\partial \boldsymbol{\eta}}\right) - ad_{\eta}^{*}\left(\frac{\partial l}{\partial \boldsymbol{\eta}}\right) - \boldsymbol{X}_{\mathrm{g}}(l) = \boldsymbol{F}_{\mathrm{ext}} \qquad [9.9]$$

式中，ad_{η}^{*} 是李代数 $\boldsymbol{g}$ 的对偶伴随映射；F_{ext} 为由虚功定义的外力旋量：

$$\boldsymbol{P}_{\mathrm{ext}}^{*} = \boldsymbol{F}_{\mathrm{ext}}^{\mathrm{T}} \cdot \boldsymbol{\eta}^{*} \qquad [9.10]$$

式中，$\boldsymbol{\eta}^{*}$ 为虚拟物质螺旋运动。

最后，$\boldsymbol{X}_{\mathrm{g}}(l)$ 考虑了 Lagrangian 算子 $l(\boldsymbol{g},\ \boldsymbol{\eta})$ 的默认对称性，具体如下：

$$\boldsymbol{X}_{g}(l) = \mathrm{col}_{\alpha} = 1,\cdots,n\left(\frac{\mathrm{d}}{\mathrm{d}\epsilon} l(\boldsymbol{\eta},\boldsymbol{g},\exp(\epsilon e_{\alpha}))_{\epsilon=0}\right) \qquad [9.11]$$

式中，$(e_{\alpha})_{\alpha=1,\cdots,n}$ 为李代数的正则基；n 是组的维度。

作为示例，将式［9.9］应用于无任何作用力下刚体的 Lagrangian 算子：

$$l(\boldsymbol{\eta}) = \frac{1}{2}(\boldsymbol{\Omega}^{\mathrm{T}},\boldsymbol{V}^{\mathrm{T}})\begin{pmatrix} \boldsymbol{J} & \boldsymbol{m}\hat{\boldsymbol{s}}^{\mathrm{T}} \\ \boldsymbol{m}\hat{\boldsymbol{s}} & \boldsymbol{m} \end{pmatrix}\begin{pmatrix} \boldsymbol{\Omega} \\ \boldsymbol{V} \end{pmatrix} \qquad [9.12]$$

式中，$\boldsymbol{J}$ 和 $\boldsymbol{ms}$ 分别为移动坐标系下结构体一阶惯性矩和二阶[⊖]惯性矩的 3×3 矩阵和 3×1矩阵；而 $\boldsymbol{m} = \boldsymbol{m}l_3$ 为结构体质量为 $\boldsymbol{m}$ 的零阶惯性矩的 3×3 矩阵。

根据伴随映射定义［MAR 99］，在 $\boldsymbol{G} = \mathrm{SE}(3)$ 下可得：

$$ad^{*}_{\binom{\Omega}{v}}\begin{pmatrix} \boldsymbol{C} \\ \boldsymbol{F} \end{pmatrix} = \begin{pmatrix} \boldsymbol{C}\times\boldsymbol{\Omega} + \boldsymbol{F}\times\boldsymbol{V} \\ \boldsymbol{F}\times\boldsymbol{\Omega} \end{pmatrix} \qquad [9.13]$$

这表示速度矢量 $\boldsymbol{\eta} = \begin{pmatrix} \boldsymbol{\Omega} \\ \boldsymbol{V} \end{pmatrix}$ 对力矢量 $\begin{pmatrix} \boldsymbol{C} \\ \boldsymbol{F} \end{pmatrix}$ 的作用，即当对由 $\boldsymbol{\eta} = (\boldsymbol{\Omega}^{\mathrm{T}},\ \boldsymbol{V}^{\mathrm{T}})^{\mathrm{T}}$ 定义的表达框架产生无穷小变换[⊜]时，SE(3) 中对偶元素分量的变化。最后，根据式［9.9］、［9.12］和［9.13］的直接计算可得刚体的 Newton-Euler 方程：

$$\begin{pmatrix} \boldsymbol{J} & \boldsymbol{m}\hat{\boldsymbol{s}}^{\mathrm{T}} \\ \boldsymbol{m}\hat{\boldsymbol{s}} & \boldsymbol{m} \end{pmatrix}\begin{pmatrix} \dot{\boldsymbol{\Omega}} \\ \dot{\boldsymbol{V}} \end{pmatrix} + \begin{pmatrix} \boldsymbol{\Omega}\times(\boldsymbol{J}\boldsymbol{\Omega}) + \boldsymbol{ms}\times(\boldsymbol{V}\times\boldsymbol{\Omega}) \\ \boldsymbol{\Omega}\times(\boldsymbol{\Omega}\times\boldsymbol{ms}) + (\boldsymbol{\Omega}\times\boldsymbol{mV}) \end{pmatrix} = \begin{pmatrix} \boldsymbol{C}_{\mathrm{ext}} \\ \boldsymbol{F}_{\mathrm{ext}} \end{pmatrix} \qquad [9.14]$$

⊖ $\boldsymbol{ms}$ 为结构体移动框架下的分量，记为结构体整体质量与移动框架下质心位置矢量乘积的矢量。

⊜ 对于记为 λ 的任何扭转力，$ad_{\eta}^{*}(\lambda)$ 表示当在移动坐标系下从 t 时刻将其移动到 $t+\mathrm{d}t$ 时刻所产生的 λ 分量的变化，这与无穷小变换 $1+\boldsymbol{\eta}\mathrm{d}t$ 独立，其中 1 表示单位变换。

9.2.2 应用于浮动框架下弹性体的 Poincaré 方程组

在浮动框架法中，独立结构体的运动可分为 2 个部分：一个是对应于浮动框架的刚性变换；另一个则对应于相对于浮动框架的结构体形变。从 Poincaré 角度（即形变）来看，从参考配置 Σ_o 到形变配置 Σ 而作用的任意变换 $\boldsymbol{\varphi}$ 可由两种变换组成。记为 $\boldsymbol{\varphi}_e$ 的第一种变换是对 Σ_o 作用于记为 Σ_o' 的中间配置的纯形变。记为 $\boldsymbol{\varphi}_r$ 的第二种变换是对 Σ 作用于 Σ_o' 的刚性位移。在此选择基础上，可进行如下分解：

$$\boldsymbol{\varphi}=\boldsymbol{\varphi}_r\circ\boldsymbol{\varphi}_e:\Sigma_o\rightarrow\Sigma_o'(t)\rightarrow\Sigma(t) \qquad [9.15]$$

将 Σ_o 中的一点 X 变换为

$$\boldsymbol{\varphi}(X)=\boldsymbol{\varphi}_r(\boldsymbol{\varphi}_e(X)) \qquad [9.16]$$

在刚体情况下，刚性变换记为

$$\boldsymbol{\varphi}_r(X')=\boldsymbol{d}+\boldsymbol{R}.\boldsymbol{X}' \qquad [9.17]$$

式中，$\boldsymbol{X}'$ 为 Σ_o' 中的一点；$\boldsymbol{d}$ 和 R 分别表示浮动坐标系原点的平移和影响移动轴的旋转。

对于弹性变换，可记为

$$\boldsymbol{\varphi}_e(X)=\boldsymbol{X}'=\boldsymbol{X}+\boldsymbol{d}_e(X) \qquad [9.18]$$

式中，$\boldsymbol{X}$ 表示结构体的质点位置（Σ_o 的点）；$\boldsymbol{d}_e$ 为浮动框架下的弹性形变场，其通过纯形变作用于与浮动框架相连的参考配置中的粒子位置，使其对应于像点，这一过程如图 9.1 所示。

值得注意的是，也可选择将组合变换记为 $\boldsymbol{\varphi}=\boldsymbol{\varphi}_e\cdot\boldsymbol{\varphi}_r$。在这种情况下，弹性变换作用于浮动框架，且其在移动框架下的表达式与固定框架下式［9.15］中的 $\boldsymbol{\varphi}_e$ 一致（严格来说，应区别 $\boldsymbol{\varphi}_e$ 的两种定义并记 $\boldsymbol{\varphi}=\boldsymbol{\varphi}_e^g\cdot\boldsymbol{\varphi}_r=\boldsymbol{\varphi}_r\cdot\boldsymbol{\varphi}_e^d$，其中 r 和 l[㊀] 分别表示左和右）。正如在前面的章节中，所有刚性变换的集合包括了 SE(3) 组，其中每个 $\boldsymbol{\varphi}_e$ 都是受限于 Σ_o 的 $\mathbb{R}^3$ 中 $\mathbb{R}^3$ 微分同胚无限维组的元素，即 $D_{iff}(\Sigma_o)$ 中的元素。此外，弹性体的配置空间可自然而然地定义为（在浮动框架法中）$G=\mathrm{SE}(3)\times D_{iff}(\Sigma_o)$。根据约简方法，可通过一组由形变场参数化的广义坐标系生成的有限维（一个矢量空间）来代替 $D_{iff}(\Sigma_o)$：

$$\boldsymbol{d}_e(X)=\boldsymbol{\phi}(X,q_e) \qquad [9.19]$$

式中，$\boldsymbol{q}_e=\mathrm{col}_{\alpha=1,2,\cdots,N_e}(\boldsymbol{q}_{e\alpha})$ 为弹性坐标矢量，后面将会详细讨论。

在此基础上，$D_{iff}(\Sigma_o)$ 组可由矢量空间 $\mathbb{R}^{N_e}$ 几何替换，即一个可交换组，且弹性体配置组 G 中的每个元素可由以下变换表示：

$$\boldsymbol{g}=\begin{pmatrix}\begin{pmatrix}\boldsymbol{R} & \boldsymbol{d}\\ 0 & 1\end{pmatrix}\\ \boldsymbol{q}_e\end{pmatrix} \qquad [9.20]$$

式中，$\boldsymbol{g}$ 表示 SE(3) 和 $\mathbb{R}^{N_e}$ 中各元素的正式聚集，这服从内部构成规律的下列组：

㊀ 式中并无“l”，原书似有误。——译者注

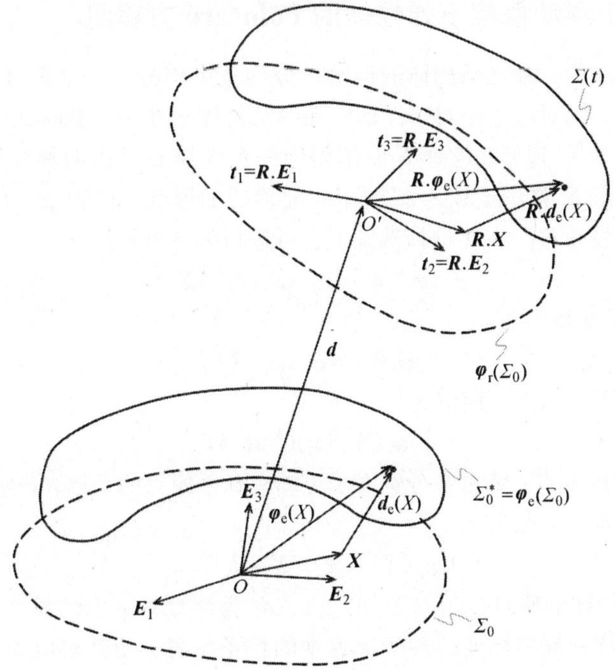

图 9.1 弹性体

$$\forall \boldsymbol{g}_1, \boldsymbol{g}_2 \in \boldsymbol{G}:$$

$$\boldsymbol{g}_1 \cdot \boldsymbol{g}_2 = \begin{pmatrix} \begin{pmatrix} R_1 & d_1 \\ 0 & 1 \end{pmatrix} \\ q_{e,1} \end{pmatrix} \cdot \begin{pmatrix} \begin{pmatrix} R_2 & d_2 \\ 0 & 1 \end{pmatrix} \\ q_{e,2} \end{pmatrix} = \begin{pmatrix} \begin{pmatrix} R_1 R_2 & R_1 d_2 + d_1 \\ 0 & 1 \end{pmatrix} \\ q_{e,1} + q_{e,2} \end{pmatrix} \qquad [9.21]$$

同理，浮动框架中弹性体配置组的李代数 $\boldsymbol{g}$ 是由矢量 $\boldsymbol{\eta} = (\boldsymbol{\Omega}^{\mathrm{T}}, \boldsymbol{V}^{\mathrm{T}}, \dot{\boldsymbol{q}}_{\mathrm{e}}^{\mathrm{T}})^{\mathrm{T}}$ 生成的线性空间，其中，$\boldsymbol{\Omega}$ 和 $\boldsymbol{V}$ 分别为在其移动轴表示的浮动框架中的线速度及角速度。计算弹性体的动能和势能可将结构体的左约简 Lagrangian（单位为李代数）表示为

$$l(\boldsymbol{\eta}, \dot{\boldsymbol{q}}_{\mathrm{e}}, \boldsymbol{q}_{\mathrm{e}}) = \frac{1}{2}(\boldsymbol{\Omega}^{\mathrm{T}}, \boldsymbol{V}^{\mathrm{T}}, \dot{\boldsymbol{q}}_{\mathrm{e}}^{\mathrm{T}}) \begin{pmatrix} \boldsymbol{J} & \boldsymbol{m}\hat{\boldsymbol{s}}^{\mathrm{T}} & \boldsymbol{\beta}^{\mathrm{T}} \\ \boldsymbol{m}\hat{\boldsymbol{s}} & \boldsymbol{m} & \boldsymbol{a}^{\mathrm{T}} \\ \boldsymbol{\beta} & \boldsymbol{a} & \boldsymbol{m}_{\mathrm{ee}} \end{pmatrix} \begin{pmatrix} \boldsymbol{\Omega} \\ \boldsymbol{V} \\ \dot{\boldsymbol{q}}_{\mathrm{e}} \end{pmatrix} - \frac{1}{2} \boldsymbol{q}_{\mathrm{e}}^{\mathrm{T}} \boldsymbol{K}_{\mathrm{ee}}(\boldsymbol{q}_{\mathrm{e}}) \boldsymbol{q}_{\mathrm{e}} \qquad [9.22]$$

其中，由于因形变而引起的几何非线性，所有矩阵（除了 $\boldsymbol{m}$）都可能取决于 $\boldsymbol{q}_{\mathrm{e}}$。经过计算可知，还需计算式 [9.22] 中的块矩阵：

由下式定义的 $3 \times \boldsymbol{N}_{\mathrm{e}}$ 矩阵：

$$\boldsymbol{\beta} = \mathrm{col}_{\alpha=1,\cdots,}\boldsymbol{N}_{\mathrm{e}}(\alpha_\alpha + \boldsymbol{\lambda}_\alpha), \boldsymbol{a} = \mathrm{col}_{\alpha=1,\cdots,}\boldsymbol{N}_{\mathrm{e}}(a_\alpha) \qquad [9.23]$$

其中

$$\boldsymbol{\alpha}_{\alpha} = \int_{\Sigma_0} \boldsymbol{\partial}_{q_{e\alpha}} \boldsymbol{\phi} \mathrm{d}m$$
$$\boldsymbol{\alpha}_{\beta} = \int_{\Sigma_0} \boldsymbol{X} \times \boldsymbol{\partial}_{q_{e\beta}} \boldsymbol{\phi} \mathrm{d}m \qquad [9.24]$$
$$\boldsymbol{\lambda}_{\alpha} = \int_{\Sigma_0} \boldsymbol{\partial}_{q_{e\alpha}} \boldsymbol{\phi} \times \boldsymbol{\phi} \mathrm{d}m$$

—$N_e \times N_e$广义弹性惯量矩阵：

$$\boldsymbol{m}_{ee} = \boldsymbol{mat}_{\alpha,\beta=1,\cdots,N_e}(\boldsymbol{m}_{\alpha,\beta})$$
$$\boldsymbol{m}_{\alpha\beta} = \int_{\Sigma_0} \boldsymbol{\partial}_{q_{e\alpha}} \boldsymbol{\phi}^{\mathrm{T}} \boldsymbol{\partial}_{q_{e\alpha}} \boldsymbol{\phi} \mathrm{d}m \qquad [9.25]$$

—3×3 结构体线性转动惯量矩阵：

$$\boldsymbol{m} = \int_{\Sigma_0} \mathrm{d}m l_3 \qquad [9.26]$$

—形变结构体的第一转动惯量的 3×1 矢量：

$$\boldsymbol{ms} = \int_{\Sigma_0} \boldsymbol{X} + \boldsymbol{\phi} \mathrm{d}m = \boldsymbol{ms}_{r} + \boldsymbol{ms}_{e} \qquad [9.27]$$

—形变结构体的 3×3 角转动惯量矩阵：

$$\boldsymbol{J} = \int_{\Sigma_0} (\boldsymbol{X} + \boldsymbol{\phi})^{\wedge \mathrm{T}} (\boldsymbol{X} + \boldsymbol{\phi})^{\wedge} \mathrm{d}m = \boldsymbol{J}_{rr} + (\boldsymbol{J}_{re} + \boldsymbol{J}_{re}^{\mathrm{T}}) + J_{ee} \qquad [9.28]$$

此时，注意到子组 SE(3) 和 $\mathbb{R}^{N_e}$在式［9.21］中运动学解耦，$\boldsymbol{G} = \mathrm{SE}(3) \times \mathbb{R}^{N_e}$的伴随矩阵可定义为

$$\boldsymbol{ad}^{*}_{\begin{pmatrix} \Omega \\ V \\ \dot{q}_e \end{pmatrix}} \begin{pmatrix} \boldsymbol{C} \\ \boldsymbol{F} \\ \boldsymbol{Q} \end{pmatrix} = \begin{pmatrix} \boldsymbol{C} \times \boldsymbol{\Omega} + \boldsymbol{F} \times \boldsymbol{V} \\ \boldsymbol{F} \times \boldsymbol{\Omega} \\ 0 \end{pmatrix} \qquad [9.29]$$

为了应用 Poincaré 方程组，应注意到左约简 Lagrangian 量总是取决于变形配置（即群变换）。此外，还需计算式［9.11］中的默认对称性 $\boldsymbol{X}_g(\boldsymbol{l})$。注意到子群 $\mathbb{R}^{N_e}$呈线性，其指数应用可约简为单位矩阵，而组成。只是简单相加。由此可得

$$\boldsymbol{X}_g(l) = \begin{pmatrix} 0_6 \\ \mathrm{col}_{\alpha=1,\cdots,N_e}\left(\dfrac{\mathrm{d}}{\mathrm{d}\boldsymbol{\varepsilon}} \boldsymbol{l}(\boldsymbol{\eta}, \boldsymbol{q}_e + \boldsymbol{\varepsilon} \boldsymbol{e}_{\alpha})_{\varepsilon=0}\right) \end{pmatrix} = \begin{pmatrix} 0_6 \\ \mathrm{col}_{\alpha=1,\cdots,N_e}(\boldsymbol{\partial}_{q_{e\alpha}} \boldsymbol{l}) \end{pmatrix} \qquad [9.30]$$

从而，弹性体的 Poincaré 方程可表示为

$$\frac{\mathrm{d}}{\mathrm{d}t} \begin{pmatrix} \boldsymbol{\partial l}/\boldsymbol{\partial \Omega} \\ \boldsymbol{\partial l}/\boldsymbol{\partial V} \\ \boldsymbol{\partial l}/\boldsymbol{\partial} \dot{\boldsymbol{q}}_e \end{pmatrix} - \boldsymbol{ad}^{*}_{\begin{pmatrix} \Omega \\ V \\ \dot{q}_e \end{pmatrix}} \begin{pmatrix} \boldsymbol{\partial l}/\boldsymbol{\partial \Omega} \\ \boldsymbol{\partial l}/\boldsymbol{\partial V} \\ \boldsymbol{\partial l}/\boldsymbol{\partial} \dot{\boldsymbol{q}}_e \end{pmatrix} - \begin{pmatrix} 0 \\ 0 \\ \boldsymbol{\partial q}_e \end{pmatrix} = \begin{pmatrix} \boldsymbol{C}_{ext} \\ \boldsymbol{R}_{ext} \\ \boldsymbol{Q}_{ext} \end{pmatrix} \qquad [9.31]$$

最后，将这些方程应用于由式［9.22］计算的弹性体 Lagrangian 算子，可得广义 Newton-Euler 方程［BOY 96a，HUG 89］：

$$\begin{pmatrix} \boldsymbol{J} & m\hat{\boldsymbol{s}}^{\mathrm{T}} & \boldsymbol{\beta}^{\mathrm{T}} \\ m\hat{\boldsymbol{s}} & \boldsymbol{m} & \boldsymbol{\alpha}^{\mathrm{T}} \\ \boldsymbol{\beta} & \boldsymbol{\alpha} & \boldsymbol{m}_{\mathrm{ee}} \end{pmatrix}\begin{pmatrix} \dot{\boldsymbol{\Omega}} \\ \dot{\boldsymbol{V}} \\ \ddot{\boldsymbol{q}}_{\mathrm{e}} \end{pmatrix} = \begin{pmatrix} \boldsymbol{C}_{\mathrm{in}}(\boldsymbol{\Omega},\boldsymbol{V},\dot{\boldsymbol{q}}_{\mathrm{e}},\boldsymbol{q}_{\mathrm{e}}) \\ \boldsymbol{F}_{\mathrm{in}}(\boldsymbol{\Omega},\boldsymbol{V},\dot{\boldsymbol{q}}_{\mathrm{e}},\boldsymbol{q}_{\mathrm{e}}) \\ \boldsymbol{Q}_{\mathrm{in}}(\boldsymbol{\Omega},\boldsymbol{V},\dot{\boldsymbol{q}}_{\mathrm{e}},\boldsymbol{q}_{\mathrm{e}}) + \boldsymbol{K}_{\mathrm{ee}}(\boldsymbol{q}_{\mathrm{e}})\boldsymbol{q}_{\mathrm{e}} \end{pmatrix} + \begin{pmatrix} \boldsymbol{C}_{\mathrm{ext}} \\ \boldsymbol{F}_{\mathrm{ext}} \\ \boldsymbol{Q}_{\mathrm{ext}} \end{pmatrix} \qquad [9.32]$$

其中，从左向右依次是弹性体的广义 Newton-Euler 转动惯量矩阵、加速度矢量、惯性力矢量［Coriolis（科里奥利)-离心力］、内部恢复力矢量和外部力矢量。在继续分析之前，需要注意到当删除弹性坐标时，该模型可约简为刚体的 Newton-Euler 模型［9.14］。最后，在接下来将要讨论的弹性机械臂的 Newton-Euler 法中，该模型适用于每个独立结构体，而通过外部力可对沿机械链通过链杆传递的作用力和力矩进行建模。

9.2.3 形变参数化

到目前为止，形变参数化并没有比式［9.19］更进一步。现在专门讨论参数化问题。对此，如果与浮动框架运动相比形变很小，则自然而然地采用参数化形式，并进行模态分解：

$$\boldsymbol{\phi}(\boldsymbol{X},\boldsymbol{q}_{\mathrm{e}}) = \sum_{\alpha=1}^{N_{\mathrm{e}}} \boldsymbol{\phi}_{\alpha}(\boldsymbol{X})\boldsymbol{q}_{\mathrm{e}\alpha} \qquad [9.33]$$

式中，$\boldsymbol{\phi}_{\alpha}$为在浮动框架中的$3\times1$矢量，表示结构体在受到固定约束条件下的自然模式。

特别强调的是，这些模式并不是嵌入机器人链的结构体的真正非稳态模式。然而$\boldsymbol{\phi}_{\alpha}$可执行一个近似函数基础，其选择必须适应需求以对解决方案提供一个很好的收敛模型。在此建议读者参阅 Meirovitch 有关收敛性问题的论文［MEI 89］。在实际中，模式选择要根据实际情况以最佳描述一个特定多结构体系统的形变。然而在机械臂情况下，对于每个结构体，开放链结构自然而然地建议采用一组在链杆关节点之前嵌入其中的模式。因此，通过将一个与结构体相连的浮动框架并嵌入在该结构体之前的节点，嵌入条件可记为

$$\boldsymbol{\phi}(0,\boldsymbol{q}_{\mathrm{e}}) = 0, \nabla \boldsymbol{x}\boldsymbol{\phi}(0,\boldsymbol{q}_{\mathrm{e}}) = 0 \qquad [9.34]$$

在上述基础上，并结合式［9.33］中的变量分离（空间-时间），则可能以一组恒定的惯性模态参数来表示矩阵［9.23～9.28］，这些参数可一次计算，并适用于所有情况（时间循环之外）以及刚体的转动惯量参数（质量、一阶惯性矩和二阶惯性矩）。尽管如此，仍需要计算模式［9.33］。为此，如果结构段几何足够简单，可希望具有一个解析表达式。如果并非如此，则需要采用数值模态分析（通常是通过有限元代码）。在这种情况下，必须利用作为离散和出现在惯性模态参数的矢量和积分来代替函数$\boldsymbol{\phi}_{\alpha}$。在决定分析方法的链杆几何中，梁几何具有关键作用。实际上，大多数的机械臂都具有类似于梁㊀的细长构件。在这种情况下，以及梁扩展不可忽略的较小形变下，参数化的式［9.19］可直接记为

㊀ 梁是指无穷小厚度中刚性部分的连续单向叠加。

$$\boldsymbol{\phi}(X,\boldsymbol{q}_e)=\begin{pmatrix}-Y\boldsymbol{v}'_o-Z\boldsymbol{\omega}'_o\\ \boldsymbol{v}_o-Z\boldsymbol{\vartheta}\\ \boldsymbol{\omega}_o+Y\boldsymbol{\vartheta}\end{pmatrix}\qquad[9.35]$$

式中，$\boldsymbol{X}=(S,\ Y,\ Z)^{\mathrm{T}}$ 表示 S 为沿梁轴物质点 $\boldsymbol{X}$ 的横坐标，而（Y, Z）为其横向坐标系，若读者熟悉线性弹性，则会注意到在式［9.35］中受扭力作用的 Euler-Bernoulli 梁的线性运动学表示；$\boldsymbol{v}_o$和 $\boldsymbol{\omega}_o$作为分别沿浮动框架 Y 和 Z 轴测量的梁轴物质点的标量位移；$\boldsymbol{\vartheta}$ 作为绕轴平面（O, S）的扭转角。

此外，素数表示偏导 $\partial./\partial S$，从而使得 $\boldsymbol{v}'_o$和 $\boldsymbol{\omega}'_o$在除（O, Y）和（O, Y）平面下梁的斜坡之外全为零。在这些条件下，很自然地会根据假定模态基对上述梁的标量进行分解：

$$\boldsymbol{v}_o=\sum_{\alpha=1}^{N_f}\phi_{f,\alpha}(S)v_\alpha,\boldsymbol{\omega}_o=\sum_{\alpha=1}^{N_f}\phi_{f,\alpha}(S)\omega_o,\boldsymbol{\vartheta}=\sum_{\alpha=1}^{N_f}\phi_{\tau,\alpha}(S)\vartheta_\alpha\qquad[9.36]$$

例如，通常取式［9.36］中的 $\phi_{f,\alpha}$和 $\phi_{\tau,\alpha}$作为 O 中嵌入的弯曲模式和扭转模式，而在其他极端条件下㊀无关。值得注意的是，在这种选择下，可能会将之前模型扩展到有限形变的情况。为此，在线性运动［9.35］中简单替换，其相应的非线性部分对应于文献［BOY 02］中提出的位移和有限旋转：

$$\boldsymbol{d}_e(X)=\bar{\boldsymbol{d}}_e(S)+(\bar{\boldsymbol{R}}_e(S)-l_3)\begin{pmatrix}0\\ Y\\ Z\end{pmatrix}\qquad[9.37]$$

式中，$\bar{\boldsymbol{d}}_e$ 表示梁在其参考线上的形变；$\bar{\boldsymbol{R}}_e$ 表示由于形变作用于梁的横截面的旋转量。前者具体为

$$\bar{\boldsymbol{d}}_e(S)=\begin{pmatrix}\int_0^S\boldsymbol{g}\,\mathrm{d}\xi-S\\ \boldsymbol{v}_o(S)\\ \boldsymbol{w}_o(S)\end{pmatrix}\qquad[9.38]$$

而后者形式为

$$\bar{\boldsymbol{R}}_e(S)=\begin{pmatrix}\boldsymbol{g} & -\boldsymbol{v}'_o & -\boldsymbol{w}'_o\\ \boldsymbol{v}'_o\boldsymbol{h}^{-2}(\boldsymbol{w}'^2_o+\boldsymbol{v}'^2_o\boldsymbol{g}) & \boldsymbol{v}'_o\boldsymbol{w}'_o\boldsymbol{h}^{-2}(\boldsymbol{g}-1) & \\ \boldsymbol{w}'_o & \boldsymbol{v}'_o\boldsymbol{w}'_o\boldsymbol{h}^{-2}(\boldsymbol{g}-1) & \boldsymbol{h}^{-2}(\boldsymbol{v}'^2_o+\boldsymbol{w}'^2_o\boldsymbol{g})\end{pmatrix}\begin{pmatrix}1&0&0\\0&c\boldsymbol{\vartheta}&-s\boldsymbol{\vartheta}\\0&s\boldsymbol{\vartheta}&c\boldsymbol{\vartheta}\end{pmatrix}\qquad[9.39]$$

正如预期，通过一阶的式［9.38］和式［9.39］以及考虑 $\boldsymbol{h}^2=\boldsymbol{v}'^2_o+\boldsymbol{w}'^2_o$和 $\boldsymbol{g}=\sqrt{1-\boldsymbol{h}^2}$，可得线性运动学［9.35］。最后，将式［9.36］代入式［9.38］和式［9.39］，通过积分计算式［9.23～9.28］，可推导出形式为式［9.19］以及 Lagrangian［9.22］的形变非线性参数化。从这个角度来看，具有两种选择：一种是通过高斯求积

㊀ 第二种边界条件可由恒定非零值近似的机械链下结构段惯性矩时的其他条件替代。

来数值计算上述积分 [DHA 05]；另一种是针对梁的物质轴应变斜坡 v'_o和 w'_o时少量问题计算确切的摄动积分量。在这种类似于线性的情况下，空间变量和时间变量的分量可用惯性参数替换时间无关积分量，这可在解析表达式下一次性积分整个时间循环。

然而，尽管这与线性参数化具有共同点，但摄动变化能够允许控制逼近阶，这并不是从线性运动学直接开始的情况。特别强调的是，基于线性参数化的模型包括多个相对于 $q_{e\alpha}$的一阶和二阶项，但并非全部 [DAM 95，BOY 02]。因此，这些模型存在不一致性。相反，第二种方法可产生在一阶（线性）和二阶（二次型）上的一致性模型。随着结构受到高速、高加速度或较大外力，第一种模型（线性一致性）包含僵硬动态项。然而，第二种模型（二次型一致性）可扩展浮动框架法以得到适度而有限的形变。有关上述模型的详细表示，读者可参见文献 [BOY 02]。在9.5节中，将在一个示例中应用该模型。

9.3 可形变机械臂的运动学模型

假设一个由 $n+1$ 个结构体 $\mathcal{B}_0$，$\mathcal{B}_1$，…，$\mathcal{B}_n$ 组成的开放式机械链。为实现上述思想，两两相邻结构体 $\mathcal{B}_{j-1}-\mathcal{B}_j$ 是由一个节点和引入与链接单元矢量 $\boldsymbol{a}_j$ 轴的夹角 θ_j 参数化的关节自由度的理想旋转连接装置所连接。对于每个结构体，上述所有部件都可由相关的结构体编号来定义和区分。并特别在每一个结构体 $\mathcal{B}_j$ 端附加一个嵌入式框架 $\mathcal{F}_j$，而在其他情况下（如棱柱形连接、非关节点、非嵌入模式等）用户需参阅文献 [BOY 99]。在此考虑到简单将嵌入式框架看作浮动框架的原因，假设在两个结构体连接处周围具有两个认为是刚体的两个相邻结构体。在这些假设前提下，当 $j=1,2,\cdots,n$ 时，整个机械链的通用几何转换模型可表示为

$$\boldsymbol{g}_j=\boldsymbol{g}_{j-1}\cdot\boldsymbol{g}_{ej-1}\cdot\boldsymbol{g}_{rj-1,j} \qquad [9.40]$$

式中，$\boldsymbol{g}_j$ 表示对第 j 个结构体 $\mathcal{F}_j$ 上施加 Galilean 框架所产生的刚体变换；$\boldsymbol{g}_{ej-1}$表示框架 $\mathcal{F}_j$ 上 φ_{ej-1}的弹性变换效应；$\boldsymbol{g}_{rj-1,j}$表示认为机器人为刚体时（即机械手的刚性几何模型）由框架 $\mathcal{F}_{j-1}$ 到框架 $\mathcal{F}_j$的变换。值得注意的是，由于是在 $\mathcal{F}_{j-1}$ 中表示（并非在 $\mathcal{F}_j$ 中，因此需要右乘），因此 $\boldsymbol{g}_{ej-1}$是作用于 $\boldsymbol{g}_{rj-1}$的左侧。在式 [9.40] 中可看出从浮动框架 $\mathcal{F}_{j-1}$到下一框架 $\mathcal{F}_j$ 之间的关系。接下来，随着在其下一框架上施加浮动框架的相关变换，可记 $\boldsymbol{g}_{j-1,j}=\boldsymbol{g}_{j-1}^{-1}\cdot\boldsymbol{g}_j=\boldsymbol{g}_{ej-1}\cdot\boldsymbol{g}_{rj-1,j}$。若弹性变量强制为0，则上述变换变为 $g_{rj-1,j}$。一旦建立几何模型，就需对上述变换公式进行时间求导来推导速度模型：

$$\boldsymbol{\eta}_j=\boldsymbol{Ad}_{gj,j-1}\cdot\boldsymbol{\eta}_{j-1}+\boldsymbol{R}_{gj,j-1}\cdot\boldsymbol{\eta}_{ej-1}+\dot{\theta}_j\boldsymbol{A}_j \qquad [9.41]$$

式中，$\boldsymbol{\eta}_j=\boldsymbol{g}_j^{-1}\cdot\dot{\boldsymbol{g}}_j$表示表达式中 $\mathcal{F}_j$ 的螺旋运动；$\boldsymbol{\eta}_{ej-1}=\dot{\boldsymbol{g}}_{ej-1}\cdot\boldsymbol{g}_{e,j-1}^{-1}$表示浮动框架中 $j-1$ 的弹性螺旋运动；$\boldsymbol{g}_{rj-1,j}^{-1}\cdot\dot{\boldsymbol{g}}_{rj-1,j}=\dot{\boldsymbol{\theta}}_j(a_j^{\mathrm{T}},\ 0^{\mathrm{T}})^{\mathrm{T}}$表示采用集中式连接的关节螺旋运动，在此定义为6×6算子：

$$\boldsymbol{R}_{gj,j-1}=\begin{pmatrix}\boldsymbol{R}_{j,j-1} & 0\\ 0 & \boldsymbol{R}_{j,j-1}\end{pmatrix},\boldsymbol{Ad}_{gj,j-1}=\begin{pmatrix}0 & \boldsymbol{R}_{j,j-1}\\ \boldsymbol{R}_{j,j-1} & -\boldsymbol{R}_{j,j-1}\cdot\hat{\boldsymbol{p}}_{j-1,j}\end{pmatrix} \qquad [9.42]$$

式中，$\boldsymbol{R}_{j-1,j}$和$\boldsymbol{p}_{j-1,j}$分别表示$\boldsymbol{g}_{j,j-1}=\boldsymbol{g}_{j-1,j}^{-1}$的旋转分量和平移分量。

第一个算子可实现螺旋运动从 $\mathcal{F}_{j-1}$到 $\mathcal{F}_j$ 的变换（坐标变换）。第二个算子只能改变结构体$j-1$与下一结构体的基座(并无改变还原节点)。同理，对式［9.41］进行时间求导，可得机械链的加速度模型：

$$\dot{\boldsymbol{\eta}}_j=\boldsymbol{Ad}_{g_{j,j-1}}\cdot\dot{\boldsymbol{\eta}}_{j-1}+\boldsymbol{R}_{g_{j,j-1}}\cdot\dot{\boldsymbol{\eta}}_{ej-1}+\ddot{\boldsymbol{\theta}}_j\boldsymbol{A}_j+\boldsymbol{H}_j \qquad [9.43]$$

式中，$\boldsymbol{H}_j$为一个包括由于关节旋转以及之前结构体形变共轭效应（即式［9.41］微分的非线性残差）所产生的 Coriolis（科里奥利）加速度和离心加速度的6×1向量。

一种基于悬臂梁模态的简单开放式机械链的几何模型如图 9.2 所示。最后，为实现该模型，还应阐明如何实现所需的 Rayleigh-Ritz 参数化。为此，必须在上述表达式中引入分别由$\boldsymbol{R}_{ej}$和$\boldsymbol{p}_{ej}$表示的$\boldsymbol{g}_{ej}$的旋转参数和位置参数。与上述情况相同，接下来也分析两种情况。第一种情况，形变程度很小，因此可通过线性逼近这两个区域：

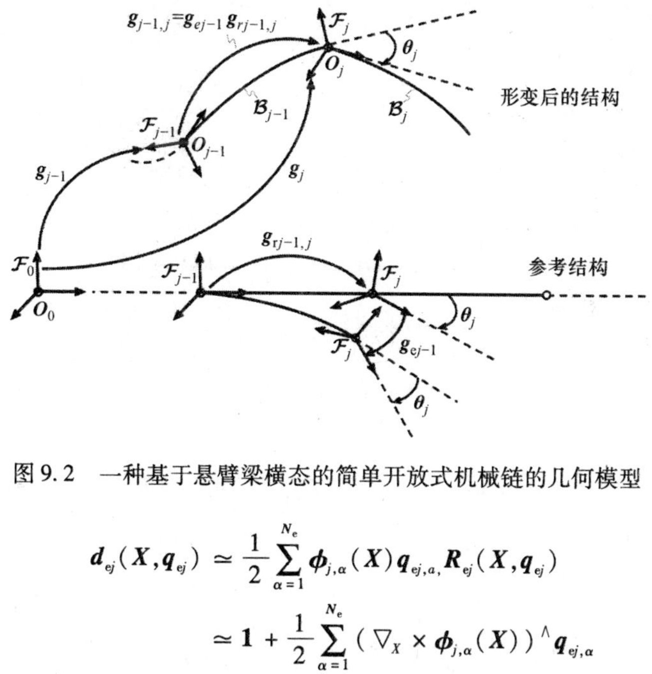

图 9.2　一种基于悬臂梁横态的简单开放式机械链的几何模型

$$\boldsymbol{d}_{ej}(\boldsymbol{X},\boldsymbol{q}_{ej})\simeq\frac{1}{2}\sum_{\alpha=1}^{N_e}\boldsymbol{\phi}_{j,\alpha}(\boldsymbol{X})\boldsymbol{q}_{ej,\alpha,}\boldsymbol{R}_{ej}(\boldsymbol{X},\boldsymbol{q}_{ej})$$

$$\simeq\boldsymbol{1}+\frac{1}{2}\sum_{\alpha=1}^{N_e}(\nabla_X\times\boldsymbol{\phi}_{j,\alpha}(\boldsymbol{X}))^{\wedge}\boldsymbol{q}_{ej,\alpha} \qquad [9.44]$$

式中，∇_X为 nabla 算子；$\boldsymbol{1}$为3×3的单位矩阵；$\boldsymbol{\phi}_{j,\alpha}$为具有端部嵌入约束的机械链初步模态分析所推导出的线性形变。

第二种情况，机械链可建模为梁，因此可采用分别由式［9.38］和式［9.39］得出的非线性参数$\boldsymbol{R}_{ej}(\boldsymbol{X},\ \boldsymbol{q}_{ej})=\overline{\boldsymbol{R}}_{ej}(S)$和$\boldsymbol{\phi}_{j-1}(\boldsymbol{X},\ \boldsymbol{q}_{ej-1}))=\overline{\boldsymbol{d}}_{ej}(S)$。对于后者，所建模型可适用于“大位移”情况，即由结构段形变所引起的几何非线性。对于速度模型，是由根据之前两种情况指定$\boldsymbol{R}_{ej}$和$\boldsymbol{d}_{ej}$并施加$\hat{\boldsymbol{\Omega}}_{ej}=\dot{\boldsymbol{R}}_{ej}\cdot\boldsymbol{R}_{ej}^{\mathrm{T}}$和$\boldsymbol{V}_{ej}=\dot{\boldsymbol{d}}_{ej}$所得到的$\boldsymbol{\eta}_{ej}=(\boldsymbol{\Omega}_{ej}^{\mathrm{T}},\ \boldsymbol{V}_{ej}^{\mathrm{T}})^{\mathrm{T}}$而推导出的。最后，无论采用哪一种情况，都可统一表示为

$$\boldsymbol{\eta}_{ej}(X)=\sum_{\alpha=1}^{N_e}\partial_{\dot{q}\,ej,\alpha}\boldsymbol{\eta}_{ej}(X)\,\dot{\boldsymbol{q}}_{ej}\boldsymbol{\eta}_{ej}(X)\,\dot{\boldsymbol{q}}_{ej} \quad [9.45]$$

式中，$\partial_{\dot{q}_{ej}}\boldsymbol{\eta}_{ej}$表示对于$\boldsymbol{q}_{ej}$偏微分的$\boldsymbol{\eta}_{ej}$的速度矩阵。

最后，对时间进一步微分可得到期望的加速度模型。

9.4 可形变机械臂的动力学模型

现在，可得出一个形变机械手的完整动态模型。为此，需要重组那些在通过机械链动力学等效模型将各链相连接的关节所产生的作用力下的独立结构体的 Newton-Euler 方程。传递节间扭力的关节可表示为$\boldsymbol{f}_j=(\boldsymbol{C}_j^{\mathrm{T}},\boldsymbol{F}_j^{\mathrm{T}})^{\mathrm{T}}$，其中，按照惯例，$\boldsymbol{C}_j$ 和 $\boldsymbol{F}_j$ 分别表示关节j传递的扭矩和作用力，假设从链$j-1$到链j存在一个节点且重心位于O_{j+1}处。通常可根据基于链上嵌入模式的形变参数来表示该模型：

设$j=0, 1, \cdots, n$：

$$\begin{pmatrix}\boldsymbol{M}_j & \boldsymbol{M}_{ej}^{\mathrm{T}}\\ \boldsymbol{M}_{ej} & \boldsymbol{m}_{eej}\end{pmatrix}\begin{pmatrix}\dot{\boldsymbol{\eta}}_j\\ \ddot{\boldsymbol{q}}_{ej}\end{pmatrix}=\begin{pmatrix}\boldsymbol{f}_{\mathrm{in},j}(\boldsymbol{\eta}_j,\dot{\boldsymbol{q}}_{ej},\boldsymbol{q}_{ej})\\ \boldsymbol{Q}_{\mathrm{in},j}(\boldsymbol{\eta}_j,\dot{\boldsymbol{q}}_{ej},\boldsymbol{q}_{ej})-\boldsymbol{K}_{eej}(\boldsymbol{q}_{ej})\boldsymbol{q}_{ej}\end{pmatrix}+\begin{pmatrix}\boldsymbol{f}_j\\ 0\end{pmatrix}-\begin{pmatrix}\boldsymbol{Ad}_{gj+1,j}^{\mathrm{T}}\cdot\boldsymbol{f}_{j+1}\\ (\partial_{\dot{q}_{ej}}\boldsymbol{\eta}_{ej}(O_{j+1}))^{\mathrm{T}}\cdot\boldsymbol{R}_{gj,j+1}\cdot\boldsymbol{f}_{j+1}\end{pmatrix} \quad [9.46]$$

设$j=1, 2, \cdots, n$：

- 变换模型：

$$\boldsymbol{g}_j=\boldsymbol{g}_{j-1}\cdot\boldsymbol{g}_{ej-1}\cdot\boldsymbol{g}_{rj-1} \quad [9.47]$$

- 速度模型：

$$\boldsymbol{\eta}_j=\boldsymbol{Ad}_{gj,j-1}\cdot\dot{\boldsymbol{\eta}}_{j-1}+\boldsymbol{R}_{gj,j-1}\cdot\boldsymbol{\eta}_{ej-1}+\dot{\boldsymbol{\theta}}_j\boldsymbol{A}_j \quad [9.48]$$

- 加速度模型：

$$\dot{\boldsymbol{\eta}}_j=\boldsymbol{Ad}_{gj,j-1}\cdot\dot{\boldsymbol{\eta}}_{j-1}+\boldsymbol{R}_{gj,j-1}\cdot\dot{\boldsymbol{\eta}}_{ej-1}+\ddot{\boldsymbol{\theta}}_j\boldsymbol{A}_j+\boldsymbol{H}_j \quad [9.49]$$

其中，设

$$\boldsymbol{M}_j=\begin{pmatrix}\boldsymbol{J}_j & \boldsymbol{m}\hat{\boldsymbol{s}}_j^{\mathrm{T}}\\ \boldsymbol{m}\hat{\boldsymbol{s}}_j & \boldsymbol{m}_j 1\end{pmatrix},\boldsymbol{M}_{ej}=(\beta_j,\alpha_j),\boldsymbol{f}_{\mathrm{in},j}^{\mathrm{T}}=(\boldsymbol{F}_{\mathrm{in},j}^{\mathrm{T}},\boldsymbol{C}_{\mathrm{in},j}^{\mathrm{T}})$$

且结构体内部力的模型可根据运动学模型［9.41］的对偶性推导而得。

根据上述方程，可提出多种算法。其中利用 Newton-Euler 方程递归运算的两种算法是将 Walker 等人［WAL 80］提出的算法和 Featherstone［FEA 83］提出的算法从刚体机械手推广到可形变机械手。第一种算法是求解逆动力学问题，即计算关节在运动过程中所关联的电动机转矩，而第二种算法是直接求解动力学问题，即计算作为所施加关节力矩函数的关节加速度。在这两种情况下，结构上的形变可看作由输入和输出同时作用所产生的内部“零动力”。在刚性情况下，基于 Newton-Euler 方程的递归算法的优点在于编程实现简单，且能够产生在复杂度和运算时间方面最优化的数值或符号算法。除了上述优点之外，还可用于表征可形变机械臂的 Lagrangian 形式。为此，可采用多种方法来实现，包括从在 Lagrangian 方程中增加结构体 Lagrangian 的额计算[BOO 84] 到再次利用模型的最有效计算［9.32 ~ 9.49］。在后一种情况下，采用两种方法。第一种是包括与式［9.48］约束相匹配的速度场投影方程的投影法［BOY 02］，这可得到下列形式的期望模型：

$$\begin{pmatrix} \boldsymbol{M}_{rr}\boldsymbol{M}_{re} \\ \boldsymbol{M}_{er}\boldsymbol{M}_{ee} \end{pmatrix}\begin{pmatrix} \ddot{\boldsymbol{q}}_r \\ \ddot{\boldsymbol{q}}_e \end{pmatrix}+\begin{pmatrix} \boldsymbol{C}_r(\boldsymbol{q}_r,\boldsymbol{q}_e,\dot{\boldsymbol{q}}_r,\dot{\boldsymbol{q}}_e,) \\ \boldsymbol{C}_r(\boldsymbol{q}_r,\boldsymbol{q}_e,\dot{\boldsymbol{q}}_r,\dot{\boldsymbol{q}}_e,) \end{pmatrix}+\begin{pmatrix} 0 \\ \boldsymbol{K}_{ee}(\boldsymbol{q}_e)\cdot\boldsymbol{q}_e \end{pmatrix}+\begin{pmatrix} \boldsymbol{Q}_r(\boldsymbol{q}_r,\boldsymbol{q}_e) \\ \boldsymbol{Q}_e(\boldsymbol{q}_r,\boldsymbol{q}_e) \end{pmatrix}=\begin{pmatrix} \boldsymbol{\tau} \\ 0 \end{pmatrix} \quad [9.50]$$

第二种方法是将刚性机械手的 Orin-Walker 算法［WAL 82］扩展，并通过对逆递归算法施加特定输入来重建上述文献［BOY 96b］中提出的模型［9.50］。最后，Lagrangian形式有助于控制律的分析或综合，而递归形式在算法实现上更有效。由于这通常是多结构体系统动力学情况，在此建议在开发原理上采用 Lagrangian 形式进行推理，一旦完全理解后，再根据 Newton-Euler 模型的递归形式进行算法实现。

9.5 示例

9.5.1 问题描述

为了阐述上述介绍的开发过程，在此考虑文献［SER 89］中最初提出的太空机械臂（见图 9.3）。该机械臂具有 4 个可看作节点的回转关节。这种类型的机械臂曾应用于美国的航天飞机，并通过远程遥控来使得卫星进入或脱离轨道。现在假设机械臂 1 和 4 为刚性，而机械臂 2 和 3 建模为具有恒定圆横截面的可形变管状梁。这种机械臂的链接特性见表 9.1。考虑到机械臂操纵卫星的影响，在第 4 段的中心点处附加一个重物。两个管状梁的弹性特性和几何特性如下：内径 $r_i = 0.04\text{m}$，外径：$r_e = 0.05\text{m}$，杨氏模量：$E = 6895.10^7\text{N/m}^2$。接下来，考虑上述介绍的 3 种模型：第一种称为标准模型（SM），这是根据基于动力学方程［9.35］的线性弹性推导而得的模型；第二种是小位移模型（SDM），这是根据基于一阶一致截断后非线性动力学模型［9.36 ~ 9.39］的模型摄动推导而得的；最后，第三种称为适度位移模型（MDM），之前，已经根据基于动力学模型［9.36 ~ 9.39］的模型摄动推导得出，但具有二阶截断。综上所述，SM 是一种直接由式［9.35］得到的线性不一致模型，而后两种模型是考虑前者忽略的几何非线性的二次一致型线性模型。为参数化形变量，在此选取两种柔性平面模式和一种扭转模式。这些模式通过前面的关节嵌入在根关节，而另一方面，设定一个与剩余链接段质量相等的恒定质量。考虑该恒定质量的目的对剩余链接段对模式的影响进行建模。同理，还必须考虑施加在链接段上转动惯量一阶矩和二阶矩的绝对值。然而由于这些量都与时间相关，因此只能用沿运动方向最后一个机械臂结构中当前定义的值（恒定）来近似。

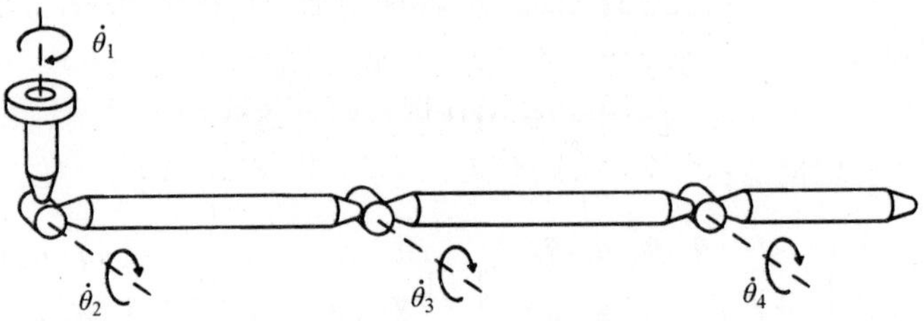

图 9.3　太空机械臂

表 9.1　柔性机械臂特性

机械臂段	质量/kg	长度/m	惯量矩/($kg \cdot m^2$)		
1	50	0.3	0.0195	0.00469	0.0195
2	30.524	4.0	0.0625	40.73	40.73
3	38.156	5.0	0.0782	79.53	79.53
4	200	0.5	0.00782	0.0834	0.0834

9.5.2　受力运动定义

假设机器人不受引力作用（在太空轨道中）。由式［9.50］中第一行定义的所施加电动机转矩所得的仿真结果为

$$\boldsymbol{\tau}_d = \boldsymbol{M}_{rr}(\boldsymbol{q}_{rd}, \boldsymbol{q}_{ed})\ddot{\boldsymbol{q}}_{r,d} + \boldsymbol{M}_{er}\ddot{\boldsymbol{q}}_{e,d} + \boldsymbol{C}_r(\boldsymbol{q}_{r,d}, \boldsymbol{q}_{e,d}, \dot{\boldsymbol{q}}_{r,d}, \dot{\boldsymbol{q}}_{e,d}) \qquad [9.51]$$

式中，期望弹性运动 $\boldsymbol{q}_{e,d}$ 由式［9.50］中的第二行定义。

这些转矩可通过递归 Newton-Euler 算法［BOY 98］从 $\boldsymbol{q}_{r,d}: t \rightarrow \boldsymbol{q}_{r,d}(t)$ 形式的已知（和受力）运动开始计算。对于该前馈组件，可增加反馈来保证能够跟踪期望轨迹。对于任何一个关节，受力运动都遵循以下形式：

$$q_{r,di}(t) = a + b\left(t - \frac{T_s}{2\pi}\sin\left(\frac{2\pi t}{T_s}\right)\right) \qquad 0 \leqslant t \leqslant T_s$$

$$q_{r,di}(t) = c \qquad t \geqslant T_s \qquad [9.52]$$

式中，当 $i = 1、2、3、4$ 时，分别取 $a = 3\pi/2、\pi/2、0、0$；$b = \pi/T_s、-\pi/4T_s、\pi/4T_s，\pi/2T_s$；$c = 5\pi/2、\pi/4、\pi/4、\pi/2$。

对于卫星质量为 1000kg 以及非常短的轨迹时间 $T_s = 20s、15s、12s$ 的仿真结果如图 9.4所示。在这些记录中，纵坐标表示通过比较关节位置与之前受 $\boldsymbol{q}_{rd}(.)$ 控制的刚性运动学模型所得到的机械臂末端处（具有附加重物一端）的整个形变的法向量。正如预期所料，3 种模型在低速下一致，此时应力足够小以至于没有表现出几何非线性。相反，随着 T_s 减小，MDM 逐渐与 SM 和 SDM 偏离，在这一情况下尚不明显。

为引入外部参考，在一个可处理刚体变换的现有极少有限元代码（该代码可由刚性有限元模拟刚体动力学）MECANO［CAR 88］下模拟仿真相同运动。结果表明 MDM

更适用于对较大形变进行建模（见图 9.4）。

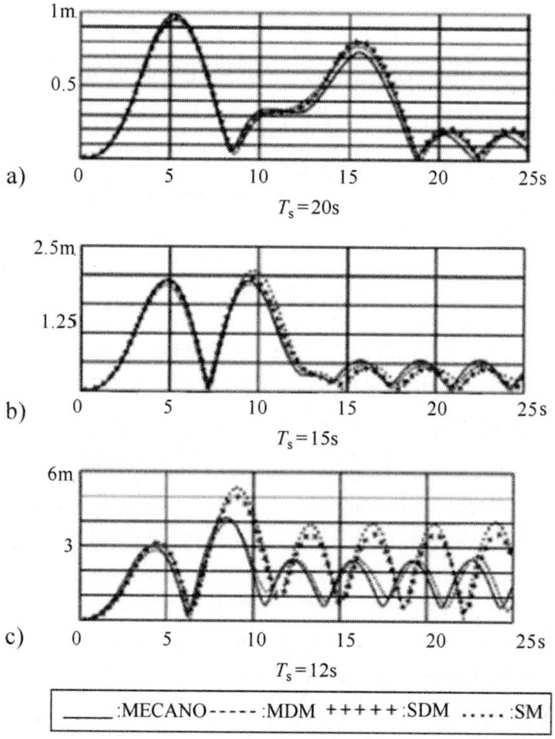

图 9.4　采用 3 种模型和有限元参考（MECANO）的四臂机械手中末端偏差的时间变化。此处的轨迹在文中表示；从 a）到 c）依次执行得更快

需要特别指出的是，所提方法能够保证整个机械臂长度的 1/10 ~ 1/2 形变的 SM 精度，从而使得精度提高 5 倍。很明显，这极大地提高了该方法的应用价值，对于可形变段需要 10 个 Reissne-Timoshenko 元素（意味着每个节点需要 6 个坐标），和两个刚性段的一个刚性元素的有限元计算相比，可在极少坐标（4 个关节坐标和 10 个弹性坐标）下获得较高精度，因此，总共需要 2 × (10 × 6) + 2 × 6 = 132 个坐标。这些考虑均不可避免地观测到一些其他轨迹。其他一些超高速运动轨迹（如直升机旋翼型）表明二阶效应对于捕捉动态刚化现象的重要性。在这种情况下，与 SM 无效相比，MDM 和 SDM 考虑了这些效应。这些考虑可使之扩展到较高作用力以及较高加速度的情况，同时能够再一次体现二阶效应的重要性，即在小变形范围内自身的几何非线性。

9.6　小结

本章提出了一种不忽略各段上分布式形变的机械手建模方法。该方法是基于 Newton-Euler 形式主义在可形变机械手情况下的推广。为此，采用一种相对于作为位于前一关节沿本体处嵌入式框架的浮动框架进行形变测量的浮动框架法。按照上述选择，在假设悬臂梁模式基础上对形变参数化。在形变较小的范围内，所提方法可适用于任何链杆几何。除此之外，还可以通过将链杆看作悬臂梁来扩展该方法。在此情况下，原本服从线性弹性的 Euler-Bornoulli 运动学可扩展到有限形变的非线性情况。一旦获得这一系统的 Newton-Euler 模型，则可利用直接 Newton-Euler 算法［BOY 02，D'EL 92］来模拟大位移下的太空机械臂。采用该方法，可实现相对于形变变量的二阶模型。仿真结果表明可将浮动框架法扩展到适度有限形变情况下⊖。

参考文献

[ANT 66] ANTMAN S.S., WARNER W.H., "Dynamical theory of hyperelastic rods", *Archive for Rational Mechanics and Analysis*, vol. 23, no. 2, pp. 135–162, 1966.

[ARN 89] ARNOLD V.I., WEINSTEIN A., VOGTMANN K., *Mathematical Methods of Classical Mechanics*, 2nd ed., Springer-Verlag, New York, 1989.

[BOO 84] BOOK W.J., "Recursive lagrangian dynamics of flexible manipulator arms", *The International Journal of Robotics Research*, vol. 3, no. 3, pp. 87–101, 1984.

[BOY 96a] BOYER F., COIFFET P., "Generalization of Newton–Euler model for flexible manipulators", *Journal of Robotic Systems*, vol. 13, no. 1, pp. 11–24, 1996.

[BOY 96b] BOYER F., KHALIL W., "Newton-Euler based approach of simulation of flexible manipulators", *IFAC World Congress 1996*, San Francisco, CA, USA, pp. 121–126, 1996.

[BOY 98] BOYER F., KHALIL W., "An efficient calculation of flexible manipulator inverse dynamics", *The International Journal of Robotics Research*, vol. 17, no. 3, pp. 282–293, 1998.

[BOY 99] BOYER F., KHALIL W., "Kinematic model of a multi-beam structure undergoing large elastic displacements and rotations. Part two: kinematic model of an open chain", *Mechanism and Machine Theory*, vol. 34, no. 2, pp. 223–242, 1999.

[BOY 02] BOYER F., GLANDAIS N., KHALIL W., "Flexible multibody dynamics based on a non-linear Euler-Bernoulli kinematics", *International Journal for Numerical Methods in Engineering*, vol. 54, no. 1, pp. 27–59, 2002.

[BOY 04] BOYER F., PRIMAULT D., "Finite element of slender beams in finite transformations: a geometrically exact approach", *International Journal for Numerical Methods in Engineering*, vol. 59, no. 5, pp. 669–702, 2004.

[BOY 05] BOYER F., PRIMAULT D., "The Poincaré-Chetayev equations and flexible multibody systems", *Journal of Applied Mathematics and Mechanics*, vol. 69, no. 6, pp. 925–942, available at http://hal.archives-ouvertes.fr/hal-00672477, 2005.

[CAN 77] CANAVIN J., LIKINS P., "Floating reference frames for flexible spacecraft", *Journal of Spacecraft and Rockets*, vol. 14, no. 12, pp. 924–932, 1977.

⊖ 这是相对于“无穷小”形变。

[CAR 88] CARDONA A., GÉRADIN M., GRANVILLE D., *et al.*, Module d'analyse de mécanismes flexibles MECANO: manuel d'utilisation, LTAS report, University of Liege, Belgium, 1988.

[DAM 95] DAMAREN C., SHARF I., "Simulation of flexible-link manipulators with inertial and geometric nonlinearities", *Journal of Dynamic Systems, Measurement and Control*, vol. 117, no. 1, pp. 74–87, 1995.

[DEL 91] DE LUCA A., SICILIANO B., "Recursive Lagrangian dynamics of flexible manipulator arms", *IEEE Transactions on Systems, Man and Cybernetics*, vol. 21, no. 4, pp. 826–839, 1991.

[D'EL 92] D'ELEUTERIO G.M.T., "Dynamics of an elastic multibody chain: part C-recursive dynamics", *Dynamics and Stability of Systems*, vol. 7, no. 2, pp. 61–89, 1992.

[DHA 05] DHATT G., TOUZOT G., LEFRANÇOIS E., *Méthode des éléments finis*, Hermes Science, Paris, France, 2005.

[FEA 83] FEATHERSTONE R., "The calculation of robot dynamics using articulated-body inertias", *The International Journal of Robotics Research*, vol. 2, no. 1, pp. 13–30, 1983.

[HUG 89] HUGHES P.C., SINCARSIN G.B., "Dynamics of elastic multibody chains: part B-global dynamics", *Dynamics and Stability of Systems*, vol. 4, nos. 3–4, pp. 227–243, 1989.

[IBR 98] IBRAHIMBEGOVIC A., AL MIKDAD M., "Finite rotations in dynamics of beams and implicit time-stepping schemes", *International Journal for Numerical Methods in Engineering*, vol. 41, no. 5, pp. 781–814, 1998.

[MAR 99] MARSDEN J.E., RATIU T.S., *Introduction to Mechanics and Symmetry*, 2nd ed., Springer-Verlag, New York, 1999.

[MEI 89] MEIROVITCH L., *Dynamics and Control of Structures*, Wiley, New York, 1989.

[POI 01] POINCARÉ H., "Sur une forme nouvelle des équations de la mécanique", *Compte Rendu de l'Académie des Sciences de Paris*, vol. 92, pp. 369–371, 1901.

[SER 89] SERNA M.A., BAYO E., "A simple and efficient computational approach for the forward dynamics of elastic robots", *Journal of Robotic Systems*, vol. 6, no. 4, pp. 363–382, 1989.

[SHA 89] SHABANA A.A., *Dynamics of Multibody Systems*, Wiley, New York, 1989.

[SIM 86] SIMO J.C., VU-QUOC L., "On the dynamics of flexible beams under large overall motions – the plane case: part I", *Journal of Applied Mechanics*, vol. 53, no. 4, pp. 849–854, 1986.

[WAL 80] WALKER M.W., LUH J.Y.S., PAUL R.C.P., "On−line computational scheme for mechanical manipulator", *Transaction ASME, Journal of Dynamic Systems, Measurement and Control*, vol. 102, no. 2, pp. 69–76, 1980.

[WAL 82] WALKER M.W., ORIN D.E., "Efficient dynamic computer simulation of robotic mechanisms", *Transaction ASME, Journal of Dynamic Systems, Measurement and Control*, vol. 104, no. 3, pp. 205–211, 1982.

第 10 章　柔性结构机械手的鲁棒控制

Houssem Halalchi、Loïc Cuvillon、Guillaume Mercère 和 Edouard Laroche

10.1　简介

寻求改善性能和降低成本产生了更轻的结构设计，而这种结构应承受可改变系统动力学特性并使得柔性模式下的控制问题更加复杂的显著应变。

在涉及柔性系统时，已知基于 H_∞ 的控制律的分析和综合方法具有良好性能，这得益于文献［DUC 99］给出的频域特征。这些方法最初由于其鲁棒性而大受欢迎。然而，现已证明这些鲁棒性可根据性能需求而调节。此外，建议随后完成系统综合，并慎重考虑不确定性，如文献［DUC 99］中采用的 μ 分析。

机器人的常规控制方法是基于逆模型的方法。因此，在非共存柔性情况下，会导致不稳定的零动态。H_∞ 合成方法不能满足这些限制条件。然而，机器人系统特性的非线性会限制线性控制律的应用范围。不过，在成熟的方法下，线性变参数（LPV）系统可实现非线性系统的控制。

若已知物理定律且与系统动力学的表征充分相关时，可推导出 LPV 模型［MAR 04］。另外，根据实验数据来进行模型辨识更为实际。对于线性时不变（LTI）系统，已有大量方法，即使在每次新的辨识过程中会产生实际的实现问题，如激励轨迹的选择［LJU 99］。对于 LPV 系统，随着对该主题的大量研究，问题也更加开放［LOP 11，MOH 12，TOT 10］。

本章介绍了一系列用于由实验数据对柔性机械手进行辨识和控制的方法。10.2 节介绍了 LTI 方法[㊀]。而关于 LPV 的扩展方法在 10.3 节进行了讨论。

10.2　LTI 方法论

10.2.1　医疗机器人

如图 10.1 所示，机器人原型是由 Sinters 公司在最初专用于心脏运动跟踪以确保远程遥控心脏跳动的心脏手术中对心脏跳动进行运动补偿的技术基础上而开发的［GIN 05］。由机器人执行器操作的工具可通过视觉进行控制。每秒可传输 500 帧图像的快速照相

㊀ 有关 LTI 方法的更多细节详见文献［CUV 12］。

机（Dalsa CAD 6）通过图像处理来监测执行器和心脏之间的相对位置。视觉测量的反馈回路可实现通过机器人的轴控制来控制末端执行器的位置。图像处理和控制计算均在实时 Linux 系统的 PC（个人计算机）上执行，并与照相机时钟同步。机器人驱动器配置有控制关节速度 $\dot{\boldsymbol{\theta}}_k$ 及其参考值 $\dot{\boldsymbol{\theta}}_k^*$ 的内部反馈回路，然后关键问题就是通过利用作为内部速度环参考值的控制信号 $\boldsymbol{u}=\dot{\boldsymbol{\theta}}^*$ 来控制包含图像中像点坐标矢量的 $\boldsymbol{y}$ 运动到参考矢量 $\boldsymbol{y}^*$。

可将该机械手的柔性观测作为一个案例研究来检验可用于大量应用中的各种方法。实际上，在跟踪心脏运动中需要速度和加速度均较高，以激发由机器人前臂和手臂组成的两个水平段的柔性模式。由此，接下来所需考虑的系统就是一个双输入双输出的平面系统。输入变量即之前所述驱动两段运动的两个机器人关节的参考速度 $\dot{\boldsymbol{\theta}}^*$。这些参考变量旨在控制平面图像中执行器位置坐标的两个输出（见图 10.2）。因此，这是一个两段柔性机器人工作空间的控制问题。所开发的最初方法是基于动力学的线性模型。该方法简单且易于快速实现，但限制了其有效性。

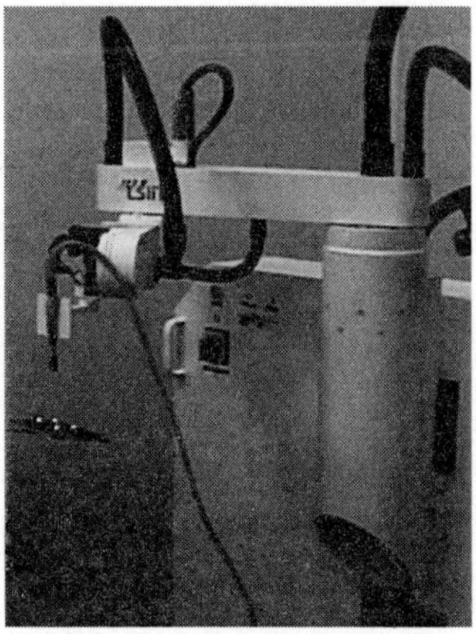

图 10.1　6 个自由度的 Sinters 机械手

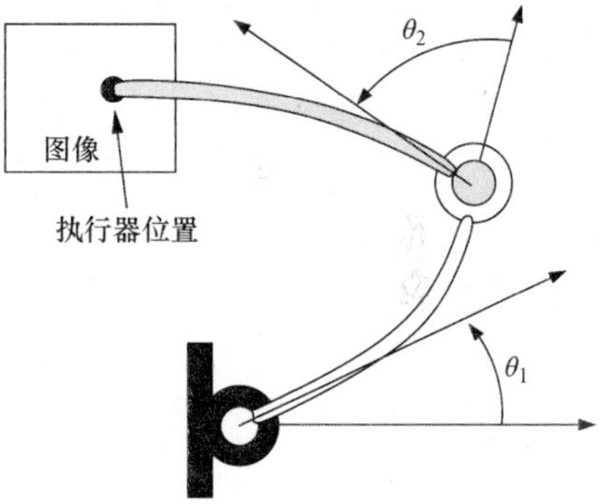

图 10.2　柔性机械手示意图

10.2.2　建模与辨识

考虑到由于应力（毫米级）而导致机械臂末端的运动幅度减小，因此，难以区分段柔性和关节柔性。所选择的方法具有综合所有这些影响的优势。由此产生的模型是基于一种特定结构，如图 10.3 所示。其中包括一个柔性模式重组的动态传递函数 $H(s)$、一个刚性交互矩阵 $\boldsymbol{J}$ 和一个纯积分器。该结构具有以下优点：

—仅交互矩阵 $\boldsymbol{J}$ 与照相机位置有关。因此，照相机位置改变后，只需重新辨识 $\boldsymbol{J}$，这只是局部关联图像中关节速度和执行器速度的一个简单增益矩阵。

—除了允许从执行器速度 $\dot{\boldsymbol{y}}$ 计算位置 $\boldsymbol{y}$ 的积分器，还可降阶待辨识模型 $\boldsymbol{H}(s)$，且严格稳定。

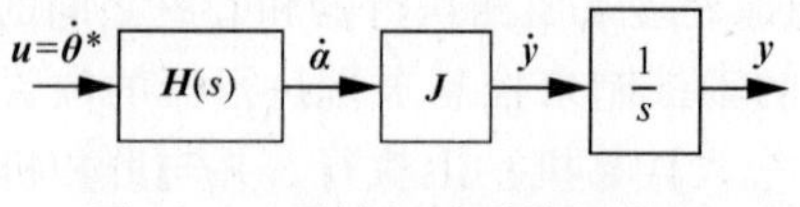

图 10.3　柔性机械手线性模型

这一模型结构在 $\boldsymbol{\alpha}=\boldsymbol{\theta}$ 的刚性机器人中非常常见。此时，传递函数 $H(s)$ 对应于如图 10.4 所示的动态关节速度环，若忽略动态性，则为一单位矩阵。在之前的柔性机器人案例中，$\boldsymbol{\alpha}$ 与关节位置 $\boldsymbol{\theta}$ 不同。在此，可将 $\boldsymbol{\alpha}$ 解释为与所考虑柔性机器人具有相同位置的虚拟刚性机器人的关节位置。$\boldsymbol{\theta}$ 与 $\boldsymbol{\alpha}$ 之差清晰表明了存在柔性模式。在所考虑的机器人中，对于关节速度设定值，比较图 10.4 中的关节速度 $\dot{\boldsymbol{\theta}}$（由增量编码器测量的电动机位置得到）与图 10.5 中考虑柔性模式的虚拟关节速度 $\dot{\boldsymbol{\alpha}}$（通过下面提出的方法进行估算），可见两者之差。

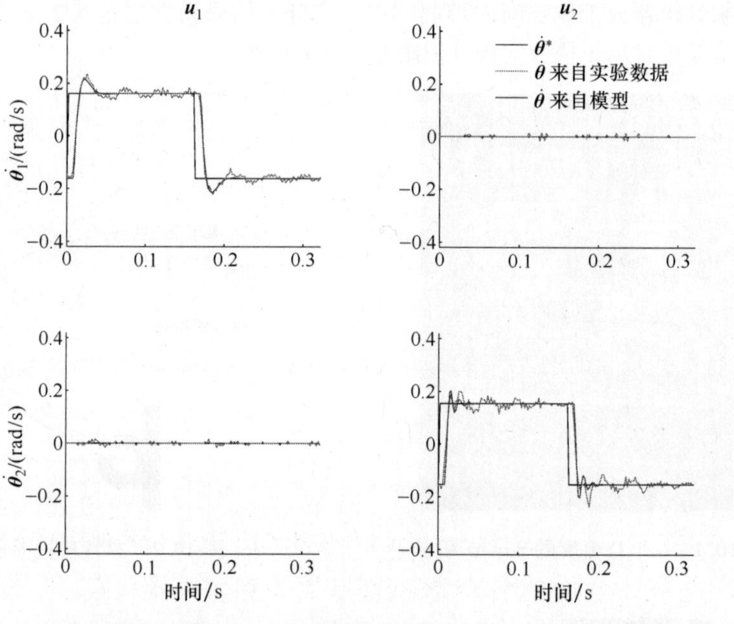

图 10.4　关节速度环的阶跃响应以及与其他轴的耦合：辨识模型的测量值和估计值。左图：$\boldsymbol{u}_1=\dot{\boldsymbol{\theta}}_1^*$ 上的阶跃，右图：$\boldsymbol{u}_2=\dot{\boldsymbol{\theta}}_2^*$ 上的阶跃

通过图像中关节和执行器之间小位移之比，可很容易地辨识局部交互矩阵 $\boldsymbol{J}$。除了奇异结构（伸展臂和弯曲臂）之外，该矩阵可逆。根据图像中的速度 $\dot{\boldsymbol{y}}$，可估算关节速度 $\dot{\boldsymbol{\alpha}}=\boldsymbol{J}^{-1}\dot{\boldsymbol{y}}$。因此，是在 $\boldsymbol{u}$ 和 $\dot{\boldsymbol{\alpha}}$ 之间进行动力学辨识。

针对几种辨识方法进行了测试，最好结果是通过利用伪随机二元序列（PRBS）信号的 srivc 方法对连续时间模型进行辨识而获得的［GAR 07］。在工具箱 CONTSID［GAR 06］中，连续时间模型的辨识方法是基于工具变量的方法。可允许辨识两个多输入单输出（MISO）模型，然后重新组合得到 16 阶的多输入多输出（MIMO）模型［由 4 个 4 阶单输入单输出（SISO）模型组成］［CUV 06］。另外，在文献［CUV 12］中还给出了离散时间的辨识结果。图 10.5 中给出了这一模型的轨迹与实验输出的比较。

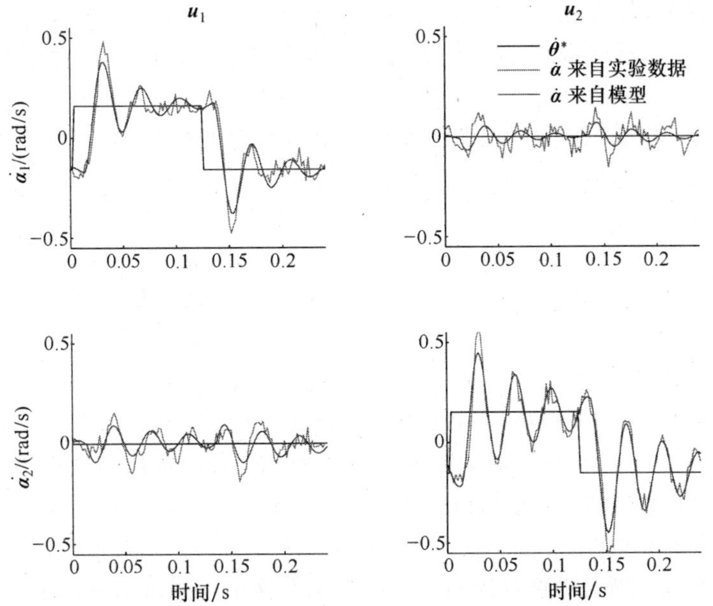

图 10.5　$\dot{\boldsymbol{\theta}}_k^*$ 指令的关节伪速度 $\dot{\boldsymbol{\alpha}}_k$ 阶跃响应：根据执行的位置测量 $\boldsymbol{y}$ 的重构信号以及与模型 $\boldsymbol{H}(s)$ 的输出相比较的逆雅各比矩阵 $\boldsymbol{J}$。左图：$\boldsymbol{u}_1=\boldsymbol{\theta}_1^*$ 的阶跃，右图：$\boldsymbol{u}_2=\boldsymbol{\theta}_2^*$ 的阶跃

10.2.3　H_∞ 控制

10.2.3.1　H_∞ 控制简介

包括 H_∞ 法在内的现代控制器综合技术是基于图 10.6 所示的标准方案，可概括为一个合成问题集合。给定系统范式（在此为 H_∞ 范式），试图合成一种使得输入 $\boldsymbol{v}$ 和输出 z 的闭环传递函数 $G_{\mathrm{bf}}(s)=G(s)*K(s)$ 的范式最小的控制器 $K(s)$。

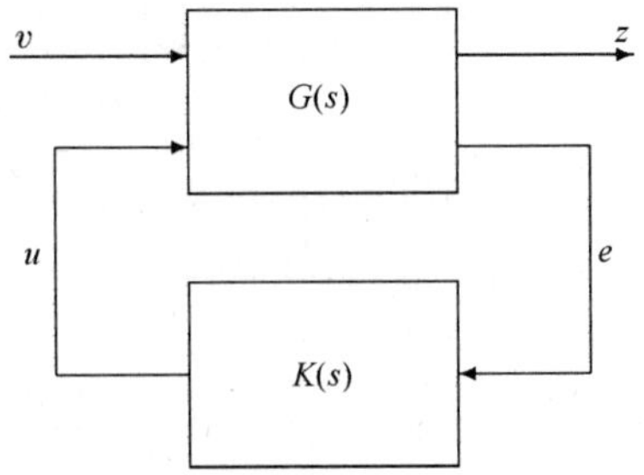

图 10.6　控制的标准方案（性能通道为 $v\to z_1$；控制通道为 $u\to e$）

对于 MIMO 系统，在频域内，通过相对于角频率 ω 的奇异值 $\sigma_k(G_{\mathrm{bf}}(\mathrm{j}\omega))$ 分布来表征系统 $G_{\mathrm{bf}}(s)$ 的特性。定义为最大奇异值的 H_∞ 范式是对最大增益 MIMO 系统的推广：

$$\|G_{\mathrm{bf}}(s)\|_\infty=\max_{\omega\in\mathbb{R}^+}\overline{\sigma}(G_{\mathrm{bf}}(\mathrm{j}\omega))$$

式中，$\overline{\sigma}$ 为最大奇异值。

在实际中，H_∞ 合成通常用于控制器设计，使得闭环传递函数能够满足以下阐述的给定模板。假设已有一个能够检验闭环传函的控制器：

$$\| W(s) G_{\mathrm{bf}}(s) \|_{\infty} \leqslant 1$$

式中，$W(s) = w_1(s) I_n$ 为对角传递函数。

奇异值的性质可保证$\overline{\sigma}(G_{\mathrm{bf}}(\mathrm{j}\omega)) \leqslant 1/|w_1(\mathrm{j}\omega)|\ \forall \omega \in \mathbb{R}^{+}$。因此，由$1/|w_1(\mathrm{j}\omega)|$定义的模板可由传递函数 $G_{\mathrm{bf}}(s)$ 来满足。一般用于控制的每一个性能标准通常可表述为闭环传函的一种模板。

这些方法的广泛应用很大程度上取决于合成算法的效率。一个全阶控制器的合成（控制器与加权增广系统具有相同的阶数）可写成一个 Riccatti 方程［GLO 88］，或转换为一个线性矩阵不等式（LMI）的凸函数优化问题［GAH 94］。近来，非光滑优化技术可用于开发降阶或结构阶的控制器［APK 06，BUR 06］。其分辨率可保证 γ 程度的（$\overline{\sigma}(G(\mathrm{j}\omega)) \leqslant \gamma/|w_1(\mathrm{j}\omega)|$）。在实际中，模板迭代返回可产生 $\gamma \simeq 1$ 的可行技术参数。

10.2.3.2 实现与结果

目的是寻找一种 $u = K(s)e$ 形式的反馈控制律，其中，$u = \dot{\theta}^{*}$ 以及 y^{*} 作为 y 的参考信号 $e = y^{*} - y$。所采用的合成方案如图 10.7 所示，其中包括两个由传函 $W_1(s)$ 和 $W_2(s)$ 加权的性能通道。也称为输出灵敏度的 y^{*} 和 e 之间的性能通道 $T_{ey^{*}}(s)$ 可用于管理带宽和静态精度的模余量。而设计第二个通道 $T_{uy^{*}}(s)$ 以迫使控制器增益在高频时减小，从而减少测量噪声对控制信号的影响并保证不受忽略动力学的影响。目前的调节功能能够实现鲁棒性和性能之间的一种权衡。相应的模板如图 10.8 中的点画线所示。在所得结果中，离散时间控制器的合成可直接在一个增广系统的离散时间模型中实现。

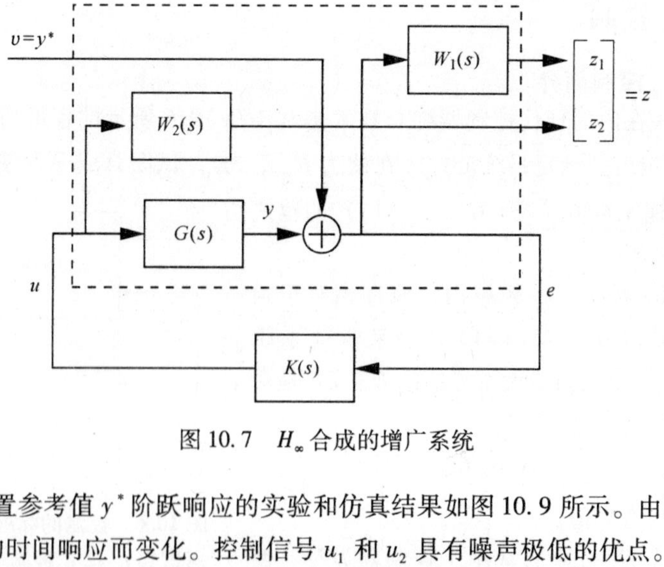

图 10.7 H_{∞} 合成的增广系统

执行器位置参考值 y^{*} 阶跃响应的实验和仿真结果如图 10.9 所示。由图可知，参考值跟随 40ms 的时间响应而变化。控制信号 u_1 和 u_2 具有噪声极低的优点。

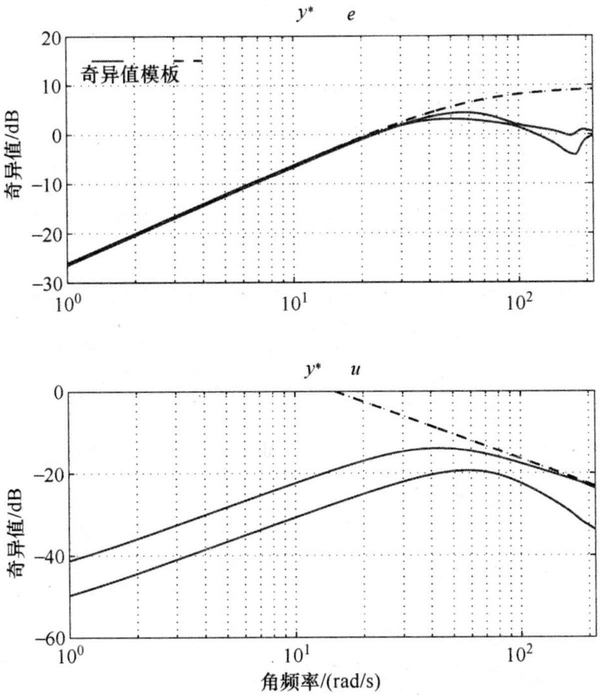

图 10.8 所得闭环传函和模板（可观测到模板 $1/W_1(s)$ 对低频下的 $T_{ey*}(s)$ 有效，而模板 $1/W_2(s)$ 对高频下的 $T_{uy*}(s)$ 有效）

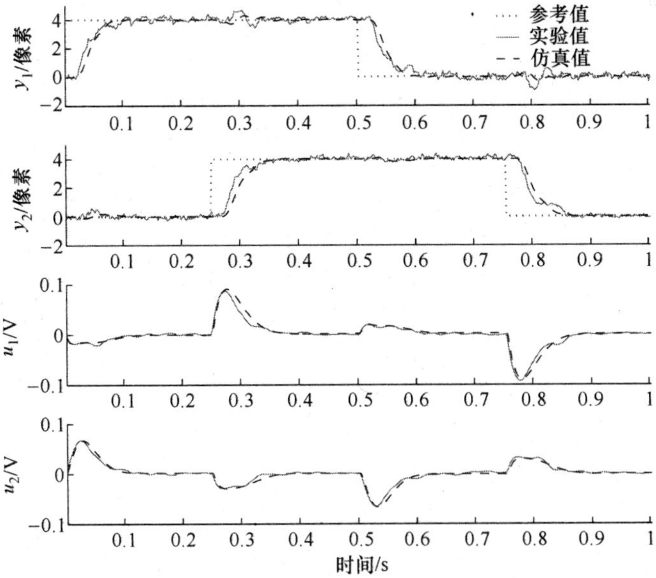

图 10.9 实验结果和仿真结果

10.2.4 线性控制评价

多变量 LTI 控制器的合成方法具有易于实现的优点，可有效实现频域内鲁棒性与性能的平衡。对于非线性系统，可实现工作点附近控制器有效的合成。由此，可在某一工作区内从两种不同方式下研究性能下降：

—通过在逐渐偏离正常点轨迹上仿真并实验测试系统特性㊀；

—通过基于机器人 LPV 模型的分析。这一方法将在 10.3.4.1 节中介绍。

假设 LTI 控制无法得到一个满意特性，则必须通过使得控制器适应工作点而改进控制律。首先，可使得控制器能够自适应雅可比矩阵的变化，这是系统性能非线性变化的主要来源㊀。如果这仍不能满足，则必须考虑 LPV 合成。

10.3 LPV 方法论

本节所介绍的工作是为了突破 10.2 节中所介绍方法的约束边界，以利用 LPV 方法来更好地应对工作点的性能变化。通过采用 Sinter 机械手第二和第三关节结构的双柔性段机械臂来检验该方法。

10.3.1 具有两个柔性段的机械手

10.3.1.1 机械手描述

本研究中所考虑的机器人系统是一个理想化的 Sinters 机器人（见图 10.1），其中认为两段均在运动水平面上承受横向形变。各段长度为 $l_1 = l_2 = 0.5\text{m}$，质量分别为 7.5kg 和 5kg。段横断面为一个边长 5cm 的正方形。材料的杨氏模量为 1GPa。

分布式应变系统由偏微分方程确定。对于该系统的建模是一项艰巨任务，会导致无限维模型。对于铰接系统，通常限制在有限模式以达到一个合理的复杂性。在本研究中，限制在每段只有一种以一个多项式基表示的模式，针对段数 k，确定横向应变 $\delta_k(x, t) = x^2\kappa_k(t)$，其中，$\kappa_k$ 表示模式“位置”，$x \in [0, l_k]$ 为长度为 l_k 的第 k 段的曲线位置。若长度恒定，则可能只需确定各段末端的位置和方向，由此在基准参考坐标系中可确定终端器件的位置：

$$y_1 = \left(l_1 - \frac{2}{3}l_1^3\kappa_1^2\right)\cos(\theta_1) - l_1^2\kappa_1\sin(\theta_1) + \left(l_2 - \frac{2}{3}l_2^3\kappa_2^2\right)\cos(\theta_{12}) - l_2^2\kappa_2\sin(\theta_{12})$$

$$y_2 = \left(l_1 - \frac{2}{3}l_1^3\kappa_1^2\right)\sin(\theta_1) + l_1^2\kappa_1\cos(\theta_1) + l_2^2\kappa_2\cos(\theta_{12}) + \left(l_2 - \frac{2}{3}l_2^3\kappa_2^2\right)\sin(\theta_{12})$$

式中，$\theta_{12} = \theta_1 + \theta_2$。

假设 $\boldsymbol{y} = [y_1 \quad y_2]^{\mathrm{T}}$ 可通过照相机测量来确定。几何模型取决于重组关节位置 θ_k 和

㊀ 文献［CUV 12］中实现了该方法。

应变变量 κ_k 的广义坐标矢量 $\boldsymbol{q}=[\theta^{\mathrm{T}} \quad \boldsymbol{\kappa}^{\mathrm{T}}]^{\mathrm{T}}$。

动态模型可利用 Maple 工具箱 DynaFlex 根据虚拟原理㊀确定［SHI 00，SHI 02］。由此产生的模型在广义二阶方程形式下可表示为

$$\boldsymbol{M}(q(t))\ddot{q}(t)=\boldsymbol{F}(q(t),\dot{q}(t))+\boldsymbol{B}_0\boldsymbol{\Gamma}(t) \qquad [10.1]$$

式中，$\boldsymbol{M}(q)$ 为惯性矩阵；$\boldsymbol{F}(q,\ \dot{q})$ 为考虑到科氏力的广义合成力矢量㊁；转矩矢量 $\boldsymbol{\Gamma}=[\Gamma_1 \quad \Gamma_2]^{\mathrm{T}}$ 仅在刚性模式中有效，对应于：

$$\boldsymbol{B}_0=\begin{bmatrix} I_2 \\ 0_{2\times 2} \end{bmatrix}$$

同时，假设关节速度反馈回路配置了比例控制器㊂：

$$\Gamma(t)=\boldsymbol{K}(\dot{\boldsymbol{\theta}}^*(t)-\dot{\boldsymbol{\theta}}(t)) \qquad [10.2]$$

式中，$\dot{\boldsymbol{\theta}}^*(t)=[\dot{\theta}_1^*(t) \quad \dot{\theta}_2^*(t)]^{\mathrm{T}}$ 为关节速度参考矢量；$K=\mathrm{diag}(K_1,\ K_2)$。

这一非线性模型具有 8 阶，其中包括 4 个位置 $\boldsymbol{q}_k$ 和 4 个速度 $\dot{\boldsymbol{q}}_k$。控制输入量为 $\boldsymbol{u}=\dot{\boldsymbol{\theta}}^*$，测量输出量为 $\boldsymbol{y}$。然后将该模型作为一个模拟器来检验辨识和控制方法，并确定一个待辨识的合理的 LPV 模型结构。

10.3.1.2　模型结构

对于输入为 $\boldsymbol{u}=\dot{\boldsymbol{\theta}}^*$ 和输出为 $\boldsymbol{y}$ 的模型，可直接采用 LPV 辨识方法，然而采用与线性情况下（见图 10.3）和图 10.10 所示的 LPV 模型情况下相同的结构非常有利。在后续章节中，记 $\boldsymbol{\rho}$ 为随时间变化的参数矢量，且模型取决于

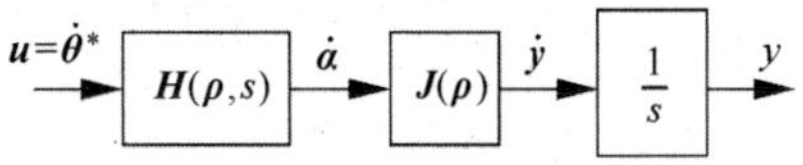

图 10.10　柔性机械手的 LPV 模型

$$\rho_1=\cos(\theta_2)、\rho_2=\cos(\theta_1)、\rho_3=\sin(\theta_2)、\rho_4=\sin(\theta_1)。$$

刚性模型的雅可比矩阵可由 $\boldsymbol{J}(\theta)=\partial\boldsymbol{y}(\theta,\ \boldsymbol{\kappa}=0_{2\times 1})/\partial\theta$ 确定，其中，$\boldsymbol{\rho}_k$ 参数项表示为多项式形式为

$$\boldsymbol{J}(\boldsymbol{\rho})=\begin{bmatrix} -l_1\rho_4-l_2(\rho_1\rho_4+\rho_2\rho_3) & -l_2(\rho_1\rho_4+\rho_2\rho_3) \\ l_1\rho_2+l_2(\rho_1\rho_2-\rho_3\rho_4) & l_2(\rho_1\rho_2-\rho_3\rho_4) \end{bmatrix} \qquad [10.3]$$

虚拟关节速度 $\dot{\boldsymbol{\alpha}}$ 记为 $\dot{\boldsymbol{\alpha}}=\boldsymbol{J}^{-1}(\boldsymbol{\rho})\dot{\boldsymbol{y}}$。如果分析由线性化雅可比矩阵得到的 $\dot{\boldsymbol{\theta}}^*$ 和 $\dot{\boldsymbol{\alpha}}$ 之间的模型 $\boldsymbol{H}(\boldsymbol{\rho},\ s)$，可知其与完备模型相比，具有以下优点：

—模型降阶（由于模型中减少两个积分器，因此阶次从 8 降为 6）。

—仅与单个参数有关，$\rho_1=\cos(\theta_2)$。

㊀ 这些工具已在 MapleSim 中提供。

㊁ M 和 F 表达式可参见 http://eavr.u-strasbg.fr/~laroche/flexrob/。

㊂ 在已知电动机测量的关节位置控制情况下（共存问题），可将控制器用作一个简单的比例控制。而对于如终端器件定位问题的非共存问题，并不适用，这将在后面介绍。

—输出方程不再取决于调度参数。

这些优点使得更易于模型辨识，这将在后面介绍。若可得到物理方程，LPV 模型也可通过线性化而得到。根据状态矢量 $\boldsymbol{x}=[\boldsymbol{\kappa}^{\mathrm{T}}\quad \dot{\boldsymbol{\theta}}^{\mathrm{T}}\quad \dot{\boldsymbol{\kappa}}^{\mathrm{T}}]^{\mathrm{T}}$，模型可表示为

$$\dot{\boldsymbol{x}}(t)=\breve{\boldsymbol{A}}(\rho_1)\boldsymbol{x}(t)+\breve{\boldsymbol{B}}(\rho_1)\boldsymbol{u}(t) \qquad [10.4a]$$

$$\dot{\boldsymbol{\alpha}}(t)=\breve{\boldsymbol{C}}\boldsymbol{x}(t) \qquad [10.4b]$$

式中

$$\breve{\boldsymbol{A}}=\begin{bmatrix}0_{n_\kappa\times n_\kappa} & 0_{n_\kappa\times n_\theta} & \boldsymbol{I}_{n_\kappa}\\ \boldsymbol{A}_2(\rho_1) & -\boldsymbol{B}_1(\rho_1)\boldsymbol{K} & 0_{n_q\times n_\kappa}\end{bmatrix} \qquad [10.5a]$$

$$\breve{\boldsymbol{B}}=\begin{bmatrix}0_{n_\kappa\times n_\theta}\\ \boldsymbol{B}_1(\rho_1)\boldsymbol{K}\end{bmatrix}\quad \breve{\boldsymbol{C}}=[0_{n_\theta\times n_\kappa}\quad \boldsymbol{C}_1] \qquad [10.5b]$$

对于本节所考虑的情况，矩阵 $\boldsymbol{C}_1$ 为

$$\boldsymbol{C}_1=\begin{bmatrix}1 & 0 & l_1 & 0\\ 0 & 1 & l_1 & l_2\end{bmatrix} \qquad [10.6]$$

分块矩阵 $\boldsymbol{A}_2(\rho_1)$ 和 $\boldsymbol{B}_1(\rho_1)\boldsymbol{K}$ 来自于模型线性化，另外，也可通过辨识获得。

对于辨识应用而言，为更精确地确定参数值，将 $\dot{\boldsymbol{\theta}}$ 作为 $\dot{\boldsymbol{\alpha}}$ 的测量补偿非常有用。从而输出方程可写为

$$\breve{\boldsymbol{y}}(t)=\begin{bmatrix}\dot{\boldsymbol{\alpha}}(t)\\ \dot{\boldsymbol{\theta}}(t)\end{bmatrix}=\begin{bmatrix}0 & 0 & 1 & 0 & l_1 & 0\\ 0 & 0 & 0 & 1 & l_1 & l_2\\ 0 & 0 & 1 & 0 & 0 & 0\\ 0 & 0 & 0 & 1 & 0 & 0\end{bmatrix}\boldsymbol{x}(t) \qquad [10.7]$$

10.3.1.3 工作空间

机器人的工作空间是由位置和速度的变化区间确定的，因此能够推断出合适的变化参数集合 $\boldsymbol{\rho}_k$。同时，对于两两相连的约束连接辨识也是非常重要的，参数为

$$G_1=\{(\rho_1,\rho_3)\in\mathbb{R}^2:g_1(\rho)=\rho_1^2+\rho_3^2-1=0\} \qquad [10.8]$$

$$G_2=\{(\rho_2,\rho_4)\in\mathbb{R}^2:g_2(\rho)=\rho_2^2+\rho_4^2-1=0\} \qquad [10.9]$$

给定关节的最大速度 V_{M_1} 和 V_{M_2}，参数时间导数的合适集合 $S_{\dot{\rho}}$ 可通过下列半代数集合进行建模：

$$G_3=\{(\dot{\rho}_1,\dot{\rho}_3)\in\mathbb{R}^2:g_3(\rho)=\dot{\rho}_1^2+\dot{\rho}_3^2-V_{M_2}^2\leqslant 0\} \qquad [10.10]$$

$$G_4=\{(\dot{\rho}_2,\dot{\rho}_4)\in\mathbb{R}^2:g_4(\rho)=\dot{\rho}_2^2+\dot{\rho}_4^2-V_{M_1}^2\leqslant 0\} \qquad [10.11]$$

10.3.2 LPV 模型辨识

10.3.2.1 LPV 辨识概述

LPV 模型辨识技术的深入研究 [LOP 11，TOT 10] 表明，针对这一问题的大多数方法可分为两大类：全局方法和局部方法。全局方法是利用所采集的数据对

LPV 模型进行整体辨识，以使得过程中的系统非线性化和不同工作模式充分激发 [LEE 99，VER 05，VAN 09]。而局部技术是基于三步方法 [DE 09，VAN 04，LOV 07，MER 11]：首先针对一组保持调度变量位于用户定义的对应于待辨识过程工作点的固定值的激励轨迹进行实验；然后对于事先选择的每个工作点进行 LTI 模型辨识；最终通过对事先估算的 LTI 模型的参数进行插值（仿射、多项式等）来获得全局 LPV 模型。

构建而得的两种模型具有相对互补的优点和不足 [TOT 10]。全局方法的主要优点是能够提供一个整体的 LPV 系统全局模型，然而需要严格的假设，即一次独立实验能够激发待辨识过程的所有动力学的可行性。在许多实际应用中，出于经济或安全的考虑，不可能达到这种实验过程，但在许多应用中更有可能在合理选择的工作点附近进行局部实验。尽管这种方法没有什么难点 [TOT 10]，但在本章中将着重考虑。事实上，在状态空间插值模型的情况下，模型结构的选择非常关键 [TOT 10]。在本研究中，基于上述讨论的模型结构来求解该问题，并确保不同 LTI 模型的状态均具有相同意义。

10.3.2.2　局部 LTI 模型辨识

实现过程的第一步是对于用户选择的每个工作点（相应的调度变量固定）进行 LTI 模型的局部辨识。该方法包括不同工作点的选择以及对每个工作点构建一个激发序列，以确保得到良好的局部估计。在本例中，输入信号为两个与相对较小振幅不相关的伪随机二进制信号以避免产生系统非线性。调度变量为 $\rho_1 = \cos(\theta_2)$，以确定选择一个在 $\left[\frac{\pi}{8}:\frac{7\pi}{8}\right]$ 范围内以增量 $\frac{\pi}{8}$ 的某一常数值附近的 θ_2 值，然后必须根据这 7 个工作点处所采集的输入/输出数据来辨识 7 种局部 LTI 模型，并通过一种误差输出算法完成这些局部模型的参数估计 [LJU 99]。选择与 LPV 模型相同的 LTI 模型结构（见 10.3.1.2 节）。在已知 m 个测量值情况下，输出误差方法需使得下列准则相对于识别参数矢量[㊀] $\boldsymbol{\eta}$ 最小化：

$$\boldsymbol{V}_m(\boldsymbol{\eta}) = \frac{1}{m}\sum_{k=1}^{m} \|\check{\boldsymbol{y}}(t_k) - \hat{\boldsymbol{y}}(t_k,\boldsymbol{\eta})\|_2^2 \qquad [10.12]$$

式中，$\check{\boldsymbol{y}}$是待辨识系统的输出矢量；$\check{\boldsymbol{y}}(\boldsymbol{\eta})$ 是 LTI 模型的输出矢量。

尽管所寻找的模型是 LTI 模型，但该准则常常可得到局部最小值，这对于确保获得一个精确辨识模型非常重要。围绕这一问题，提出一种初始参数矢量接近于全局最优的优化算法。通过以下方式可获得这一可靠的参数矢量：

—采用子空间方法来估计一个完全参数化的局部模型 [KAT 05，VAN 96，VER 07] 能够提供一种无论作用于过程的扰动特性如何均可靠的 LTI 状态空间模型。

—如果需要，利用文献 [DAT 03] 中所介绍的常规技术，将估计的离散时间模型

㊀ 在此为区别起见，将固定的辨识参数记为 $\boldsymbol{\eta}$，而取决于 LPV 模型的变化参数 $\boldsymbol{\rho}$ 为所寻找的数值。

转换为连续时间模型。

—将局部状态空间 LTI 模型重构为由局部 LPV 模型检验结构的状态表示。

最后一步的实现最为复杂。为了实际应用的目的，可采用文献［PRO 12］所提出的零空间法来实现这一重构步骤。

通过步长为 100 的蒙特卡洛模拟来实现对按照上述步骤而得到的局部 LTI 估计模型进行检验，并对每个工作点的估计平均模型与系统的实际输出进行比较。通过利用机器人仿真器在初始无噪声的一组输入/输出数据中增加一个使得系统输出处信噪比为 20dB 的高斯白噪声序列来绘制蒙特卡洛图。对于每一个输出，下列质量指数用于评估验证数据下的局部模型质量（即与估计数据不同的数据）：

$$\mathrm{FIT}_i = 100 \times \left(1 - \frac{\|\check{\boldsymbol{y}}_i - \hat{\boldsymbol{y}}_i\|}{\|\check{\boldsymbol{y}}_i - \text{平均}(\check{\boldsymbol{y}}_i)\|}\right) \tag{10.13}$$

在表 10.1 中第二行重组的局部模型 4 个输出的平均值表明，模型性能与推导解析结果（表 10.1 中第 3 行）非常相近。这些指标不仅可验证局部模型，还可用于整个辨识过程（线性化、可辨识性、工作点和激发序列的选择）。

表 10.1　对于验证数据、估计模型和解析模型的质量评测

θ_2	$\frac{\pi}{8}$	$\frac{2\pi}{8}$	$\frac{3\pi}{8}$	$\frac{4\pi}{8}$	$\frac{5\pi}{8}$	$\frac{6\pi}{8}$	$\frac{7\pi}{8}$
估计值	97.7	97.1	96.8	96.6	96.3	95.5	94.6
解析值	97.0	95.9	95.4	94.9	94.2	93.0	92.6

10.3.2.3　局部 LTI 模型插值

图 10.11 给出了局部估计模型关于调度变量 $\cos(\theta_2)$ 的参数变化。这些曲线表明：

—局部 LTI 模型的系数变化与分析方法的相似；

—系数变化相对平滑，可采用较低阶次的多项式逼近。将多项式阶次记为 d。

对于插值步骤的验证可通过下列相似性指数进行量化：

$$\overline{\mathrm{FIT}} = 100 \times \left(1 - \frac{\|\boldsymbol{\eta} - \hat{\boldsymbol{\eta}}\|}{\|\boldsymbol{\eta} - \text{平均}(\boldsymbol{\eta})\|}\right) \tag{10.14}$$

式中，$\boldsymbol{\eta}$ 为包含一组对于 $\theta_2 \in \left[\frac{\pi}{8}:\frac{\pi}{8}:\frac{7\pi}{8}\right]$ 的局部模型估计参数矢量；$\hat{\boldsymbol{\eta}}$ 为通过线性回归由多项式变化模型计算得到的矢量。

表 10.2 中给出了对于 $d=2$ 和 $d=3$ 的局部分析模型和局部估计模型的相似性指数值。数值清晰地表明所用的插值过程有效，较低阶的多项式 LPV 模型可在复杂性和效率之间达到很好的平衡。

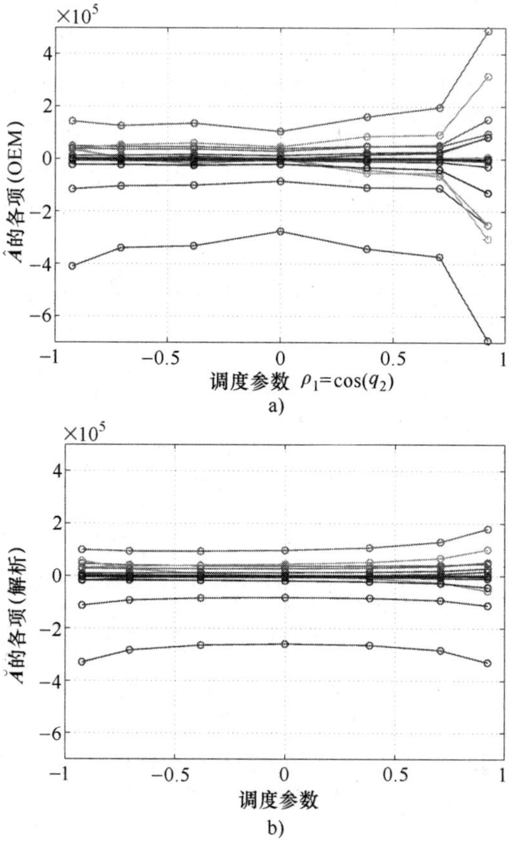

图 10.11　在 $\rho_1=\cos(\theta_2)$ 下由 a) 输出误差法（OEM）和 b) 解析法估计的模型状态矩阵参数的验证

表 10.2　对于不同插值程度（d）的模型状态矩阵估计的插值效果 $\overline{\text{FIT}}$ 评测

	d	$\check{\boldsymbol{A}}(\rho_1)$	$\check{\boldsymbol{B}}(\rho_1)$
$\overline{\text{FIT}}$（估计模型,%）	2	50.3	49.0
$\overline{\text{FIT}}$（解析模型,%）	2	73.2	73.2
$\overline{\text{FIT}}$（估计模型,%）	3	68.1	67.0
$\overline{\text{FIT}}$（解析模型,%）	3	85.0	85.1

10.3.2.4　插值 LPV 模型检验

最后一步是检验插值估计和 LPV 解析模型。为达到这一目的，系统和模型均在 θ_2 的可能数值范围内全部被激发（见图 10.12）。另外，LPV 估计模型和 LPV 解析模型的输出再一次与非线性模拟输出进行比较（见表 10.3 中的定量比较和图 10.13 中的定性比较）。值得注意的是，利用输出 $\dot{\boldsymbol{\alpha}}$ 和 $\dot{\boldsymbol{y}}$ 来进行比较。表 10.3 中的数值表明两种 LPV 模型均能重现待辨识非线性过程的动态特性。

表 10.3 针对检验数据的解析 LPV 模型和辨识 LPV 模型（$d=3$）的性能评测（FIT）

	LPV 解析模型	LPV 估计模型
$\dot{\alpha}_1$	86.1	78.6
$\dot{\alpha}_2$	93.2	77.5
$\dot{y}_1$	91.5	77.1
$\dot{y}_2$	88.0	80.1

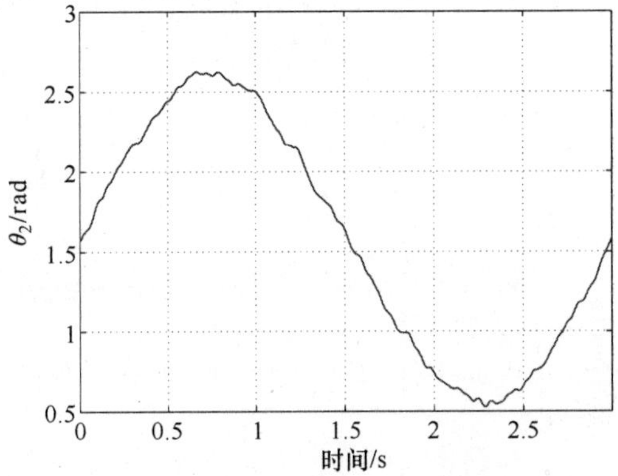

图 10.12 用于检验的 θ_2 的变化

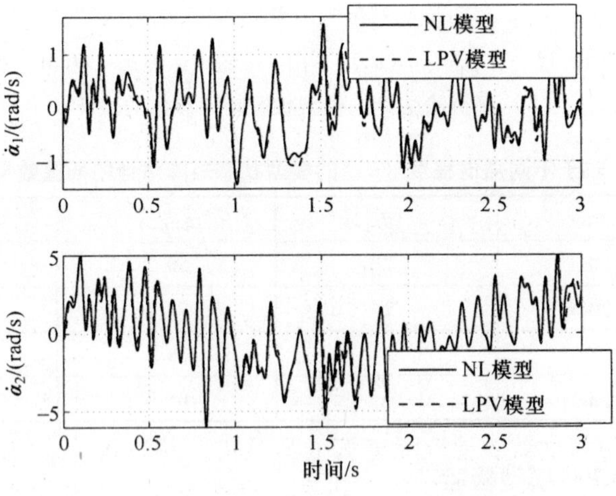

图 10.13 辨识 LPV 模型和非线性模型的比较

10.3.3 LPV 系统的分析和综合方法

对于机械手的控制，LPV 方法具有两个优点：

—能够在一个较大工作空间内评估 LTI 控制的稳定性和性能。

—在假设 LTI 控制不能保证在某一工作空间内的性能时，可通过实现这些方法来扩展工作空间。

设考虑增广系统 $\Sigma(s,\rho)$ 的 LPV 模型，且具有性能信道 $\boldsymbol{v}\to\boldsymbol{z}$ 和控制信道 $\boldsymbol{u}\to\boldsymbol{e}$：

$$\dot{\boldsymbol{x}} = \boldsymbol{A}(\rho)\boldsymbol{x} + \boldsymbol{B}_1(\rho)\boldsymbol{v} + \boldsymbol{B}_2(\rho)\boldsymbol{u} \quad [10.15a]$$

$$\boldsymbol{z} = \boldsymbol{C}_1(\rho)\boldsymbol{x} + \boldsymbol{D}_{11}(\rho)\boldsymbol{v} + \boldsymbol{D}_{12}(\rho)\boldsymbol{u} \quad [10.15b]$$

$$\boldsymbol{e} = \boldsymbol{C}_2(\rho)\boldsymbol{x} + \boldsymbol{D}_{21}(\rho)\boldsymbol{v} + \boldsymbol{D}_{22}(\rho)\boldsymbol{u} \quad [10.15c]$$

以及，一个 n_K 阶 LPV 或 LTI 控制器 $\Sigma_K(s,\rho)$ 的形式为

$$\dot{\boldsymbol{x}}_K = \boldsymbol{A}_K(\rho)\boldsymbol{x}_K + \boldsymbol{B}_K(\rho)\boldsymbol{e} \quad [10.16a]$$

$$\boldsymbol{u} = \boldsymbol{C}_K(\rho)\boldsymbol{x}_K + \boldsymbol{D}_K(\rho)\boldsymbol{e} \quad [10.16b]$$

则 $n_\chi = n + n_K$ 阶闭环系统 $\Sigma_{\rm bf}(s,\rho) = \Sigma(s,\rho) * \Sigma_K(s,\rho)$ 可根据状态矢量 $\boldsymbol{\chi} = [\boldsymbol{x}^{\rm T} \quad \boldsymbol{x}_K^{\rm T}]^{\rm T}$ 表示为

$$\dot{\boldsymbol{\chi}} = A_{\rm bf}(\rho)\boldsymbol{\chi} + B_{\rm bf}(\rho)\boldsymbol{v} \quad [10.17a]$$

$$\boldsymbol{z} = C_{\rm bf}(\rho)\boldsymbol{\chi} + D_{\rm bf}(\rho)\boldsymbol{v} \quad [10.17b]$$

一般记 $\boldsymbol{x}\in\mathbb{R}^{n_x}$，$\boldsymbol{v}\in\mathbb{R}^{n_v}\cdots$。在本例下，$n_u = n_y = n_v = n_z = 2$。

首先讨论了闭环系统的性能分析问题，接下来对控制器合成问题进行说明。

10.3.3.1　LPV 系统的性能

设考虑系统 $\Sigma_{\rm bf}(s,\rho)$。非线性和 LPV 模型中 H_∞ 范数的扩展是两个输入/输出信号的 $\mathcal{L}_2$ 诱导范数：$\max\dfrac{\|\boldsymbol{z}(t)\|}{\|\boldsymbol{v}(t)\|}$，其中，$\|\boldsymbol{z}(t)\| = \int_{t=0}^{\infty}\boldsymbol{z}^{\rm T}(t)\boldsymbol{z}(t)\,{\rm d}t$。以满足下面给出的有界实引理的 LMI 形式[⊖]给出。

定理 10.1　参数相关有界实引理 [GAH 96]。若 $\forall\tilde{\boldsymbol{\rho}} = (\rho,\dot{\rho})\in\boldsymbol{S}_\rho\times\boldsymbol{S}_{\dot{\rho}}$ 下存在一个满足下列参数相关 LMI 矩阵函数 $\boldsymbol{X}(\rho) = \boldsymbol{X}^{\rm T}(\rho) > 0$，则加权闭环系统 $\Sigma_{\rm bf}(s,\rho)$ 稳定且增益性能指标 $\mathcal{L}_2$ 低于 $\gamma > 0$：

$$\mathcal{M}(\rho,\dot{\rho}) = \begin{bmatrix} \boldsymbol{He}\{\boldsymbol{X}(\rho)A_{\rm bf}(\rho)\} + \sum_k \dot{\rho}_k\dfrac{\partial\boldsymbol{X}(\rho)}{\partial\rho_k} & * & * \\ \boldsymbol{B}_{\rm bf}^{\rm T}\boldsymbol{X}(\rho) & -\gamma\boldsymbol{I}_{n_v} & * \\ \boldsymbol{C}_{\rm bf} & \boldsymbol{D}_{\rm bf} & -\gamma\boldsymbol{I}_{n_z} \end{bmatrix} < 0 \quad [10.18]$$

式中，$\boldsymbol{He}(\boldsymbol{M}) = \boldsymbol{M} + \boldsymbol{M}^{\rm T}$，推导 * 项以使得 $\mathcal{M}(\rho,\dot{\rho})$ 为一个对称矩阵。

直接应用这种测试需要检验无穷多个不等式，即参数及其时间导数的每个值。在仿射相关情况下，足以检验工作空间顶点处的等式。但在更复杂的相关性情况下（多项式阶数大于等于 2 且合理），下列方法之一可用于将条件个数减少为有限

⊖ 对于 $n_\chi\times n_\chi$ 的实对称矩阵 $\boldsymbol{M}$，矩阵不等式 $\boldsymbol{M}<0$ 意味着 $\boldsymbol{M}$ 的所有特征值均严格为负。这等效于对于 $\mathbb{R}^{n_x}$ 内所有非零 $\boldsymbol{x}^{\rm T}\boldsymbol{M}\boldsymbol{x} < 0$。

个数：

—在参数空间中采样，但会失去保障［APK 98］。

—在多项式问题中经常利用多凸性［APK 97］。这一概念比凸性较弱，可在空间的每个规范方向上减少。如果满足下列两个条件，则在顶点集合处满足不等式条件：

- 不等式在顶点处均满足；
- 矩阵函数$\mathcal{M}$具有多凸性（即$\frac{\partial^2 \mathcal{M}}{\partial \rho_k^2} \geq 0$和$\frac{\partial^2 \mathcal{M}}{\partial \dot{\rho}_k^2} \geq 0$）。

在二阶多项式相关情况下，多凸性条件不再依赖于这些参数，因此参数相关性可消除或降为一阶。对于高阶相关性，过程必须连续。值得注意的是，该方法会导致出现充分不必要条件，由此具有一些保守性：

—可将一个具有合理相关性的 LPV 系统转换为一个具有仿射参数相关性的广义 LPV 系统。从而模型具有与文献［10.17a］中相同的形式，只是由 $\boldsymbol{E}\dot{\boldsymbol{x}}$ 代替 $\dot{\boldsymbol{x}}$，其中，矩阵 $\boldsymbol{E}$ 为奇异矩阵。对于这些系统，可扩展有界实引理以产生有限个 LMI 条件［MAS 97］。在本章将该方法应用于机械手的关节控制［HAL 11］。

—机械手动力学模型可自然地表示成广义模型的形式，其中惯性矩阵乘以关节加速度。基于这种特殊结构，可得到具有一种适应于该模型结构形式的参数相关性 Lyapunov（李雅普诺夫）矩阵的性能特性，从而可实现参数仿射相关性实验。在文献［HAL 11］中实现了该方法。

—接下来介绍的以平方和（SOS）形式的松弛方法是另一种有效方法，可将问题看作一个唯一的 LMI 解来处理。

10.3.3.2 SOS 松弛

若满足下列谱分解，则称对称矩阵函数 $\boldsymbol{S}(\tilde{\rho})$ 具有 SOS 形式：

$$\boldsymbol{S}(\tilde{\rho}) = \boldsymbol{H}^{\mathrm{T}}(\tilde{\rho})\boldsymbol{Q}\boldsymbol{H}(\tilde{\rho}) \qquad [10.19]$$

式中，$\boldsymbol{H}(\tilde{\rho})$ 为一个由 $\tilde{\rho}$ 的单项式组成的矩阵，且 $Q \geq 0$。

这一分解的存在是 $\boldsymbol{S}(\tilde{\rho})$ 全局半正定的充分条件。式［10.19］的形式很关键，可允许进行不依赖于参数的正定性测试。

为限制在一个类似于文献［10.10 和 10.11］的半代数集描述的定义域中具有半正定性，可利用由弱 Lagrangian 对偶性得到的条件［SCH 06］。从而得到下列矩阵：

$$\boldsymbol{S}'(\tilde{\rho}) = \boldsymbol{S}(\tilde{\rho}) + \sum_{j=1}^{N} \boldsymbol{Z}_j g_j(\tilde{\rho}) \qquad [10.20]$$

式中，N 为定义半代数集的不等式约束条件个数。

若 $\boldsymbol{S}'(\tilde{\rho})$ 满足式［10.19］的分解形式，其中 $\boldsymbol{Z}_j$，$j=1$，…，N 为对称半正定矩阵，则对于所有满足 $g_j(\tilde{\rho}) \leq 0$，$\forall j=1$，…，N 的 $\tilde{\rho}$ 值，$\boldsymbol{S}(\tilde{\rho}) \geq 0$。

除了可将待检验的条件个数减少到有限个数，这一松弛技术还具有允许采用本案例中非常有用的非凸性参数定义域的优点。

为了使用这种方法，必须进行分析测试并将因式分解成式［10.19］的形式。接下来介绍如何在假设常数李雅普若夫矩阵 $X=X^{\mathrm{T}}>0$（在测试中，消除 $\dot{\rho}$ 的依赖性，从而可降低测试复杂性）的条件下进行有限实引理的因式分解。受式［10.18］中 $\boldsymbol{M}(\rho,\ \dot{\rho})$ 结构的启发，选择 $\boldsymbol{M}(\rho,\ \dot{\rho})=\mathrm{diag}(\boldsymbol{H}_1(\rho),\ \boldsymbol{I}_{n_v},\ \boldsymbol{I}_{n_z})$，其中：

$$\boldsymbol{H}_1(\rho)=[\boldsymbol{I}_{n_x}\quad \rho_1\boldsymbol{I}_{n_x}\quad \rho_2\boldsymbol{I}_{n_x}\quad \rho_3\boldsymbol{I}_{n_x}\quad \rho_4\boldsymbol{I}_{n_x}]^{\mathrm{T}}$$

根据矩阵 $\boldsymbol{Q}$ 的相应分区矩阵，可得

$$\mathcal{M}(\rho)=\boldsymbol{H}^{\mathrm{T}}(\rho)\boldsymbol{Q}\boldsymbol{H}(\rho)$$
$$=\begin{bmatrix}\boldsymbol{H}_1^{\mathrm{T}}(\rho)\boldsymbol{Q}_{11}\boldsymbol{H}_1(\rho) & \boldsymbol{H}_1^{\mathrm{T}}(\rho)\boldsymbol{Q}_{21}^{\mathrm{T}} & \boldsymbol{H}_1^{\mathrm{T}}(\rho)\boldsymbol{Q}_{31}^{\mathrm{T}}\\ \boldsymbol{Q}_{21}\boldsymbol{H}_1(\rho) & \boldsymbol{Q}_{22} & \boldsymbol{Q}_{32}\\ \boldsymbol{Q}_{31}\boldsymbol{H}_1(\rho) & \boldsymbol{Q}_{32} & \boldsymbol{Q}_{33}\end{bmatrix}\qquad [10.21]$$

设矩阵 $\boldsymbol{A}_{\mathrm{bf}}(\rho)$ 具有下列单项式分解：

$$\boldsymbol{A}_{\mathrm{bf}}(\rho)=A_0^{\mathrm{bf}}+\rho_1A_1^{\mathrm{bf}}+\rho_2A_2^{\mathrm{bf}}+\rho_4A_4^{\mathrm{bf}}+\rho_1^2A_{11}^{\mathrm{bf}}+\rho_1\rho_2A_{12}^{\mathrm{bf}}+\rho_1\rho_4A_{14}^{\mathrm{bf}}+\rho_2\rho_3A_{23}^{\mathrm{bf}}+\rho_3\rho_4A_{34}^{\mathrm{bf}}$$

通过比较式［10.18］和式［10.21］，可得 $\mathcal{M}(\rho)$ 矩阵中每一个分区矩阵 $\mathcal{M}_{ij}$，$i,\ j=1,\ \cdots,\ 3$ 的单项式分解。首先从最复杂的 $\mathcal{M}_{11}$ 项开始，可得其谱分解形式为 $\boldsymbol{H}_1^{\mathrm{T}}(\rho)\boldsymbol{Q}_{11}\boldsymbol{H}_1(\rho)$，其中

$$\boldsymbol{Q}_{11}=\begin{bmatrix}\boldsymbol{He}\{\boldsymbol{X}\boldsymbol{A}_0^{\mathrm{bf}}\}-(\sigma_1+\sigma_2)\boldsymbol{I}_{n_x} & \boldsymbol{X}\boldsymbol{A}_1^{\mathrm{bf}} & \boldsymbol{X}\boldsymbol{A}_2^{\mathrm{bf}} & 0_{n_x} & \boldsymbol{X}\boldsymbol{A}_4^{\mathrm{bf}}\\ * & \boldsymbol{He}\{\boldsymbol{X}\boldsymbol{A}_{11}^{\mathrm{bf}}\}+\sigma_1\boldsymbol{I}_{n_x} & \boldsymbol{X}\boldsymbol{A}_{12}^{\mathrm{bf}} & 0_{n_x} & \boldsymbol{X}\boldsymbol{A}_{14}^{\mathrm{bf}}\\ * & * & \sigma_2\boldsymbol{I}_{n_x} & \boldsymbol{X}\boldsymbol{A}_{23}^{\mathrm{bf}} & 0_{n_x}\\ * & * & * & \sigma_1\boldsymbol{I}_{n_x} & \boldsymbol{X}\boldsymbol{A}_{34}^{\mathrm{bf}}\\ * & * & * & * & \sigma_2\boldsymbol{I}_{n_x}\end{bmatrix}\qquad [10.22]$$

为避免在对角线上出现造成数值求解困难的空项，在 $\mathcal{M}_{11}$ 中增加 $(\sigma_1g_1(\rho)+\sigma_2g_2(\rho))\boldsymbol{I}_{n_x}$ 项，其中，g_1 和 g_2 为式［10.8］和式［10.9］中定义的允许集约束，σ_1 和 σ_2 为任意实数。g_k 为零，这对最终测试没有任何影响，但便于后面的优化。分解后的其他矩阵为 $\boldsymbol{Q}_{21}=[\boldsymbol{B}_{\mathrm{bf}}^{\mathrm{T}}X\quad 0_{n_v\times 4n_x}]$，$\boldsymbol{Q}_{22}=-\gamma\boldsymbol{I}_{n_v}$，$\boldsymbol{Q}_{31}=[\boldsymbol{C}_{\mathrm{bf}}\quad 0_{n_z\times 4n_x}]$，$\boldsymbol{Q}_{32}=\boldsymbol{D}_{\mathrm{bf}}$ 和 $\boldsymbol{Q}_{33}=-\gamma\boldsymbol{I}_{n_z}$。

10.3.3.3　LPV 合成

与分析问题相比较，合成一个满足性能准则的闭环控制器的问题［10.17］会具有额外复杂性。这归结于控制器的状态矩阵乘以李雅普诺夫矩阵 $\boldsymbol{X}$ 而造成线性特性较弱，该线性特性是得到数值求解 LMI 条件的关键。

可采用两种方法从分析条件得到合成条件。首先，第一种方法是利用投影定理来消除控制矩阵［GAH 94］。在确定李雅普诺夫矩阵之后，通过求解有界实引理来进行控制器合成，此时的控制矩阵项为线性。下面介绍的另一种方法是基于改变产生 LMI 条件的变量［SCH 97］。

文献［APK 98］中表明，若存在对称矩阵 $\boldsymbol{X}(\rho)$、$\boldsymbol{Y}(\rho)$ 和矩阵 $\hat{\boldsymbol{A}}_K(\rho)$、$\hat{\boldsymbol{B}}_K(\rho)$、$\hat{\boldsymbol{C}}_K(\rho)$ 以及 $\boldsymbol{D}_K(\rho)$，则可确定存在一个保证闭环系统稳定且 $\mathcal{L}_2$ 产生的性能指标低于 γ 的 $n_{x_K}=n_x$ 阶 LPV 控制器，从而使得 $\forall(\rho,\ \dot{\rho})\in \boldsymbol{S}_\rho\times\boldsymbol{S}_{\dot{\rho}}$：

$$\begin{bmatrix} \dot{\hat{X}}+XA+\hat{B}_K C_2+(*) & * & * & * \\ \hat{A}_K+A+B_2D_KC_2 & -\dot{Y}+AY+B_2\hat{C}_K+(*) & * & * \\ (XB_1+\hat{B}_KD_{21})^{\mathrm{T}} & (B_1+B_2D_KD_{21})^{\mathrm{T}} & -\gamma I_{n_v} & * \\ C_1+D_{12}D_KC_2 & C_1Y+D_{12}\hat{C}_K & D_{11}+D_{12}D_KD_{21} & -\gamma I_{n_z} \end{bmatrix}<0 \qquad [10.23]$$

$$\begin{bmatrix} X & I_{n_x} \\ I_{n_x} & Y \end{bmatrix}>0 \qquad [10.24]$$

在这一过程中，式［10.23］和式［10.24］中所有矩阵均可能与参数相关，尽管为简单起见可忽略这种相关性。

如果式［10.23］和式［10.24］中参数相关的 LMI 对于矩阵 $\boldsymbol{X}(\rho)$、$\boldsymbol{Y}(\rho)$、$\hat{\boldsymbol{A}}_K(\rho)$、$\hat{\boldsymbol{B}}_K(\rho)$、$\hat{\boldsymbol{C}}_K(\rho)$ 和 $\boldsymbol{D}_K(\rho)$ 可行，则控制器的状态矩阵可由下列方式构建：

—确定矩阵 $\boldsymbol{N}(\rho)$、$\boldsymbol{M}(\rho)$，并求解因式分解问题：

$$I_{n_x}-X(\rho)Y(\rho)=N(\rho)M^{\mathrm{T}}(\rho) \qquad [10.25]$$

—根据以下方程，计算控制器状态矩阵 $\boldsymbol{A}_K(\rho)$、$\boldsymbol{B}_K(\rho)$ 和 $\boldsymbol{C}_K(\rho)$：

$$A_K(\rho)=N^{-1}(X\dot{Y}+N\dot{M}^{\mathrm{T}}+\hat{A}_K-X(A-B_2D_KC_2)Y-\hat{B}_KC_2Y-XB_2\hat{C}_K)M^{-\mathrm{T}} \qquad [10.26]$$

$$B_K(\rho)=N^{-1}(\hat{B}_K-XB_2D_K) \qquad [10.27]$$

$$C_K(\rho)=(\hat{C}_K-D_KC_2Y) \qquad [10.28]$$

通过对式［10.23］采用与10.3.3.2节中介绍的相同处理方式可得到 SOS 松弛法的 LPV 控制器合成。有关这一部分更详细的介绍可参见文献［HAL 12］。

10.3.4 柔性机械手控制应用

采用10.3.2节中介绍的 $d=2$ 阶多项式 LPV 模型。首先，进行 LTI 控制的性能分析，然后进行 LPV 控制的合成。

10.3.4.1 性能分析

10.3.4.1.1 问题描述

采用10.2.3节介绍的方法，记为 $K_N(s)$ 的 H_∞ 控制器可通过下式定义的对应于 $(\theta_1,\ \theta_2)=(45°,\ 45°)$ 结构和末端执行器位置 $\boldsymbol{y}=[y_1,\ y_2]^{\mathrm{T}}=[0.354\mathrm{m}\ 0.854\mathrm{m}]^{\mathrm{T}}$ 的工作点进行合成：

$$\boldsymbol{\rho}^N = \frac{\sqrt{2}}{2}[1 \quad 1 \quad 1 \quad 1]^{\mathrm{T}}$$

采用仅有一个模块的合成方案（去掉加权 $W_2(s)$ 的图 10.7），其中 $W_1(s)$ 可确保具有下列特性：模余量为 0.65，带宽为 $\omega_c = 20\mathrm{rad/s}$。通过在 MATLAB 软件中应用 LMI 合成方法，可得性能指标 $\gamma_{syn} = 1.058$。

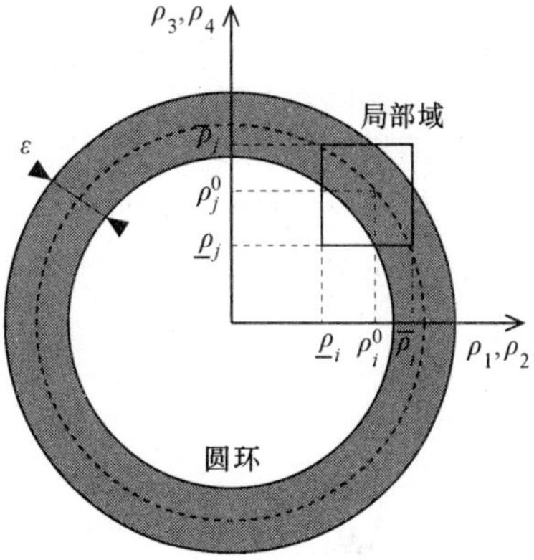

图 10.14　局部分析域

10.3.4.1.2　多项式约束条件

可以很方便地松弛定义文献［10.8 和 10.9］中集合的多项式约束条件并将其表示为不等式。为此，包含参数集 G_1 和 G_2 的单位圆可由一个平均半径为 1 且厚度为 $\varepsilon \in [0, 1]$ 的圆环（见图 10.14）所代替。由此，允许集 G_1 和 G_2 分别由新半代数集的交集 $G_{11} \cap G_{12}$ 和 $G_{21} \cap G_{22}$ 代替，其中

$$G_{11} = \{(\rho_1, \rho_3) \in \mathbb{R}^2 : g_{11}(\rho) = \rho_1^2 + \rho_3^2 - R_M^2 \leqslant 0\} \quad [10.29]$$

$$G_{12} = \{(\rho_1, \rho_3) \in \mathbb{R}^2 : g_{12}(\rho) = -\rho_1^2 - \rho_3^2 + R_m^2 \leqslant 0\} \quad [10.30]$$

$$G_{21} = \{(\rho_2, \rho_4) \in \mathbb{R}^2 : g_{21}(\rho) = \rho_2^2 + \rho_4^2 - R_M^2 \leqslant 0\} \quad [10.31]$$

$$G_{22} = \{(\rho_2, \rho_4) \in \mathbb{R}^2 : g_{22}(\rho) = -\rho_2^2 - \rho_4^2 + R_m^2 \leqslant 0\} \quad [10.32]$$

$R_m = 1 - \frac{\varepsilon}{2}$ 和 $R_M = 1 + \frac{\varepsilon}{2}$ 分别为圆环的最小和最大半径。这样可考虑模型的不确定性，如参数误差。

定义式［10.29］和式［10.32］中半代数集 G_{ij}，i，$j = 1, 2$ 的函数 g_{ij} 可满足 $\boldsymbol{H}_2^{\mathrm{T}}(\rho)\widetilde{\boldsymbol{G}}_{ij}\boldsymbol{H}_2(\rho)$ 的因式分解，且：

$$\boldsymbol{H}_2(\rho) = [1 \quad \rho_1 \quad \rho_2 \quad \rho_3 \quad \rho_4]^{\mathrm{T}}$$

$$\begin{aligned}
\tilde{\boldsymbol{G}}_{11} &= \mathrm{diag}(-R_M^2, 1, 0, 1, 0) \\
\tilde{\boldsymbol{G}}_{12} &= \mathrm{diag}(R_m^2, -1, 0, -1, 0) \\
\tilde{\boldsymbol{G}}_{21} &= \mathrm{diag}(-R_M^2, 0, 1, 0, 1) \\
\tilde{\boldsymbol{G}}_{22} &= \mathrm{diag}(R_m^2, -1, 0, -1, 0)
\end{aligned} \quad [10.33]$$

式［10.20］中的 $\boldsymbol{Z}_{ij}g_{ij}(\rho)$ 项可在 $\boldsymbol{H}_1^{\mathrm{T}}(\rho)(\tilde{\boldsymbol{G}}_{ij} \otimes \boldsymbol{Z}_{ij})\boldsymbol{H}_1(\rho)$［$\otimes$表示 Kronecker（克罗内克）积］中因式分解。最终，所得到的 LMI 为

$$-\boldsymbol{Q} + \sum_{i,j=1}^{2} (\tilde{\boldsymbol{G}}_{ij} \otimes \boldsymbol{Z}_{ij}) - \lambda \boldsymbol{I}_{5n_x + n_v + n_z} \geq 0 \quad [10.34]$$

式中，矩阵$\boldsymbol{Q}$ 已在 10.3.3.2 节中给出；λ 是一个保证实际中严格正定的正数小标量。

10.3.4.1.3　分析结果

SOS 松弛所得的 LMI［10.34］可通过与 YALMIP 接口相关联的数值求解器 SeDuMi

[STU 99] 进行求解 [LOF 04]。通过对文献 [10.29-10.32] 中定义的最大允许集$\mathcal{S}_\rho$进行分析，表明不能保证 LTI 控制器在整个工作空间中的稳定性。因此，将分析域$\mathcal{S}_\rho$限制在包含工作点$\boldsymbol{\rho}^N$及其邻域的圆弧。记ν为ρ_k参数的最大相对变化量。表 10.4 中给出了圆环宽度为$\epsilon = 0.01$和$\epsilon = 0.04$时所得的性能指标γ_{ana}。由表 10.4 可知，合成所确定的性能指标具有较大的下降，这归结于是在较大的集合上进行分析。另一种分析测试是在取$\nu = 0.0001$时接近$\boldsymbol{\rho}^N$下进行的。表 10.4 中最后一行给出的指标γ_{ana}比通过标准合成确定的γ_{syn}稍低，这对于认为该方法无效是一个积极因素。

表 10.4　性能分析结果

ν	ϵ	γ_{ana}
0.1	0.01	1.4209
0.1	0.04	1.4232
0.0001	0	1.0012

10.3.4.2　LPV 控制器的合成

10.3.3.3 节介绍的合成方法与李雅普诺夫恒矩阵$\boldsymbol{X}$和$\boldsymbol{Y}$以及 SOS 常数乘子一起使用，以限制待求解问题的复杂性。考虑与分析时所采用方案相同的单模块方案。不可能合成一个在整体工作空间中有效的控制器，因此针对尺寸不断增大的变化域进行合成。$\nu = 0.2$时，系统频率响应与模板灵敏度如图 10.15 所示。考虑 3 个 LPV 模型参数固定为下列值的 LTI 系统：标准值$\boldsymbol{\rho}^N$、“低”圆弧值$\boldsymbol{\rho}^m = [\bar{\rho}_1\ \ \bar{\rho}_2\ \ \underline{\rho}_3\ \ \underline{\rho}_4]^T$和“高”圆弧值$\boldsymbol{\rho}^M = [\underline{\rho}_1\ \ \underline{\rho}_2\ \ \bar{\rho}_3\ \ \bar{\rho}_4]^T$。观测到 LPV 控制器的频率特性非常相似。

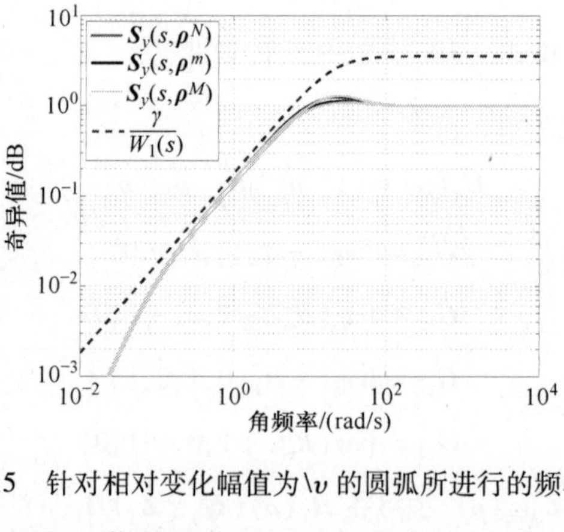

图 10.15　针对相对变化幅值为\ν 的圆弧所进行的频率变换

为评估考虑参数之间相互依赖的作用，进行考虑/不考虑相互依赖约束的两种合成。所得到的性能指标如图 10.16 所示。由图可知，对于较大尺寸的域（变化范围为±30%），考虑参数约束会产生较差的性能评价。此外，工作空间要大于 LTI 控制器所能达到的工作空间（从 10% 变化到 30%）。

针对边长为 10cm 且运行速度为 25cm/s 的正方形轨迹进行模拟评价。两种控制器设置下的轨迹跟踪结果如图 10.17 所示。性能模板完全相同，但用于合成的两个工作

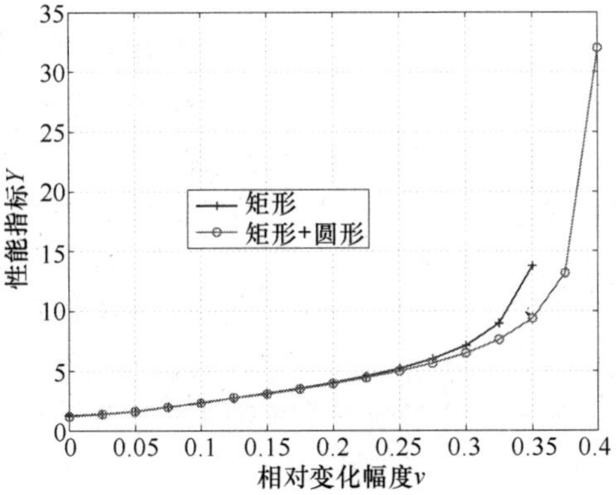

图 10.16　两种类型的空间下相对于空间大小所能达到的性能

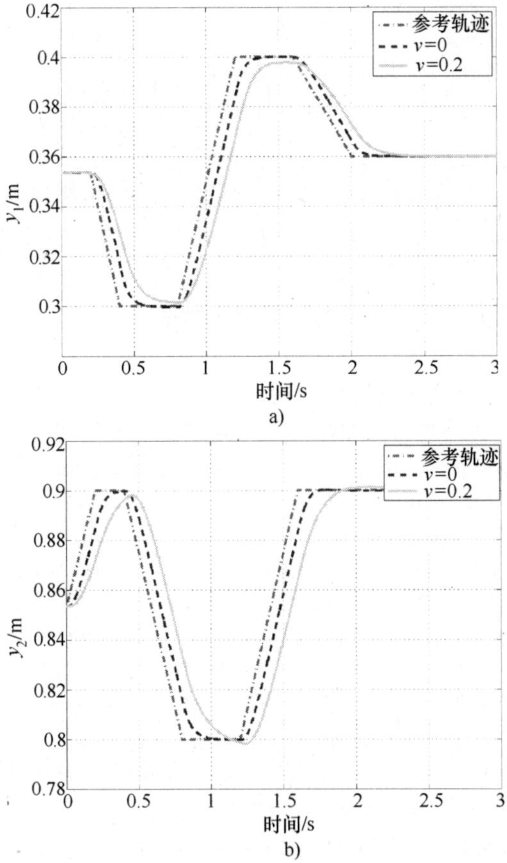

图 10.17　a）y_1 和 b）y_2 坐标下的参考轨迹跟踪

空间尺寸分别为 $\nu=0$ 和 $\nu=0.2$。由图 10.17 可知，两种控制器均能实现对参考轨迹的跟踪，然而针对较大尺寸工作空间（$\nu=0.2$）而合成的控制器具有较差的动力学。这很好地说明了性能-鲁棒性与控制律之间存在内在权衡。

10.4 小结

本章介绍了鲁棒控制方法，并将其应用到柔性机械手的控制。第一种方法主要关注于线性控制律的合成。与模型辨识和控制器合成相关的方法论已非常成熟。即使对于相当高的阶次，所得控制器也能够应对系统的柔性模式。这使得能够在以合成所需的额定工作点为中心的域内达到一定的性能水平。

在假设需要较大工作空间的条件下，LTI 技术并不足以实现，然而可通过考虑 LPV 模型来扩展这些方法。在此情况下，假设待测量的系统调度参数可在线自适应控制器特性。第一步是辨识 LPV 模型。虽然方法论还没有像 LTI 模型那样成熟，但在相关文献中已给出许多解决方案。在此所采用的方法中，首先要辨识不同工作点下的一组 LTI 模型，然后通过插值得到 LPV 模型。若这种插值法可行，可采用物理模型结构。

LPV 系统的分析和合成方法是对用于 LTI 系统的方法的扩展。产生以 LMI 问题求解形式合成的待求解问题是合成变量的线性度和有限个数的条件，以确保调度参数可取无穷多个值。在相关文献中提出的各种方法论中，在此选择由待辨识模型中参数相关性的多项式性质驱动的 SOS 松弛法。所提出的方法能够扩展机械手的工作空间。

参考文献

[APK 97] APKARIAN P., ADAMS R., "Advanced gain-scheduling techniques for uncertain systems", *American Control Conference*, Albuquerque, NM, 1997.

[APK 98] APKARIAN P., ADAMS R., "Advanced gain-scheduling techniques for uncertain systems", *IEEE Transactions on Control Systems Technology*, vol. 6, no. 1, pp. 21–32, 1998.

[APK 06] APKARIAN P., NOLL D., "Nonsmooth H_∞ synthesis", *IEEE Transactions on Automatic Control*, vol. 51, no. 1, pp. 71–86, 2006.

[BUR 06] BURKE J.V., HENRION D., LEWIS A.S., *et al.*, "IFOO – A MATLAB package for fixed-order controller design and H-infinity optimization", *IFAC Symposium on Robust Control Design*, Toulouse, France, October 2006.

[CUV 06] CUVILLON L., LAROCHE E., GARNIER H., *et al.*, "Continuous-time model identification of robot flexibilities for fast visual servoing", *IFAC Symposium on System Identification*, Newcastle, Australia, March 2006.

[CUV 12] CUVILLON L., LAROCHE E., GANGLOFF J., *et al.*, "A mutivariable methodology for fast visual servoing of flexible manipulators moving in a restricted workspace", *Advanced Robotics*, vol. 26, no. 15, pp. 1771–1797, August 2012.

[DAT 03] DATTA B., *Numerical Methods for Linear Control Systems*, Elsevier, London, 2003.